国家"双一流"学科专业精品教材
"地质工程专业卓越工程师培养改革"项目资助

土 力 学
SOIL MECHANICS

（第三版）

林　彤　马淑芝　冯庆高　崔德山　任兴伟　编著

图书在版编目(CIP)数据

土力学(第三版)/林彤等编著．—3版．—武汉:中国地质大学出版社,2021.12
ISBN 978-7-5625-5139-3

Ⅰ.①土…
Ⅱ.①林…
Ⅲ.①土力学
Ⅳ.①TU43

中国版本图书馆 CIP 数据核字(2021)第 221904 号

土力学（第三版）	林　彤　马淑芝　冯庆高　崔德山　任兴伟　编著
责任编辑：胡珞兰	选题策划：胡珞兰　江广长　　　　　　责任校对：徐蕾蕾
出版发行：中国地质大学出版社（武汉市洪山区鲁磨路388号）	邮编：430074
电　　话：(027) 67883511　　　传　真：67883580	E-mail: cbb @ cug.edu.cn
经　　销：全国新华书店	Http://cugp.cug.edu.cn
开本：787毫米×1092毫米　1/16	字数：441千字　印张：17.25
版次：2003年3月第1版　2021年12月第3版	印次：2021年12月第8次印刷
印刷：武汉市籍缘印刷厂	印数：15 001—17 000 册
ISBN 978-7-5625-5139-3	定价：48.00元

如有印装质量问题请与印刷厂联系调换

再版前言

土力学是应用工程力学方法来研究土体在力的作用下的应力应变或应力应变时间关系和强度的应用学科。土力学的研究对象是与人类活动密切相关的土和土体，包括自然土体和人工土体，以及与土的力学性能密切相关的地下水。

土力学为工程地质学研究土体中可能发生的地质作用提供定量研究的理论基础和方法，是工程力学的一个分支。奥地利工程师卡尔太沙基（1883—1963）首先采用科学的方法研究土力学，被誉为现代土力学之父。土力学被广泛应用在地基、挡土墙、土工建筑物、堤坝等设计中，是土木工程、岩土工程、工程地质等工程学科的重要分支。

土力学（第二版）教材经过近10年教学和科研实践，获得了广泛赞许和好评。由于相关新规范的实施，作者根据多年的教学经验和科研成果的积累，对该教材进行再次修编。修编时按照国家现行的新规范进行了修改，主要体现在以下几个部分：调整了第一章和第二章部分章节结构，增加了第三章第三节土的渗透性和渗流问题；第四章调整了部分章节顺序，增加了"条形面积上水平均布荷载"下的附加应力计算；第五章调整了部分章节结构，精简了主固结沉降量计算公式推导过程，删除了减少沉降危害的措施等内容，修改了部分例题与习题；第七章增加并细化了朗肯理论和库仑理论的实际应用情况，增加了坦墙的库仑土压力计算；第八章增加了不平衡推力法；第九章增加了普朗特尔-瑞斯纳公式和太沙基极限荷载公式的适用讨论，修正了从原位测试确定地基承载力特征值，确定地基承载力特征值；第十章增加了动强度曲线的影响因素讨论，修正了《土工试验方法标准》（GB/T 50123—2019）关于振动三轴试验的要求，修正了现有的GDS振动三轴仪，增加了动强度影响因素分析、有效应力法、有效应力法动强度指标描述，完善土体液化可能性判别，并增加了G_{max}值测量方法。

本书除绪论部分以外共分10章。其中绪论、第六章和第八章由林彤编写；第一章、第二章和第三章的第一节、第二节由任兴伟编写；第三章的第三节和第四节、第四章及第七章由冯庆高编写；第五章由马淑芝编写；第九章和第十章由崔德山编写；全书由林彤担任统稿工作。

感谢对本教材再版提供帮助的各位领导、老师和同仁们！也要特别感谢中国地质大学出版社和本书编辑付出的辛勤劳动！限于编者水平，不当之处在所难免，敬请批评指正。

编著者
2021 年 8 月

目 录

绪 论 ·· (1)

第一章 土的三相组成 ·· (7)
第一节 概 述 ·· (7)
第二节 颗粒级配与矿物成分 ··· (7)
第三节 土中水和气体 ·· (12)
第四节 土的结构 ·· (15)
习 题 ·· (16)

第二章 土的物理性质与工程分类 ·· (18)
第一节 概 述 ·· (18)
第二节 土的基本物理性质 ·· (18)
第三节 土的物理状态指标 ·· (23)
第四节 土的工程分类 ·· (25)
第五节 土的压实性 ··· (32)
习 题 ·· (35)

第三章 土的渗透性和渗流问题 ··· (36)
第一节 概 述 ·· (36)
第二节 土体的渗透性 ·· (37)
第三节 二维渗流与流网 ··· (44)
第四节 渗透力和渗透变形 ·· (49)
习 题 ·· (57)

第四章 土体中应力 ·· (58)
第一节 概 述 ·· (58)
第二节 自重应力 ·· (60)
第三节 基底附加压力 ·· (63)
第四节 地基附加应力计算 ·· (68)
第五节 有效应力原理 ·· (91)
第六节 应力路径 ·· (99)
习 题 ·· (103)

第五章 地基变形计算 ··· (105)
第一节 概 述 ·· (105)
第二节 土的压缩性 ··· (106)
第三节 地基最终沉降量计算 ··· (113)

第四节　饱和土体渗透固结理论…………………………………………………(128)
　　习　题………………………………………………………………………………(140)
第六章　土的抗剪强度………………………………………………………………………(143)
　　第一节　概　述……………………………………………………………………(143)
　　第二节　土的抗剪强度理论………………………………………………………(144)
　　第三节　土的抗剪强度指标的测定………………………………………………(153)
　　第四节　土的抗剪强度表示方法和机理…………………………………………(159)
　　习　题………………………………………………………………………………(165)
第七章　挡土结构物上的土压力……………………………………………………………(166)
　　第一节　概　述……………………………………………………………………(166)
　　第二节　静止土压力计算…………………………………………………………(168)
　　第三节　朗肯土压力理论…………………………………………………………(169)
　　第四节　库仑土压力理论…………………………………………………………(179)
　　第五节　若干问题的讨论…………………………………………………………(196)
　　习　题………………………………………………………………………………(198)
第八章　土坡稳定性分析……………………………………………………………………(200)
　　第一节　概　述……………………………………………………………………(200)
　　第二节　无黏性土坡的稳定性分析………………………………………………(201)
　　第三节　黏性土坡的稳定性分析…………………………………………………(202)
　　第四节　最危险滑裂面的确定方法和允许安全系数……………………………(214)
　　第五节　土坡稳定性分析的几种特殊情况………………………………………(215)
　　第六节　天然土坡的稳定问题……………………………………………………(220)
　　习　题………………………………………………………………………………(223)
第九章　地基承载力…………………………………………………………………………(224)
　　第一节　概　述……………………………………………………………………(224)
　　第二节　地基的变形和失稳………………………………………………………(225)
　　第三节　地基极限承载力的确定…………………………………………………(227)
　　第四节　地基允许承载力的确定…………………………………………………(237)
　　习　题………………………………………………………………………………(244)
第十章　土的动力特性………………………………………………………………………(246)
　　第一节　概　述……………………………………………………………………(246)
　　第二节　动荷载特性………………………………………………………………(246)
　　第三节　土的动强度………………………………………………………………(248)
　　第四节　砂土振动液化……………………………………………………………(255)
　　第五节　动应力-应变关系和阻尼特性……………………………………………(263)
　　习　题………………………………………………………………………………(265)
主要参考文献…………………………………………………………………………………(267)

绪 论

一、土力学的研究对象

土力学(soil mechanics)是研究土的碎散特性及其受力后的应力、应变、强度、稳定和渗透等规律的一门学科。它以力学和工程地质学的知识为基础，研究与工程建筑有关的土的变形和强度特性，并据此计算土体的固结与稳定，为各项专门工程服务。

土是各类岩石经长期地质营力作用风化后的产物，是由各种岩石碎块和矿物颗粒组成的松散集合体。土体是由一定的材料组成，具有一定的结构，赋存于一定的地质环境中的地质体。作为一种松散介质，土体具有不同于一般理想刚体和连续固体的特性，即松散性、孔隙性和多相性。土的颗粒之间有许多孔隙，孔隙中存在水和气体。土一般为三相系，即由土颗粒、水和空气组成。当土体处于饱水状态或干旱状态时，则为二相系，即仅有土颗粒和水或土颗粒和空气。土颗粒之间的联系微弱，有的甚至没有联结。因此，土的上述特性决定了土具有较大的渗透性、压缩性和较小的抗剪强度。在小范围内，可以近似地将土体视为均质的各向同性介质；但在大范围内，由于土体在形成过程中及形成后，受内外地质营力的作用，可形成各种不连续面，使土体表现出非均质性和各向异性的特点。

由于建筑物的修建，使一定范围内地层的应力状态发生变化，这一范围内的地层称为地基(ground)。所以，地基就是承担建筑物荷重的土体或岩体。与地基接触的建筑物下部结构称为基础(foundation)。一般建筑物由上部结构和基础两部分组成。建筑物的上部结构荷载通过具有一定埋深的基础传递扩散到土层中去。基础一般埋在地面以下，起着承上启下传递荷载的作用。图0-1表示了上部结构、基础和地基三者的关系。

土体与工程建筑的关系十分密切，自然界中的土被广泛用作各种工程建筑物的地基。一般土木工程建筑或修建在地表，或埋置于岩土之中。此外，土作为建筑材料可用来修筑堤坝、路基以及其他土工建筑物。因此，作为建筑地基、建筑介质或建筑材料的地壳表层土体是土力学的研究对象。

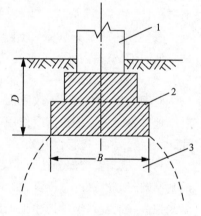

图0-1 上部结构、地基与基础示意图
1.上部结构；2.基础；3.地基

建筑物修建以后，地表土层中的应力状态、水文地质条件和土的性质将有所改变，因而产生一些土工问题。如地基的变形和失稳，路堤和土坡滑动，土石坝渗漏和渗透变形等。任何土工问题都是在地表土层中产生和演化的，土体的性质是决定工程活动与地质环境相互制约的形式和规模的根本条件。所以，研究与建筑物有密切关系的地表土层的工程地质特征和力学性质，具有非常重要的意义。

土力学不仅研究土体当前的性状，也要分析其性质的形成条件，并结合自然条件和建筑物修建后对土体的影响,分析并预测土体性质的可能变化,提出有关的工程措施,以满足各类工程建筑的要求。

土力学是一门实践性很强的学科,它是进行地基基础设计和计算的理论依据。

土力学理论知识的应用正确与否,往往直接关系到建筑物的安危。实践证明:许多建筑物的地基基础事故,均涉及到土力学的理论问题,而且一旦发生这样的事故,补救是非常困难的。

如苏州名胜虎丘塔共 7 层,高 47.5m,底层直径 13.7m,呈八角形,全为砖砌,在建筑艺术风格上有独特的创意,被国务院列为全国重点文物保护单位。该塔倾斜严重,塔顶偏离中心线 2.31m。经勘探发现,该塔位于倾斜基岩上,覆盖层一边深 3.8m,另一边深为 5.8m。由于在 1000 多年前建造该塔时,直接将塔身置于地基上,造成了不均匀沉降,引起塔身倾斜,危及安全,后经加固才得以保全。而不均匀沉降问题是土力学的主要课题之一。图 0-2 为加拿大

图 0-2 加拿大特郎斯康谷仓地基破坏事故

特郎斯康谷仓地基滑动破坏的实例。该谷仓由 65 个圆柱形筒仓组成,高 31m,底面长 59.4m。其下为厚度 2m 的钢筋混凝土片筏基础。谷仓自重 20×10^4 kN,当装谷 27×10^4 kN 后,发现谷仓明显失稳,24h 内西端下沉 8.8m,东端上抬 1.5m,整体倾斜 $26°53'$。事后进行勘察分析,发现基底以下为厚 10 余米的淤泥质软黏土层。地基的极限承载力为 251kPa,而谷仓的基底压力已经超过 300kPa,从而造成地基的整体滑动破坏。基础底面以下的一部分土体滑动并向侧面挤出,使东端地面隆起。为处理这一事故,在地基中做了 70 多个支承于深 16m 基岩上的混凝土墩,使用了 88 个 50kN 的千斤顶和支承系统,才把仓体逐渐纠正过来,然而谷仓位置比原来降低了 4m。国内外类似上述地基事故的实例很多,大量事故充分说明,对土力学理论缺乏研究,对地基基础处理不当,就会造成巨大的经济损失,必须引以为戒。

对国内外土木工程事故原因统计分析表明,因地基原因造成的土木工程事故所占比例较高。地基原因主要指在荷载作用下地基失稳、地基沉降或沉降差过大等,这些都与土的强度特性、变形特性和渗透特性有关。

另外,地基基础部分在土木工程建设中所占投资比例不少,以软土地基上多层建筑为例,地基基础部分投资占总投资的 25%~40%,甚至更多,且该部分节约潜力大。因此,应用土力学知识搞好地基基础设计和施工显得更加重要。

为了保证建筑和工程设施的安全与正常使用,经济合理地进行地基基础设计,必须研究土的力学性状及其与建筑物相互作用的力学过程。一个成功的基础工程设计,就是能应用土力学的基本理论,结合地基土和上部结构的具体条件,合理地设计基础,以满足地基强度和变形的要求。

土和其他材料一样,受力后将发生变形。如果这种变形超过了一定的限度,就会使建筑物损坏或不能正常使用,这类问题在土力学中叫作变形问题。如果土受力超过了它所能承受的能力,土体被破坏,建筑物将随之产生损坏或不能使用。土体的破坏,在力学中亦称为稳定性丧失。研究土体是否会破坏这一类问题称为稳定问题,土的稳定性取决于它的强度。因此,稳

定问题的实质就是土的强度问题。只有掌握了土力学的基本理论知识,才能科学地解决建筑基础工程中的实际问题。

二、土力学的研究内容和学习方法

土力学的基本研究内容包括:①土的有效应力原理;②土内应力分布理论;③渗透固结理论;④强度破坏理论;⑤地基变形计算;⑥地基承载力计算;⑦土坡稳定性验算;⑧挡土结构物上的土压力计算。其中有效应力原理、应力分布理论、渗透固结理论和强度破坏理论是土力学的基本理论;而地基变形计算、地基承载力计算、土坡稳定性验算和土压力计算是与工程实践直接相关的应用课题。

土力学的研究必须注意土的本质特性。土的碎散性是区别于整体岩石的主要特性。土是自然历史的产物,必须查明土的生成环境和历史过程,结合土的微观结构、宏观土层的边界条件及自然环境的变化,应对场地的地质和水文地质条件进行详细的勘测和分析。因而,土力学与工程地质学有着极为密切的关系。在各类土体的形成和变化过程中,有着各自相应的物质组成和结构,表现出不同的工程地质性质。只有采用地质学的自然历史分析法,才能正确地认识土体工程性质形成的原因和演变历史、目前的状态及今后的变化趋势。土力学应研究土的物质组成成分,土的物理、化学、力学性质以及它们之间的相互关系,并以此为基础,进一步探讨在自然和人为因素的作用下土的成分和性质的变化趋势。土力学应以土的成因、成分和结构等内在因素的研究成果作为解释土的物理与力学性质的根据,根据工程需要评价和改善土的性状,以保证建筑工程的合理设计、顺利施工、安全运行。

土力学的研究必须注意实践性。除运用一般力学原理外,还要重视专门的土工试验技术的应用。根据室内和原位试验获得的物理力学指标与各种参数来研究土的工程性质。土的变形、固结和强度理论,就是在这些试验研究的基础上建立和发展起来的。

土力学的研究必须注意工程实用性,必须考虑建筑物本身的结构特点和使用要求。各种建筑物因设计要求不同,对土体变形和稳定性的要求也有很大差别。应从工程实际出发,对具体工程的地基土体和建筑土料规定具体的土工试验项目与试验方法,运用土力学理论进行地基基础的设计计算和施工,以解决实际工程问题。

土力学是一门偏于计算的学科,因而数学、力学是建立土力学计算理论和方法的重要基础。土力学作为力学计算问题,与理论力学有所不同,不能用纯数学、力学的观点,必须根据实际的地质调查、现场和室内试验资料来进行分析研究,然后才能对研究资料进行力学计算。电子计算机技术和新的计算技术的飞速发展,为土力学理论计算提供了重要手段。

土力学是土木工程专业和水利工程专业的一门专业基础课程,它是定量分析评价工程地质问题和进行岩土工程设计计算的重要理论基础之一。

学习土力学必须具有良好的数学基础知识和一定的理论力学、材料力学、弹性力学、塑性力学知识。在研究土的特性时,涉及的关联学科有工程地质学、第四纪地质学和地貌学。在研究土体中水的运动问题时,还涉及水力学、地下水动力学和水文地质学的有关知识。各学科的相互综合与渗透是现代土力学发展的总趋势。

对有关专业学生学习本课程的基本要求如下:

(1)牢固掌握有效应力原理的本质及其在土力学中的应用。

(2)重点掌握土体应力分布理论、渗透固结理论和抗剪强度理论的实质及其应用。

(3) 掌握土体变形与强度指标的测定方法及在工程实践中的应用。
(4) 掌握土的动力特性的基本概念。
(5) 能应用基本理论解决工程实际问题。

在本课程的学习过程中，要特别注意土的性质，理论联系实际，抓住重点，掌握原理，搞清概念，学会设计、计算和应用。

三、土力学发展简史与未来展望

土力学是一门既古老又新兴的学科。土力学与其他技术科学一样，是人类长期生产实践的产物。由于生产的发展和生活的需要，人类很早就广泛利用土作为建筑物地基和建筑材料。古代许多宏伟的土木工程，如我国的万里长城、大型宫殿、大庙宇、大运河、开封塔、赵州桥等，国外的大皇宫、大教堂、古埃及金字塔、古罗马桥梁工程等，屹立至今，体现了古代劳动人民丰富的土木工程经验。

我国西安半坡村新石器时代遗址中发现的土台和石础，就是古代的地基基础。"水来土挡"是我国自古以来用土防御洪水的真实写照。公元前200年开始修建的万里长城，大业元年至六年，隋炀帝动用百余万百姓，疏浚之前众多王朝开凿留下的河道，修建隋唐大运河。隋朝修建的赵州石拱桥，桥台砌置在密实粗砂层上，基底压力为 500～600kPa，1300多年来沉降很小。公元898年建造开宝寺木塔时，预见塔基土质不均会引起不均匀沉降，施工时特意做成倾斜塔，在沉降稳定后自动复正，说明当时对地基基础的变形问题已有了相当成熟的施工经验。意大利的比萨斜塔、古埃及的金字塔以及我国的一些宏伟的宫殿庙宇，由于坚实的地基基础，历经数千载至今仍巍然屹立。可见古代劳动人民已积累了丰富的土力学知识。但由于社会生产力和技术条件的限制，在18世纪中叶以前的很长一个时期，人们对土力学的知识仍停留在经验积累的感性认识阶段。

18世纪欧美国家在产业革命推动下，社会生产力有了快速发展，大型建筑、桥梁、铁路、公路的兴建，促使人们对地基土和路基土的一系列技术问题进行研究，并对已积累的经验进行理论解释。1733年法国的 Coulomb 根据试验创立了著名的砂土抗剪强度公式和挡土墙上土压力的滑楔理论；1856年法国的 Darcy 研究砂土的透水性，创立了 Darcy 公式；1857年英国的 Rankine 又从另一途径建立了土压力理论，并对后来土体强度理论的建立起了推动作用；1885年法国的 Boussinesq 提出了半无限弹性体在竖直集中力作用下的应力分布计算公式，成为计算地基土中应力的主要方法。在这一阶段中，人们在积累经验的基础上，从不同角度进行了有益的探索，在理论上有了一些突破，但当时尚未形成独立的理论学科。

从20世纪20年代起，对土的研究有了迅速的发展，发表了许多理论著作。如1920年法国的 Prandl 创立了地基滑动面的数学表达式；1920年瑞典的 Fellenius 在 Petterson(1915) 的基础上发展了边坡圆弧滑动面分析方法。1925年美国的 Terzaghi 发表了第一部《土力学》专著，首次系统地论述了土力学的若干重要课题，提出了著名的有效应力原理和渗透固结理论。至此，土力学开始形成一门独立的学科。土力学家 Casagrande 说过："Terzaghi 具有伟大的物理学家的大胆洞察力，明快的分析以及不厌倦的好奇心，同时还具有高明的地质学家所不可缺少的对自然现象坚强而敏锐的观察能力和热情。"这示范地说明了一个土力学工作者应具备的素质修养和应遵循的工作方法。

其后直至20世纪50年代，土力学的原有理论和试验得到了不断的充实与完善。Taylor、

Biot、Skempton、Bishop、Janbu、Morgenstern、Bjerrum、崔托维奇、索科洛夫斯基、费洛林等学者将有效应力原理广泛应用于土体的变形理论、强度理论和土体稳定性分析,并用测量孔隙水压力的三轴仪作了全面验证。

从 1936 年至 1997 年已召开过 14 届国际土力学与基础工程会议,其中有 10 届是在 20 世纪 50 年代后召开的。从 1957 年第四届国际土力学和基础工程会议以来,由于电子技术的高速发展,有了现代化的计算技术和测试手段,使土力学的研究领域逐渐扩大,在传统土力学的基础上建立起新的土力学理论。从过去的线性弹性应力应变关系发展为非线性应力应变关系,提出了各种应力应变模型,如非线性弹性理论的 Duncan 模型、弹塑性理论的剑桥模型以及各种黏弹性理论模型等,使土的本构关系逐渐符合实际,并将土的变形和强度问题统一起来考虑。在土木工程试验方面,制造了真三轴仪、大型三轴仪、流变仪、振动三轴仪等新型仪器,使室内试验更好地模拟原位应力状态、固结条件及应力路线。原位测试技术也不断完善和普及,如动力和静力触探仪、十字板剪切仪、旁压仪等均已广泛使用,测试手段由 20 世纪 60 年代以前的人工记录读数,发展为传感器测量、数据自动采集计算机处理。电子计算机的应用和新计算技术的渗入,使现代土力学进入了一个全新的发展阶段。

中华人民共和国成立以来,随着大规模经济建设的发展,我国的土力学研究得到了迅速发展。我国学者对土力学理论也做出了重大贡献。著名的土力学家黄文熙教授是我国研究土力学最早的学者,早在 20 世纪 50 年代,黄文熙教授就提出了非均质地基的应力分布和考虑侧向变形的沉降计算方法,研制出了第一台振动三轴仪,用振动三轴试验探讨了饱和砂土地基和土坝的抗液化稳定问题。我国另一学者陈宗基教授提出了黏性土的流变模式及次固结理论,已被后来电子显微镜的观测结果所证实。他们的研究成果引起了国际土力学家的重视。从 1958 年起,中国土木工程学会已召开过 10 多届全国土力学及工程学术会议,中国土木工程学会土力学及岩土工程分会的成立大大推动了该学科的发展。我国土力学理论的发展,正向着世界先进水平迈进。

数十年来,由于尖端科学、生产(包括军工)发展的需要,电子计算机技术的不断提高,测量和测试技术的不断改进,土力学的研究领域又有了明显的扩大。如土动力学、冻土力学、海洋土力学、月球土力学等都是新兴的土力学分支,岩石力学也已与土力学分离而单独成为一门学科。超高型的土坝和土石坝,巨型的土中洞库和管道,连续浇筑地下连续墙,软土层上高层建筑物下的巨型基础,海洋石油钻井平台下的巨型基础工程建设等也方兴未艾。计算机仿真分析、大型有限元计算的应用与不断改进、数字化技术的发展、信息化施工技术的应用与推广等,都推动着土力学向更高、更强的方向发展。

现代土力学的研究,呈现以下几个特点:

(1)对土的力学特性的认识越来越深入,已经发现了许多新的现象,例如应力路线的依赖性、强剪缩性(表现泊松比小于 0)和反向剪缩(剪应力减小时发生体缩)等,而对一些研究多年的力学特性,如黄土湿陷、砂土液化、黏土断裂等现象也有了更深入的认识。许多问题不但经典土力学理论无法解释,现有的非线性和弹塑性本构理论也无能为力。目前,不少学者正在探索新的思路,包括从细观结构上进行研究。

(2)由于土的特性多变,人们越来越不满足于一个土层具有一定力学指标的定值研究方法,从 20 世纪 70 年代开始土的随机性研究方兴未艾。

(3)随着电子计算技术的发展,再复杂的数学方程和工程条件,也可以通过数值分析求解和模拟,土工数值分析正是当前最热门的研究课题之一。

(4) 尽管取土技术在不断改进,但是越来越多的人认识到,室内土样试验的结果常常不能反映现场的实际情况,原位测试技术正成为土力学的一个重要组成部分。

(5) 土工离心模型试验虽然始于 20 世纪 30 年代,但真正大规模的发展则是近 20 年的事。离心模型试验的完善与成熟将使实验土力学变成土力学的一个完整的分支。

(6) "边设计—边观测"曾是 Terzaghi 和 Peck 提出的一种研究方法,用现代术语说这就是反馈分析。一方面用现代先进技术进行原体观测,另一方面用现代计算技术进行反馈分析,通过这一途径改进当前或今后的工程设计,无疑是现代土力学的一个重要特点。

(7) 土力学的实际应用离不开工程师的经验,在现代计算技术的基础上建立联系理论与经验的专家系统,必将是现代土力学的一个重要内容。

第一章 土的三相组成

第一节 概 述

土是坚硬岩石经过破坏、搬运和沉积等一系列作用与变化后形成的,它是第四纪以来地壳表层最新的、未胶结成岩的松散堆积物。土是由固体颗粒以及颗粒间孔隙中的水和气体组成的,是一个多相、分散、多孔的系统,一般为三相体系,即固态相、液态相与气态相,有时是二相的(干燥或饱水)。三相组成物质中,固体部分(土颗粒)一般由矿物质组成,有时含有机质(腐殖质及动物残骸等),它构成土的骨架主体,是最稳定、变化最小的部分。液体部分实际上是化学溶液而不是纯水。在三相之间的相互作用中,固体相一般居主导地位,而且还不同程度地限制水和气体的作用,如不同大小土粒与水相互作用时,水可呈不同类型。从本质上讲,土的工程地质特性主要取决于组成它的土粒大小和矿物类型,即土的颗粒级配与矿物成分,水和气体一般是通过土粒及矿物成分起作用的。当然,土中液体相部分对土的性质影响也较大,尤其是细粒土,土粒与水相互作用可形成一系列特殊的物理性质。

第二节 颗粒级配与矿物成分

一、粒组的划分

固体部分一般由矿物质组成,有时也含有机质。固体部分构成土的骨架,称为土骨架,它对土的物理性质起决定性作用。研究固体颗粒就要分析粒径的大小及它们在土中所占有的百分比,称为颗粒级配。自然界中土一般是由大小不等的土粒混合而成的,即不同大小的土颗粒按照不同的比例关系构成某一类土,比例搭配(级配)不一样,则土的性质不同,因此,研究土的颗粒大小组合情况,也是研究土的工程性质一个很重要的方面。工程上按照粒径的大小进行分类,称为粒组(某一级粒径的变化范围)。每个粒组都以土粒直径的两个数值作为其上下限,并给以适当的名称,简言之,粒组就是一定的粒径区段,以毫米表示。从土的工程性质角度出发,粒组的划分一般应考虑3个原则:其一,符合粒径变化所引起的质的变化规律,即每个粒组的成分与性质没有质的变化,具有相同或相似的成分与性质;其二,与粒组的分析技术条件相适应,即不同大小的土粒可采用不同的适用方法进行分析;其三,粒组界限值力求服从简单的数学规律,以便于记忆与分析,即各粒组界限值是 200mm、20mm、2mm、$\frac{1.5(1)}{20}$mm、$\frac{1}{200}$mm。上述原则中,第一条是最重要的。目前国内常用的粒组划分方案如表1-1所示。

表 1-1　国内常用的粒组划分方案

粒组统称	粒组名称		粒径 d 范围(mm)	分析方法	主要特征
巨粒	漂石(块石)粒		$d>200$	直接测定	透水性很大,压缩性极小,颗粒间无黏结,无毛细性
	卵石(碎石)粒		$60<d\leq200$	筛分法	
粗粒	砾粒	粗砾	$20<d\leq60$		
		中砾	$5<d\leq20$		
		细砾	$2<d\leq5$		
	砂粒	粗砂	$0.5<d\leq2$		透水性大,压缩性小,无黏性,有一定毛细性
		中砂	$0.25<d\leq0.5$		
		细砂	$0.075<d\leq0.25$		
细粒	粉粒		$0.005<d\leq0.075$	水分法	透水性小,压缩性中等,毛细上升高度大,微黏性
	黏粒		$d\leq0.005$		透水性极弱,压缩性变化大,具黏性和可塑性

目前,我国广泛应用的粒组划分方案是符合由量变到质变规律的,同时,该方案与现代粒组分析技术及观察技术相适应,如粒径大于200mm的土粒可直接测其粒径大小;粒径大于2mm的土粒,用粗筛分离粒组,用肉眼观察颗粒大小与矿物成分,也可进行岩石的薄片研究;砂粒可用细筛分离粒组,用双目镜观察;粉粒与黏粒可按不同大小的颗粒在静水中的沉降速度不同进行分离,并测定各粒组的相对含量,粉粒可用显微镜观察,黏粒常用电子显微镜观察。

二、颗粒级配的测定

土的性质取决于土中不同粒组的相对含量。土中各粒组的相对含量就是土的颗粒级配。为分析各粒组的相对含量,首先需要将各粒组划分出来,然后再分别称重,这就是颗粒级配的分析方法。

工程中,颗粒级配分析方法可分为筛分法和水分法两大类。

筛分法适用于土颗粒粒径大于0.075mm的部分。筛分法是将风干、分散的代表性土样通过一套筛孔直径与土中各粒组界限值相等的标准筛,称出经过充分过筛后留在各筛盘上的土粒质量,即可求得各粒组的相对百分含量。目前我国采用的标准筛的最小孔径为0.075mm(或0.1mm)。

水分法适用于土颗粒粒径小于或等于0.075mm的部分。水分法首先应将土中的集合体分散制成悬液,然后根据不同粒径的土粒在静水中的沉降速度不同的原理,即粗颗粒下沉速度快、细颗粒下沉速度慢的原理,测定细粒组的颗粒级配。基于斯托克斯(Stokes)定理,实验室通常使用密度计进行颗粒分析,称为密度计法。

三、颗粒级配的表示方法

为了方便看出颗粒的规律性,通常需要将颗粒分析资料进行整理,用较好的方式表示。目前最常用的方法有两种:表格法、图解法。

表格法是将土颗粒粒径按照粒组的百分含量或者小于某粒径的累积百分含量填在已经绘制好的表格内(表1-2、表1-3)。可根据各粒组的相对含量对土进行命名,该方法相对较为简单具体,但当土样数量较多时过于繁琐。

表 1-2　颗粒分析成果表

土样编号	粒组(mm)百分含量(%)					
	>2	2~0.5	0.5~0.25	0.25~0.075	0.075~0.005	<0.005
1	28	10	15	20	10	17
2	10	40	25	15	10	
3	5	10	20	15	20	30

表 1-3　颗粒分析成果表

土样编号	小于某粒径(mm)累积百分含量(%)					
	>2	<2	<0.5	<0.25	<0.075	<0.005
1	100	72	62	47	27	17

各粒组的百分含量也可换算成小于或等于某粒组界限的累积百分含量,填在表中,表 1-2 中的 1 号土样的累积百分含量如表 1-3 所示。

图解法有累积曲线、分布曲线和三角图法。目前在生产实际中应用最广泛的是累积曲线图。该方法是以土粒直径为横坐标,以粒组的累积百分含量(小于某粒径的所有土粒的百分含量)为纵坐标,在直角坐标中所设点子的连线(光滑曲线)为累积曲线。累积曲线有自然数坐标系和半对数坐标系(横坐标为对数)两种,实际中通常以半对数坐标系表示(图 1-1)。

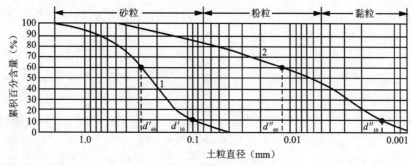

图 1-1　土的累积曲线图

土的颗粒级配累积曲线用途很多,从该曲线中可大致判断土的粗细程度、均匀程度和分布连续性,从而可以判断土的级配优劣。曲线平缓,说明土颗粒大小相差悬殊,土粒不均匀,分选差,级配良好;曲线较陡,则说明土颗粒大小相差不多,土粒较均匀,分选性较好,级配不良。

根据累积曲线图还可以确定土的有效粒径(d_{10})、平均粒径(d_{50})、控制粒径(d_{60} 与 d_{30})和任一粒组的百分含量。土的粗细程度通常用平均粒径(d_{50})表示,它是指土中大于此粒径和小于此粒径的土颗粒含量均为 50%。为了表示土颗粒的均匀程度和分布连续性程度,可采用 d_{10}、d_{30}、d_{60} 三种特征粒径进行表示:

d_{10}——小于该粒径的土颗粒质量占土颗粒总质量的 10%,称为有效粒径。

d_{30}——小于该粒径的土颗粒质量占土颗粒总质量的 30%。

d_{60}——小于该粒径的土颗粒质量占土颗粒总质量的 60%,称为控制粒径。

其中,有效粒径是土的最有代表性的粒径,它大体上等于与该土透水性相同的均粒土的颗粒直径。某一粒组的百分含量等于其上限粒径所对应的百分含量减去下限粒径所对应的百分含量。

利用土的有效粒径和控制粒径定义土的不均匀系数(C_u)和曲率系数(C_c)。

不均匀系数是土的控制粒径(d_{60})和有效粒径(d_{10})的比值,即为

$$C_u = d_{60}/d_{10} \tag{1-1}$$

C_u值越大,土粒越不均匀,累积曲线越平缓,即土中粗颗粒和细颗粒的含量相差越大;反之,C_u值越小,则土粒越均匀,曲线越陡,即土中包含不同粒组,且粒组变化范围较宽。工程中,$C_u<5$的土称为均匀土,而$C_u \geq 5$的土称为不均匀土。

曲率系数是土的控制粒径(d_{30})的平方与有效粒径(d_{10})和控制粒径(d_{60})乘积的比值,即为

$$C_c = \frac{d_{30}^2}{d_{10} \cdot d_{60}} \tag{1-2}$$

工程中常采用C_c值来说明累积曲线的弯曲情况或斜率是否连续。累积曲线斜率很大,即急倾斜状,表明某一粒组含量过于集中,其他粒组含量相对较少。经验表明,当级配连续时,C_c为1~3;当$C_c<1$或$C_c>3$时,均表示级配曲线不连续。

在工程上,级配不均匀($C_u \geq 5$)且级配曲线连续(C_c为1~3)的土,一般认为是级配良好的土,不能同时满足以上两个条件的土称为级配不良的土。

四、土的矿物成分

1. 土的矿物类型及特性

土的固体相部分是由各种矿物颗粒或矿物集合体组成的,不同矿物成分的性质是有差别的,因此由不同矿物组成的土的性质也是不同的。土的矿物成分可分为原生矿物、次生矿物和有机质三大类。

原生矿物:岩石经物理风化但成分不发生改变生成的矿物碎屑。常见的有石英、长石和云母等。原生矿物通常比较粗大,主要存在于卵、砾、砂、粉各粒组中。

次生矿物:原生矿物经化学风化作用形成的新的矿物。次生矿物主要包含两种,即可溶性次生矿物、不可溶性次生矿物。可溶性次生矿物是原生矿物中部分可溶性物质被水溶滤后带到其他地方沉淀下来所形成的;不可溶性次生矿物是原生矿物中的可溶部分被溶滤带走后,残留下来的部分改变了原来矿物的成分与结构而形成的。

土中最主要的次生矿物是黏土矿物,黏土矿物具有不同于原生矿物的复合层状的硅酸盐矿物,它对黏性土的工程性质影响很大。根据不同结晶格架,可形成很多种类的黏土矿物,其中分布较广且对土性质影响较大的是蒙脱石、高岭石和伊利石(或水云母)3种。

蒙脱石:它的晶体由很多互相平行的晶层构成,每个晶层都是由顶、底的硅氧四面体和中间的铝氧八面体层构成[图1-2(a)],其化学分子式为$Al_2O_3 \cdot 4SiO_2 \cdot nH_2O$。相邻两晶层间以负电荷的氧原子层相对,同性相斥,联结力极弱,有较强的活动性,遇水很不稳定,晶层间可吸收无定量的水分子。晶层间的距离随吸入水分子的量而发生变化,吸入的水量越大,则晶层之间的距离越大,这就是蒙脱石吸水膨胀的性能。当晶层间距离增大至失去联结力时,蒙脱石颗粒可分离成更细小的土粒,最小者近于0.001mm,因此含有蒙脱石矿物的黏粒具有较强的亲水性和较大的胀缩性。

高岭石:它的晶体也是由互相平行的晶层构成,每个晶层由一个硅氧四面体和一个铝氧八面体层构成[图1-2(b)],其化学分子式为$Al_2O_3 \cdot 2SiO_2 \cdot 2H_2O$。晶层顶、底不对称,相邻两晶层以氧离子与氢氧离子相对,为氢键联结力,其联结力很强,致使晶格不能自由活动,水分子不易进入晶层之间,是遇水较为稳定的矿物,故其颗粒较大,一般不小于0.002mm,主要呈粗

黏粒,少数可为粉粒,所以其亲水性较弱,胀缩性均较小。

伊利石:它的晶体与蒙脱石相似,每个晶层也是由顶、底硅氧四面体和中间铝氧八面体层构成[图1-2(c)],相邻晶层间也能吸收不定量的水分子。但是硅氧四面体中的Si^{4+}可以被Fe^{3+}、Al^{3+}取代,从而产生过多的负电荷,为了补偿晶层中正电荷的不足,在晶层之间常出现一价正离子(主要是K^+)。由于一价正离子在晶层间起一定的联结作用,而且平衡钾一般是不可交换的,故伊利石晶层间的联结力介于蒙脱石与高岭石之间,其颗粒大小与特性也介于两者之间。

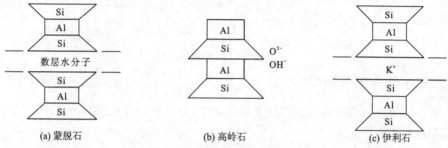

图1-2 主要黏土矿物结构示意图

三大类黏土矿物中,高岭石晶层之间联结牢固,水不能自由渗入,故其亲水性差,可塑性低,胀缩性弱;蒙脱石则反之,晶胞之间联结微弱,活动自由,亲水性强,胀缩性亦强;伊利石的性质介于二者之间。这说明各种不同类型的黏土矿物由于其结晶构造不同,其工程性质的差异较大。

有机质:土中动植物残骸在微生物作用下分解形成的产物,分为有机残余物和腐殖质两种。

2. 矿物成分和粒组之间的关系

从漂石粒到黏粒,随着颗粒变小,土的矿物成分逐渐有规律性地发生变化。土中常见的矿物成分和颗粒大小存在着一定的关系,表1-4概略地表示了这种关系。

表1-4 粒组与矿物成分的关系

最常见的矿物		土粒组(mm)					
		漂石、卵石、砾石、块石、碎石、角砾	砂粒组	粉粒组	黏粒组		
					粗	中	细
		>2	2~0.075	0.075~0.005	0.005~0.001	0.001~0.0001	<0.0001
原生矿物	母岩碎屑(多矿物结构)						
	单矿物颗粒 石英						
	长石						
	云母						
次生矿物	次生二氧化硅(SiO_2)						
	黏土矿物 高岭石						
	伊利石						
	蒙脱石						
	倍半氧化物(Al_2O_3, Fe_2O_3)						
	难溶盐($CaCO_3$, $MgCO_3$)						
	腐殖质						

粒径大于 0.075mm 的各粒组均由原生矿物构成，其中漂石粒、卵石粒、砾粒的粒径往往大于矿物颗粒，多数是由母岩碎屑构成，仍保持了母岩具有的多矿物结构，有时也是单矿物。砂粒组与原生矿物颗粒大小近似，往往是由单矿物组成，以石英最为常见，其次为长石与云母，有时有少量暗色矿物。粉粒组由原生矿物与次生矿物混合组成，其中以抗风化能力很强的石英为主，其次为高岭石及难溶盐，在黄土中，有时为白云石和方解石。黏粒组主要由不可溶性次生矿物与腐殖质组成，有时也含难溶盐，其中黏土矿物是最常见的矿物。

第三节　土中水和气体

一、土中水的类型与特性

土中水一部分以结晶水的形式存在于矿物之中，另一部分存在于孔隙之中，而我们重点学习的就是存在于孔隙中的水。

1. 矿物成分水

矿物成分水存在于矿物结晶格架的内部，又称矿物内部结合水。按照其与结晶格架结合的牢固程度不同，又可以分为结构水、结晶水和沸石水。结构水是以 H^+ 和 OH^- 的形式存在于矿物结晶格架的固定位置上，黏土矿物中铝氧八面体中的 OH^- 就是结构水。结晶水是水以分子形式和一定的数量存在于矿物结晶格架的固定位置上，如石膏（$CaSO_4 \cdot 2H_2O$）中的 H_2O 就是结晶水。沸石水是水以分子形式不定量地存在于矿物相邻晶层之间，如蒙脱石的晶层之间就存在这种水。在常温条件下，矿物成分水不能以分子形式析出，属于固体部分，它们对土的性质影响不明显。只有在高温条件下，矿物成分水才可能从原来矿物中析出，并形成新矿物，此时，土的性质也随之发生变化。

2. 孔隙中的水

存在于土粒间孔隙中的水称为孔隙水，可以分为结合水和自由水。

结合水：由于细小的土粒表面带电，而水又是极性分子，即正负电荷分子分布在分子的两端。在土粒表面静电引力作用下而被吸附的水称为结合水，又叫土粒表面结合水或物理结合水。因为结合水距离土粒表面的距离不一样又可分为强结合水和弱结合水。

强结合水：土粒的静电引力强度随着离开土粒表面的距离增大而逐渐减弱，靠近土粒表面的水分子受到土粒的强烈吸引（可达 1000～2000MPa），几乎固定排列而丧失活动能力，几乎接近于固体，这层水叫作强结合水，又叫吸着水。

弱结合水：距离土粒表面稍远的水分子（强结合水以外，电场作用范围内的水），受到土粒的吸引力减弱，有部分活动能力，排列疏松不整齐，这部分水叫作弱结合水，又叫薄膜水。

结合水不同于其他类型的水，它不受重力影响，密度较大（强结合水 1.6～2.4g/cm³，弱结合水 1.3～1.74g/cm³），有黏滞性和一定的抗剪强度。强结合水在常温下不能移动，性质类似于固体颗粒，弱结合水可以从水膜厚处缓慢地向水膜薄处移动，黏性土的很多特性如可塑性与胀缩性等都是由于土中弱结合水的特性而表现出来的。

自由水：距离土粒表面较远的水分子，受到的土粒表面静力影响可忽略不计，主要受到重力或者毛细压力的作用，能传递静水压力以及溶解盐分。自由水可分为毛细水和重力水。

毛细水：由于毛细作用保持在土的毛细孔隙中的地下水分布在结合水的外围，虽然水分子不能被土粒表面直接吸引住，但仍受土粒表面的静电引力的影响，特别是在固、液、气三相交界弯液面的附近（地下水面以上附近），这种影响更为明显。这种情况下，土粒的分子引力（浸湿力）和水与空气界面的表面张力（毛细力）共同作用而形成毛细水。在自由水位以下土骨架受到浮力，土颗粒间的压力减小；自由水位以上，毛细区域内的土颗粒骨架受到水的张拉作用而使颗粒间受压，即为毛细压力（p_c）。毛细压力呈倒三角形分布，弯液面处最大，自由水面处毛细压力为零。

毛细水主要存在于粒径为 0.002～0.5mm 的毛细孔隙和粉细砂与粉土中。孔隙更小时，土粒间主要充满结合水，不可能再有毛细水。粗大的孔隙毛细力极弱，也难以形成毛细水。毛细水对土性质的影响，主要是毛细力常使砂类土产生微弱的毛细水联结。毛细水上升至地表时不仅引起沼泽化、盐渍化，而且侵蚀地基、路基，降低土的力学强度。

重力水：它存在于较大孔隙中，仅在自身重力作用下运动，具有自由活动的能力，为普通液态水。重力水流动时产生动水压力，能冲刷带走土中的细小土粒，这种作用常称为机械潜蚀作用（管涌、流土）。重力水还能溶滤土中的水溶盐，这种作用称为化学潜蚀作用。潜蚀作用都将使土的孔隙增大，增大压缩性，降低土的抗剪强度；同时，地下水面以下饱水的土受重力水浮力作用，土粒及土的质量相对减小。

二、土中气体

土中气体主要存在的形式分为以下几种：吸附于土颗粒表面的气体，溶解于水中的气体，四周被颗粒和水封闭的气体及自由气体。空气与水气，一般与大气连通，处于动平衡状态，对土的性质影响不大。密闭气体的体积与压力有关，压力增大则体积减小，压力减小则体积增大，少数情况下密闭气体对土的性质有一定的影响，主要表现在透水不畅、加固土时不易使土压实等。另外密闭气体的突然逸出可造成意外的沉陷。总之，土中气体对土性质的影响小于固体颗粒与土孔隙中的水。

三、土粒与水的相互作用

1. 土粒的比表面积

比表面积：单位体积或单位质量土颗粒所具有的土粒表面积的总和。

假设土粒呈球形，比表面积可用以下两式表示：

$$S = \frac{土粒表面积}{土粒的体积} = \frac{\pi d^2}{\frac{1}{6}\pi d^3} = \frac{6}{d} \tag{1-3}$$

式中：d 为土颗粒直径（mm）。

式（1-3）表明土粒比表面积与粒径 d 成反比，土粒越小比表面积越大，反之亦然。黏粒的表面性能是因为有较大的比表面积而表现出来的。

研究表明，比表面积不仅与矿物粒大小有关，而且还与矿物形状有关，板状或片状颗粒较球形颗粒的比表面积要大。不同类型的黏粒，比表面积不同。如黏土矿物中的高岭石 S 为 7～30m²/g，伊利石 S 为 67～100m²/g，更细小的蒙脱石比表面积可达 810m²/g，因此它们的性质亦不同。

2. 黏粒双电层

黏粒具有较大的比表面积，与孔隙溶液相互作用时，在其表面形成双电层，颗粒表面的负电荷构成电场的内层,水中被吸引在颗粒表面的阳离子和定向排列的水分子构成电场的外电层,构成了双电层。双电层厚度及性质的变化将导致黏性土工程性质的变化。

黏粒与溶液相互作用后,溶液中的反离子同时受两种力的作用:一种是黏粒表面的吸引力,使它紧靠土粒表面;另一种是离子本身热运动引起的扩散作用力,使离子有扩散到自由溶液中去的趋势。这两种力作用的结果,使黏粒周围的反离子浓度随着与黏粒表面距离的增加而减小。其中只有一部分紧靠黏粒的反离子被牢固地吸附着排列在黏粒的表面上,电泳时和它一起移动,称为固定层;另一部分距颗粒表面较远的反离子分布在颗粒周围,具有扩散到自由溶液中的趋势,称为扩散层。黏粒本身所带的电荷层称为决定电位离子层,向外首先是固定层,其次为扩散层,固定层与扩散层统称为反离子层。决定电位离子层与反离子层电性相反,共同构成双电层,如图1-3所示。

$$双电层\begin{cases}决定电位离子层(内层)\\ 反离子层(外层)\begin{cases}固定层\\ 扩散层\end{cases}\end{cases}$$

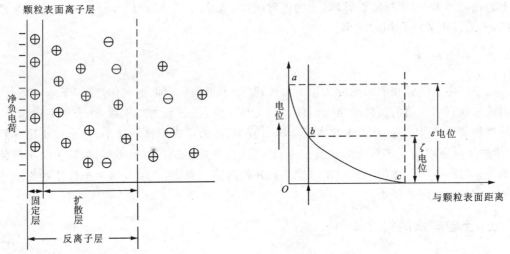

图1-3 双电层结构示意图

决定电位离子层的电位与正常自由溶液电位的电位差,常称热力电位(ε电位)或总电位。热力电位在颗粒表面吸附一定数量的自由离子形成固定层后急剧下降。固定层外围与自由溶液电位的电位差称为电动电位(ζ电位)。

实验表明,黏粒在液体中是带电的,黏粒表面电荷的形成一般是因为:①选择性吸附。晶体表面的某些矿物总是选择性地吸附与它本身结晶格架中相同或相似的离子到颗粒表面。②表面分子离解。有些黏粒与水作用后,其表面与溶液发生化学反应,并在表面生成一种新的能够离解的化合物,即发生离子基,而后这种化合物再分解,与矿物结晶格架上性质相同的离子被吸附在黏粒表面而带电。③同晶型替换。它主要发生于黏土矿物中,且主要是高价离子被低价离子(阳离子)所替代,这种作用可产生负电荷。例如硅氧四面体中的Si^{4+}被Al^{3+}替代,或者铝氧八面体中的Al^{3+}被Fe^{2+}、Mg^{2+}替代,由于同晶替代产生的负电荷数量不受水溶液pH值的影响,这种负电荷称为永久性负电荷。它们大部分分布在黏土矿物晶层面上,所吸附的阳离子都是可以交换的。

自然界中黏粒的组成部分主要是黏土矿物，故黏粒表面的电荷主要是由表面分子离解和同晶型替换两种方式形成。

第四节　土的结构

土的结构是指组成土的土粒大小、形状、表面特征，土粒间的联结关系和土粒的排列情况，其中包括颗粒或集合体间的距离、孔隙大小及其分布特点。土的结构是土的基本地质特征之一，也是决定土的工程性质变化趋势的内在依据。土的结构是在成土过程中逐渐形成的，不同类型的土，其结构是不同的，因而其工程性质也各异，土的结构与土的颗粒级配、矿物成分、颗粒形状及沉积条件有关。

一、土粒间的联结关系

土中颗粒与颗粒之间的联结主要有如下几种类型：

(1) 接触联结，是指颗粒之间的直接接触，接触处基本上没有黏粒和无定形物质，接触点上的联结强度主要来源于外加压力所带来的有效接触压力。这种联结方式在砂土、粉土中或近代沉积土中普遍存在。

(2) 胶结联结，是指颗粒之间存在着许多胶结物质，将颗粒胶结在一起，一般其联结较为牢固，胶结物质一般有黏土质、可溶盐和无定形铁、铝、硅质等。可溶盐胶结的强度是暂时的，被水溶解后，联结将大大减弱，土的强度也随之降低；无定形物胶结的强度比较稳定。

(3) 结合水联结，是指通过结合水膜而将相邻土粒连接起来的联结形式，又叫水胶联结，当相邻两土粒靠得很近时，各自的水化膜部分重叠，形成公共水化膜，这种联结的强度取决于吸附结合水膜厚度的变化，土越干燥则结合水膜越薄，强度越高；水量增加，结合水膜增厚，粒间距离增大，则强度就降低。这种联结在一般黏性土中普遍存在。

(4) 冰联结，是指含冰土的暂时性连接，融化后即失去这种联结。

二、土的结构类型

1. 巨粒土和粗粒土的结构

巨粒土与粗粒土是由粒径大于 0.075mm 的土粒组成的，其颗粒较粗大。巨粒土和粗粒土比表面积较小，粒间分子引力较小，几乎没有联结，重力起决定性作用。粗颗粒在重力作用下下沉，当与稳定的颗粒接触时，找到合适的平衡位置稳定下来之后，就形成了单粒结构（图1-4）。这类土的性质主要取决于土粒大小和排列的松密程度。根据颗粒排列的紧密程度不同，单粒结构还可以分为松散结构和紧密结构两种类型，其中松散结构的工程性质较紧密结构要差一些。由于土颗粒的粗、细颗粒含量不同而组成不同的结构形态。若粗颗粒含量较高，相互之间直接接触，而细颗粒填充在粗颗粒的孔隙之间，称为粗石状结构[图1-5(a)]；若粗颗粒含量较低，细颗粒将粗颗粒物质包含在其中，使粗颗粒无法直接接触，称为假斑状结构[图1-5(b)]。粗石状结构的土具有较高的强度，而其透水性则取决于粒间孔隙的充填程度及充填物的性质。假斑状结构土的性质主要取决于组成土的细颗粒物质的特点。

2. 细粒土的结构

细粒土颗粒细小，在水中一般都不能以单个颗粒沉积，而凝聚成较复杂的集合体进行沉积,形成细粒土特有的团聚结构。因为它的形状像海绵或蜂窝,所以也称海绵状结构或蜂窝状结构。

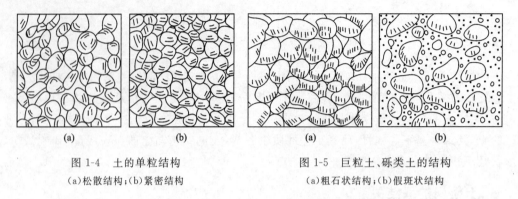

图 1-4 土的单粒结构
(a)松散结构;(b)紧密结构

图 1-5 巨粒土、砾类土的结构
(a)粗石状结构;(b)假斑状结构

细粒土的团聚结构按土粒均匀与否可分为均粒和非均粒两种类型。均粒团聚结构又分为蜂窝状结构和絮状结构。蜂窝状结构是粒径一般为 0.02~0.002mm 的土粒在水中下沉时相互联结形成的[图 1-6(a)]。絮状结构是粒径一般小于 0.002mm 的土粒在水中凝聚形成的[图 1-6(b)]。非均粒团聚结构是由粉粒和砂粒之间充满黏粒团聚体所形成的结构[图 1-6(c)]。

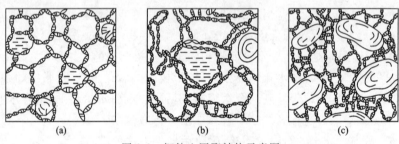

图 1-6 细粒土团聚结构示意图
(a)蜂窝状结构;(b)絮状结构;(c)非均粒团聚结构

细颗粒的比表面积很大,特别是黏土颗粒,颗粒小而轻,重力不起主导作用。细颗粒结构形成主要是其他粒间力起主导作用,包括引力和斥力,主要有以下 3 种:①范德华力。它是分子之间的引力,作用范围极小,仅有几个分子之间的距离,因此,只有在距离很近时范德华力才很大,范德华力随着距离而衰减的速度很快,总之,在距离稍远的范围就不存在范德华力。范德华力是细粒土黏结在一起的主要因素。②库仑力。即静电作用力。黏土颗粒表面带电荷,平面带负电荷而边角带正电荷,当颗粒之间的排列为平面对平面时产生静电斥力,当排列为平面对边角时产生静电引力。静电力随距离而衰减的速度比范德华力慢。③胶结作用。细颗粒之间通过游离氧化物、碳酸盐、有机质等胶结体而联结在一起,通常认为这种胶结作用是通过化合键联结的,故具有很强的黏聚力。④毛细力。毛细力的概念前面已经述及。对于非饱和土毛细力主要表现为吸力,饱和土体内部不存在毛细力。

习 题

(1)何为土粒粒组?土粒六大粒组划分标准是什么?
(2)土颗粒的特征粒径有哪 3 种,分别表示什么含义?

(3)从干土样中称取 1000g 的试样，经标准筛充分过筛后称得各级筛上留下来的土粒质量如下表所示。试求土中各粒组的质量的百分含量，与小于各级筛孔径的质量累积百分含量。

筛分析试验结果

筛孔径(mm)	2.0	1.0	0.5	0.25	0.075	底盘
各级筛上的土粒质量(g)	100	100	250	350	100	100

(4)某土样经颗粒分析取得各粒组的质量百分含量见下表，试绘制该土样的累积曲线图，求不均匀系数 C_u 与曲率系数 C_c，并判断其级配的好坏。

颗粒分析成果表

粒组(mm)百分含量						
>20	20~2	2~0.5	0.5~0.25	0.25~0.075	0.075~0.005	<0.005
6	18	19	23	19	12	3

(5)土中次生矿物主要是黏土矿物，对土体性质影响较大的主要是蒙脱石、高岭石、伊利石 3 种，请阐述 3 种矿物的异同点并将 3 种矿物的联结强度和亲水性从大到小进行排序。

(6)黏土颗粒表面哪一层水膜对土的工程性质影响最大，并说明原因。

(7)粗粒土的粒间作用力主要是重力起主导作用，而细粒土的比表面积很大、颗粒薄、重量轻，重力常常不起主要作用，其他的粒间力起主导作用，这些粒间力包括哪些？

第二章 土的物理性质与工程分类

第一节 概述

自然界中土的性质是千变万化的，在工程实际中具有意义的往往是固、液、气三相的比例关系、相互作用以及在外力作用下所表现出来的一系列性质。土的物理性质是指三相的质量与体积之间的相互比例关系及固、液两相相互作用表现出来的性质。前者称为土的基本物理性质，主要研究土的密实程度和干湿状况；后者主要研究黏性土的可塑性、胀缩性及透水性等。土的物理性质在一定程度上决定了它的力学性质，其指标在工程计算中常被直接应用。

土的工程分类是岩土工程学中重要的基础理论课题。对种类繁多、性质各异的土，按一定的原则，进行分类，给出合适的名称，可以概略评价土的工程性质。

第二节 土的基本物理性质

土的三相组成实际上是混合分布的，为了使三相比例关系形象化和阐述方便，将它们分别集中起来画出土的三相示意图(图 2-1)。

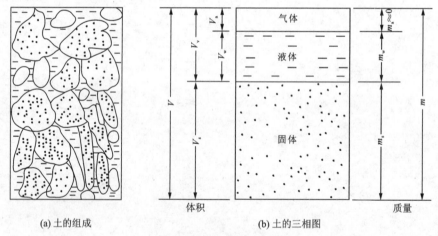

(a) 土的组成　　(b) 土的三相图

图 2-1　土的三相示意图

V. 土的总体积(cm^3)；V_s. 土中固体颗粒实体的体积(cm^3)；V_v. 土中孔隙体积(cm^3)；V_w. 土中液体的体积(cm^3)；V_a. 土中气体的体积(cm^3)；m. 土的总质量(g)；m_s. 土的固体颗粒质量(g)；m_w. 土中液体的质量(g)；m_a. 土中气体的质量($m_a \approx 0$)

一、土粒密度和土粒比重

1. 土粒密度

土粒密度指固体颗粒的质量与其体积之比，即单位体积土粒的质量。

$$\rho_{s} = \frac{m_{s}}{V_{s}} \tag{2-1}$$

式中：ρ_s 为土粒密度（g/cm³）。

土粒密度的大小取决于土粒的矿物成分，与土的孔隙大小和含水多少无关，它的数值一般在 2.60~2.80g/cm³ 之间（表 2-1）。一般情况下，土粒密度随有机质含量增大而减小，随铁镁质矿物增大而增大。它是土中各种矿物密度的加权平均值。

表 2-1　各种主要类型土的土粒密度

土的种类		砾类土	砂类土	粉土	粉质黏土	黏土
土粒密度（g/cm³）	常见值	2.65~2.75	2.65~2.70	2.65~2.70	2.68~2.73	2.72~2.76
	平均值	2.66	2.68		2.71	2.74

土粒密度是可以在实验室直接测定的指标。该指标一方面可间接说明土中的矿物成分特征，另一方面主要用来计算其他指标。

2. 土粒比重

土粒比重是指土粒的质量和同体积纯蒸馏水在 4℃时的质量之比。

$$G_{s} = \frac{m_{s}}{V_{s}(\rho_{w}^{4℃})} = \frac{\rho_{s}}{\rho_{w}^{4℃}} \tag{2-2}$$

式中：ρ_s 为土粒密度，即单位体积土粒的质量；$\rho_w^{4℃}$ 为 4℃时的纯蒸馏水密度。其中 $\rho_w^{4℃} = 1.0 \text{g/cm}^3$，土粒比重是无量纲数，在数值上等于土粒密度。

二、土的密度和重度

1. 天然密度

天然密度是天然状态下单位体积土的质量。

$$\rho = \frac{m}{V} = \frac{m_{s} + m_{w}}{V_{s} + V_{v}} \tag{2-3}$$

天然密度的大小取决于矿物成分、孔隙大小和含水情况，综合反映了土的物质组成和结构特征。土越密实，含水量越高，天然密度就越大；反之就越小。由于自然界土的松密程度与含水量变化较大，故天然密度变化较大，一般值为 1.6~2.2g/cm³，小于土粒密度值，它是一个实测指标。

2. 干密度

干密度是土的孔隙中完全没有水时的密度，指单位体积干土的质量。

$$\rho_{d} = \frac{m_{s}}{V} \tag{2-4}$$

式中：ρ_d 为干密度（g/cm³）。

干密度与土中含水多少无关，只取决于土的矿物成分和孔隙性。对于某一种土来说，矿物成分是固定的，土的密度大小只取决于土的孔隙性，所以干密度能说明土的密实程度。其值越大越密实；反之越疏松。干密度可以实测，但一般用其他指标计算求得。土的干密度一般在 1.4~1.7g/cm³ 之间。

3. 饱和密度

饱和密度是土的孔隙完全被水充满时的密度，指土孔隙中全部充满液态水时单位体积土的质量。

$$\rho_{sat} = \frac{m_s + V_v \cdot \rho_w}{V} \tag{2-5}$$

式中：ρ_w 为水的密度（g/cm³），常近似取 1.0g/cm³。

工程中通常还会用重度 γ 表示，土的重度即单位体积土的重量，单位为 kN/m³。它和土的密度有如下关系：

$$\gamma = \rho g \tag{2-6}$$

式中：重力加速度 g 常近似取 10m/s²，则当 $\rho = 1.0$g/cm³ 时，$\gamma = 10$kN/m³。

与天然密度、干密度、饱和密度对应的重度分别称为天然重度（γ）、干重度（γ_d）及饱和重度（γ_{sat}）。另外，处于地下水位以下的土层，如果土层是透水的，此时土受水的浮力作用，土的实际质量将减小，那么这种处于地下水位以下的有效重度常特称为土的浮重度 γ'，单位为 kN/m³，即

$$\gamma' = \frac{(m_s - V_s \cdot \rho_w)}{V} \cdot g = \frac{m_s + m_w - V \cdot \rho_w}{V} \cdot g \tag{2-7}$$

浮重度等于土的饱和重度减去水的重度 γ_w，即：

$$\gamma' = \gamma_{sat} - \gamma_w \tag{2-8}$$

对于同一种土来讲，土的天然重度、干重度、饱和重度、浮重度在数值上有如下关系：

$$\gamma_{sat} > \gamma > \gamma_d > \gamma'$$

三、土的含水性

1. 含水量

含水量是土中所含水分的质量与土粒质量之比，以百分数表示，又称土的含水率。

$$w = \frac{m_w}{m_s} \times 100\% \tag{2-9}$$

一般所说的含水量指的是天然含水量。土的含水量由于土层所处自然条件（如水的补给、气候、离地下水位的距离等），土层的结构构造（疏密程度）以及沉积历史等的不同，其数值相差较大。如近代沉积的三角洲软黏土或湖相黏土，含水量可达 100% 以上，有的甚至高达 200% 以上；而有些密实的第四纪老黏土（Qp_3 以前沉积），孔隙体积较小，即使孔隙中全部充满水，含水量也可能小于 20%。干旱地区，土的含水量可能微不足道或只有百分之几。一般砂类土的含水量都不会超过 40%，以 10%~30% 为常见值，一般黏性土的常见值为 20%~50%。含水量是一个实测指标。

土的孔隙中全被水充满时的含水量称为饱和水量。

$$w_{sat} = \frac{V_v \cdot \rho_w}{m_s} \times 100\% \tag{2-10}$$

饱和含水量既能反映土孔隙中全部充满水时含水多少，又能反映土的孔隙率大小。

2. 饱和度

饱和度是土孔隙中所含水的体积与土中孔隙体积的比值，以百分数表示。

$$S_r = \frac{V_w}{V_n} \times 100\% \tag{2-11}$$

或天然含水量与饱和含水量之比，即

$$S_r = \frac{w}{w_{sat}} \times 100\% \tag{2-12}$$

饱和度可以说明土孔隙中充水的程度，其数值为 0~100%。干土：$S_r = 0$；饱和土：$S_r = $

100%。工程实际中,饱和度可以用于评述砂类土的含水状况(或湿度),按饱和度大小常将砂类土划分为如下3种含水状况:

$$S_r < 50\% \quad 稍湿的$$
$$50\% \leqslant S_r \leqslant 80\% \quad 很湿的$$
$$S_r > 80\% \quad 饱和的$$

饱和度是一个计算指标,黏性土主要含结合水,结合水膜厚度的变化将引起土体积的膨胀或收缩,改变原状土中孔隙的体积。另外,结合水的密度大于 $1g/cm^3$,计算饱和度时,一般取水的密度为 $1.0g/cm^3$。因此,最终计算得到的饱和度值常大于100%,显然与实际不符。工程实际中,一般不用饱和度评价黏性土的湿度。

四、土的孔隙性

1. 孔隙度

孔隙度又称孔隙率,指土中孔隙总体积与土的总体积之比,以百分数表示,即

$$n = \frac{V_v}{V} \times 100\% \tag{2-13}$$

土的孔隙度取决于土的结构状态,砂类土的孔隙度常小于黏性土的孔隙度。土的孔隙度一般为27%~52%。新沉积的淤泥,孔隙度可达80%。土的孔隙度是一个计算指标。

2. 孔隙比

孔隙比指土中孔隙体积与土中固体颗粒总体积的比值,以小数表示,即

$$e = \frac{V_v}{V_s} \tag{2-14}$$

土的孔隙比反映土的密实程度,按其大小可对砂土或粉土进行密实度分类。如在《岩土工程勘察规范》(GB 50021—2001)(2009年版)中,用天然孔隙比来确定粉土的密实度。$e<0.75$ 为密实,$0.75 \leqslant e \leqslant 0.9$ 为中密,$e>0.9$ 为稍密的粉土。工程实际中,孔隙比除了用于评价砂类土或粉土的密实程度外,还用于计算地基沉降量。

孔隙度与孔隙比的关系为

$$n = \frac{e}{1+e} \quad 或 \quad e = \frac{n}{1-n} \tag{2-15}$$

五、土的基本物理性质指标之间的关系

土的三相比例关系的指标一共有9个,即土粒密度、天然密度、干密度、饱和密度、浮重度、含水量、饱和度、孔隙度、孔隙比。它们主要反映了土的密实程度与干湿状态,而且相互之间都有内在联系。其中土粒密度、天然密度、含水量是3个基本实测指标,即通过试验直接测定。其余6个指标均可由3个实测指标换算取得,常称为导出指标或计算指标。

由实测指标换算求取6个导出指标可直接用简单的数学演算方法,如表2-2和表2-3所示。

表2-2 三相比例指标基本换算公式

指标名称	换算公式	指标名称	换算公式
干密度 ρ_d	$\rho_d = \dfrac{\rho}{1+\omega}$	饱和密度 ρ_{sat}	$\rho_{sat} = \dfrac{G_s + e}{1+e} \rho_w$
孔隙率 n	$n = 1 - \dfrac{\rho}{\rho_s(1+\omega)}$	孔隙比 e	$e = \dfrac{\rho_s(1+\omega)}{\rho} - 1$

表 2-3 三相比例指标相互换算公式

	孔隙比 e	孔隙率 n	干密度 ρ_d	饱和密度 ρ_{sat}	浮重度 γ'	饱和度 S_r
孔隙比 e		$n=\dfrac{V_v}{V}$	$\rho_d=\dfrac{G_s\rho_w}{1+e}$	$\rho_{sat}=\dfrac{G_s+e}{1+e}\rho_w$	$\gamma'=\dfrac{G_s-1}{1+e}\gamma_w$	$S_r=\dfrac{\omega G_s}{e}$
孔隙率 n	$e=\dfrac{n}{1-n}$		$\rho_d=\dfrac{nS_r}{\omega}\rho_w$	$\rho_{sat}=G_s\rho_w(1+n)+n\rho_w$	$\gamma'=(G_s-1)\cdot(1-n)\gamma_w$	$S_r=\dfrac{\omega G_s(1-n)}{n}$
干密度 ρ_d	$e=\dfrac{\rho_s}{\rho_d}-1$	$n=1-\dfrac{\rho_d}{\rho_s}$		$\rho_{sat}=(1+e/G_s)\rho_d$	$\gamma'=[(1+e/G_s)\cdot\rho_d-\rho_w]g$	$S_r=\dfrac{\omega\rho_d}{n\rho_w}$
饱和密度 ρ_{sat}	$e=\dfrac{\rho_s-\rho_{sat}}{\rho_{sat}-\rho_w}$	$n=\dfrac{\rho_s-\rho_{sat}}{\rho_s-\rho_w}$	$\rho_d=\dfrac{\rho_{sat}G_s}{G_s+e}$		$\gamma'=\rho_{sat}g-\gamma_w$	$S_r=\dfrac{\omega G_s\gamma'/g}{\rho_s-\rho_{sat}}$
浮重度 γ'	$e=\dfrac{\gamma_s-\gamma_{sat}}{\gamma'}$	$n=\dfrac{(G_s-1)\gamma_w-\gamma'}{(G_s-1)\gamma_w}$	$\rho_d=\dfrac{G_s(\gamma'/g+\rho_w)}{G_s+e}$	$\rho_{sat}=(\gamma'+\gamma_w)/g$		$S_r=\dfrac{\omega G_s\gamma'}{\rho_s g-\gamma_{sat}}$
饱和度 S_r	$e=\dfrac{\omega G_s}{S_r}$	$n=\dfrac{\omega G_s}{S_r+\omega G_s}$	$\rho_d=\dfrac{S_r\rho_s}{\omega G_s+S_r}$	$\rho_{sat}=\dfrac{S_rG_s+\omega G_s}{\omega G_s+S_r}$	$\gamma'=\dfrac{S_r(\rho_s g-\gamma_{sat})}{\omega G_s}$	

因此只要测得 3 个实测指标,其余导出指标便可求得。3 个基本实测指标的精度直接影响着各导出指标的精度。为此在测定 3 个指标的时候应力求原状土样未受扰动,仪器设备可靠,操作过程要认真细致。

第三节　土的物理状态指标

土的物理状态,对于无黏性土是指土的密实程度;对于黏性土则是指土的软硬程度,也称黏性土的稠度。

一、无黏性土的密实度

砂土的密实程度还可用相对密度(D_r)来表示。

$$D_r = \frac{e_{\max} - e}{e_{\max} - e_{\min}} \tag{2-16}$$

式中:$e_{\max}$ 为最大孔隙比,即最疏松状态下的孔隙比;$e_{\min}$ 为最小孔隙比,即紧密状态下的孔隙比;e 为天然孔隙比,即通常所指天然状态下的孔隙比。

砂土的天然孔隙比介于最大和最小孔隙比之间,故相对密度 D_r 为 0~1;当 $e=e_{\max}$ 时,则 $D_r=0$,砂土处于最疏松状态;当 $e=e_{\min}$ 时,则 $D_r=1$,砂土处于最紧密状态。工程实际中,常用相对密度判别砂土的震动液化,或评价砂土的密实程度。按相对密度值可将砂土分为 3 种状态:$D_r \leqslant 0.33$ 为疏松的砂,$0.33 < D_r \leqslant 0.67$ 为中密的砂,$D_r > 0.67$ 为密实的砂。

砂土的最疏松与最密实的状态可在实验室由人工制备。实际上,由于砂土原状样不易取得,测定天然孔隙比较困难,加上实验室测定砂土的 $e_{\max}$ 与 $e_{\min}$ 精度有限,因此计算的相对密度值误差较大。

二、黏性土的稠度和可塑性

黏性土的稠度和可塑性是土颗粒与水相互作用后而表现的物理性质。

1. 稠度状态

黏性土因含水多少而表现出的稀稠软硬程度称为稠度。稠度反映土对于外力而引起变形破坏的抵抗能力。

黏性土因为含水量的不同而呈现出的不同物理状态称为稠度状态。土的稠度状态因含水量的不同,可表现为固态、塑态和流态 3 种状态。①固态:黏性土中含水量很低,水分子都被土颗粒表面的电荷吸附在颗粒表面,成为强结合水,其性质接近固体,使得土颗粒联结牢固,土质坚硬,力学强度高,不能揉塑变形,形状大小固定。根据水膜厚度不同,土表现为固态或半固态。②塑态:当含水量增加时,颗粒间周围除了强结合水还有弱结合水,此时主要是由弱结合水联结,在外力作用下容易产生变形,可揉塑成任意形状,不破裂、无裂纹,去掉外力后不能恢复原状。③流态:含水量继续增加,颗粒间被液态水充填,联结极弱,几乎丧失抵抗外力的能力,此时黏性土强度极低,不能维持固定的形状,土体通常呈泥浆状,受重力作用即可流动。上述 3 种稠度状态中的每一种还可以进一步细分为两种稠度状态,见表 2-4。

黏性土的稠度状态的变化是由于土中含水量的变化而引起的,黏性土由一种稠度状态转变为另一种稠度状态,相应于转变点(临界点)的含水量即为稠度界限(界限含水量)。

目前世界各国普遍应用的是由瑞典农学家阿登堡(Atterberg,1911)制定的稠度状态与相应的稠度界限标准(表 2-4)。稠度界限中最具实际意义的是由固态转变到流态的界限含水量,称为塑限(w_p);由塑态转变到流态的界限含水量,称为液限(w_L)。黏性土随含水量的变化而表现出不同的稠度状态,是一种复杂的物理化学过程,其实质是与黏性土周围水化膜的变化有直接关系。稠度界限有液性界限(w_L)、塑性界限(w_p)和缩限(w_s)。

液性界限(w_L)即液限含水量,简称液限。指黏性土从塑性状态进入液性状态时的含水量。

塑性界限(w_p)即塑限含水量,简称塑限。指黏性土从半固体状态进入塑性状态时的含水量。

缩限(w_s)指黏性土从半固态进入固态时的含水量。

表 2-4 黏性土的稠度状态和稠度界限

稠度状态		特征	稠度界限	体积缩小方向	含水率减小方向
流态	液流状态	土呈液体状,薄层状流动	触变限	↓	↓
	黏流状态	土似黏滞液体,厚层状流动			
塑态	黏塑状态	土具塑性体性质,可塑成任意形状,且能黏着于其他物体上	液限 w_L(塑性上限)		
	稠塑状态	土具塑性体性质,可塑成任意形状,但不能黏着其他物体	黏着限		
固态	半固体状态	土近似固体,力学强度较大,形状固定,不能揉塑变形	塑限 w_p(塑性下限)		
	固体状态	土具固体性质,力学强度高,形状大小固定	缩限 w_s	体积不变	

黏性土的液限与塑限通常在室内进行测定,液限常采用蝶式液限仪,塑限常采用搓条法。

土处于何种稠度状态取决于土中的含水量,但是由于不同土的稠度界限是不同的,因此天然含水量不能说明土的稠度状态。为判别自然界中黏性土的稠度状态,通常采用液性指数(I_L)进行评价,即

$$I_L = \frac{\omega - \omega_p}{\omega_L - \omega_p} \tag{2-17}$$

当 $w > w_L$ 时,$I_L > 1$,则土处于流态;当 $w < w_p$ 时,$I_L < 0$,则土处于固态;当 $w_p < w < w_L$ 时,$0 < I_L < 1$,则土处于塑态。也就是说,天然含水量越高,I_L 就越大,土就越软;相反,天然含水量越低,I_L 越小,土就越硬。工程实际中,常用 I_L 值判别土的稠度状态,见表 2-5。

表 2-5 按液性指数划分黏性土的稠度状态

液性指数 I_L	$I_L \leq 0$	$0 < I_L \leq 0.25$	$0.25 < I_L \leq 0.75$	$0.75 < I_L \leq 1$	$I_L > 1$
稠度状态	坚硬	硬塑	可塑	软塑	流塑

《岩土工程勘察规范》(GB 50021—2001)(2009 年版)、《建筑地基基础设计规范》(GB 50007—2011)中均采用此分类进行划分稠度状态,而表中的塑性指数由相应于 76g 圆锥体沉入土样中 10mm 时测定的液限计算得出。

稠度状态可以说明黏性土的强度与压缩性,坚硬(半固态)与硬塑状态的土较坚硬,强度高且压缩性低(变形量较小);流塑与软塑状态的土较柔软,强度低且压缩性较高(变形量较大);可塑性状态的土性质介于上述二者之间。

用液性指数判别黏性土稠度状态时,测得的液限与塑限用的是扰动土样,忽视了自然界原始土层的结构影响。因而,在天然含水量大于液限情况下,原始土层并不呈现流塑状态,或者

天然含水量大于塑限时,原始土层不显示塑态而呈固态。为了避免与实际的出入,有人建议用锥式液限仪直接测定具有天然结构与天然含水量的原状土样的锥体沉入深度(液限与塑限的锥体入土深度都有对应的值),判断其实际的稠度状态。虽然式(2-17)与实际有所不符,但目前在实际中,仍然主要采用上述的液性指数 I_L 来判断黏性土的稠度状态,这一方面是生产单位的习惯用法,另一方面其精度也能满足生产实际的需要。

2. 可塑性

当黏性土的含水量在液限与塑限之间时,土处于可塑状态,具有可塑性,这是黏性土的独特性能。由于可塑性是介于液限与塑限之间,故可塑性若用这两个界限的差值表示,差值即为塑性指数。

$$I_p = \omega_L - \omega_p \tag{2-18}$$

通常 I_p 用百分数的分子表示,I_p 越大,表示黏性土处于可塑态的含水量变化范围越大,可塑性越强。说明土中弱结合水膜(扩散层)厚度越大,土中黏粒含量越多,且含亲水性强的矿物成分越多;反之亦然。

黏性土可塑性强弱主要取决于粒间弱结合水膜厚度的大小,那么影响弱结合水膜(扩散层)厚度的因素主要是土的颗粒级配、矿物成分,水溶液的化学成分、浓度及 pH 值。因此,黏性土的可塑性强弱也受到这些因素的影响。

第四节 土的工程分类

目前,自然界的土种类繁多,性质各异,为了便于研究学习,需要将土根据它们所具有的特征进行分类。当前国内对土的分类及命名方案有很多,各个工程部门在各自指定的规范中对土的分类标准也不一样,但都是按照一定的原则,将土划分为若干类型。

一、工程分类的依据和类型

自然界的土种类较多,按照土的工程分类可以归纳为 3 级分类。

土的第一级分类是成因类型分类。

根据土的成因和形成年代作为最粗略的分类标准,如 Q_{p_3} 湖积土、Qh 冲积土等。这种分类可作为编制一般小比例尺概略图划分土类之用,为规划阶段制定规划方案,以说明区域工程地质条件。在岩土工程勘察中,也经常用到时代成因分类。如《岩土工程勘察规范》(GB 50021—2001)(2009 年版)将土按堆积年代划分为 3 类:①老堆积土,第四纪更新世(Q_{p_3})及其以前堆积的土层;②一般堆积土,第四纪全新世(文化期以前 Qh)堆积的土层;③新近堆积土,文化期以来全新世新近堆积的土层,一般呈欠固结状态。

土的第二级分类是土质类型分类。

根据土的物质组成(颗粒级配和矿物成分)及其与水相互作用的特点(塑性指标),按土的形成条件和内部联结,将土划分为最常见的"一般土"和由于一定形成条件而具有特殊成分和结构,表现出特殊性质的"特殊土"。土质分类可初步了解土的特性及其对工程建筑的适宜性以及可能出现的问题。这种分类可作为大中比例尺工程地质图划分之用。

土的第三级分类是工程建筑类型分类。

根据土与水作用的特点(饱和状态、稠度状态、胀缩性、湿陷性等)、土的密实度或压缩固结特点将土进行详细的划分。这些划分必须测得土的专门性试验指标。在实际工程中,这种分类大多体现在对土层的描述与评价中。

3种对于土的工程分类的类型概括在表2-6中。

表2-6 土的工程分类表

第一级成因类型	第二级土质类型			第三级工程建筑类型	
按地质成因划分	按形成条件、颗粒级配或塑性指数			按与水的关系	按密实度或压缩性
风化残积土	一般土	土壤	碎石土：漂石(块石)、卵石(碎石)、圆砾(角砾) 如含有其他主要土类应冠以相应定语	按饱和状态：饱和的、很湿的、稍湿的	按密实度：密实的、中密的、稍密的、松散的
		残积土			
重力堆积土		坠积土	砂类土：砾砂、粗砂、中砂、细砂、粉砂 当小于0.075mm的土的塑性指数大于10时，应冠以含黏性土定语		
		崩塌堆积土			
		滑坡堆积土			
地表流水沉积土		坡积土	粉土：粉土：砂质粉土、黏质粉土	按稠度状态：坚硬、硬塑、可塑、流塑、软塑	按压缩性：高压缩性、中压缩性、低压缩性
		洪积土	黏性土：粉质黏土、黏土		
		冲积土	(有机土)淤泥类土：淤泥质土：淤泥质粉土(粉质黏土)、淤泥质黏土，e 为 $1.0\sim1.5$，$\omega>\omega_L$		按灵敏度：高灵敏度、中灵敏度、低灵敏度
静水沉积土		湖积土	(典型)淤泥：$e>1.5$，$\omega>\omega_L$		
		沼泽土	泥炭：有机质含量大于60%		
海洋沉积土	特殊土	潟湖沉积土	红黏土	同上	
		滨海沉积土	黄土：黄土状：黄土状粉土(粉质黏土)、黄土状黏土	按湿陷性：非湿陷性、轻湿陷性、中湿陷性、强湿陷性	按湿陷情况：自重湿陷的、非自重湿陷的
		浅海沉积土			
		深海沉积土	(典型)黄土		
冰川堆积土		冰积土	盐渍土：氯盐盐渍土、硫酸盐盐渍土、碳酸盐盐渍土	按含盐数量：弱盐渍土、中等盐渍土、强盐渍土、超盐渍土	
		冰水沉积土			
风力堆积土		风积土	膨胀土：自由膨胀率≥40%的黏性土，属膨胀土	按膨胀性：弱膨胀性、中膨胀性、强膨胀性	
人工堆积土		人工土	人工填土：素填土：天然土经人类扰动堆积形成；冲填土：人工水力冲填泥砂形成；杂填土：垃圾或工业固体废料堆积		按密实度(粗粒土) 按压缩性(细粒土)
			冻土：季节冻土、瞬时冻土、多年冻土；砾质、砂质、黏质	按冻胀性：非冻胀土、弱冻胀土、中冻胀土、强冻胀土	

通常土的命名会联合土的第一级分类和第三级分类，如《岩土工程勘察规范》(GB 50021—2001)(2009年版)中规定：对特殊成因和年代的土类尚应结合其成因和年代特征定

名,如新近堆积砂质粉土、残坡积碎石土等。对特殊性土,尚应结合颗粒级配或塑性指数综合定名,如淤泥质黏土、弱盐渍砂质粉土、碎石素填土等。土的第二级分类即土质分类考虑了决定土的工程地质性质的本质因素,即土的颗粒级配与塑性特性,是土分类的最基本形式,在实际中应用较广。

二、国内最基本的两种土的工程分类法

1.《土的工程分类标准》(GB/T 50145—2007)分类法

我国的《土的工程分类标准》(GB/T 50145—2007)中的分类标准将土分为巨粒类土、粗粒类土和细粒类土。

试样中巨粒含量占总质量的75%以上的土称为巨粒土;巨粒含量占总质量的50%～75%的土称为混合巨粒土;巨粒含量占总质量的15%～50%的土称为巨粒混合土,巨粒类土的分类定名方法详见表2-7。

表2-7 巨粒类土的分类

土类	粒组含量		土类代号	土类名称
巨粒土	巨粒含量 75%～100%	漂石含量>卵石含量	B	漂石
		漂石含量≤卵石含量	C_b	卵石
混合巨粒土	巨粒含量 50%～75%	漂石含量>卵石含量	BSl	混合土漂石
		漂石含量≤卵石含量	C_bSl	混合土卵石
巨粒混合土	巨粒含量 15%～50%	漂石含量>卵石含量	SlB	漂石混合土
		漂石含量≤卵石含量	SlC_b	卵石混合土

注:定名时,应根据颗粒级配由大到小以最先符合者确定。

粗粒类土:试样中粗粒组质量多于总质量50%的土称为粗粒土,粗粒土进一步细分为砾类土和砂类土。砾粒组质量多于砂砾组的土称砾类土;砾粒组质量少于或等于砾粒组的土称砂类土。

此外,对粗粒类土的划分应考虑细粒含量和颗粒级配,因细粒含量和颗粒级配不同时,其物理力学性质差异很大。如细粒含量增加时,其亲水性与强度将增加,而渗透性则大大降低。因此,对粗粒类土必须考虑其细粒含量和颗粒级配进行进一步的划分,详见表2-8。

表2-8 粗粒类土的分类

土类		粒组含量		土代号	土名称
砾类土	砾	细粒含量<5%	级配 $C_u \geq 5, C_c = 1 \sim 3$	GW	级配良好砾
			级配不同时满足上述要求	GP	级配不良砾
	含细粒土砾	细粒含量 5%～15%		GF	含细粒土砾
	细粒土质砾	细粒含量 15%～50%	细粒组中的粉粒含量不大于50%	GC	黏土质砾
			细粒组中的粉粒含量大于50%	GM	粉土质砾

续表 2-8

土类		粒组含量	土代号	土名称
砂类土	砂	细粒含量<5%	级配 $C_u \geqslant 5, C_c = 1 \sim 3$	SW	级配良好砂
			级配不同时满足上述要求	SP	级配不良砂
	含细粒土砂	细粒含量 5%~15%		SF	含细粒土砂
	细粒土质砂	细粒含量 15%~50%	细粒组中粉粒含量不大于 50%	SC	黏土质砂
			细粒组中粉粒含量大于 50%	SM	粉土质砂

细粒类土:试样中细粒组含量不小于50%的土称为细粒类土。粗粒含量不大于25%的土称细粒土。粗粒含量大于25%且不大于50%的土称含粗粒的细粒土。试样中有机质含量小于10%且不小于5%的土称有机质土。

塑性图是由美国学者卡萨格兰德(Casagrande)于20世纪30年代提出的,尔后应用于对细粒土的土质分类,目前在欧美国家和日本普遍推广使用。我国1999年颁布的《土工试验规程》(SL 237—1999)中也提出了用于细粒土分类的塑性图。塑性图的基本图式是以塑性指数 I_p 为纵坐标,液限 w_L 为横坐标,图上绘有两条(或两条以上)的直线,如 A 线、B 线。A 线、B 线将图分为4个区域,可区分出不同类型的细粒土(图 2-2)。

(1)A 线以上为黏土(C),以下为粉土(M)。

(2)B 线左侧为低液限区(L),右侧为高液限区(H)。

为了与国际上的标准接轨,又考虑到我国的实际情况,《土的工程分类标准》(GB/T 50145—2007)中规定了细粒土分类的塑性图。当取质量为76g、锥角为30°的蝶式液限仪锥尖入土深度为17mm对应的含水量为液限时,应按图 2-2 分类。

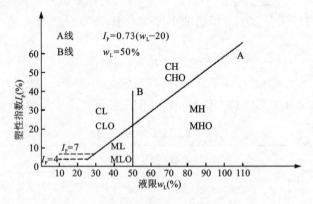

图 2-2 塑性图(锥尖入土深度 17mm)

土中横坐标为土的液限 w_L,纵坐标为塑性指数 I_p,虚线之间的区域为黏土-粉土过渡区。细粒土的分类符合表 2-9 的规定。

表 2-9　细粒土分类

锥尖入土深度	土的塑性指标在塑性图中的位置		土代号	土名称
	塑性指数 I_p	液限 w_L		
17mm	$I_p \geq 0.73(w_L-20)$ 和 $I_p \geq 7$	≥50%	CH	高液限黏土
		<50%	CL	低液限黏土
	$I_p < 0.73(w_L-20)$ 和 $I_p < 4$	≥50%	MH	高液限粉土
		<50%	ML	低液限粉土

含粗粒的细粒土按所含粗粒的类别进行划分。如砾粒占优势,称含砾细粒土,应在细粒土代号后缀以代号 G,如 CHG、CLG、MHG、MLG 等。如砂粒占优势,称含砂细粒土,应在细粒土代号后缀以代号 S,如 CHS、CLS、MHS、MLS 等。有机土可按表 2-9 划分,在各相应土类代号之后应缀以代号 O,如 CHO、CLO、MHO、MLO 等。土的含量或指标等于界限值时,可根据使用目的按照偏于安全的原则分类。

《土的工程分类标准》还规定了土的简易鉴别方法。用目测法代替实验室筛分法确定土的粒径大小及各类组含量。用干强度、手捻、搓条、韧性和摇震反应等定性方法代替用仪器测定细粒土的塑性。这种方法特别适用于野外的工程地质勘察,对土进行野外定名与描述。这些方法可详见《土的工程分类标准》(GB/T 50145—2007)。

2.《建筑地基基础设计规范》(GB 50007—2011)分类法

在我国建设部主编的《建筑地基基础设计规范》(GB 50007—2011)中,将作为建筑地基的岩土分为岩石、碎石土、砂土、粉土、黏性土和人工填土。本书不对岩石进行详细介绍,对于人工填土的详细描述将在第三小节特殊土的工程地质特性中阐述。

碎石土是粒径大于 2mm 的土颗粒含量多于总质量的 50% 的土,根据颗粒形状和粒组含量可分为如表 2-10 所示的几类。

表 2-10　碎石土分类

土的名称	颗粒形状	颗粒级配
漂石	圆形及亚圆形为主	粒径大于 200mm 的颗粒超过总质量的 50%
块石	棱角形为主	
卵石	圆形及亚圆形为主	粒径大于 20mm 的颗粒超过总质量的 50%
碎石	棱角形为主	
圆砾	圆形及亚圆形为主	粒径大于 2mm 的颗粒超过总质量的 50%
角砾	棱角形为主	

注:定名时应根据颗粒级配由大到小以最先符合者确定。

砂土是粒径大于 0.075mm 的土颗粒含量超过总质量的 50%,且粒径大于 2mm 的土颗粒含量不超过总质量的 50% 的土,根据粒组含量可细分为如表 2-11 所示的几类。

表 2-11　砂土分类

土的名称	颗粒级配
砾砂	粒径大于 2mm 的颗粒质量占总质量的 25%～50%
粗砂	粒径大于 0.5mm 的颗粒质量超过总质量的 50%
中砂	粒径大于 0.25mm 的颗粒质量超过总质量的 50%
细砂	粒径大于 0.075mm 的颗粒质量超过总质量的 85%
粉砂	粒径大于 0.075mm 的颗粒质量超过总质量的 50%

注：①定名时应根据颗粒级配由大到小以最先符合者确定；②当砂土中，粒径小于 0.075mm 的土的塑性指数大于 10 时，应冠以"含黏性土"定名，如含黏性土粗砂等。

粉土介于砂土和黏性土之间，粒径大于 0.075mm 的颗粒不超过总质量的 50%，且塑性指数 $I_p \leqslant 10$ 的土。

黏性土：塑性指数 $I_p > 10$ 的土。黏性土又可进一步划分为粉质黏土（$10 < I_p \leqslant 17$）和黏土（$I_p > 17$）。塑性指数由相应于 76g 圆锥体沉入土样中深度为 10mm 时测定的液限计算而得。

三、特殊土的工程地质特性简介

特殊土是指某些具有特殊物质成分和结构而工程地质性质也比较特殊的土。这些特殊土一般都是在一定的生成条件下形成的，或是由于所处自然环境逐渐变化形成的。特殊土的种类甚多，主要有静水沉积的淤泥类土，含亲水性矿物较多的膨胀土，湿热气候条件下形成的红黏土，干旱气候条件下形成的黄土类土与盐渍土，寒冷地区的冻土，人工堆填形成的人工填土等。这些特殊土的性质不同于常见的一般土，故其研究内容和研究方法也常有特殊要求。

1. 淤泥类土

淤泥类土是指在水流缓慢的沉积环境中有微生物参与作用下沉积形成的含较多有机质、疏松软弱的含较多粉粒的黏性土。我国淤泥类土基本上可以分为两大类：一类是沿海沉积的；另一类是内陆和山区湖盆地及山前谷地沉积的。前者分布较稳定，厚度较大，土质较疏松软弱；后者常零星分布，沉积厚度较小，性质变化大。从外观上看，淤泥类土常呈灰色、灰蓝色、灰绿色及灰黑色等暗淡的颜色，污染手指，常有臭味。

淤泥类土的工程地质性质具有如下一些特点：

(1) 高孔隙比、饱水、天然含水量大于液限。孔隙比一般为 1.0～2.0，饱和度一般都超过 95%，常处于软塑状态，但一经扰动，结构破坏，土就处于流动状态。

(2) 透水性极弱，由于常夹有极薄层的粉砂、细砂层，故垂直方向的渗透系数较水平方向的渗透系数要小一些。

(3) 高压缩性，压缩系数一般为 $0.7 \sim 1.5 \text{MPa}^{-1}$。

(4) 抗剪强度低，且与加荷速度和排水固结条件有关。

(5) 具有较显著的触变性和蠕变性，强震下易震陷。我国淤泥类土常属于中等灵敏性，也有的属高灵敏性。

习惯上还将天然含水量大于液限、孔隙比大于 1.5 的淤泥类土称为"淤泥"，即典型的淤泥类土，其压缩性很高，强度低，灵敏度较高；而将天然含水量大于液限、孔隙比为 1.0～1.5 的淤泥类土称为"淤泥质土",其性质介于典型淤泥和一般黏性土之间。在实际工程中,将天然孔隙比大于或等于1.0且天然含水量大于液限的细粒土称为软土,包括淤泥、淤泥质土、泥炭、泥炭质土等。

2. 膨胀土

膨胀土又称胀缩土,系指随含水量的增加而膨胀,随含水量的减少而收缩,具有明显膨胀和收缩的细粒土(自由膨胀率≥40%)。

膨胀土在我国分布较广,主要在云南、广西、贵州、湖北、河南等省(自治区)分布较多且有代表性。膨胀土一般分布在Ⅱ级及Ⅱ级以上的阶地上或盆地的边缘,大多数是晚更新世及其以前形成的残积、冲积、洪积物。

从外表上看,膨胀土一般呈红、黄、褐、灰白等不同颜色,具斑状结构,常含有铁锰质或钙质结核,土体常具有网状开裂。膨胀土之所以具有胀缩特性,主要是因土中含有较多亲水性较强的黏土矿物,黏粒含量高达35%以上。其工程地质性质主要是:液限、塑限及塑性指数都比较大,饱和度一般大于80%,但天然含水量较小,一般在20%左右,土体常处于硬塑或坚硬状态,强度较高,压缩性中等偏低,故常被简单认为是很好的地基,但在含水量增加或结构受到扰动时,其力学性质向不良方向转化较明显。

3. 黄土

黄土是一种特殊的第四纪大陆松散堆积物,在世界各地分布很广,我国基本上分布在西北、华北和东北地区,面积达60多万平方千米。

黄土的颜色主要呈黄色或褐黄色,颗粒成分以粉粒为主,富含碳酸钙,有肉眼可见的大孔隙,天然剖面上垂直节理发育,被水浸湿后土体具显著的沉陷(湿陷性)。具有上述全部特征的土,称为典型黄土,而与之相似但缺少个别特征的土称为黄土状土。典型黄土和黄土状土统称为黄土类土,简称黄土。

我国黄土从早更新世开始堆积,经历了整个第四纪,直到目前还没有结束。形成于早更新世的午城黄土和中更新世的离石黄土称为老黄土,一般无湿陷性,承载力较高。晚更新世的马兰黄土及全新世早期的现代黄土称为新黄土,新黄土广泛覆盖于老黄土之上,一般具有湿陷性。近几百年至近几十年形成的黄土称新近堆积黄土,其分布于局部地方,厚度仅数米,黄土松散,压缩性高,湿陷性不一,承载力较低。天然状态下,黄土的密度较小,孔隙率较大,含水量较低,含水量一般为10%~25%,常处于硬塑或坚硬状态,塑性较弱,透水性较强,抗水性较弱,压缩性中等,抗剪强度较高(新近堆积的黄土除外)。

黄土具有湿陷性,是黄土独特的工程地质性质。黄土在一定压力作用下受水浸湿后,结构迅速破坏而产生显著附加沉陷的性能,称为黄土的湿陷性。黄土产生湿陷的最根本原因是它具有明显的遇水联结减弱,结构趋于紧密的有利于湿陷的特殊成分和结构。黄土的湿陷又分为自重湿陷和非自重湿陷两种类型。前者是指黄土遇水后,在其本身的自重作用下产生沉陷的现象;后者是指黄土浸水后,在附加荷载作用下产生的附加沉陷。划分这两种类型的黄土,对工程建筑具有较大的实际意义。在这两种不同湿陷性黄土地区进行工程建设时,采用的各项措施及施工要求均有较大的差别。评价黄土湿陷性的方法有很多,但归纳起来有间接的和直接的两种。间接方法是根据黄土的物质成分及物理力学性质指标来大致说明黄土湿陷的可能性;直接方法是利用湿陷性指标来直接判断黄土的湿陷性。

4. 红黏土

红黏土是指碳酸盐类岩石经过强烈化学风化后形成的高塑性黏土,广泛分布在我国云贵高原、四川东部、两湖和两广北部的一些地区,是一种区域性的特殊土。

红黏土主要为残积、坡积类型,一般分布在山坡、山麓、盆地或洼地中,其厚度变化很大。红黏土的颗粒细而均匀,黏粒含量很高(黏粒含量一般在 50%~70%之间),且以黏土矿物为主。其工程地质性质主要是高塑性和分散性,含水量较高,密实度较低,强度较高,压缩性较低,具有明显的收缩性和轻微膨胀性。

5. 其他特殊土

盐渍土是地表土层易溶盐含量大于 0.5%的土,盐渍土所含盐分及其数量对土的工程地质性质影响较大。

冻土是在寒冷地区,当温度低于零摄氏度时,土中液态水冻结为固态冰,冰胶结了土,形成了一种特殊联结的土。冻土的强度较高,压缩性很低,当温度升高时,土中的冰融化为液态水。这种融土的强度剧烈降低,压缩性大大增强。土的冻结和融化,使土体膨胀和缩小,常给建筑带来不利的影响,甚至导致破坏。

人工填土是指由于人类工程活动而堆积的土,人工填土种类繁多,性质相差很悬殊。大致可分为素填土、杂填土及冲填土 3 类。素填土主要由黏性土、砂或碎石组成,夹有少量的碎砖、瓦片等杂物;杂填土主要为建筑垃圾、生活垃圾或工业废料等,物质组成不均,性质差别很大;冲填土是用水力冲填法将水底泥砂等沉积物堆积而成。

第五节 土的压实性

填土用在很多工程建设中,例如用在地基、路基、土堤和土坝中。特别是高土石坝,往往填方量达数百万立方米甚至千万立方米以上,是质量要求很高的人工填土工程。填土时,经常都要采用夯打、振动或碾压等方法,使土得到压实,以提高土的强度,减小压缩性和渗透性,从而保证地基和土工建筑物的稳定。压实就是指土体在压实能量作用下,土颗粒克服粒间阻力,产生相对位移,使土中的孔隙减小,密度增加。

实践经验表明,压实细粒土宜用夯击机具或压强较大的碾压机具,同时必须控制土的含水量。含水量太高或太低都得不到好的压密效果。压实粗粒土时,则宜采用振动机具,同时充分洒水。两种不同的施工方法表明细粒土和粗粒土具有不同的压密性质。

一. 细粒土的压实性

研究细粒土的压实性可以在实验室或现场进行。在实验室中,将某一土样分成 6~7 份,每份土具有不同的含水量,得到各种不同含水量的土样。将每份土样分层装入击实仪内,用完全同样的方法击实。击实后,测出压实土的含水量和干密度。以含水量为横坐标,干密度为纵坐标,绘制含水量-干密度曲线,如图 2-3 所示。这种试验称为土的击实试验,得到的曲线称为土的室内击实曲线。

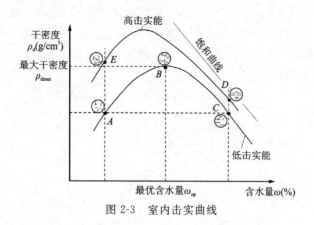

图 2-3 室内击实曲线

1. 最优含水量和最大干密度

在图 2-3 的室内击实曲线上,峰值干密度对应的含水量称为最优含水量 ω_{op},它表示在这一含水量下,以这种压实方法,能够得到最大干密度 ρ_{dmax}。同一种土,干密度越大,孔隙比越小,所以最大干密度相应于试验所达到的最小孔隙比。在某一含水量下,将土压到理论上的最密,就是将土中所有的气体都从孔隙中赶走,使土达到饱和。将不同含水量所对应的土体达到饱和状态时的干密度也点绘于图 2-3 中,得到理论上所能达到的最大压实曲线,即饱和度为 $S_r=100\%$ 的压实曲线,也称饱和曲线。

按照饱和曲线,当含水量很大时,干密度很小,因为这时土体中很大一部分体积都是水。若含水量很小,则饱和曲线上的干密度很大。当 $\omega=0$ 时,饱和曲线的干密度应等于土颗粒的密度 ρ_s。显然除了变成岩石外,碎散的土是无法达到的。

实际上,实验的击实曲线在峰值以右逐渐接近于饱和曲线,并且大体上与它平行。在峰值以左,则两根曲线差别较大,而且随着含水量减小,差值迅速增加。土的最优含水量的大小随土的性质而异,试验表明 ω_{op} 约在土的塑限 ω_p 附近。有各种理论解释这种现象的机理,归纳起来可理解为:当含水量很小时,细粒土颗粒表面的水膜很薄,要使土颗粒相互移动需要克服很大的粒间阻力,因而需要消耗很大的能量。这种阻力可能来源于毛细压力或者结合水的抗剪阻力。随着含水量增加,水膜加厚,粒间阻力必然减小,土颗粒自然容易移动。但是,当含水量超过最优含水量 ω_{op} 以后,水膜继续增厚所引起的润滑作用已不明显。这时,土中的剩余空气已经不多,并且处于与大气隔绝的封闭状态。封闭气泡很难全部被赶走,因此击实曲线不可能达到饱和曲线,亦即击实土不会达到完全饱和状态。细粒土的渗透性小,在击实或碾压过程中,土中水来不及渗出,压实的过程可以认为含水量保持不变,因此在 $\omega>\omega_p$ 时,必然是含水量越高得到的压实干密度越小。

2. 压实能的影响

压实能是指压实每单位体积土所消耗的能量。击实试验中的压实能可用式(2-19)表示:

$$E=\frac{WdNn}{V} \tag{2-19}$$

式中,W 为击锤质量(kg),在轻型标准击实试验中击锤质量为 2.5kg;d 为落距(m),击实试验中定为 0.305m;N 为每层土的击实次数,标准试验为 25 击;n 为铺土层数,试验中分 3 层;V 为击实筒的体积,$0.9474\times10^{-3}\text{m}^3$。

每层土的击实次数不同,即表示击实能有差异。同一种土,用不同的击实能,得到的击实曲线如图 2-4 所示。曲线表明,击实能越大,得到的最优含水量越小,相应的最大干密度越高。所以,对于同一种土,最优含水量和最大干密度并不是恒定值,而是随着压实能而变化。同时,从图 2-4 中还可以看到,含水量超过最优含水量以后,压实能的影响随含水量的增加而逐渐减小。击实曲线均靠近于饱和曲线。

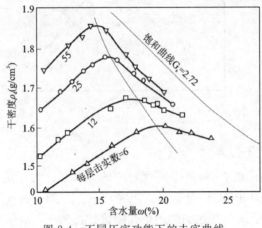

图 2-4　不同压实功能下的击实曲线
锤质量为 4.5kg,落距为 45.7cm

3. 填土的含水量和碾压标准的控制

由于黏性填土存在着最优含水量,因此在填土施工时应将土料的含水量控制在最优含水量左右,可用较小的能量获得较高的密度。当含水量控制在最优含水量的干侧时(如图 2-3 的 A、E 点),击实土的结构常具有絮凝结构的特征。这种土比较均匀,强度较高,较脆硬,不易压密,但浸水时容易产生附加沉降。当含水量控制在最优含水量的湿侧时(如图 2-3 中的 C、D 点),土具有分散结构的特征。这种土的可塑性大,适应变形的能力强,但强度较低,且具有较强的各向异性。所以,含水量比最优含水量偏高或偏低,填土的性质各有优缺点,在设计土料时要根据对填土提出的要求和当地土料的天然含水量,选定合适的含水量,一般选用的含水量要求在 $\omega_{op} \pm 2\%$ 的偏差范围内。

要求填土达到的压密标准,工程上采用压实度控制,在《建筑地面设计规范 GB 50037—2013》中也称为压实系数。压实度的定义是

$$压实度 = \frac{填土干密度}{室内标准功能击实的最大干密度} \times 100\% \tag{2-20}$$

我国《公路路基施工技术规范》(JTG/T 3610—2019)中规定,二级及二级以上公路一般土质不小于 90%,三级、四级公路不应小于 85%。土石坝的压实标准也有相应的规定。

二、粗粒土的压实性

砂和砂砾等粗粒土的压实性也与含水量有关,不过一般不存在一个最优含水量。在完全干燥或者充分洒水饱和的情况下容易压实到较大的干密度。潮湿状态,由于毛细压力增加了粒间阻力,压实干密度显著降低。当粗砂含水量为 4%~5%、中砂含水量为 7% 左右时,压实干密度最小,如图 2-5 所示。所以,在压实砂砾时可充分洒水使土料饱和。

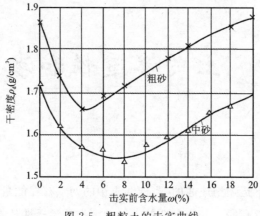

图 2-5 粗粒土的击实曲线

粗粒土的压实标准一般用相对密度 D_r 控制。以前要求相对密度达到 0.70g/cm^3 以上，近年来根据地震震害资料的分析结果，认为高烈度区相对密度还应提高。室内试验的结果也表明，对于饱和的粗粒土，在静力或动力的作用下，相对密度为 $0.70\sim0.75\text{g/cm}^3$ 时，土的强度明显增加，变形显著减小，可以认为相对密度 $0.7\sim0.75\text{g/cm}^3$ 是力学性质的一个转折点。同时由于大功率的振动碾压机具的发展，提高压密度成为可能。我国的《水工建筑物抗震设计规范》(DL 5073—2000)规定，对于无黏性土压实，要求浸润线以上的材料相对密度不低于 0.75g/cm^3，浸润线以下材料的相对密度根据设计烈度大小选用 $0.75\sim0.85\text{g/cm}^3$。

习 题

(1) 土的三相比例指标中，哪一些指标可以直接测定，并说明用什么方法测定。

(2) 在野外试验中用体积为 90cm^3 环刀取原状土样，并称得土样的质量为 154g，送回实验室后称得该土样的质量为 148g，并从该土样中取样测得含水量为 15%，用余土测得土粒密度为 2.7g/cm^3，求：天然密度、干密度、孔隙度、孔隙比、饱和度。

(3) 在某一地下水位以下的土层中，用体积为 72cm^3 的环刀取样，经测定得土样质量 129.1g，烘干质量 121.5g；土粒密度 2.70g/cm^3。求该土样的含水量、天然密度、饱和密度、干密度、浮重度。

(4) 已知某土样的天然密度 $\rho=1.90\text{g/cm}^3$，含水量 $\omega=30\%$，土粒密度 $\rho_s=2.68\text{g/cm}^3$，求干密度、孔隙度、孔隙比、饱和度。

(5) 为什么要引入相对密度的概念来评价土的密实度？它作为砂土的密度评价指标，有何优点和缺点？

(6) 从甲、乙两地黏性土中各取出土样进行液塑限试验，两土样的液、塑限都相同，$\omega_L=40\%$，$\omega_p=20\%$。但甲地的天然含水量 $\omega=38\%$，而乙地的 $\omega=20\%$，求两地的液性指数 I_L，判断两地黏性土的稠度状态；问哪一地区的土较适宜于用作建筑物的天然地基？

(7) 液性指数是否会出现 $I_L>1.0$ 或 $I_L<0$ 的情况，相对密度 $D_r>1.0$ 或 $D_r<0$ 的情况，请说明原因。

第三章 土的渗透性和渗流问题

第一节 概 述

土中孔隙一般情况下是互相连通的,当饱和土中的两点存在能量差(水头差或压力差)时,水就在土的孔隙中从能量高的点向能量低的点流动。土的渗透性就是指水在土孔隙中渗透流动的性能。在计算基坑涌水量、水库与渠道的渗漏量,评价土体的渗透变形,分析饱和黏性土在建筑荷载作用下地基变形与时间的关系(渗透固结)等方面都与土的渗透性有密切关系。

土体的渗透性与土体的强度和变形特性一起,是土力学中所研究的几个主要的力学性质。在岩土工程的各个领域内,许多课题都与土的渗透性有密切的关系。概括来说,对土体的渗透问题的研究主要包括下述 4 个方面。

1. 渗流量问题

渗流量问题包括土石坝和渠道渗漏水量的估算、基坑开挖时的涌水量计算以及水井的供水量估算等。渗流量的大小将直接关系到工程的经济效益。

2. 渗透力和水压力问题

流经土体的水流会对土颗粒和土骨架施加作用力,称为渗透力。渗流场中的饱和土体和结构物会受到水压力的作用,在土工建筑物和地下结构物的设计中,正确地确定上述作用力的大小是十分必要的。当对这些土工建筑物和地下结构物进行变形或稳定计算分析时,需要首先确定这些渗透力和水压力的大小与分布。

3. 渗透变形(或称渗透稳定)问题

当渗透力过大时可引起土颗粒或土骨架的移动,从而造成土工建筑物及地基产生渗透变形,如地面隆起、细颗粒被水带出等现象。渗透变形问题直接关系到建筑物的安全,它是水工建筑物、基坑和地基发生破坏的重要原因之一。统计资料表明,土石坝失事总数中,由于各种形式的渗透变形而导致失事的占 1/4~1/3。

4. 渗流控制问题

当渗流量和渗透变形不满足设计要求时,要采用工程措施加以控制,称为渗流控制。

综上所述可知,渗流会造成水量损失而降低工程效益;会引起土体的渗透变形,直接影响土工建筑物和地基的稳定与安全。因此,研究土体的渗透规律,掌握土体中水渗流的知识以便对渗流进行有效的控制和利用,是水利工程及土木工程相关领域中一个非常重要的课题。本章将主要讨论土体的渗透性及渗透规律;二维渗流理论及流网的绘制;渗透力与渗透变形等问题。

第二节 土体的渗透性

一、土体的渗透定律——达西定律

(一)水力坡降

水力坡降:又称水力梯度或者水力坡度,指沿渗透途径水头损失与渗透途径长度的比值;可以理解为水流通过单位长度渗透途径为克服摩擦阻力所耗失的机械能,或为克服摩擦力而使水以一定流速流动的驱动力,或为在含水层中沿水流方向每单位距离的水头下降值(任意两点的水位差与该两点间的距离之比)。

$$i = \frac{\Delta h}{L} \tag{3-1}$$

式中:Δh 为任意两点的总水头差;L 为任意两点之间的渗流途径,简称渗径。

(二)达西定律

法国工程师达西(Darcy,1856)对均匀砂进行了大量的渗透试验,得出了层流条件下(渗流十分缓慢,相邻两个水分子运动的轨迹相互平行而不混掺),土中水渗透速度与能量(水头)损失之间的渗透规律,即达西定律。该定律认为,渗出水量(Q)与圆筒过水断面积(A)和水力梯度(i)成正比,且与土的透水性质有关,其表达式为

$$Q = k \cdot A \cdot i \tag{3-2}$$

或

$$v = \frac{Q}{A} = k \cdot i \tag{3-3}$$

式中:v 为渗透速度(cm/s);k 为渗透系数(cm/s)。

上式中的渗透速度不是地下水的实际流速,而是通过过水断面的地下水流量与垂直水流的过水断面面积的比值,即单位时间通过单位截面积的水量。

渗透系数 k 是反映土的透水性能的比例系数,是水力梯度 $i=1$ 时的渗透速度,其量纲与渗透速度相同。其物理含义是单位面积、单位水力梯度、单位时间内透过的水量。土的渗透系数是一个很重要的物理性质指标,是渗流计算时必须用到的一个基本参数,不同类型的土,k 值相差较大,表3-1列出了渗透系数经验值。

表3-1 土的渗透系数参考值

土类	k(m/s)	土类	k(m/s)	土类	k(m/s)
黏土	$<5\times10^{-9}$	粉砂	$10^{-6}\sim10^{-5}$	粗砂	$2\times10^{-4}\sim5\times10^{-4}$
粉质黏土	$5\times10^{-9}\sim10^{-8}$	细砂	$10^{-5}\sim5\times10^{-5}$	砾石	$5\times10^{-4}\sim10^{-3}$
粉土	$5\times10^{-8}\sim10^{-6}$	中砂	$5\times10^{-5}\sim2\times10^{-4}$	卵石	$10^{-3}\sim5\times10^{-3}$

一般认为 $k<10^{-8}$ m/s 的土为相对隔水层(不透水层)。

达西定律是描述层流状态下的渗流速度和水头损失关系的定律,渗流速度 v 和水力坡降 i 呈线性关系,该定律仅适用于层流范围,例如砂土和一般黏性土均属于层流范围。有两种情况超出了达西定律的适用范围:发生在纯砾以上很粗的土体中且水力坡降很大的渗流;发生在黏性很强的致密黏土中的渗流。

1. 砂土、粉土的渗透规律

砂土、粉土中的水流基本属于层流,故其渗透规律服从达西定律,即满足式(3-3)。

2. 纯砾以上很粗的土的渗透规律

在纯砾以上很粗的土体中,当水力梯度较大时,此时水的流态已不再是层流而是紊流。这时已经超出了达西定律的适用范围,渗透速度(v)与水力梯度(i)之间的关系不再保持线性而变为次线性的曲线关系(图3-1)。有的学者认为当流速(v)大于临界流速(v_{cr})(0.003~0.005m/s)时,达西定律应修改为

$$v = k \cdot i^m \quad (m<1) \tag{3-4}$$

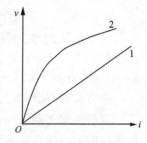

图 3-1 土的渗透曲线

1. 砂、粉土;2. 纯砾以上很粗的土

3. 黏性很强的致密黏土的渗透规律

目前对饱和均质黏性土中水的渗透规律有着不同的认识。不少研究者曾进行过大量的黏性土室内渗透试验,但得出的结果并不相同。其中,图3-2所示的渗透规律曲线被大多数人所接受。从该图中可以看出,黏性土的 v-i 关系可大致分为3个阶段。点 a 为实际起始水力梯度(i_0'),即用于克服结合水抗剪强度的那部分水力梯度。当水力梯度大于 i_0' 后,渗透才会发生。在 ab 段,v-i 关系才近似于直线。此时黏性土的透水性才可近似地用达西定律表示。由于 a 点的位置不易测定,即 i_0' 值不易确定,常用 v-i 直线段延长线在横坐标上的截距(i_0)代替,故在实际中使用的起始水力梯度是 i_0,因此黏性土的渗透规律为

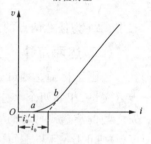

图 3-2 黏性土渗透曲线

a 为实际起始水力梯度;
b 为实际使用起始水力梯度

$$v = k(i - i_0) \tag{3-5}$$

二、渗透系数的测定和影响因素

渗透系数 k 是代表土渗透性强弱的定量指标,也是进行渗流计算时必须用到的一个基本参数。不同种类的土,k 值差别很大。因此,准确地测定土的渗透系数是一项十分重要的工作。渗透系数的测定方法主要分实验室内测定和野外现场测定两大类。

(一)实验室测定渗透系数

目前在实验室中测定渗透系数 k 的仪器种类和试验方法很多,但从试验原理上大体可分为常水头试验法和变水头试验法两种。

1. 常水头试验法

常水头试验法是指在整个试验过程中保持土样两端水头不变的渗流试验。显然此时土样两端的水头差也为常数,如图3-3所示。

试验时,可在透明塑料筒中装填横截面为 A、长度为 L 的饱和土样,打开阀门,使水自上而下渗过土样,并自出水口处排出。待水头差 Δh 和渗出流量 Q 稳定后,量测经过一定时间 t 内流经试样的水量 V,则

$$V = Qt = vAt$$

根据达西定律,$v = ki$,则

$$V = k\frac{\Delta h}{L}At$$

从而得

$$k = \frac{VL}{A\Delta ht} \tag{3-6}$$

常水头试验适用于测定透水性较大的砂性土的渗透系数。黏性土由于渗透系数很小,渗透水量很少,用这种试验不易准确测定,需要改用变水头试验。

2. 变水头试验法

变水头试验法是指在试验过程中土样两端水头差随时间变化的渗流试验,其装置示意图见图 3-4。水流从一根直立的带有刻度的玻璃管和"U"形管自下而上渗过土样。试验时,先将玻璃管充水至需要的高度后,测记土样两端在 $t=t_1$ 时刻的起始水头差 Δh_1。之后打开渗流开关,同时开动秒表,经过时间 Δt 后,再测记土样两端在终了时刻 $t=t_2$ 的水头差 Δh_2。根据上述试验结果和达西定律,即可推出土样渗透系数 k 的表达式。

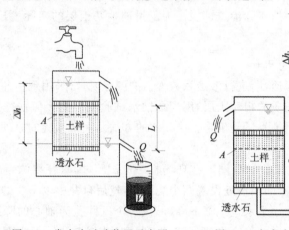

图 3-3　常水头试验装置示意图　　图 3-4　变水头试验装置示意图

设试验过程中任意时刻 t 作用于土样两端的水头差为 Δh,经过 $\mathrm{d}t$ 微时段后,管中水位下降 $\mathrm{d}h$,则 $\mathrm{d}t$ 时段内流入试样的水量微增量为

$$\mathrm{d}V_e = -a\mathrm{d}h$$

式中:a 为玻璃管横断面积,右端符号表示流入水量随 Δh 减少而增加。

根据达西定律,$\mathrm{d}t$ 时段内流出土样的渗流量为

$$\mathrm{d}V_0 = kiA\mathrm{d}t = k\frac{\Delta h}{L}A\mathrm{d}t$$

式中:A 为土样的横断面积;L 为土样长度。

根据水流连续原理,应有 $\mathrm{d}V_e = \mathrm{d}V_0$,即

$$-a\mathrm{d}h = k\frac{\Delta h}{L}A\mathrm{d}t$$

$$\mathrm{d}t = -\frac{aL}{kA} \cdot \frac{\mathrm{d}h}{\Delta h}$$

等式两边各自积分

$$\int_{t_1}^{t_2}\mathrm{d}t = -\frac{aL}{kA}\int_{\Delta h_1}^{\Delta h_2}\frac{\mathrm{d}h}{\Delta h}$$

从而得到土样的渗透系数

$$k = \frac{aL}{A\Delta t}\ln\frac{\Delta h_1}{\Delta h_2} \quad (3\text{-}7)$$

若改用常对数进行表示，则上式可写为

$$k = 2.3\frac{aL}{A\Delta t}\lg\frac{\Delta h_1}{\Delta h_2} \quad (3\text{-}8)$$

通过选定几组不同的 Δh_1、Δh_2 值，分别测出它们所需的时间 Δt，利用式(3-7)或式(3-8)计算土体的渗透系数 k，然后取平均值作为该土样的渗透系数。变水头试验适用于测定透水性较小的黏性土的渗透系数。

实验室内测定土体渗透系数 k 的优点是实验设备简单，费用较省。但是，由于土体的渗透性与土体的结构有很大的关系，地层中水平方向和垂直方向的渗透性也往往不一样；再加之取土样时的扰动，不易取得具有代表性的原状土样，特别是对砂土。因此，室内试验测出的数值常常不能很好地反映现场土层的实际渗透性质。为了量测地基土层的实际渗透系数，可直接在现场进行渗透系数的原位测定。

(二)渗透系数的现场测定法

在现场研究地基土层的渗透性，进行渗透系数 k 值的测定时，常采用现场井孔抽水试验或井孔注水试验的方法。对于均质的粗粒土层，用现场抽水试验测出的 k 值往往要比室内试验更为可靠。下面主要介绍采用抽水试验确定土层 k 值的方法。注水试验的原理与抽水试验十分类似，这里不再赘述。

图 3-5 为一现场井孔抽水试验示意图。在现场打一口试验井，贯穿要测定 k 值的含潜水的均匀砂土层，并在距井中心不同距离处设置两个观测孔，然后自井中以不变的流量连续进行抽水。抽水会造成水井周围的地下水位逐渐下降，形成一个以井孔为轴心的降落漏斗状的地下水面。测定试验井和观察孔中的稳定水位，可以得到试验井周围测压管水面的分布图。测管水头差形成的水力坡降，使土中水流向井内。假定水流是水平流向时，则流向水井渗流的过水断面应是以抽水井为中心的一系列同心圆柱面。待抽水量和井中的水位稳定一段时间后，可测得抽水量为 Q，距离抽水井轴线分别为 r_1、r_2 的观测孔中的水位高度为 h_1 和 h_2。根据上述结果，利用达西定律即可求出土层的平均渗透系数 k 值。

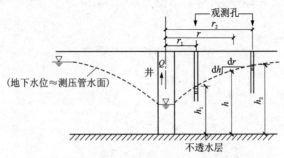

图 3-5 潜水层中的抽水试验示意图

现围绕井中轴线取一过水圆柱断面，该断面距井中轴线的距离为 r，水面高度为 h，则该圆柱断面的过水断面面积 A 为

$$A = 2\pi r h$$

假设该圆柱过断水面上各处水力坡降为常数,且等于地下水位线在该处的坡度,则

$$i = \frac{dh}{dr}$$

根据渗流的连续性条件,单位时间自井内抽出的水量 Q 等于渗过该过水圆柱断面的渗流量。因此,由达西定律得

$$Q = Aki = 2\pi rh \cdot k\frac{dh}{dr}$$

$$Q\frac{dr}{r} = 2\pi kh\,dh$$

将上式两边进行积分,并带入边界条件

$$Q\int_{r_1}^{r_2}\frac{dr}{r} = 2\pi k\int_{h_1}^{h_2} h\,dh$$

从而得出

$$k = \frac{Q}{\pi}\frac{\ln(r_2/r_1)}{h_2^2 - h_1^2} \tag{3-9}$$

或用常用对数表示为

$$k = 2.3\frac{Q}{\pi}\frac{\lg(r_2/r_1)}{h_2^2 - h_1^2} \tag{3-10}$$

现场测定 k 值可获得场地地基土层较为可靠的平均渗透系数,但是试验费用较高,故需要根据工程规模和勘察要求确定是否需要。

(三)土体性质对渗透系数 k 的影响

渗透系数 k 反映了土中水在孔隙中流动的难易程度,因此 k 值必定受到土体性质和流动水性质的影响。

(1)孔隙特征。孔隙特征主要指孔隙大小和孔隙多少。孔隙大小一般可以用孔径分布曲线或者特征孔径来表示,而孔隙多少可以用孔隙比或者孔隙率来表示。在相同孔隙比情况下,孔径越大,土体渗透性越强;在相同孔径分布情况下,孔隙比越大,土体渗透性越强。反之亦然。

(2)颗粒级配。土的颗粒级配在很大程度上决定和影响着土的孔隙特征,进而影响土体的渗透特性。一般情况下,土粒越细或粗大颗粒间含细颗粒越多,土的渗透性越弱;相反,渗透性越强。孔隙特征和颗粒级配是对渗透系数影响最大的两个因素。

(3)矿物成分。不同类型的矿物对土的渗透性的影响是不同的。原生矿物成分的不同,决定着土中孔隙的形态,致使透水性有明显差异。常见几种原生矿物组成土的透水性规律是:浑圆石英＞尖角石英＞长石＞云母。黏土矿物的成分不同,形成结合水膜的厚度不同,所以由不同黏土矿物组成的土,其渗透性也是不同的。一般情况下,随土中亲水性强的黏土矿物增多,渗透性降低。

(4)土的密度。对同一种土来说,土越密实,土中孔隙越小,土的渗透性也就越低。故土的渗透性随土的密实程度增加而降低。

(5)土的结构构造。土体通常是各向异性的,土的渗透性也常表现出各向异性的特征。如黄土具有垂直节理,因而铅直方向的渗透性比水平方向强。海相沉积物的水平微细夹层较发育,因而水平方向的渗透性要比铅直方向强。具有网状裂隙的黏土,可能接近于砂土的渗透性。

(四)流动水性质对渗透系数 k 的影响

(1) 水溶液成分与浓度。一般情况下,黏性土的渗透性随着溶液中阳离子价数和水溶液浓度的增加而增大。

(2) 水的温度。温度升高时,水的黏滞性降低 k 值增大,反之 k 值变小。

三、层状地基的等效渗透系数

大多数天然沉积土层是由渗透系数不同的多层土所组成,宏观上具有非均质性。在计算渗流量时,为简单起见,常常把几个土层等效为厚度等于各土层之和、渗透系数为等效渗透系数的单一土层。但要注意,等效渗透系数的大小与水流的方向有关,可按下述方法确定。

1. 水平渗流情况

图 3-6 为一个多土层地基发生水平向渗流的情况。

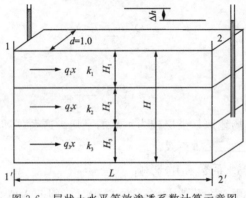

图 3-6 层状土水平等效渗透系数计算示意图

已知地基内各层土的渗透系数分别为 k_1、k_2、k_3、$\cdots$,土层厚度相应为 H_1、H_2、H_3、$\cdots$,总土层厚度,亦即等效土层厚度为 $H = \sum_{j=1}^{n} H_j$。渗透水流自断面 1—$1'$ 水平向流至断面 2—$2'$,距离为 L,水头损失为 Δh。这种平行于各土层面的水平渗流的特点是:

(1) 各层土中的水力坡降 $i = \Delta h/L$ 与等效土层的平均水力坡降 i 相同。

(2) 在垂直渗流方向取单位宽度 $d = 1.0$,则通过等效土层的总渗流量 q_x 等于通过各层土渗流量之和,即

$$q_x = q_{1x} + q_{2x} + q_{3x} + \cdots = \sum_{j=1}^{n} q_{jx}$$

设等效土层的等效渗透系数为 k_x,应用达西定律可得

$$k_x i H = \sum_{j=1}^{n} k_j i H_j = i \sum_{j=1}^{n} k_j H_j$$

消去 i 后,即可得出沿水平方向的等效渗透系数

$$k_x = \frac{1}{H} \sum_{j=1}^{n} k_j H_j \tag{3-11}$$

可见,k_x 为各层土渗透系数按土层厚度的加权平均值。

2. 竖直渗流情况

图 3-7 为一个多土层地基发生垂直渗流情况。

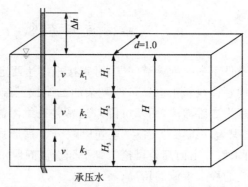

图 3-7 层状土垂直等效渗透系数计算示意图

设承压水流经土层 H 厚度的总水头损失为 Δh，流经每一层土的水头损失分别为 Δh_1、Δh_2、Δh_3、$\cdots$。这种垂直各层面的渗流特点是：

(1) 根据水流连续原理，流经各土层的流速与流经等效土层的流速相同，即

$$v_1 = v_2 = v_3 = \cdots = v \tag{3-12}$$

(2) 流经等效土层 H 的总水头损失 Δh 等于各层土的水头损失之和，即

$$\Delta h = \Delta h_1 + \Delta h_2 + \Delta h_3 + \cdots = \sum_{j=1}^{n} \Delta h_j \tag{3-13}$$

应用达西定律有

$$k_1 \frac{\Delta h_1}{H_1} = k_2 \frac{\Delta h_2}{H_2} = \cdots = k_j \frac{\Delta h_j}{H_j} = v$$

从而解出

$$\Delta h_1 、 \Delta h_2 、 \ldots 、 \Delta h_j = \frac{v H_j}{k_j} \tag{3-14}$$

设竖直等效渗透系数为 k_z，对等效土层有

$$v = k_z \frac{\Delta h}{H}$$

从而可得

$$\Delta h = \frac{v H}{k_z} \tag{3-15}$$

将式(3-14)和式(3-15)带入式(3-13)得

$$\frac{v H}{k_z} = \sum_{j=1}^{n} \frac{v H_j}{k_j}$$

消去 v，即可得出垂直层面方向的等效渗透系数为

$$k_z = \frac{H}{\sum_{j=1}^{n} \frac{H_j}{k_j}} \tag{3-16}$$

可见，平行于土层面等效渗透系数 k_x 是各土层渗透系数按厚度的加权平均值，渗透系数大的土层起主要作用；而垂直于土层面的等效渗透系数 k_z 则是渗透系数小的土层起主要作用，因此一般 k_x 大于 k_z。在实际问题中，选用等效渗透系数时，一定要注意渗透流体的运动方向，正确选择等效渗透系数。

第三节 二维渗流与流网

上述均属于简单边界条件下的一维渗流问题,可直接根据达西定律进行渗流计算。然而,在实际工程中遇到的渗流问题往往属于边界条件复杂的二维或三维渗流问题。例如,混凝土坝下地基中的渗流可近似视为二维渗流,而基坑降水通常是三维渗流(图 3-8)。此时,介质内流动特性逐点不同,不能再视为一维渗流,需要建立以微分方程形式表示的多维渗流控制方程,进而根据边界条件进行求解。下面简要讨论二维平面渗流问题,且仅考虑渗流中水头及流速等渗流要素不随时间改变的稳定渗流的情况。

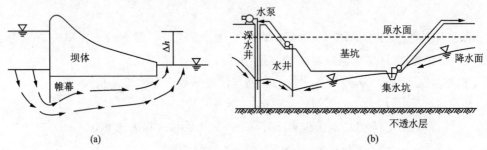

图 3-8 二维和三维渗流示意图
(a)混凝土坝下的渗流;(b)基坑降水的渗流

一、平面渗流的控制方程

(一)稳定渗流场中的控制方程

如图 3-9 所示,从稳定渗流场中取一微单元土体(简称"微元体"),面积为 $dx \cdot dz$,厚度为 $dy=1$,在 x 和 z 方向各有流速 v_x、v_z,单位时间内流入和流出这个微元体的水量分别为 dq_e 和 dq_0,则

$$dq_e = v_x dz \times 1 + v_z dx \times 1$$

$$dq_0 = \left(v_x + \frac{\partial v_x}{\partial x}dx\right)dz \times 1 + \left(v_z + \frac{\partial v_z}{\partial z}dz\right)dx \times 1$$

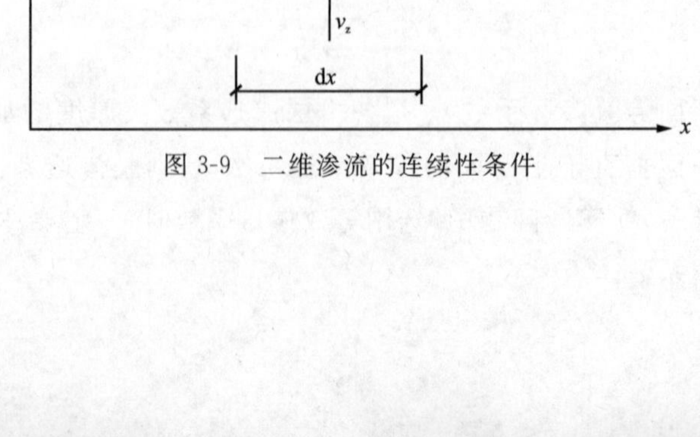

图 3-9 二维渗流的连续性条件

假定微元体内水体不可压缩,则根据水流连续性原理,单位时间内流入微元体的水量等于流出微元体的水量,即

$$dq_e = dq_0$$

进而得出

$$\frac{\partial v_x}{\partial x} + \frac{\partial v_z}{\partial z} = 0 \tag{3-17}$$

上式即为二维平面渗流的连续性方程。

根据达西定律,对于坐标轴和渗透主轴方向一致的各向异性土,$v_x = k_x i_x$,$v_z = k_z i_z$,其中 x 和 z 方向的水力梯度分别为 $i_x = \partial h / \partial x$ 和 $i_z = \partial h / \partial z$。将上述关系代入式(3-17),可得

$$k_x \frac{\partial^2 h}{\partial x^2} + k_z \frac{\partial^2 h}{\partial z^2} = 0 \tag{3-18}$$

上式即为各向异性土在稳定渗流时的连续性方程。式中 k_x 和 k_z 分别是 x 和 z 方向的渗透系数;h 为总水头或测管水头。

对于各向同性土体,由式(3-18)可得

$$\frac{\partial^2 h}{\partial x^2} + \frac{\partial^2 h}{\partial z^2} = 0 \tag{3-19}$$

式(3-19)即为著名的拉普拉斯(Laplace)方程(以下简称拉氏方程)。该方程描述了各向同性土体渗流场内部测管水头 h 的分布规律,是平面稳定渗流的控制方程式。通过求解一定边界条件下的拉氏方程,即可求得该条件下渗流场的分布。

(二)渗流边界条件

求解一个具体的渗流场问题,需要正确地确定相应的边界条件。对于在工程中常常遇到的渗流问题,主要的渗流边界条件有如下几种。

1. 已知水头的边界条件

在相应边界上给定水头分布,也称为水头边界条件。在渗流问题中,很常见的情况是某段边界与一个自由水面相连,此时在该段边界上总水头为恒定值,其数值等于相应自由水面所对应的测管水头。例如,如果取 $0-0'$ 为基准面,在图3-10(a)中,AB 和 CD 边界上的水头值分别为 $h = h_1$ 和 $h = h_2$;在图3-10(b)中,AB 和 GF 边界上的水头值 $h = h_3$,LKJ 边界上的水头值 $h = h_4$。

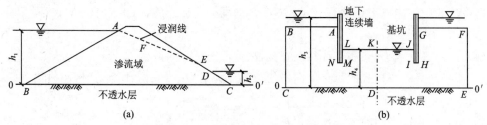

图 3-10 典型渗流问题中的边界条件
(a)均质土坝的渗流;(b)基坑降水的渗流

2. 已知法向流速的边界条件

在相应边界上给定法向流速的分布,也称为流速边界条件。最常见的流速边界为法向流速为零的不透水边界,亦即 $v_n = 0$。例如,图3-10(a)中的 BC,图3-10(b)中的 CE,当地下连续墙不透水时,沿墙的表面,即 $ANML$ 和 $GHIJ$ 也为不透水边界。

对于如图 3-10(b)所示的基坑降水问题,整体渗流场沿 KD 轴对称,所以在 KD 的法向也没有流量的交换,相当于法向流速为零值的不透水边界,此时仅需求解渗流场的一半。

此外,图 3-10(b)中的 BC 和 EF 是人为的截断断面,计算中也近似按不透水边界处理。注意此时 BC 和 EF 的选取不能离地下连续墙太近,以保证求解的精度。

3. 自由水面边界

在渗流问题中也称自由水面边界为浸润线,如图 3-10(a)中的 AFE。在浸润线上应该同时满足两个条件:①测管水头等于位置水头,亦即 $h=z$,这是由于在浸润线以上土体孔隙中的气体和大气连通,浸润线上压力水头为零所致;②浸润线上的法向流速为零,即渗流方向沿浸润线的切线方向,此条件和不透水边界完全相同,即 $v_n=0$。

4. 渗出面边界

如图 3-10(a)中的 ED,其特点也是与大气连通,压力水头为零,同时有渗水从该段边界渗出。因此,在渗出面上也应该同时满足如下两个条件:① $h=z$,即测管水头等于位置水头;② $v_n \leqslant 0$,也就是渗流方向和渗出面相交,且渗透流速指向渗流域的外部。

二、流网的绘制及应用

上述拉氏方程表明,渗流场内任一点水头是其坐标的函数,一旦知道了渗流场内的水头分布,即可确定渗流场的其他特征。因此,通过求解拉氏方程确定渗流场内各点的水头是求解渗流问题的首要一步。通常有 4 类方法进行求解,即数学解析或近似解析法、数值解法、试验法、图解法。其中图解法简便、快速,并能应用于渗流场边界轮廓较复杂的情况,在工程中实用性强,因此,简要介绍图解法。所谓图解法即用绘制流网的方法求拉氏方程的近似解。根据水力学中平面势流的理论可知,拉氏方程存在共轭调和函数,两者互为正交函数族。在势流问题中,这两个互为正交的函数族分别称为势函数 $\varphi(x,z)$ 和流函数 $\psi(x,z)$,其等值线分别为等势线和流线。绘制由等势线和流线所构成的流网是求解渗流场的一种图解方法。

(一)流网及其特性

在渗流场中,由一组等势线(或者等水头线)和流线组成的曲线正交网格称为流网。在稳定渗流场中,流线表示水质点的流动路线,流线上任一点的切线方向就是流速矢量的方向。等势线是渗流场中势能或水头的等值线。对于各向同性渗流介质,由水力学可知,流网具有如下特征:

(1)等势线(等水头线)和流线相互正交,故流网为正交的网格。

(2)流线与等势线构成的每一个网格的长宽比为常数,当长宽比为 1 时,网格均为正方形或曲边正方形。

(3)相邻等势线之间的水头损失相等。

(4)各个流槽的渗流量相等。

从这些特征进一步知道,流网中等势线越密的部位,水力梯度越大,流线越密的部位,流速越大。

(二)流网的绘制

现以图 3-11 为例,说明绘制流网的步骤:

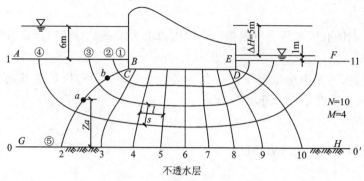

图 3-11 混凝土坝下的流网
①②③④⑤均为流线,其中①⑤为边界流线

(1)在按一定比例绘出的结构物和土层剖面图基础上,首先判定渗流场的边界条件,确定边界流线和边界等势线。该图中的渗流是有压渗流,因而坝基轮廓线 $BCDE$ 是第一条流线;其次,不透水层面 GH 也是一条边界流线。上下游透水地基表面 AB 和 EF 则是两条边界等势线。

(2)根据流网特性,按边界趋势先大致画出若干条流线,如②③④,彼此不交叉且是缓和曲线,且每条流线都要与进水面、出水面(等势线)正交,并与底部不透水面接近平行。

(3)加绘等势线,形成初绘流网。确保每条等势线要与流线正交,且每个渗流区的形状成曲边正方形。该图自中央向两边画等势线,图 3-11 中先绘中线 6,再绘线 5 和线 7,如此向两侧推进。

上述初绘的流网不可能完全符合要求,需要反复修改调整,直至大部分网格满足曲边正方形为止。需要指出的是,在边界形状不规则或突变处很难画成正方形,但只要网格的平均长度和宽度大致相等即可,不会影响整个流网的精度。根据流网,不仅可以直观地获得渗流特性的总体轮廓,而且还可定量地确定渗流场中各点的水头、孔隙水应力、水力梯度、渗流速度和渗流量等。

(三)流网的应用

流网绘出后,即可求得渗流场中各点的测管水头、水力梯度、渗透流速和渗流量。现仍以图 3-11 所示的流网为例,其中以 $0-0'$ 为基准面。

1. 测管水头、位置水头和压力水头

根据流网特征可知,任意两相邻等势线间的势能差相等,即水头损失相等,则相邻两条等势线之间的水头损失为

$$\Delta h = \frac{\Delta H}{N} = \frac{\Delta H}{n-1} \tag{3-20}$$

式中:ΔH 为上、下游水位差,即水从上游渗到下游的总水头损失;n 为等势线条数;N 为等势线间隔数($N=n-1$)。

本例中,$n=11$,$N=10$,$\Delta H=5.0$m,故每一个等势线间隔间的水头损失 $\Delta h=5/10=0.5$(m)。有了 Δh 就可求出流网中任意点的测管水头。下面以图 3-11 中的 a 点为例来进行说明。

由于 a 点位于第 2 条等势线上,所以测管水头应从上游算起降低一个 Δh,故其测管水头应为 $h_a=6.0-0.5=5.5$(m)。

位置水头 z_a 为 a 点到基准面的高度,可从图上直接量取。压力水头为 $h_{ua}=h_a-z_a$。

2. 孔隙水压力

渗流场中各点的孔隙水压力可根据该点的压力水头 h_u 按式(3-21)计算得到

$$u = h_u \cdot \gamma_w \tag{3-21}$$

值得注意的是，对图中所示位于同一条等势线上的 a、b 两点，虽然其测管水头相同，即 $h_a = h_b$，但其孔隙水压力并不相同，即 $u_a \neq u_b$。

3. 水力梯度

流网中任意网格的平均水力梯度

$$i = \Delta h / l$$

式中：l 为该网格处流线的平均长度，可从图中量出。由此可知，流网中网格越密处，水力梯度越大。故在图 3-11 中，下游坝趾水流渗出地面处（图中 E 点）的水力梯度最大。该处的水力梯度常是地基渗透稳定的控制梯度。

4. 渗透流速

若各点的水力梯度已知，可根据达西定律求出渗透流速的大小（$v = ki$），其方向为流线的切线方向。

5. 渗透流量

流网中任意两相邻流线间的单位宽度流量是相等的，因为

$$\Delta q = v \cdot \Delta A = ki \cdot s \cdot 1 = k \frac{\Delta h}{l} s \tag{3-22}$$

当取 $l = s$ 时，有

$$\Delta q = k \Delta h \tag{3-23}$$

由于 Δh 是常数，故 Δq 也是常数。通过坝下渗流区的总单宽流量为

$$q = \sum \Delta q = M \cdot \Delta q = Mk \Delta h \tag{3-24}$$

式中：M 是流网中的流槽数，数值上等于流线数减 1，在本例中 $M = 4$。

当坝基长度为 B 时，通过坝底的总渗流量为

$$Q = q \cdot B \tag{3-25}$$

【例题 3-1】图 3-12 为一水闸挡水后在闸基透水土层中形成的流网。已知，透水土层深 18.0m，渗透系数 $k = 5 \times 10^{-7}$ m/s，闸基下面的防渗墙（假定不透水）深入土层表面以下 9.0m，水闸前后水深如图 3-12 所示。

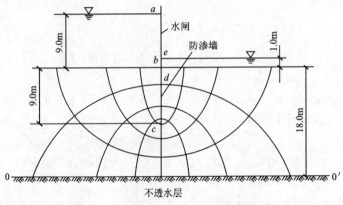

图 3-12 例题 3-1 水闸下的渗流流网图

【试求】(1)图中所示 a、b、c、d、e 各点的孔隙水压力;(2)地基的单宽渗流量。

【解】 (1)根据图 3-12 的流网可知,每一条等势线间隔的水头损失 $\Delta h=(9-1)/8=1.0$ (m)。计算 a、b、c、d、e 点的孔隙水压力如表 3-2 所示($\gamma_w=10\text{kN/m}^3$)。

表 3-2　例题 3-1 计算表

位置	位置水头 z(m)	测管水头 h(m)	压力水头 h_u(m)	孔隙水压力 u(kPa)
a	27.0	27.0	0	0
b	18.0	27.0	9.0	90
c	9.0	23.0	14.0	140
d	18.0	19.0	1.0	10
e	19.0	19.0	0	0

(2)单宽渗流量。
根据式(3-24)

$$q = \sum \Delta q = M \cdot \Delta q = Mk\Delta h$$

将 $M=4$,$\Delta h=1.0\text{m}$,$k=5\times 10^{-7}\text{m/s}$,代入得

$$q = 4\times 1\times 5\times 10^{-7} = 20\times 10^{-7}\ (\text{m}^2/\text{s})$$

第四节　渗透力和渗透变形

渗流引起的稳定问题主要归结为两大类:一类是土体的局部稳定问题。这是由于渗透力的作用,使土体颗粒流失或局部土体产生移动,导致土体变形而引起的。这类问题通常又称为渗透变形问题;主要表现为流砂和管涌。另一类是整体稳定问题。这是由于渗流作用,使水压力或浮力发生变化,导致整个土体或结构物失稳破坏。岸坡或挡土墙等构造物在水位变化时引起的整体滑动是这类破坏的典型表现。

一、渗透力和临界水力梯度

1. 渗透力的概念

在图 3-13 所示的试验装置中土样长度为 L,横断面积为 $A=1$。土样上、下两端各安装一测压管,其测管水头相对 $0—0'$ 基准面分别为 h_2 与 h_1。当 $h_2=h_1$ 时,土体中的孔隙水处于静止状态,无渗流发生。

若将左侧的连通储水器向上提升,使 $h_2>h_1$,则由于存在水头差,土样中将产生向上的渗流。水头差 Δh 是渗流穿过长 L 的土样时所损失的能量。具有能量损失,说明水渗过土样的孔隙时,土颗粒对渗流给予了阻力;反之,土体颗粒必然会受到渗流的反作用力,渗流会对每个土颗粒给以推动和摩擦等作用力。为了便于计算,将每单位体积土体内土颗粒所受到的渗流作用力称为渗透力或称渗流力、动水压力,用 j 表示。

为了进一步研究渗流力的大小和性质,对图 3-13 中所示承受稳定渗流的土样进行土-水

整体受力分析,取土样的土体骨架和孔隙水整体作为隔离体,则作用在土样上的力如图 3-14 所示,包括:①土-水总质量:$w = \gamma_{sat} L = (\gamma' + \gamma_w) L$;②土样两端边界水压力:$P_1 = \gamma_w h_w$ 和 $P_2 = \gamma_w h_1$;③土样下部滤网的支承力 R。

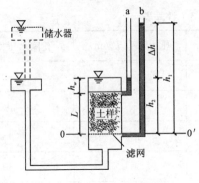

图 3-13 渗透破坏试验示意图

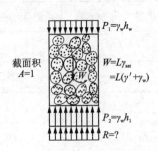

图 3-14 土-水整体受力分析

在整体分析条件下,土粒与水之间的作用力为内力,在土样的受力分析中不出现。土样下部滤网的支承反力 R 是未知量,可以通过土样总体在竖向的平衡条件求得

$$P_1 + W = P_2 + R \tag{3-26}$$

因此有

$$\gamma_w h_w + (\gamma' + \gamma_w) L = \gamma_w h_1 + R \tag{3-27}$$

整理可得

$$R = \gamma' L - \gamma_w \Delta h \tag{3-28}$$

由式(3-28)可见,在静水条件下,即 $\Delta h = 0$ 时,土样下部滤网的支承反力 $R = \gamma' L$;而当存在向上渗流时,即 $\Delta h > 0$ 时,滤网支承力会相应减少 $\gamma_w \Delta h$。实际上,这个减少的部分就是由作用在土体骨架整体上的渗透力 J 所承担的,即作用在土样上的总渗透力 J 为

$$J = \gamma_w \Delta h \tag{3-29}$$

因此,每单位体积土体内土颗粒所受到的渗流作用力,即渗透力 j 为

$$j = \frac{J}{V} = \frac{\gamma_w \Delta h}{1 \times L} = \gamma_w i \tag{3-30}$$

由式(3-30)可知,在渗流场中土体骨架所受到的渗透力的大小与水力梯度成正比,其方向同水力梯度方向一致。渗透力是一种体积力,量纲与 γ_w 相同。

此外,在考虑渗流作用,分析土体的受力平衡或者稳定性时,还可将土骨架当作隔离体,进行受力分析可得出完全一样的结果。

2. 渗透力的性质和计算

渗透力反映的是渗流场中单位体积土体内土骨架所受到的渗透水流的推动和拖拽力。前文基于土样一维渗流问题分析,得到了渗流场中土体骨架所受到的渗透力的计算公式(3-30)。尽管该式是在一维渗流条件下推导得到的,但却是一个具有普遍适用意义的计算公式,对于二维渗流,该式可扩展为

$$\begin{bmatrix} j_x \\ j_z \end{bmatrix} = \gamma_w \begin{bmatrix} i_x \\ i_z \end{bmatrix} \tag{3-31}$$

式(3-31)表明,渗透力是一种体积力,其大小与水力梯度成正比,作用方向同水力梯度方向一致。

需要说明的是,水力梯度是由渗透水流的推动和拖拽作用所致,但其作用方向却并不一定总是同渗流流速的方向一致。对各向同性土体,渗流流速方向和水力梯度方向相同,此时渗透力作用方向和渗流流速方向也一致;但对于各向异性土体,由于渗流流速方向和水力坡降方向不一致,此时渗透力作用方向和渗流流速方向也不再相同。

从式(3-31)可知,渗透力计算的关键是渗流场中水力梯度的计算。对于二维渗流,当流网绘出后,即可方便地求出流网中任意网格上的渗透力及其作用方向。例如,图 3-15 表示自流网中取出的一个网格,已知相邻两条等势线之间的水头损失为 Δh,则网格平均水力梯度 $i = \Delta h / \Delta l$,单位厚度网格土体的体积 $V = \Delta s \Delta l$,则作用于该网格土体上的总渗透力为

图 3-15 流网中的渗透力计算

$$J = jV = \gamma_w i \Delta s \Delta l = \gamma_w \Delta h \Delta s \tag{3-32}$$

假定 J 作用于该网格的形心上,方向与等势线垂直(对各向同性土体,方向也和流线平行)。

显然,流网中各处的渗透力在大小和方向上均不相同。在等势线越密的那些区域,由于水力梯度 i 大,因而渗透力 j 也大。当渗透力方向与重力方向一致,此时渗透力对土骨架起渗流压密作用,对土体的稳定有利;而当渗透力方向与重力方向相反,渗透力对土体起浮托作用,对稳定十分不利,甚至当渗透力大到某一数值时,会使该处土体发生浮起和破坏。因此,研究渗透力对地基与建筑物的安全具有重大的意义。

3. 临界水力梯度

由式(3-28)可见,在静水条件下,即 $\Delta h = 0$ 时,土样下部滤网的支承反力 $R = \gamma' L$;而当存在向上渗流时,即 $\Delta h > 0$ 时,滤网支持力会相应减少 $\gamma_w \Delta h$。若将图 3-13 中左端的储水器不断上提,则 Δh 逐渐增大,从而作用在土体中的渗透力也逐渐增大。当 Δh 增大到某一固定值后,向上的渗透力克服了土颗粒向下的重力时,土体就要发生悬浮或隆起,俗称流土。下面研究土体处于流土的临界状态时的水力梯度 i_{cr} 值。

从图 3-14 可知,当发生流土时,土样压在滤网上的压力 $R = 0$。根据式(3-28)可得

$$R = \gamma' L - \gamma_w \Delta h = 0 \tag{3-33}$$

则

$$i_{cr} = \frac{\gamma'}{\gamma_w} \tag{3-34}$$

式(3-34)中的 i_{cr} 称为临界水力梯度,它是土体开始发生流土破坏时的水力梯度。已知土的浮重度 γ' 为

$$\gamma' = \frac{(G_s - 1)\gamma_w}{1 + e} \tag{3-35}$$

将其代入式(3-34)后可得

$$i_{cr} = \frac{G_s - 1}{1 + e} \tag{3-36}$$

式中:G_s、e 分别为土粒比重及土的孔隙比。此式表明,临界水力梯度与土性密切相关。研究

表明，土的不均匀系数愈大，i_{cr}值愈小；土中细颗粒含量高，i_{cr}值增大；土的渗透系数愈大，临界水力梯度愈低。

二、土的渗透变形

由于渗流作用而出现的土体变形或破坏称为渗透变形或渗透破坏，如土层剥落、地面隆起、在向上水流作用下土颗粒悬浮、细颗粒被水带出以及出现集中渗流通道等。渗透变形是土工建（构）筑物或地基发生破坏进而引发工程事故的重要原因之一。

（一）渗透变形的类型

土的渗透变形类型主要有管涌、流土、接触流土和接触冲刷 4 种。而对单一土层来说，渗透变形主要是流土和管涌两种基本形式。下面主要讲述这两种渗透破坏形式。

1. 流土

在向上的渗透水流作用下局部范围内的土体表面隆起或土颗粒群同时发生悬浮、移动的现象称为流土。任何类型的土，只要水力梯度达到一定的值，都会发生流土破坏。

工程经验表明，流土主要发生在地基或堤坝下游渗流逸出处无保护的情况下。图 3-16 表示一座建造在双层地基上的堤坝。地基表层为渗透系数小的黏性土层，厚度较薄。下层为渗透性大的无黏性土层，且 $k_1 \ll k_2$。当渗流经过上述的双层地基时，水头将主要损失在水流从上游渗入和水流从下游渗出黏性土层的过程中，而在砂土层流程上的水头损失很小，因此造成下游逸出处水力梯度 i 值较大。当 $i > i_{cr}$ 时就会在下游坝脚处发生土体表面隆起、裂缝开展、砂粒涌出以至整块土体被渗透水流抬起的现象，这就是典型的流土破坏。此外，基坑或渠道开挖时所出现的流砂现象也是流土的一种常见形式。

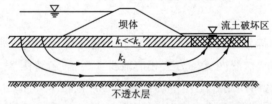

图 3-16　堤坝下游逸出处的流土破坏

若地基为比较均匀的砂层（不均匀系数 $C_u < 10$），当上下游水位差较大、渗透途径不够长时，下游渗流逸出处也可能会出现 $i > i_{cr}$ 的情况。这时地表将普遍出现小泉眼、冒气泡，继而砂土颗粒群向上悬浮，发生浮动、跳跃，亦称为砂沸。砂沸也是流土的一种形式。

2. 管涌

管涌是指在渗流作用下，一定级配的无黏性土中的细土颗粒在粗土颗粒形成的孔隙中发生移动并被带出，最终在土体中形成与地表贯通的渗流管道，造成土体塌陷的现象（图 3-17）。

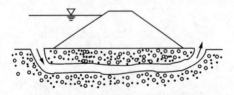

图 3-17　通过坝基的管涌示意图

显然,管涌破坏一般有个随时间逐步发展的过程,是一种渐进性质的破坏。首先,在渗透水流作用下,较细的颗粒在粗颗粒形成的孔隙中移动流失;之后,土体的孔隙不断扩大,渗流速度不断增加,较粗颗粒也会相继被水流带走;随着上述冲刷过程的不断发展,会在土体中形成贯穿的渗流通道,造成土体塌陷或其他类型的破坏。

管涌通常发生在一定级配的无黏性土中,发生的部位可以在渗流逸出处,也可以在土体内部,因而也有人称之为渗流的潜蚀现象。

(二) 渗透破坏类型的判别

土体渗透变形的发生和发展过程有其内因与外因。内因是土体的颗粒组成和结构,即常说的几何条件;外因是水力条件,即作用于土体骨架渗透力的大小。

1. 流土可能性的判别

在自下而上的渗流逸出处,任何土,包括黏性土和无黏性土,只要满足水力梯度大于临界水力梯度这一水力条件,均会发生流土。在进行流土发生可能性的判别时,首先需要采用流网法或其他方法求取渗流逸出处的水力梯度,即逸出梯度 i_e,并用式(3-34)或式(3-36)确定该处土体的临界水力梯度 i_{cr},然后即可按下列条件进行判别:

当 $i_e < i_{cr}$,土体处于稳定状态;

当 $i_e = i_{cr}$,土体处于临界状态,会发生流土破坏;

当 $i_e > i_{cr}$,土体会发生流土破坏。

由于流土将造成地基破坏、建筑物倒塌等灾难性事故,工程上是不允许发生的,故设计时要保证具有一定的安全系数,把逸出梯度限制在允许水力梯度 $[i]$ 以内,即

$$i_e \leqslant [i] = \frac{i_{cr}}{F_s} \tag{3-37}$$

式中:F_s 为流土安全系数,按我国《堤防工程设计规范》(GB 50286—2013)和《碾压式土石坝设计规范》(SL 274—2020)中的规定,取无黏性土安全系数 $F_s = 1.5 \sim 2.0$,黏性土安全系数不应小于 2.0。

2. 管涌可能性的判别

土是否发生管涌,首先取决于土的性质。一般黏性土(分散性土除外)只会发生流土而不会发生管涌,故属于非管涌土。在无黏性土中,发生管涌必须具备相应的几何条件和水力条件。

(1) 几何条件。土中粗颗粒所构成的孔隙直径必须大于细颗粒的直径,才有可能让细颗粒在其中发生移动,这是管涌产生的必要条件。

对于不均匀系数 $C_u < 10$ 的较均匀土,颗粒粗细相差不多,粗颗粒形成的孔隙直径不比细颗粒大,因此细颗粒不能在孔隙中移动,也就不可能发生管涌。

大量试验证明,对于 $C_u > 10$ 的不均匀砂砾石土,既可能发生管涌也可能发生流土,主要取决于土的级配情况和细颗粒含量。下面分两种情况进行讨论。

对于缺乏中间粒径,级配不连续的土,其渗透变形形式主要取决于细料含量。这里所谓的细料是指级配曲线水平段以下的粒径,如图 3-18 曲线①中 b 点以下的粒径。试验成果表明,当细料含量在 25% 以下时,细料填不满粗料所形成的孔隙,渗透变形基本上属管涌型;当细料含量在 35% 以上时,细料足以填满粗料所形成的孔隙,粗细料形成整体,抗渗能力增强,渗透变形则为流土型;当细料含量为 25%~35% 时,则是过渡型。具体形式还要看土的松密程度。

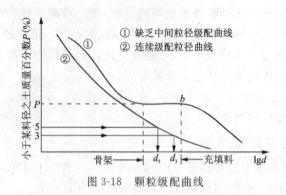

图 3-18 颗粒级配曲线

对于级配连续的不均匀土,如图 3-18 中曲线②,难以找出骨架颗粒与充填细料的分界线。我国有些学者提出,可用土的孔隙平均直径与最细部分的颗粒粒径相比较,以判别土的渗透变形的类型。他们提出土的孔隙平均直径可以用下述经验公式表示

$$D_0 = 0.25 d_{20} \tag{3-38}$$

式中:d_{20} 为小于该粒径的土质量占总质量的 20%。试验结果表明,当土中有 5% 以上的细颗粒小于土的孔隙平均直径 D_0,即 $D_0 > d_5$ 时,破坏形式为管涌;而当土中小于 D_0 的细颗粒含量 <3%,即 $D_0 < d_3$ 时,可能流失的土颗粒很少,不会发生管涌,呈流土破坏。

综上所述,可将无黏性土是否发生管涌的几何条件总结为表 3-3。

表 3-3 无黏性土发生管涌的几何条件

级配		孔隙直径及细粒含量	判定
较均匀土($C_u \leqslant 10$)		粗颗粒形成的孔隙直径小于细颗粒直径	非管涌土
不均匀土 ($C_u > 10$)	不连续	细颗粒含量 > 35%	非管涌土
		细颗粒含量 < 25%	管涌土
		细颗粒含量为 25%~35%	过渡型土
	连续 $D_0 = 0.25 d_{20}$	$D_0 < d_3$	非管涌土
		$D_0 > d_5$	管涌土
		$D_0 = d_3 \sim d_5$	过渡型土

(2)水力条件。渗透力能够带动细颗粒在孔隙间滚动或移动是发生管涌的水力条件,可用发生管涌的临界水力梯度来表示。但至今,管涌临界水力梯度的计算方法尚不成熟,国内外学者提出的计算方法较多,但计算结果差异较大,故还没有一个公认合适的公式。对于一些重大工程,应尽量由渗透破坏试验确定。在无试验条件的情况下,可参考国内外的一些研究成果。

伊斯托敏娜根据理论分析,并结合一定数量的试验资料,得出了土体临界水力梯度与不均匀系数间的经验关系,其渗透破坏准则如图 3-19 所示。对于不均匀系数 $C_u > 20$ 的管涌土,临界水力梯度为 0.25~0.30。考虑安全系数后,允许水力梯度 $[i]$ 为 0.1~0.15。

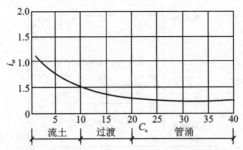

图 3-19 伊斯托敏娜 i_{cr}-C_u 经验关系曲线

我国学者在对级配连续与级配不连续的土体进行理论分析和试验研究的基础上,提出了管涌土的破坏梯度与允许梯度的范围值,如表 3-4 所示。

表 3-4 管涌的水力梯度范围

水力梯度	级配连续土	级配不连续土
破坏梯度 i_{cr}	0.2~0.4	0.1~0.3
允许梯度 $[i]$	0.15~0.25	0.1~0.2

(三)渗透变形的防治措施

防治流土的关键在于控制逸出处的水力梯度,为了保证实际的逸出梯度不超过允许水力梯度,在水利工程上常采取下列主要工程措施:

(1)上游做垂直防渗帷幕,如混凝土防渗墙、水泥土截水墙、板桩或灌浆帷幕等。根据实际需要,帷幕可以完全切断地基的透水层,彻底解决地基土的渗透变形问题;也可以不完全切断透水层,做成悬挂式,起延长渗流途径、降低下游逸出梯度的作用。

(2)上游做水平防渗铺盖,以延长渗流途径、降低下游的逸出梯度。

(3)在下游水流逸出处挖减压沟或打减压井,贯穿渗透性小的黏性土层,以降低作用在黏性土层底面的渗透压力。

(4)在下游水流逸出处填筑一定厚度的透水盖重,以防止土体被渗透压力所推起。

这几种工程措施通常是联合使用,具体的设计方法可参阅相关专业书籍。

防止管涌一般可从下列两方面采取措施:

(1)改变水力条件,降低土层内部和渗流逸出处的水力梯度,如在上游做防渗铺盖或竖直防渗结构等。

(2)改变几何条件,在渗流逸出部位铺设反滤保护层,是防止管涌破坏的有效措施。

【例题 3-2】 图 3-20 为一在混凝土地下连续墙支护下开挖基坑的示意图,地基土层的构成情况和各层土体的渗透系数分别见图中所示。由于存在上层静水,墙后的土层均为饱和土并且形成了稳定的一维渗流。基坑内排水使得基坑底部的水位正好位于砂砾石层的顶部。试求并画出:①各土层中测管水头的分布;②计算并画出各土层中渗透力 j 的分布;③计算并画出作用在地下连续墙上的孔隙水压力分布。

【解】 取 0—0 为基准面。由题意可知,墙外土层发生自上而下的垂直渗流。此外,比较各层土体渗透系数的大小可以发现,粗砂层和砂砾石层的渗透系数远远大于两个黏土层的渗透系数,因此,可以忽略粗砂层和砂砾石层中的水头损失。

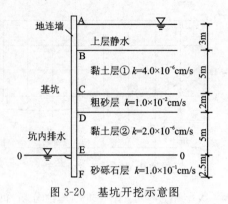

图 3-20 基坑开挖示意图

由图 3-20 可知,$h_B=15\text{m}$,$h_E=0\text{m}$,所以有 $\Delta h=15\text{m}$。设两个黏土层的水头损失分别为 Δh_1 和 Δh_2,土层厚度分别为 l_1 和 l_2,则有

$$\begin{cases} k_1\dfrac{\Delta h_1}{l_1}=k_2\dfrac{\Delta h_2}{l_2} \\ \Delta h_1+\Delta h_2=\Delta h \end{cases}$$

将已知条件:$k_1=4.0\times10^{-6}\text{cm/s}$,$l_1=5\text{m}$,$k_2=2.0\times10^{-6}\text{cm/s}$,$l_2=5\text{m}$,$\Delta h=15\text{m}$ 代入上式得 $\Delta h_1=5\text{m}$,$\Delta h_2=10\text{m}$。

由此可求得各土层界面处的测管水头为

$$h_F=h_E=0\,(\text{m})$$
$$h_D=h_C=h_E+\Delta h_2=10\,(\text{m})$$
$$h_B=h_A=h_C+\Delta h_1=15\,(\text{m})$$

各土层测管水头具体分布如图 3-21 所示。

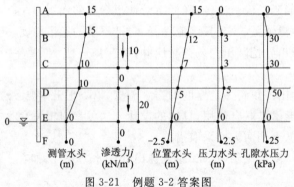

图 3-21 例题 3-2 答案图

(2) 由于粗砂层和砂砾石层的渗透系数相对较大,水头损失约为零,所以该两层土中的渗流力也近似为零。取 $\gamma_w=10\text{kN/m}^3$。

对黏土层①,$j_1=\gamma_w i_1=\gamma_w\dfrac{\Delta h_1}{l_1}=10\times\dfrac{5}{5}=10\,(\text{kN/m}^3)$

对黏土层②,$j_2=\gamma_w i_2=\gamma_w\dfrac{\Delta h_2}{l_2}=10\times\dfrac{10}{5}=20\,(\text{kN/m}^3)$

各土层渗透力的具体分布如图 3-21 所示。
为了计算作用在地下连续墙上的水平孔隙水压力分布,首先需要确定各土层位置水头的分布,然后由各土层测管水头分布确定压力水头的分布,最后再将压力水头乘以水的重度 γ_w,

即可得到孔隙水压力的分布,具体的计算过程和计算结果如图 3-21 所示。

从计算所得的孔隙水压力的分布可知,在存在渗流的条件下,孔隙水压力的分布与静水条件下的分布可能有较大的差别。

习 题

(1) 如习题图(1)所示,有 A、B、C 三种土体,装在断面为 $10\text{cm} \times 10\text{cm}$ 的方形管中,其渗透系数分别为 $k_A = 1 \times 10^{-2} \text{cm/s}$, $k_B = 3 \times 10^{-3} \text{cm/s}$, $k_C = 5 \times 10^{-4} \text{cm/s}$。问:求渗流经过 A 土后的水头降落值 Δh;若要保持上下水头差 $h = 35\text{cm}$,需要每秒加多少水?

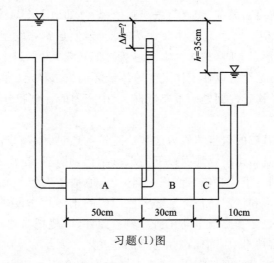

习题(1)图

(2) 一种黏性土的比重 $G_s = 2.70$,孔隙比 $e = 0.58$,试求该土发生流土的临界水力梯度。

第四章 土体中应力

第一节 概　述

　　土体在自身重力、建筑物荷载、交通荷载或其他因素（如地下水渗流、地震等）的作用下，均可产生土中应力。土中应力将引起土体或地基的变形，使建筑物发生沉降、倾斜以及水平位移。当土体或地基的变形过大时，往往会影响建筑物的正常使用；当土中应力过大时，会导致土体发生局部剪切破坏，甚至可以使土体发生整体破坏而失去稳定。因而，掌握土中应力状态是研究土的变形、强度及稳定性问题的重要依据，土中应力的计算和分布规律是土力学的基本内容之一。

　　通常将支承建筑物基础的岩土体称为地基。建筑物通过其基础将荷载传于地基，使地基产生应力和变形。基础是指建筑物地面以下的承重结构，其作用是承受建筑物上部结构传下来的荷载，并把它们连同自重一起传给地基。理论上，地基是一个半无限空间体，但实际上，我们将影响建筑物地基变形和稳定的一定足够大范围内的土体称作该建筑物的地基，需要注意的是这个范围并未指定也无必要指定其几何边界。此外，一般把与建筑物基础底面直接接触的土层称为持力层，而将持力层下面的土层称为下卧层。

　　土体中的应力按其产生的原因不同，可分为自重应力和附加应力。二者合起来构成土体中的总应力。土体受到自身重力作用所产生的应力称为自重应力。对于形成年代比较久远的土，在自重应力的长期作用下，其变形已经稳定，一般来说，土的自重不再会引起土体或地基的变形；对于成土年代不久，如新近沉积土（第四纪全新世近期沉积的土）、近期人工填土（包括路堤、土坝、换填垫层等），土体在自身重力作用下尚未完成固结，因而它将引起土体或地基的变形。此外，地下水的变化，将会引起土中自重应力大小的变化，使土体发生变形（如压缩、膨胀或湿陷等）。附加应力是指由各种外部作用下在土体中附加产生的应力，它是土体或地基变形的主要原因。外部作用一般主要是建筑物荷载作用，此外，基坑开挖卸荷、地面堆载和地震等作用也会产生附加应力；当然，环境条件的改变如干湿、冷热的变化也会引起土中应力的变化，也属于附加应力，如渗流力和冻（膨）胀力等。

　　土体的应力按土体中土骨架和土中孔隙（水、气）的应力承担作用原理或传递方式可分为有效应力和孔隙应（压）力。对于饱和土体孔隙应力而言就是孔隙水应（压）力（简称孔压）。土中有效应力是指由土骨架承担，并通过颗粒之间的接触面进行传递的粒间应力，它是控制土体变形和强度两者变化的土中应力。土中孔隙应力是指土中孔隙流体水和气体所传递（或承担）的应力，其中水中传递的孔隙水应力即为孔隙水压力；土中气体传递的孔隙气应力即为孔隙气压力。对于饱和土体，由于孔隙应力是通过土中孔隙水来传递的，因此，它不会使土体产生变形，土体的强度也不会改变。孔隙应力还可分为静孔隙应力和超静孔隙应力。孔隙应力与有效应力之和称为总应力。保持总应力不变，有效应力和孔隙应力可以相互转化。

　　土体的变形和强度不仅与受力大小有关，更重要的还与土的应力历史和应力路径有关，土中某点的应力变化过程在应力坐标图上的轨迹,称为应力路径。

本章重点介绍自重应力和附加应力的计算方法,反映土中应力特点的有效应力原理以及土中应力变化的描述方法,即应力路径等内容。

根据土样的单轴压缩试验资料,当应力很大时,土的应力-应变关系就不是一条直线了,即土的变形是非线性的。然而,考虑到一般建筑物荷载作用下地基中应力的变化范围(应力增量)还不太大,如果用一条割线来近似地代替相应的曲线,其误差可能不超过实用的允许范围。这样,我们就可以把土看成是一种线性变形体,即土为线弹性体。

求解土中应力的方法有很多,本章只介绍目前工程实践中使用最多的经典弹性力学方法。利用弹性力学方法求解土中应力会遇到一些专用名词,下面先进行介绍。

一、理想弹性体

从力学的概念来讲,理想弹性体就是符合虎克定律的物体,即物体受荷载作用时,其应力与应变成直线关系,卸荷时仍沿此直线回弹,如图4-1中的(a)和(b)为弹性体模型。

二、无限大平面与半无限空间

向两边无限延伸的平面称为无限大平面;无限大平面以下的无限空间称半无限空间,如图4-2所示。计算地基应力时,通常将地基当作半无限空间弹性体来考虑,即把地基简化为一个具有水平界面、深度和广度都无限大的半空间弹性体。图4-2的坐标系统是地基计算中通常采用的。

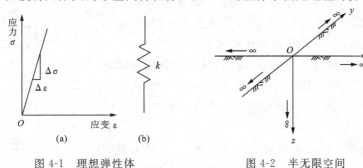

图 4-1　理想弹性体　　　　图 4-2　半无限空间

三、平面与空间问题

当受力物体中任一点的应力和变形是三个坐标值的函数,即 $\sigma, \varepsilon = f(x, y, z)$ 时,为空间问题或三维问题;若应力和变形只是两个坐标值的函数,即 $\sigma, \varepsilon = f(x, z)$ 时,为平面或二维问题;如果它们只随一个坐标值而变化,即 $\sigma, \varepsilon = f(z)$,则变为一维问题。

另外,土力学中应力的符号也有相应的规定。由于土是松散介质,一般不能承受拉应力,或只有很小的抗拉强度,在土中出现拉应力的情况很少,因此,在土力学中对土中应力的正负符号常作如下规定:在应用弹性理论进行土中应力计算时,应力符号的规定法则与弹性力学相同,但正负与弹性力学相反,即当某一个截面上的外法线方向是沿着坐标轴的正方向时,这个截面就称为正面,正面上的应力分量以沿坐标轴正方向为负,沿坐标轴的负方向为正。在用莫尔圆进行土中应力状态分析时,法向应力仍以压力为正,剪应力方向的符号规定则与材料力学相反。土力学中规定剪应力以逆时针方向为正,与材料力学中规定的剪应力方向正好相反,如图4-3所示。

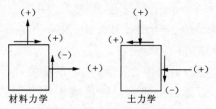

图 4-3 关于应力符号的规定

第二节 自重应力

在计算地基中的应力时,一般假定地基为均质的线性变形半无限空间,应用弹性力学公式来求解其中的应力。由于地基是半无限空间弹性变形体,因而在土体自重应力作用下,任一竖直平面均为对称面。因此,在地基中任意竖直平面上,土的自重不会产生剪应力。根据剪应力互等定理,在任意水平面上的剪应力也应为零。因此竖直和水平面上只有主应力存在,竖直和水平面为主平面。现研究由于土的自重在水平面和竖直平面上产生的法向应力的计算。

一、均匀地基情况

1. 竖直向自重应力 σ_{sz}

以天然地面任一点为坐标原点 O,坐标轴 Z 竖直向下为正。假设天然地面下土体均匀,土的天然重度为 γ(kN/m^3),则,如图 4-4(a)所示,在天然地面下任意深度 z(m)处 $1—1'$ 水平面上任意点的竖直向自重应力 σ_{sz}(kPa)就等于作用在该水平面任一单位面积上的土柱体自重 $\gamma z \times 1$。若 z 深度内土的天然重度不发生变化,那么,该处土的自重应力计算如下:

$$\sigma_{sz} = \gamma z \tag{4-1}$$

由式(4-1)可知,均质土的自重应力与深度 z 成正比,即 σ_{sz} 随深度按直线分布[图 4-4(b)],而沿水平面上则成均匀分布[图 4-4(a)]。

2. 水平向自重应力 σ_{sx}、σ_{sy}

由于 σ_{sz} 沿任一水平面上均匀地无限分布,即为侧限条件(侧向应变为零的一种应力状态)。所以,地基土在自重应力作用下只能产生竖直向变形,而不能有侧向变形和剪切变形。故有 $\varepsilon_x = \varepsilon_y$,且 $\sigma_{sx} = \sigma_{sy}$。根据广义虎克定律

$$\varepsilon_x = \frac{\sigma_x}{E} - \frac{\mu}{E}(\sigma_y + \sigma_z) \tag{4-2}$$

将侧限条件代入式(4-2)

$$\varepsilon_x = \frac{\sigma_{sx}}{E} - \frac{\mu}{E}(\sigma_{sy} + \sigma_{sz}) = 0$$

得

$$\sigma_{sx} = \sigma_{sy} = \frac{\mu}{1-\mu}\sigma_{sz}$$

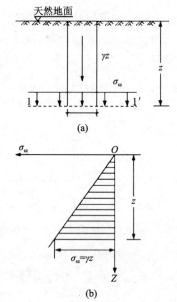

图 4-4 均质土中竖直向自重应力
(a)任意水平面上的分布;
(b)沿深度的分布

令

$$K_0 = \frac{\mu}{1-\mu} \tag{4-3}$$

则

$$\sigma_{sx} = \sigma_{sy} = K_0 \sigma_{sz} \tag{4-4}$$

式中：σ_{sx}、σ_{sy} 分别为沿 x 轴和 y 轴方向的水平向自重应力（kN/m^2）；K_0 为土的静止土压力系数，是侧限条件下土中水平向有效应力与自重应力（竖直向有效应力）之比，故侧限状态又称 K_0 状态，其值一般由试验确定；μ 为土的泊松比。

K_0 和 μ 依据土的种类、密度不同而异，可由试验确定或查相应表格获取。

在上述公式中，竖直向自重应力 σ_{sz} 和水平向自重应力 σ_{sx}、σ_{sy} 一般均指有效自重应力。因此，对处于地下水位以下的土层必须以有效重度 γ' 代替天然重度 γ。为简便，以后各章把常用的竖直向自重应力 σ_{sz} 简称为自重应力。

二、成层地基情况

地基土往往是成层的，各天然土层具有不同的重度，所以需要分层来计算。第一土层下边界（即第二层土顶面）土的自重应力为

$$\sigma_{sz1} = \gamma_1 H_1 \tag{4-5}$$

式中：γ_1、H_1 分别为第一层土的重度和厚度。

在第二层土和第三层土交界面处的自重应力可写成下面形式：

$$\sigma_{sz2} = \frac{G_1 + G_2}{A} = \gamma_1 H_1 + \gamma_2 H_2 \tag{4-6}$$

式中：σ_{sz2} 为第二层土下边界面处土的自重应力；γ_2、H_2 分别为第二层土的重度和厚度。其余符号同前。

同理，第 n 层土中任一点处的自重应力公式可以写成

$$\sigma_{szn} = \gamma_1 H_1 + \gamma_2 H_2 + \cdots + \gamma_n H_n = \sum_{i=1}^{n} \gamma_i H_i \tag{4-7}$$

式中：γ_n 为第 n 层土的重度；H_n 为在 z 的范围内第 n 层土的厚度。

应当指出，在求地下水位以下土的自重应力时，对地下水位以下的土应按有效重度代入式(4-7)。

图 4-5 是按照式(4-7)的计算结果绘出的成层地基土自重应力分布图，该图也称为土的自重应力分布曲线。

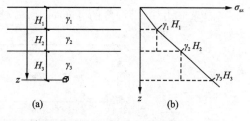

图 4-5 成层地基剖面图
(a)成层地基剖面图；(b)竖直向自重应力沿深度分布

分析成层土的自重应力分布曲线的变化规律，可以得到下面 3 点结论：

(1)土的自重应力分布曲线是一条折线，拐点在土层交界处（当上、下两个土层重度不同时）和地下水位处。

(2)同一层土的自重应力按直线变化。

(3)自重应力随深度的增加而增大。

此外，地下水位的升降也会引起土中自重应力的变化。例如，在软土地区，常因大量抽取地下水而导致地下水位长期大幅度下降，使地基中原水位以下土的自重应力增加[图 4-6(a)]，造成地表大面积下沉的严重后果。至于地下水位的长期上升[图 4-6(b)]，常发生在人工抬高蓄水水位地区（如筑坝蓄水）或工业用水大量渗入地下的地区，如果该地区土质具有遇水后发

生湿陷或膨胀的性质,则必须引起足够的重视。

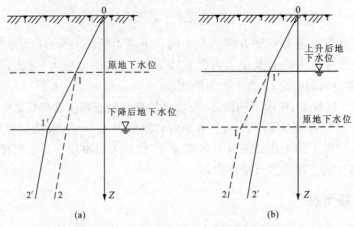

图 4-6 地下水位升降对土中自重应力的影响

(0—1—2 线为原来的自重应力分布曲线;0—1′—2′线为地下水位升降后的自重应力分布曲线)

【**例题 4-1**】 按照图 4-7(a)给出的资料,计算并绘制出地基中的自重应力 σ_{sz} 沿深度的分布曲线。

【**解**】 （1）▽41.0m 高程处（地下水位处），$H_1 = 44.0 - 41.0 = 3.0 \text{(m)}$

$$\sigma_{sz} = \gamma_1 H_1 = 17.0 \times 3.0 = 51 \text{(kN/m}^2\text{)}$$

（2）▽40.0m 高程处，$H_2 = 41.0 - 40.0 = 1.0 \text{(m)}$

$$\sigma_{sz} = \gamma_1 H_1 + \gamma_2' H_2 = 51 + (19.0 - 9.8) \times 1 = 60.2 \text{(kN/m}^2\text{)}$$

（3）▽38.0m 高程处，$H_3 = 40.0 - 38.0 = 2.0 \text{(m)}$

$$\sigma_{sz} = \gamma_1 H_1 + \gamma_2' H_2 + \gamma_3' H_3 = 60.2 + (18.5 - 9.8) \times 2 = 77.6 \text{(kN/m}^2\text{)}$$

（4）▽35.0m 高程处，$H_4 = 38.0 - 35.0 = 3.0 \text{(m)}$

$$\sigma_{sz} = \gamma_1 H_1 + \gamma_2' H_2 + \gamma_3' H_3 + \gamma_4' H_4 = 77.6 + (20 - 9.8) \times 3 = 108.2 \text{(kN/m}^2\text{)}$$

自重应力 σ_{sz} 沿深度的分布如图 4-7(b)所示。

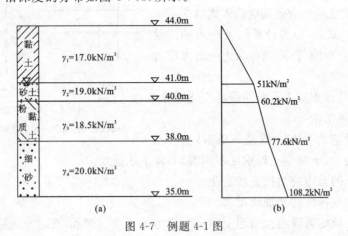

图 4-7 例题 4-1 图

第三节 基底附加压力

一、基础底面压力的分布规律

建筑物荷载通过基础传递给地基,在基础底面与地基之间便产生了接触应力,基础底面传递给地基表面的压力称为基底压力。由于基底压力作用于基础与地基的接触面上,故也称基底接触压力。基底压力即是计算地基中附加应力的外荷载,也是计算基础结构内力的外荷载。

基底压力的分布规律可由弹性力学获得理论解,也可由试验获得。基底压力的分布与基础的大小和刚度、作用于基础上的荷载大小和分布、地基土的力学性质、地基的均匀程度以及基础的埋置深度等许多因素有关。精确地确定基底压力的数值与分布形式是很复杂的问题,它涉及上部结构、基础、地基三者间的共同作用问题,与三者的变形特性(如建筑物和基础的刚度、土层的压缩性等)有关,这个问题还处于研究之中,这里仅对其分布规律及主要影响因素作简单的定性讨论与分析,并不考虑上部结构的影响。

(一)基础刚度的影响

为了便于分析,现将各种基础按照与地基土的相对抗弯刚度(EI)分成3种类型。

1. 弹性地基上的完全柔性基础 (EI=0)

当基础上作用着如图 4-8 所示的均布条形荷载时,由于基础完全柔性,其抗弯刚度 EI=0,就像一个放在地上的柔软橡皮板,它可以完全适应地基的变形。所以,基底压力的分布与作用在基础上的荷载分布完全一致。荷载是均布的,基底压力也将是均布的。从地基应力计算结果可知,在均布荷载作用下地基表面的变形是中间大,向两旁逐渐减小。实际工程中并没有 EI=0 的完全柔性的基础,常把土坝(堤)及用钢板做成的储油罐底板等视为柔性基础。

2. 弹性地基上的绝对刚性基础(EI=∞)

由于基础的 EI 接近无穷大,在均布荷载作用下,基础只能保持平面下沉而不能弯曲。但是,对地基而言,均布的基底压力将产生不均匀沉降,如图 4-9(a)中的虚线所示,使基础变形与地基变形不相适应,基础中部会与地面脱开。为了使基础与地基的变形保持相容[图 4-9(c)],基底压力的分布要重新调整,使两端压力加大,中间应力减小,从而使地面均匀沉降,以适应绝对刚性基础的变形。若地基是完全弹性的,则弹性理论解的基底压力分布如图 4-9(b)中的实线所示,基础边缘处的压力将为无穷大。实际上,这个值不可能超过地基土的极限强度。实际工程中的重力坝、混凝土挡土墙、大块墩柱等均可视为刚性基础。

3. 弹塑性地基上有限刚性的基础

这是工程中最常见的基础。由于绝对刚性基础并不存在,地基也不是完全弹性体,不可能出现上述弹性理论解的基底压力分布图形。当基底两端压力足够大,超过土的极限强度后,土体会形成塑性区,基底两端处地基土承受的压力不再增大,多余应力向中间转移,且基础不是绝对刚性的,可以稍微弯曲,因此应力重分布的结果可以成为各种更加复杂的形式。具体的压力分布形式与地基、基础的材料特性,以及基础尺寸、荷载形状、大小等因素有关。

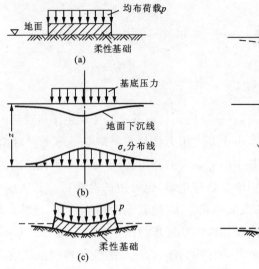
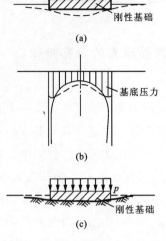

图 4-8 柔性基础基底压力分布　　图 4-9 刚性基础基底压力分布

(二)荷载和土性质的影响

上部荷载愈大,基础边缘处的基底压力愈大。实测资料表明,刚性基础底面上的压力分布形状大致有图 4-10 所示的几种情况。当上部荷载较小时,基底压力分布形状如图 4-10(a)所示,接近于弹性理论解;上部荷载增大后,基底压力呈马鞍形[图 4-10(b)];上部荷载再增大时,边缘塑性破坏区逐渐扩大,所增加的上部荷载必须依靠基底中部力的增大来平衡,基底压力图形可变为抛物线形[图 4-10(c)]以至倒钟形分布[图 4-10(d)]。

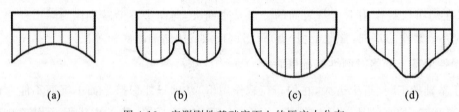

图 4-10 实测刚性基础底面上的压应力分布

根据实测资料可知,当刚性基础置于砂土地基表面时,四周无超载,其基底压力分布更易呈抛物线形;而将刚性基础置于黏性土地基表面上,其基底压力分布易成马鞍形。

由以上分析可知,基底压力的大小和分布与地基土的种类、外部荷载、基础刚度、底面形状、基础埋深等许多因素有关,其分布形式十分复杂。但由于基底压力都是作用在地表面附近,根据弹性理论中的圣维南原理可知,其具体分布形式对地基中应力计算的影响将随深度的增加而减少,到达一定深度后,地基中应力分布几乎与基底压力的分布形状无关,而只取决于荷载合力的大小和位置。因此,目前在地基计算中常采用简化方法,即假定基底压力按直线分布的材料力学方法。但简化方法用于计算基础内力会引起较大的误差,必须引起注意。

二、基底压力的简化计算

1. 竖直中心荷载作用下

当竖直荷载作用于基础中轴线时,基底压力呈均匀分布(图 4-11),其值按下式计算,对于矩形基础

$$p = \frac{P}{A} = \frac{F+G}{A} \qquad (4\text{-}8)$$

式中:p 为基底压力(kPa);P 为作用于基础底面的竖直荷载(kN);F 为上部结构荷载(kN);G 为基础自重设计值和基础台阶上回填土重力之和(kN),$G = lbd\bar{\gamma}$;$\bar{\gamma}$ 为基础材料和回填土平均重度,一般取 $\bar{\gamma} = 20\text{kN/m}^3$;$A$ 为基底面积(m^2);$A = bl$,b 和 l 分别为矩形基础的宽度和长度(m);d 为基础埋置深度(m),从设计地面或室内外平均设计地面算起。

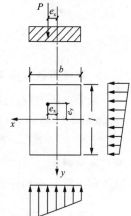

图 4-11 中心受压基础

对于条形基础,在长度方向上取 1m 计算,故有

$$p = \frac{P}{b} = \frac{F+G}{b} \qquad (4\text{-}9)$$

式中:p 为沿基础长度方向 1m 内相应的荷载值(kN/m)。

2. 偏心荷载作用下

矩形基础受偏心荷载作用时,基底压力可按材料力学偏心受压柱计算。若基础受双向偏心荷载作用(图 4-12),则基底任意点的基底压力为

$$p(x,y) = \frac{P}{A} \pm \frac{M_x \cdot y}{I_x} \pm \frac{M_y \cdot x}{I_y} \qquad (4\text{-}10)$$

式中:$p(x,y)$ 为基础底面任意点 (x,y) 的基底压力(kPa);M_x、M_y 分别为竖直偏心荷载 P 对基础底面 x 轴和 y 轴的力矩(kN·m),$M_x = P \cdot e_y$,$M_y = P \cdot e_x$;I_x、I_y 分别为基础底面对 x 轴和 y 轴的惯性矩(m^4);e_x、e_y 分别为竖直荷载对 y 轴和 x 轴的偏心矩(m)。

如果基础只受单向偏心荷载作用,如作用于 x 主轴上(图 4-13),则 $M_x = 0$,$e_x = e$。这时,基底两端的压力为

$$p_{\min}^{\max} = \frac{P}{A}\left(1 \pm \frac{6e}{b}\right) = \frac{F+G}{A}\left(1 \pm \frac{6e}{b}\right) \qquad (4\text{-}11)$$

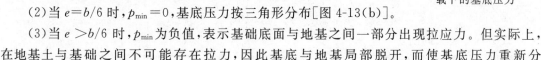

图 4-12 双向偏心荷载下的基底压力

按式(4-11)计算,基底压力分布有下列 3 种情况:
(1)当 $e < b/6$ 时,$p_{\min}$ 为正值,基底压力为梯形分布[图 4-13(a)]。
(2)当 $e = b/6$ 时,$p_{\min} = 0$,基底压力按三角形分布[图 4-13(b)]。
(3)当 $e > b/6$ 时,$p_{\min}$ 为负值,表示基础底面与地基之间一部分出现拉应力。但实际上,在地基土与基础之间不可能存在拉力,因此基底与地基局部脱开,而使基底压力重新分布[图 4-13(c)]。

此时,根据基底反力与偏心荷载相平衡的条件,荷载合力 $P = F + G$ 应通过三角形反力分布图的形心,由此可计算得到基础边缘的最大压力为

$$p_{\max} = \frac{2P}{3al} \qquad (4\text{-}12)$$

式中:a 为单向偏心荷载作用点至具有最大压力的基底边缘的距离,$a = b/2 - e$。

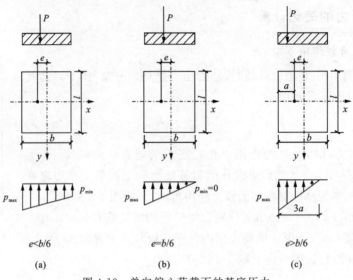

图 4-13 单向偏心荷载下的基底压力

基础的最大受压区宽度 b' 为

$$b' = 3a = 3\left(\frac{b}{2} - e\right) \tag{4-13}$$

若条形基础受偏心荷载作用，同样可取长度方向上的一延米进行计算，则基底宽度方向两端的压力为

$$p_{\min}^{\max} = \frac{P}{b}\left(1 \pm \frac{6e}{b}\right) = \frac{F+G}{b}\left(1 \pm \frac{6e}{b}\right) \tag{4-14}$$

3. 倾斜荷载作用下

承受土压力或水压力的建筑物，其基础常受到倾斜荷载作用，如图 4-14 所示，倾斜荷载要引起竖直向基底压力 p_v 和水平向应力 p_h。计算时，可将倾斜荷载 R 分解为竖直向荷载 P_v 和水平向荷载 P_h。由 P_h 引起的基底水平应力 p_h 一般假定为均匀分布于整个基础底面，则对于矩形基础

$$p_h = \frac{P_h}{A} \tag{4-15}$$

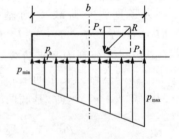

图 4-14 倾斜荷载作用下的基底压力

对于条形基础

$$p_h = \frac{P_h}{b} \tag{4-16}$$

式中符号意义同前。

【**例题 4-2**】 柱基础底面尺寸为 $1.2\text{m} \times 1.0\text{m}$，作用在基础底面的偏心荷载 $F+G = 150\text{kN}$[图 4-15(a)]。如果偏心距分别为 0.1m、0.2m 和 0.3m。试确定基础底面应力数值，并绘出应力分布图。

【**解**】 (1) 当偏心距 $e = 0.1\text{m}$ 时，因为 $e = 0.1\text{m} < b/6 = 1.2/6 = 0.2\text{m}$，故最大和最小应力可按式(4-11)计算为

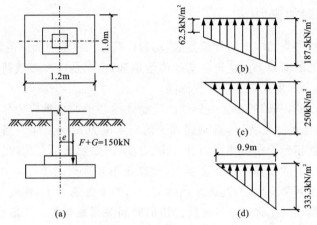

图 4-15 例题 4-2 图

$$p_{\max} = \frac{F+G}{lb}\left(1+\frac{6e}{b}\right)$$
$$= \frac{150}{1.2\times1.0}\left(1+\frac{6\times0.1}{1.2}\right)$$
$$= 187.5(\mathrm{kN/m^2})$$
$$p_{\min} = \frac{F+G}{lb}\left(1-\frac{6e}{b}\right)$$
$$= \frac{150}{1.2\times1.0}\left(1-\frac{6\times0.1}{1.2}\right)$$
$$= 62.5(\mathrm{kN/m^2})$$

应力分布如图 4-15(b)所示。

(2)当偏心距 $e=0.2\mathrm{m}$ 时,因为 $e=0.2\mathrm{m}=b/6=0.2\mathrm{m}$,所以基础底面最大和最小应力仍可按式(4-11)计算为

$$p_{\max} = \frac{150}{1.2\times1.0}\left(1+\frac{6\times0.2}{1.2}\right) = 250(\mathrm{kN/m^2})$$
$$p_{\min} = = \frac{150}{1.2\times1.0}\left(1-\frac{6\times0.2}{1.2}\right) = 0(\mathrm{kN/m^2})$$

应力分布如图 4-15(c)所示。

(3)当偏心距 $e=0.3\mathrm{m}$ 时,因为 $e=0.3\mathrm{m}>b/6=0.2\mathrm{m}$,故基底应力需按式(4-12)计算为

$$p_{\max} = \frac{2(F+G)}{3(b/2-e)l} = \frac{2\times150}{3(1.2/2-0.3)\times1.0} = 333.3(\mathrm{kN/m^2})$$

基础受压宽度按式(4-13)计算为

$$b' = 3(b/2-e) = 3(1.2/2-0.3) = 0.9(\mathrm{m})$$

其应力分布如图 4-15(d)所示。

由以上例题可见,中心受压基础的底面应力呈均匀分布,如果地基土层沿水平方向分布比较均匀,则基础将产生均匀沉降。而偏心受压基础底面的应力分布,则随偏心距而变化,偏心距愈大,基底应力分布愈不均匀。基础在偏心荷载作用下将发生倾斜,当倾斜过大时,就会影响上部结构的正常使用。所以,在设计偏心受压基础时,应当注意选择合理的基础底面尺寸,尽量减小偏心距,以保证建筑物的荷载比较均匀地传递给地基,以免基础过度倾斜。

三、基础底面附加应力 p_0

前面叙述的地基内附加应力的计算方法，均为荷载作用在地表面时的情形。实际上，在工程设计计算中所遇到的荷载多由建筑物基础传给地基，也就是说大多数荷载都是作用在地面下某一深度处的，这个深度就是基础埋置深度。

在建筑物建造以前，基础底面标高处就已经受到地基土的自重应力作用。设基础埋置深度为 D，在其范围内土的重度为 γ，则基底处土的自重应力 $\sigma_{sz} = \gamma D$。当开挖到基础埋置深度，即挖好基槽后，就相当于在基槽底面卸除荷载 γD。如果地基土是理想的弹性体，则卸荷后槽底必定会产生向上的回弹变形。事实上，地基土不是理想的弹性体，卸除 γD 荷载后，基槽底面不会立刻产生回弹变形，而是逐渐回弹的。回弹变形的大小、速度与土的性质、基槽深度和宽度以及开挖基槽后至砌筑基础前所经历的时间等因素有关。一般情况下，为了简化计算，常假设基槽开挖后，槽底不产生回弹变形（浅基槽）。因此，由于建筑物荷载在基础底面所引起的附加应力，引起地基变形的应力即新增加的应力（图 4-16），对于中心受压基础则为

$$p_0 = p - \gamma D \tag{4-17}$$

式中：p 为基础底面总的压应力（kN/m^2）；γ 为基础埋置深度范围内土的重度（kN/m^2）；D 为基础埋置深度（m）。

因此，计算基础底面下任一点的附加应力时，外荷载已经转变为基底的附加应力 p_0 了。不同外荷载类型下的地基中附加应力公式也应作相应的改变。

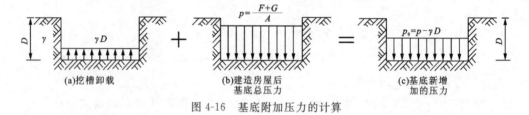

图 4-16 基底附加压力的计算

第四节 地基附加应力计算

地基附加应力是指由各种外部作用在土体中附加产生的应力。常见的外部荷载有建筑物荷重等。建筑物荷重通过基础传递给地基。当基础底面积是圆形或矩形时，求解地基附加应力属于空间问题；当基础底面积是长条形时，常将其近似为平面问题。

地基中的附加应力是地基发生变形、引起建筑物沉降的主要原因。在计算地基中的附加应力时，把地基看成是均质的弹性半空间，应用弹性力学中关于弹性半空间的理论进行求解。

下面介绍当地表上作用不同类型的荷载时，在地基中引起的附加应力计算。

一、竖向集中荷载作用下地基中的附加应力

在地基表面作用有竖向集中荷载 p 时，在地基内任意一点 M 的应力分量及位移分量由法国数学家布辛奈斯克（Boussinesq）在 1885 年用弹性理论求解得出（图 4-17），其中应力分量为

$$\sigma_z = \frac{3p \cdot z^3}{2\pi R^5} = \frac{3p \cdot \cos^3\beta}{2\pi R^2} = \frac{3p}{2\pi z^2} \cdot \frac{1}{\left[1 + \left(\dfrac{r}{z}\right)^2\right]^{5/2}} \tag{4-18}$$

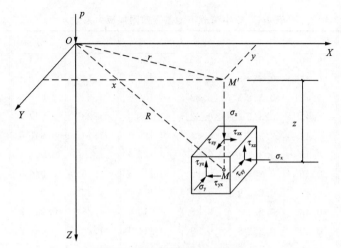

图 4-17 集中荷载作用下的应力

$$\sigma_r = \frac{p}{2\pi}\left[\frac{3zr^2}{R^5} - \frac{1-2\mu}{R(R+z)}\right] \tag{4-19}$$

$$\sigma_\theta = \frac{p}{2\pi}(1-2\mu)\left[\frac{1}{R(R+z)} - \frac{z}{R^3}\right] \tag{4-20}$$

$$\tau_{rz} = \frac{3p}{2\pi} \cdot \frac{z^2 r}{R^5} \tag{4-21}$$

$$\tau_{\theta z} = \tau_{r\theta} = 0 \tag{4-22}$$

在集中荷载 p 的作用下,其径向位移和竖向位移分别按下列公式计算

$$u(r,z) = \frac{p(1+\mu)}{2\pi E}\left[\frac{rz}{R^3} - (1-2\mu)\frac{r}{R(R+z)}\right] \tag{4-23}$$

$$w(r,z) = \frac{p(1+\mu)}{2\pi E}\left[\frac{z^2}{R^3} + \frac{2(1-\mu)}{R}\right] \tag{4-24}$$

在地基表面上任一点($z=0$)的竖向位移为

$$w(r,0) = \frac{p(1-\mu^2)}{\pi E r} \tag{4-25}$$

式中:p 为作用在坐标原点 O 点的竖向集中荷载;z 为 M 点的深度;β 为直角三角形 $OM'M$ 中直线 OM 和 $M'M$ 的夹角;r 为 M' 点与集中荷载作用线之间的距离,$r=\sqrt{x^2+y^2}$;R 为 M 点与坐标原点的距离,$R=\sqrt{x^2+y^2+z^2}=\sqrt{r^2+z^2}$;$\mu$ 为土的泊松比。

由式(4-18)可知,竖向附加应力 σ_z 与地基土的性质(E,μ)无关。为计算方便,可令

$$\alpha = \frac{3}{2\pi\left[1+\left(\frac{r}{z}\right)^2\right]^{5/2}} \tag{4-26}$$

则式(4-18)变成

$$\sigma_z = \alpha \frac{p}{z^2} \tag{4-27}$$

式中:α 为集中荷载作用下的地基竖向附加应力系数,其数值可按 r/z 值由表 4-1 查得。

表 4-1　集中荷载下地基竖向附加应力系数 α

r/z	α	r/z	α	r/z	α	r/z	α	r/z	α
0.00	0.477 5	0.40	0.329 4	0.80	0.138 6	1.20	0.051 3	1.60	0.020 0
0.01	0.477 3	0.41	0.323 8	0.81	0.135 3	1.21	0.050 1	1.61	0.019 5
0.02	0.477 0	0.42	0.318 3	0.82	0.132 0	1.22	0.048 9	1.62	0.019 1
0.03	0.476 4	0.43	0.312 4	0.83	0.128 8	1.23	0.047 7	1.63	0.018 7
0.04	0.475 6	0.44	0.306 8	0.84	0.125 7	1.24	0.046 6	1.64	0.018 3
0.05	0.474 5	0.45	0.301 1	0.85	0.122 6	1.25	0.045 4	1.65	0.017 9
0.06	0.473 2	0.46	0.295 5	0.86	0.119 6	1.26	0.044 3	1.66	0.017 5
0.07	0.471 7	0.47	0.289 9	0.87	0.116 6	1.27	0.043 3	1.67	0.017 1
0.08	0.469 9	0.48	0.284 3	0.88	0.113 8	1.28	0.042 2	1.68	0.016 7
0.09	0.467 9	0.49	0.278 8	0.89	0.111 0	1.29	0.041 2	1.69	0.016 3
0.10	0.465 7	0.50	0.273 3	0.90	0.108 3	1.30	0.040 2	1.70	0.016 0
0.11	0.463 3	0.51	0.267 9	0.91	0.105 7	1.31	0.039 3	1.72	0.015 3
0.12	0.460 7	0.52	0.262 5	0.92	0.103 1	1.32	0.038 4	1.74	0.014 7
0.13	0.457 9	0.53	0.257 1	0.93	0.100 5	1.33	0.037 4	1.76	0.014 1
0.14	0.454 8	0.54	0.251 8	0.94	0.098 1	1.34	0.036 5	1.78	0.013 5
0.15	0.451 6	0.55	0.246 6	0.95	0.095 6	1.35	0.035 7	1.80	0.012 9
0.16	0.448 2	0.56	0.241 4	0.96	0.093 3	1.36	0.034 8	1.82	0.012 4
0.17	0.444 6	0.57	0.236 3	0.97	0.091 0	1.37	0.034 0	1.84	0.011 9
0.18	0.440 9	0.58	0.231 3	0.98	0.088 7	1.38	0.033 2	1.86	0.011 4
0.19	0.437 0	0.59	0.226 3	0.99	0.086 5	1.39	0.032 4	1.88	0.010 9
0.20	0.432 9	0.60	0.221 4	1.00	0.084 4	1.40	0.031 7	1.90	0.010 5
0.21	0.428 6	0.61	0.216 5	1.01	0.082 3	1.41	0.030 9	1.92	0.010 1
0.22	0.424 2	0.62	0.211 7	1.02	0.080 3	1.42	0.030 2	1.94	0.009 7
0.23	0.419 7	0.63	0.207 0	1.03	0.078 3	1.43	0.029 5	1.96	0.009 3
0.24	0.415 1	0.64	0.202 4	1.04	0.076 4	1.44	0.028 8	1.98	0.008 9
0.25	0.410 3	0.65	0.199 8	1.05	0.074 4	1.45	0.028 2	2.00	0.008 5
0.26	0.405 4	0.66	0.193 4	1.06	0.072 7	1.46	0.027 5	2.10	0.007 0
0.27	0.400 4	0.67	0.188 9	1.07	0.070 9	1.47	0.026 9	2.20	0.005 8
0.28	0.395 4	0.68	0.184 6	1.08	0.069 1	1.48	0.026 3	2.30	0.004 8
0.29	0.390 2	0.69	0.180 4	1.09	0.067 4	1.49	0.025 7	2.40	0.004 0
0.30	0.384 9	0.70	0.176 2	1.10	0.065 8	1.50	0.025 1	2.50	0.003 4
0.31	0.379 6	0.71	0.172 1	1.11	0.064 1	1.51	0.024 5	2.60	0.002 9
0.32	0.374 2	0.72	0.168 1	1.12	0.062 6	1.52	0.024 0	2.70	0.002 4
0.33	0.368 7	0.73	0.164 1	1.13	0.061 0	1.53	0.023 4	2.80	0.002 1
0.34	0.363 2	0.74	0.160 3	1.14	0.059 5	1.54	0.022 9	2.90	0.001 7
0.35	0.357 7	0.75	0.156 5	1.15	0.058 1	1.55	0.022 4	3.00	0.001 5
0.36	0.352 1	0.76	0.152 7	1.16	0.056 7	1.56	0.021 9	3.50	0.000 7
0.37	0.346 5	0.77	0.149 1	1.17	0.055 3	1.57	0.021 4	4.00	0.000 4
0.38	0.340 8	0.78	0.145 5	1.18	0.035 9	1.58	0.020 9	4.50	0.000 2
0.39	0.335 1	0.79	0.142 0	1.19	0.052 6	1.59	0.020 4	5.00	0.000 1

【例题 4-3】 在地面作用一集中荷载 $p=200\text{kN}$，试确定：

(1)在地基中 $z=2\text{m}$ 的水平面上，水平距离 $r=1\text{m}$、2m、3m 和 4m 各点的竖直向附加应力 σ_z 值，并绘出分布图。

(2)在地基中 $r=0$ 的竖直线上距地面 $z=0$、1m、2m、3m 和 4m 处各点的 σ_z 值，并绘出分布图。

(3)取 $\sigma_z=20\text{kN/m}^2$、10kN/m^2、4kN/m^2 和 2kN/m^2，反算在地基中 $z=2\text{m}$ 的水平面上的 r 值和在 $r=0$ 的竖直线上的 z 值，并绘出该 4 个应力值相应的 σ_z 等值线图。

【解】 (1)在地基中 $z=2\text{m}$ 的水平面上指定点的附加应力 σ_z 的计算数据，见表 4-2；σ_z 的分布图如图 4-18 所示。

表 4-2　例题 4-3 附表 1

$z(\text{m})$	$r(\text{m})$	$\dfrac{r}{z}$	α（查表 4-1）	$\sigma_z=\alpha\dfrac{p}{z^2}(\text{kN/m}^2)$
2	0	0	0.477 5	23.8
2	1	0.5	0.273 3	13.7
2	2	1.0	0.084 4	4.2
2	3	1.5	0.025 1	1.2
2	4	2.0	0.008 5	0.4

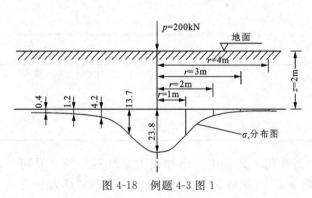

图 4-18　例题 4-3 图 1

(2)在地基中 $r=0$ 的竖直线上指定点的附加应力 σ_z 的计算数据见例表 4-3；σ_z 分布如图 4-19 所示。

表 4-3　例题 4-3 附表 2

$z(\text{m})$	$r(\text{m})$	$\dfrac{r}{z}$	α（查表 4-1）	$\sigma_z=\alpha\dfrac{p}{z^2}(\text{kN/m}^2)$
0	0	0	0.477 5	∞
1	0	0	0.477 5	95.5
2	0	0	0.477 5	23.8
3	0	0	0.477 5	10.5
4	0	0	0.477 5	6.0

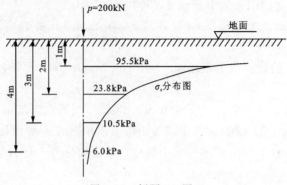

图 4-19 例题 4-3 图 2

(3)当指定附加应力 σ_z 时,反算 $z=2m$ 的水平面上的 r 值和在 $r=0$ 的竖直线上的 z 值的计算数据,见表 4-4;附加应力 σ_z 的等值线绘于图 4-20。

表 4-4　例题 4-3 附表 3

σ_z (kN/m²)	z(m)	$\alpha=\dfrac{\sigma_z z^2}{p}$	$\dfrac{r}{z}$（查表）	r(m)
20	2	0.400 0	0.27	0.54
10	2	0.200 0	0.65	1.30
4	2	0.080 0	1.02	2.04
2	2	0.040 0	1.30	2.60
σ_z (kN/m²)	r(m)	$\dfrac{r}{z}$	α（查表）	$z=\sqrt{\dfrac{\alpha p}{\sigma_z}}$
20	0	0	0.477 5	2.19
10	0	0	0.477 5	3.09
4	0	0	0.477 5	4.88
2	0	0	0.477 5	6.91

由于竖直向集中力作用下地基中的附加应力是轴对称的空间问题,再通过上面的例题分析,可知地基土中附加应力分布的特征如下:

(1)在集中力 p 作用线上,$r=0$,由式(4-26)及式(4-27)可知,$\alpha=\dfrac{3}{2\pi}$,$\sigma_z=\dfrac{3}{2\pi}\cdot\dfrac{p}{z^2}$。

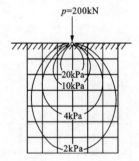

图 4-20　例题 4-3 图 3

在地面下同一深度处,该水平面上的附加应力不同,沿竖直向集中力作用线上的附加应力最大,向两边则逐渐减小。

(2)离地表愈深,应力分布范围愈大,在同一铅直线上的附加应力随深度的增加而减小。如果在空间将 σ_z 相同的点连接起来形成曲面,即可得到如图 4-20 所示的等值线,其空间曲面的形状如泡状,所以也称为应力泡。

通过上述对附加应力 σ_z 分布图形的讨论,应该建立起土中应力分布的正确概念,即集中力 p 在地基中引起的附加应力 σ_z 的分布是向下、向四周无限扩散的,其特性与杆件中应力的传递完全不一样。

当地基表面作用有几个集中力时,可以分别算出各集中力在地基中引起的附加应力,然后根据弹性体应力叠加原理求出地基的附加应力的总和。

在实际工程应用中,当基础底面形状不规则或荷载分布较复杂时,可将基底划分为若干个小面积,把小面积上的荷载当成集中力,然后利用上述公式计算附加应力。如果小面积的最大边长小于计算应力点深度的 1/3,用此法所得的应力值与正确应力值相比,误差不超过 5%。

二、矩形面积承受竖直均布荷载作用时的附加应力

地基表面有一矩形面积,宽度为 b,长度为 l,其上作用着竖直均布荷载,荷载强度为 p,求地基内各点的附加应力 σ_z。轴心受压柱基础的底面附加压力即属于均布的矩形荷载。这类问题的求解方法是:先求出矩形面积角点下的附加应力,再利用"角点法"求出任意点下的附加应力。

1. 角点下的附加应力

角点下的附加应力是指图 4-21 中 O、A、C、D 四个角点下任意深度处的附加应力。只要深度 z 一样,则四个角点下的附加应力 σ_z 都相同。将坐标的原点取在角点 O 上,在荷载面积内任取微分面积 $dA = dxdy$,并将其上作用的荷载以集中力 dP 代替,则 $dP = pdA = pdxdy$。利用式(4-18)即可求出该集中力在角点 O 以下深度 z 处 M 点所引起的竖直向附加应力($d\sigma_z$)为

$$d\sigma_z = \frac{3dP}{2\pi} \cdot \frac{z^3}{R^5} = \frac{3p}{2\pi} \cdot \frac{z^3}{(x^2+y^2+z^2)^{5/2}}dxdy \tag{4-28}$$

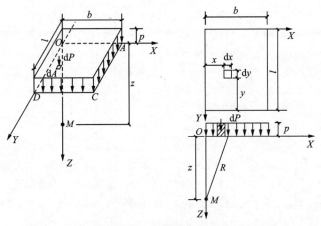

图 4-21 矩形面积均布荷载作用时角点下点的应力

将式(4-28)沿整个矩形面积 $OACD$ 积分,即可得出矩形面积上均布荷载 p 在 M 点引起的附加应力(σ_z)为

$$\sigma_z = \int_0^l \int_0^b \frac{3p}{2\pi} \cdot \frac{z^3}{(x^2+y^2+z^2)^{5/2}}dxdy$$

$$= \frac{p}{2\pi}\left[\arctan\frac{m}{n\sqrt{1+m^2+n^2}} + \frac{m \cdot n}{\sqrt{1+m^2+n^2}}\left(\frac{1}{m^2+n^2}+\frac{1}{1+n^2}\right)\right] \tag{4-29}$$

式中:$m = \dfrac{l}{b}$;$n = \dfrac{z}{b}$,其中 l 为矩形的长边,b 为矩形的短边。

为了计算方便,可将式(4-29)简写成

$$\sigma_z = \alpha_c p \tag{4-30}$$

称 α_c 为矩形竖直向均布荷载角点下的应力分布系数,$\alpha_c = f(m,n)$,可从表 4-5 中查得。

表 4-5 矩形面积受竖直均布荷载作用时角点下的应力系数 α_c

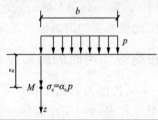

$n=z/b$	$m=l/b$										
	1.0	1.2	1.4	1.6	1.8	2.0	3.0	4.0	5.0	6.0	10.0
0.0	0.2500	0.2500	0.2500	0.2500	0.2500	0.2500	0.2500	0.2500	0.2500	0.2500	0.2500
0.2	0.2486	0.2489	0.2490	0.2491	0.2491	0.2491	0.2492	0.2492	0.2492	0.2492	0.2492
0.4	0.2401	0.2420	0.2429	0.2434	0.2437	0.2439	0.2442	0.2443	0.2443	0.2443	0.2443
0.6	0.2229	0.2275	0.2300	0.2351	0.2324	0.2329	0.2339	0.2341	0.2342	0.2342	0.2342
0.8	0.1999	0.2075	0.2120	0.2147	0.2165	0.2176	0.2196	0.2200	0.2202	0.2202	0.2202
1.0	0.1752	0.1851	0.1911	0.1955	0.1981	0.1999	0.2034	0.2042	0.2044	0.2045	0.2046
1.2	0.1516	0.1626	0.1705	0.1758	0.1793	0.1818	0.1870	0.1882	0.1885	0.1887	0.1888
1.4	0.1308	0.1423	0.1508	0.1569	0.1613	0.1644	0.1712	0.1730	0.1735	0.1738	0.1740
1.6	0.1123	0.1241	0.1329	0.1436	0.1445	0.1482	0.1567	0.1590	0.1598	0.1601	0.1604
1.8	0.0969	0.1083	0.1172	0.1241	0.1294	0.1334	0.1434	0.1463	0.1474	0.1478	0.1482
2.0	0.0840	0.0947	0.1034	0.1103	0.1158	0.1202	0.1314	0.1350	0.1363	0.1368	0.1374
2.2	0.0732	0.0832	0.0917	0.0984	0.1039	0.1084	0.1205	0.1248	0.1264	0.1271	0.1277
2.4	0.0642	0.0734	0.0812	0.0879	0.0934	0.0979	0.1108	0.1156	0.1175	0.1184	0.1192
2.6	0.0566	0.0651	0.0725	0.0788	0.0842	0.0887	0.1020	0.1073	0.1095	0.1106	0.1116
2.8	0.0502	0.0580	0.0649	0.0709	0.0761	0.0805	0.0942	0.0999	0.1024	0.1036	0.1047
3.0	0.0447	0.0519	0.0583	0.0640	0.0690	0.0732	0.0870	0.0931	0.0959	0.0973	0.0987
3.2	0.0401	0.0467	0.0526	0.0580	0.0627	0.0668	0.0806	0.0870	0.0900	0.0916	0.0933
3.4	0.0361	0.0421	0.0477	0.0527	0.0571	0.0611	0.0747	0.0814	0.0847	0.0864	0.0882
3.6	0.0326	0.0382	0.0433	0.0480	0.0523	0.0561	0.0694	0.0763	0.0799	0.0816	0.0837
3.8	0.0296	0.0348	0.0395	0.0439	0.0479	0.0516	0.0645	0.0717	0.0753	0.0773	0.0796
4.0	0.0270	0.0318	0.0362	0.0403	0.0441	0.0474	0.0603	0.0674	0.0712	0.0733	0.0758
4.2	0.0247	0.0291	0.0331	0.0371	0.0407	0.0439	0.0563	0.0634	0.0674	0.0696	0.0724
4.4	0.0227	0.0268	0.0306	0.0343	0.0376	0.0407	0.0527	0.0597	0.0639	0.0662	0.0696
4.6	0.0209	0.0247	0.0283	0.0317	0.0348	0.0378	0.0493	0.0564	0.0606	0.0630	0.0663
4.8	0.0193	0.0229	0.0262	0.0294	0.0324	0.0352	0.0463	0.0533	0.0576	0.0601	0.0635
5.0	0.0179	0.0212	0.0243	0.0274	0.0302	0.0328	0.0435	0.0504	0.0547	0.0573	0.0610
6.0	0.0127	0.0151	0.0174	0.0196	0.0218	0.0233	0.0325	0.0388	0.0431	0.0460	0.0506
7.0	0.0094	0.0112	0.0130	0.0147	0.0164	0.0180	0.0251	0.0306	0.0346	0.0376	0.0428
8.0	0.0073	0.0087	0.0101	0.0114	0.0127	0.0140	0.0198	0.0246	0.0283	0.0311	0.0367
9.0	0.0058	0.0069	0.0080	0.0091	0.0102	0.0112	0.0161	0.0202	0.0235	0.0262	0.0319
10.0	0.0047	0.0056	0.0065	0.0074	0.0083	0.0092	0.0132	0.0167	0.0198	0.0222	0.0280

2. 任意点的附加应力——角点法

利用矩形面积角点下的附加应力计算式(4-30)和应力叠加原理,推求地基中任意点的附加应力的方法称为角点法。角点法的应用可以分下列两种情况:

(1)计算矩形面积内任一点 M' 深度为 z 的附加应力[图 4-22(a)]。过 M' 点将矩形荷载面积 $abcd$ 分成 Ⅰ、Ⅱ、Ⅲ、Ⅳ 四个小矩形,M' 点为 4 个小矩形的公共角点,则 M' 点下任意 z 深度处的附加应力 $\sigma_{zM'}$ 为

$$\sigma_{zM'} = (\alpha_{cⅠ} + \alpha_{cⅡ} + \alpha_{cⅢ} + \alpha_{cⅣ})p \tag{4-31a}$$

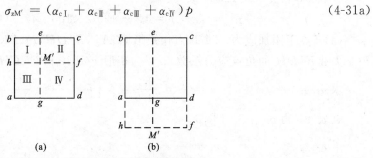

图 4-22 角点法计算 M' 点以下的附加应力

(2)计算矩形面积外任意点 M' 下深度为 z 的附加应力。思路是:仍然设法使 M' 点成为几个小矩形面积的公共角点,如图 4-22(b)所示。然后将其应力进行代数叠加。

$$\sigma_{zM'} = (\alpha_{cⅠ} + \alpha_{cⅡ} - \alpha_{cⅢ} - \alpha_{cⅣ})p \tag{4-31b}$$

以上两式中 $\alpha_{cⅠ}$、$\alpha_{cⅡ}$、$\alpha_{cⅢ}$、$\alpha_{cⅣ}$ 分别为矩形 $M'hbe$、$M'fce$、$M'hag$、$M'fdg$ 的角点应力分布系数,p 为荷载强度。必须注意,在应用角点法计算每一块矩形面积的 α_c 值时,b 恒为短边,l 恒为长边。

【**例题 4-4**】 现有均布荷载 $p=100\text{kN/m}^2$,荷载面积为 $2\text{m}\times 1\text{m}$,如图 4-23 所示,求荷载面积上角点 A、边点 E、中心点 O 以及荷载面积外 F 点和 G 点等各点下 $z=1\text{m}$ 深度处的附加应力。并利用计算结果说明附加应力的扩散规律。

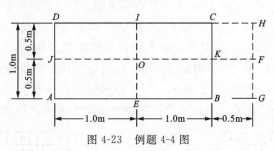

图 4-23 例题 4-4 图

【**解**】 (1)A 点下的附加应力。

A 点是矩形 $ABCD$ 的角点,且 $m=l/b=2/1=2$;$n=z/b=1$,查表 4-5 得 $\alpha_c=0.1999$,故

$$\sigma_{zA} = \alpha_c \cdot p = 0.1999 \times 100 \approx 20 \ (\text{kN/m}^2)$$

(2)E 点下的附加应力。通过 E 点将矩形荷载面积划分为两个相等的矩形 $EADI$ 和 $EBCI$。求 $EADI$ 的角点应力系数 α_c 为

$$m = \frac{l}{b} = \frac{1}{1} = 1 \ ; \ n = \frac{z}{b} = \frac{1}{1} = 1$$

查表 4-5 得 $\alpha_c = 0.175\,2$,故

$$\sigma_{zE} = 2\alpha_c \cdot p = 2 \times 0.175\,2 \times 100 \approx 35 (\text{kN/m}^2)$$

(3) O 点下的附加应力。通过 O 点将原矩形面积分为 4 个相等的矩形 $OEAJ$, $OJDI$, $OICK$ 和 $OKBE$。求 $OEAJ$ 角点的附加应力系数 α_c 为

$$m = \frac{l}{b} = \frac{1}{0.5} = 2 \,;\, n = \frac{z}{b} = \frac{1}{0.5} = 2$$

查表 4-5 得 $\alpha_c = 0.120\,2$,故

$$\sigma_{zO} = 4\alpha_c \cdot p = 4 \times 0.120\,2 \times 100 = 48.1 (\text{kN/m}^2)$$

(4) F 点下附加应力。过 F 点作矩形 $FGAJ$, $FJDH$, $FGBK$ 和 $FKCH$。假设 α_{cI} 为矩形 $FGAJ$ 和 $FJDH$ 的角点应力系数;α_{cII} 为矩形 $FGBK$ 和 $FKCH$ 的角点应力系数。

求 α_{cI}:
$$m = \frac{l}{b} = \frac{2.5}{0.5} = 5 \,;\, n = \frac{z}{b} = \frac{1}{0.5} = 2$$

查表 4-5 得 $\alpha_{cI} = 0.136\,3$

求 α_{cII}:
$$m = \frac{l}{b} = \frac{0.5}{0.5} = 1 \,;\, n = \frac{z}{b} = \frac{1}{0.5} = 2$$

查表 4-5 得 $\alpha_{cII} = 0.084\,0$,故

$$\sigma_{zF} = 2(\alpha_{cI} - \alpha_{cII})p = 2 \times (0.136\,3 - 0.084\,0) \times 100 = 10.5 (\text{kN/m}^2)$$

(5) G 点下附加应力。通过 G 点作矩形 $GADH$ 和 $GBCH$,分别求出它们的角点应力系数 α_{cI} 和 α_{cII}。

求 α_{cI}:
$$m = \frac{l}{b} = \frac{2.5}{1} = 2.5 \,;\, n = \frac{z}{b} = \frac{1}{1} = 1$$

查表 4-5 得 $\alpha_{cI} = 0.201\,6$

求 α_{cII}:
$$m = \frac{l}{b} = \frac{1}{0.5} = 2 \,;\, n = \frac{z}{b} = \frac{1}{0.5} = 2$$

查表 4-5 得 $\alpha_{cII} = 0.120\,2$,故

$$\sigma_{zG} = (\alpha_{cI} - \alpha_{cII})p = (0.201\,6 - 0.120\,2) \times 100 = 8.1 (\text{kN/m}^2)$$

将计算结果绘成图 4-24(a),可以看出,在矩形面积受均布荷载作用时,不仅在受荷面积垂直下方的范围内产生附加应力,而且在荷载面积以外的地基土中(F、G 点下方)也会产生附加应力。另外,在地基中同一深度处(例如 $z = 1$m),离受荷面积中线愈远的点,其 σ_z 值愈小,矩形面积中点处 σ_{zO} 最大。将中点 O 下和 F 点下不同深度的 σ_z 求出并绘成曲线,如图 4-24(b) 所示。本例题的计算结果证实了上面所述的地基中附加应力的扩散规律。

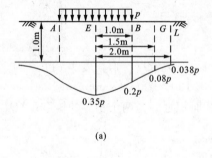

(a)

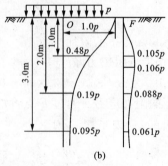

(b)

图 4-24 例题 4-4 计算结果

三、矩形面积承受水平均布荷载作用时的附加应力

如果地基表面作用有水平的集中力 P_h 时(图 4-25),可由弹性理论的西罗提(V.Cerruti)公式求解得到地基中任意点 $M(x,y,z)$ 所产生的附加应力,其表达式为

$$\sigma_z = \frac{3P_h}{2\pi} \cdot \frac{xz^2}{R^5} \tag{4-32}$$

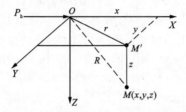

图 4-25 水平集中荷载作用于地基表面

当矩形面积上作用有水平均布荷载 P_h(图 4-26)时,即由式(4-32)对矩形面积积分,求出矩形面积角点下任意深度 z 处的附加应力 σ_z,由式(4-33)表示:

$$\sigma_z = \pm \alpha_h \cdot P_h \tag{4-33}$$

式中:$\alpha_h = \frac{1}{2\pi}\left[\frac{m}{\sqrt{m^2+n^2}} - \frac{mn^2}{(1+n^2)\sqrt{1+m^2+n^2}}\right]$;$m = \frac{l}{b}$,$n = \frac{z}{b}$

b、l 分别为平行于、垂直于水平荷载的矩形面积边长。

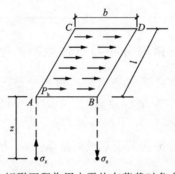

图 4-26 矩形面积作用水平均布荷载时角点下的 σ_z

称 α_h 为矩形面积承受水平均布荷载作用时角点下的附加应力分布系数,可查表 4-6 求得。经过计算可知,在地面下同一深度处,4 个角点下的附加应力的绝对值相同,但应力符号不同,图 4-26 中 C、A 点下的 σ_z 取负值,B、D 点下的 σ_z 取正值。

同样,也可以利用角点法和应力叠加原理计算水平均布荷载下矩形面积内外任意点的附加应力 σ_z。

表 4-6 矩形面积受水平均布荷载作用时角点下的附加应力系数 α_h 值

$n=z/b$	$m=l/b$										
	1.0	1.2	1.4	1.6	1.8	2.0	3.0	4.0	6.0	8.0	10.0
0.0	0.1592	0.1592	0.1592	0.1592	0.1592	0.1592	0.1592	0.1592	0.1592	0.1592	0.1592
0.2	0.1518	0.1523	0.1526	0.1528	0.1529	0.1529	0.1530	0.1530	0.1530	0.1530	0.1530
0.4	0.1328	0.1347	0.1356	0.1362	0.1365	0.1367	0.1371	0.1372	0.1372	0.1372	0.1372
0.6	0.1091	0.1121	0.1139	0.1150	0.1155	0.1160	0.1168	0.1169	0.1170	0.1170	0.1170
0.8	0.0861	0.0900	0.0924	0.0939	0.0948	0.0955	0.0967	0.0969	0.0970	0.0970	0.0970
1.0	0.0666	0.0708	0.0735	0.0753	0.0766	0.0774	0.0790	0.0794	0.0795	0.0796	0.0796
1.2	0.0512	0.0553	0.0581	0.0601	0.0615	0.0624	0.0645	0.0650	0.0652	0.0652	0.0652
1.4	0.0395	0.0433	0.0460	0.0480	0.0494	0.0505	0.0528	0.0534	0.0537	0.0537	0.0538
1.6	0.0308	0.0341	0.0366	0.0385	0.0400	0.0410	0.0436	0.0443	0.0446	0.0447	0.0447
1.8	0.0242	0.0270	0.0293	0.0311	0.0325	0.0336	0.0362	0.0370	0.0375	0.0375	0.0375
2.0	0.0192	0.0217	0.0237	0.0253	0.0266	0.0277	0.0303	0.0312	0.0317	0.0318	0.0318
2.5	0.0113	0.0130	0.0145	0.0157	0.0167	0.0176	0.0202	0.0211	0.0217	0.0219	0.0219
3.0	0.0070	0.0083	0.0093	0.0102	0.0110	0.0117	0.0140	0.0150	0.0156	0.0158	0.0159
5.0	0.0018	0.0021	0.0024	0.0027	0.0030	0.0032	0.0043	0.0050	0.0057	0.0059	0.0060
7.0	0.0007	0.0008	0.0009	0.0010	0.0012	0.0013	0.0020	0.0022	0.0029	0.0029	0.0030
10.0	0.0002	0.0003	0.0003	0.0004	0.0004	0.0005	0.0007	0.0008	0.0011	0.0013	0.0014

四、矩形面积承受竖直三角形分布荷载作用时的附加应力

设竖向荷载在矩形面积上沿着 X 轴方向呈三角形分布,而沿 Y 轴均匀分布,荷载的最大值为 p_t,取荷载零值边的角点 O 为坐标原点(图 4-27)。与均布荷载相同,以集中力 $\mathrm{d}P = (x/b)p_t \mathrm{d}x\mathrm{d}y$ 代替微元面积 $\mathrm{d}A = \mathrm{d}x\mathrm{d}y$ 上的分布荷载,则可按下式求得角点 O 下深度 z 处的 M 点由该矩形面积竖直三角形分布荷载引起的附加应力 σ_z 为

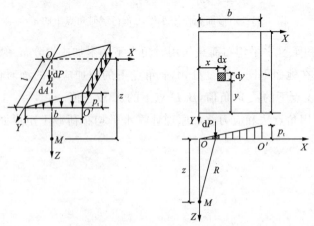

图 4-27 矩形面积三角形分布荷载下地基中附加应力计算

$$\sigma_z = \frac{3}{2\pi} \int_0^b \int_0^l \frac{x p_t z^3}{b (x^2 + y^2 + z^2)^{5/2}} \mathrm{d}x \mathrm{d}y \qquad (4\text{-}34)$$

由此可得受荷面积角点 O 下深度 z 处的附加应力 σ_z 为

$$\sigma_z = \alpha_{c1} \cdot p_t \qquad (4\text{-}35)$$

式中：$\alpha_{c1} = \dfrac{n \cdot m}{2\pi} \left[\dfrac{1}{\sqrt{n^2 + m^2}} - \dfrac{m^2}{(1 + m^2)\sqrt{1 + n^2 + m^2}} \right] \qquad (4\text{-}36)$

同理可得受荷面积角点 O' 下深度 z 处该点的附加应力 σ_z 为

$$\sigma_z = \alpha_{c2} \cdot p_t \qquad (4\text{-}37)$$

式中：

$$\alpha_{c2} = \frac{1}{2\pi} \left[\frac{\pi}{2} + \frac{n \cdot m (1 + n^2 + 2m^2)}{(n^2 + m^2)(1 + m^2)\sqrt{1 + n^2 + m^2}} - \frac{n \cdot m}{\sqrt{n^2 + m^2}} - \arctan \frac{m \sqrt{1 + n^2 + m^2}}{n} \right]$$

$$(4\text{-}38)$$

α_{c1}、α_{c2} 为三角形荷载附加应力系数，α_{c1} 为三角形荷载零角点下的附加应力系数，α_{c2} 为三角形荷载最大值角点下的附加应力系数。根据 $n = l/b$ 和 $m = z/b$，由表 4-7 查得 α_{c1}、α_{c2}。其中 b 为承载面积沿荷载呈三角形分布方向的边长。

表 4-7　矩形面积上竖直三角形分布荷载作用下的附加压力系数 α_{c1}、α_{c2}

z/b	l/b									
	0.2		0.4		0.6		0.8		1.0	
	α_{c1}	α_{c2}	α_{c1}	α_{c2}	α_{c1}	α_{c2}	α_{c1}	α_{c2}	α_{c1}	α_{c2}
0.0	0.000 0	0.250 0	0.000 0	0.250 0	0.000 0	0.250 0	0.000 0	0.250 0	0.000 0	0.250 0
0.2	0.022 3	0.182 1	0.028 0	0.211 5	0.029 6	0.216 5	0.030 1	0.217 8	0.030 4	0.218 2
0.4	0.026 9	0.109 4	0.042 0	0.160 4	0.048 7	0.178 1	0.051 7	0.184 4	0.053 1	0.187 0
0.6	0.025 9	0.070 0	0.044 8	0.116 5	0.056 0	0.140 5	0.062 1	0.152 0	0.065 4	0.157 5
0.8	0.023 2	0.048 0	0.042 1	0.085 3	0.055 3	0.109 3	0.063 7	0.123 2	0.068 8	0.131 1
1.0	0.020 1	0.034 6	0.037 5	0.063 8	0.050 8	0.080 5	0.060 2	0.099 6	0.066 6	0.108 6
1.2	0.017 1	0.026 0	0.032 4	0.049 1	0.045 0	0.067 3	0.054 6	0.080 7	0.061 5	0.090 1
1.4	0.014 5	0.020 2	0.027 8	0.038 6	0.039 2	0.054 0	0.048 3	0.066 1	0.055 4	0.075 1
1.6	0.012 3	0.016 0	0.023 8	0.031 0	0.033 9	0.044 0	0.042 4	0.054 7	0.049 2	0.062 8
1.8	0.010 5	0.013 0	0.020 4	0.025 4	0.029 4	0.036 3	0.037 1	0.045 7	0.043 5	0.053 4
2.0	0.009 0	0.010 8	0.017 6	0.021 1	0.025 5	0.030 4	0.032 4	0.038 7	0.038 4	0.045 6
2.5	0.006 3	0.007 2	0.012 5	0.014 0	0.018 3	0.020 5	0.023 6	0.026 5	0.028 4	0.031 8
3.0	0.004 6	0.005 1	0.009 2	0.010 0	0.013 5	0.014 8	0.017 6	0.019 2	0.021 4	0.023 3
5.0	0.001 8	0.001 9	0.003 6	0.003 8	0.005 4	0.005 6	0.007 1	0.007 4	0.008 8	0.009 1
7.0	0.000 9	0.001 0	0.001 9	0.001 9	0.002 8	0.002 9	0.003 8	0.003 8	0.004 7	0.004 7
10.0	0.000 5	0.000 4	0.000 9	0.001 0	0.001 4	0.001 4	0.001 9	0.001 9	0.002 3	0.002 4

续表 4-7

z/b	l/b									
	1.2		1.4		1.6		1.8		2.0	
	α_{c1}	α_{c2}	α_{c1}	α_{c2}	α_{c1}	α_{c2}	α_{c1}	α_{c2}	α_{c1}	α_{c2}
0.0	0.0000	0.2500	0.0000	0.2500	0.0000	0.2500	0.0000	0.2500	0.0000	0.2500
0.2	0.0305	0.2184	0.0305	0.2185	0.0306	0.2185	0.0306	0.2185	0.0306	0.2185
0.4	0.0539	0.1881	0.0543	0.1886	0.0545	0.1889	0.0546	0.1891	0.0547	0.1892
0.6	0.0673	0.1602	0.0684	0.1616	0.0690	0.1625	0.0694	0.1631	0.0696	0.1633
0.8	0.0720	0.1355	0.0739	0.1381	0.0751	0.1396	0.0759	0.1405	0.0764	0.1412
1.0	0.0708	0.1143	0.0735	0.1176	0.0753	0.1202	0.0766	0.1215	0.0774	0.1225
1.2	0.0664	0.0962	0.0698	0.1007	0.0721	0.1037	0.0738	0.1055	0.0749	0.1069
1.4	0.0606	0.0817	0.0644	0.0864	0.0672	0.0897	0.0692	0.0921	0.0707	0.0937
1.6	0.0545	0.0696	0.0586	0.0743	0.0616	0.0780	0.0639	0.0806	0.0656	0.0826
1.8	0.0487	0.0596	0.0528	0.0644	0.0560	0.0681	0.0585	0.0709	0.0604	0.0730
2.0	0.0434	0.0513	0.0474	0.0560	0.0507	0.0596	0.0533	0.0625	0.0553	0.0649
2.5	0.0326	0.0365	0.0362	0.0400	0.0393	0.0440	0.0419	0.0469	0.0440	0.0491
3.0	0.0249	0.0270	0.0280	0.0303	0.0307	0.0333	0.0331	0.0359	0.0352	0.0380
5.0	0.0104	0.0108	0.0120	0.0123	0.0135	0.0139	0.0148	0.0154	0.0161	0.0167
7.0	0.0056	0.0056	0.0064	0.0066	0.0073	0.0074	0.0081	0.0083	0.0089	0.0091
10.0	0.0028	0.0028	0.0033	0.0032	0.0037	0.0037	0.0041	0.0042	0.0046	0.0046

z/b	3.0		4.0		6.0		8.0		10.0	
	α_{c1}	α_{c2}	α_{c1}	α_{c2}	α_{c1}	α_{c2}	α_{c1}	α_{c2}	α_{c1}	α_{c2}
0.0	0.0000	0.2500	0.0000	0.2500	0.0000	0.2500	0.0000	0.2500	0.0000	0.2500
0.2	0.0306	0.2186	0.0306	0.2186	0.0306	0.2186	0.0306	0.2186	0.0306	0.2186
0.4	0.0548	0.1894	0.0549	0.1894	0.0549	0.1894	0.0549	0.1894	0.0549	0.1894
0.6	0.0701	0.1638	0.0702	0.1639	0.0702	0.1640	0.0702	0.1640	0.0702	0.1640
0.8	0.0773	0.1423	0.0776	0.1424	0.0776	0.1426	0.0776	0.1426	0.0776	0.1426
1.0	0.0790	0.1244	0.0794	0.1248	0.0795	0.1250	0.0796	0.1250	0.0796	0.1250
1.2	0.0774	0.1096	0.0779	0.1103	0.0782	0.1105	0.0783	0.1105	0.0783	0.1105
1.4	0.0739	0.0973	0.0748	0.0986	0.0752	0.0986	0.0752	0.0987	0.0753	0.0987
1.6	0.0697	0.0870	0.0708	0.0882	0.0714	0.0887	0.0715	0.0888	0.0715	0.0889
1.8	0.0652	0.0782	0.0666	0.0797	0.0673	0.0805	0.0675	0.0806	0.0675	0.0808
2.0	0.0607	0.0707	0.0624	0.0726	0.0634	0.0734	0.0636	0.0736	0.0636	0.0738
2.5	0.0504	0.0559	0.0529	0.0585	0.0543	0.0601	0.0547	0.0604	0.0548	0.0605
3.0	0.0419	0.0451	0.0449	0.0482	0.0469	0.0504	0.0474	0.0509	0.0476	0.0511
5.0	0.0214	0.0221	0.0248	0.0256	0.0253	0.0290	0.0296	0.0303	0.0301	0.0309
7.0	0.0124	0.0126	0.0152	0.0154	0.0186	0.0190	0.0204	0.0207	0.0212	0.0216
10.0	0.0066	0.0066	0.0084	0.0083	0.0111	0.0111	0.0123	0.0130	0.0139	0.0141

应用均布和三角形分布荷载的角点公式及叠加原理,可以求得矩形承载面积上的三角形和梯形荷载作用下地基内任意一点的附加应力。例如,如果求图 4-28 所示的矩形面积 $abcd$ 上的竖直三角形分布荷载 O 点下任一深度处的竖向附加应力,则可先求矩形面积 $Okam$、$Ombl$、$Ondk$ 和 $Oncl$ 上的均布荷载及三角形荷载作用下的竖向附加应力,然后再叠加即可。

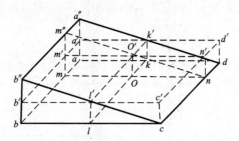

图 4-28　利用力的叠加原理确定矩形截面积上三角形荷载下地基附加应力

五、圆形荷载下地基中的附加应力

1. 圆形垂直均布荷载作用下的附加应力

设圆形荷载面积的半径为 r,作用于地基表面上的竖向均布荷载为 p,如以圆形荷载面积的中心点为坐标原点(图 4-29),并在荷载面积上选取微元面积 $dA = \rho \cdot d\varphi \cdot d\rho$。以集中力 $p \cdot dA$ 代替微元面积上的分布荷载,将 $R = (\rho^2 + l^2 + z^2 - 2l\rho\cos\varphi)^{1/2}$ 代入式(4-18),然后进行积分得

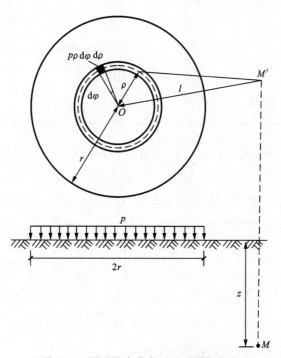

图 4-29　圆形均布荷载下地基附加应力

$$\sigma_z = \frac{3pz^3}{2\pi} \int_0^r \int_0^{2\pi} \frac{\rho \mathrm{d}\varphi \mathrm{d}\rho}{(\rho^2 + l^2 + z^2 - 2l \cdot \rho\cos\varphi)^{5/2}} \tag{4-39}$$

或
$$\sigma_z = \alpha \cdot p \tag{4-40}$$

式中：α 为圆形均布荷载附加应力系数，其值根据 l/r 和 z/r 由表 4-8 查得，其中 r 为圆的半径；l 为所求应力的点 M 在地面的投影 M' 至圆心的距离；z 为所求应力点的深度；ρ 为微元面积至圆心的距离；φ 为圆心角。

表 4-8　圆形均布荷载作用下土中附加应力系数 α

z/r	l/r					
	0.0	0.4	0.8	1.2	1.6	2.0
0.0	1.000	1.000	1.000	0.000	0.000	0.000
0.2	0.993	0.987	0.890	0.077	0.005	0.001
0.4	0.949	0.922	0.712	0.181	0.026	0.006
0.6	0.864	0.813	0.591	0.224	0.056	0.016
0.8	0.756	0.699	0.504	0.237	0.083	0.029
1.2	0.646	0.593	0.434	0.235	0.102	0.042
1.4	0.461	0.425	0.329	0.212	0.118	0.062
1.8	0.332	0.311	0.254	0.182	0.118	0.072
2.2	0.246	0.233	0.198	0.153	0.109	0.074
2.6	0.187	0.179	0.158	0.129	0.098	0.071
3.0	0.146	0.141	0.127	0.108	0.087	0.067
3.8	0.096	0.093	0.087	0.078	0.067	0.055
4.6	0.067	0.066	0.063	0.058	0.052	0.045
5.0	0.057	0.056	0.054	0.050	0.046	0.041
6.0	0.040	0.040	0.039	0.037	0.034	0.031

【例题 4-5】 设半径 $r=5\mathrm{m}$ 的圆面积上，作用有均布荷载 $p=200\mathrm{kN/m^2}$（图 4-30）。试确定圆心和圆周下深度 $z=2\mathrm{m}$ 处 M 和 M' 点的附加应力。

【解】 确定圆心下所求点 M 处的附加应力：根据 $n=l/r=0/5=0$，$m=z/r=2/5=0.4$，由表 4-8 查得 $\alpha=0.949$。则 M 点附加应力

$$\sigma_z = \alpha \cdot p = 0.949 \times 200 = 189.8 (\mathrm{kN/m^2})$$

确定 M' 点的附加应力

根据 $n=l/r=5/5=1$，$m=z/r=2/5=0.4$，由表 4-8 查得 $\alpha=0.447$，则 M' 点附加应力

$$\sigma_z = 0.447 \times 200 = 89.4 (\mathrm{kN/m^2})$$

2. 圆形面积上三角形分布荷载作用下的应力

圆形面积上三角形分布荷载在荷载为零的点 1[图 4-31(a)]或荷载为最大值 p_t 点 2[图 4-31(b)]下，任一深度 z 处 M 点的附加应力可按下式计算为

$$\sigma_z = \alpha_1 \cdot p_t \qquad (4\text{-}41\text{a})$$

$$\sigma_z = \alpha_2 \cdot p_t \qquad (4\text{-}41\text{b})$$

式中：α_1、α_2 分别为圆形面积上三角形分布荷载的附加应力系数，可根据图 4-31 中点 1、点 2 和 z/r 由表 4-9 查得。

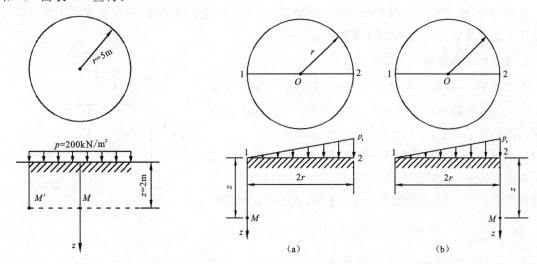

图 4-30　例题 4-5 附图　　　　　　图 4-31　圆形面积上三角形分布荷载

表 4-9　圆形面积上三角形分布荷载作用下土中附加应力系数 α_1、α_2

z/r	α_1	α_2	z/r	α_1	α_2	z/r	α_1	α_2
0.0	0.000	0.500	1.6	0.087	0.154	3.2	0.048	0.061
0.1	0.016	0.465	1.7	0.085	0.144	3.3	0.046	0.059
0.2	0.031	0.433	1.8	0.083	0.134	3.4	0.045	0.055
0.3	0.044	0.403	1.9	0.080	0.126	3.5	0.043	0.053
0.4	0.054	0.376	2.0	0.078	0.117	3.6	0.041	0.051
0.5	0.063	0.349	2.1	0.075	0.110	3.7	0.040	0.048
0.6	0.071	0.324	2.2	0.072	0.104	3.8	0.038	0.046
0.7	0.078	0.300	2.3	0.070	0.097	3.9	0.037	0.043
0.8	0.083	0.279	2.4	0.067	0.091	4.0	0.036	0.041
0.9	0.088	0.258	2.5	0.064	0.086	4.2	0.033	0.038
1.0	0.091	0.238	2.6	0.062	0.081	4.4	0.031	0.034
1.1	0.092	0.221	2.7	0.059	0.078	4.6	0.029	0.031
1.2	0.093	0.205	2.8	0.057	0.071	4.8	0.027	0.029
1.3	0.092	0.190	2.9	0.055	0.070	5.0	0.025	0.027
1.4	0.091	0.177	3.0	0.052	0.067			
1.5	0.089	0.165	3.1	0.050	0.064			

注：r 为半径。

六、条形荷载下地基中的附加应力

条形荷载是指承载面积宽度为 b、长度 l 为无穷大且荷载沿长度不变(沿宽度 b 可任意变化)的荷载。显然,在条形荷载作用下,地基内附加应力仅为坐标 X、Z 的函数,而与坐标 Y 无关。这种问题,在工程上称为平面问题。例如,建筑房屋墙的基础、道路的路堤或水坝等构筑物地基中的附加应力计算,均属于平面问题。

1. 竖直均布线荷载

在半无限体表面上作用有一条无限长的均布线荷载 $\bar{p}(\mathrm{kN/m})$,求解该地基中任意点 M 处的附加应力,这就是平面问题的基本课题。

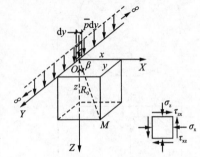

图 4-32 竖直线荷载作用下应力状态

如图 4-32 所示,设一竖向线荷载 $\bar{p}$ 作用在坐标轴 y 上,则可用集中荷载 $\bar{p}\mathrm{d}y$ 代替沿 y 轴上某微分段上的均布荷载。从而可利用公式(4-18)求出由集中力 $\bar{p}\mathrm{d}y$ 在 M 点处引起的附加应力 $\mathrm{d}\sigma_z = \dfrac{3\bar{p}z^3}{2\pi R_0^5}\mathrm{d}y$,其中 $OM = R_0 = (x^2 + y^2 + z^2)^{1/2}$,于是运用下列积分方法,可求得均布荷载作用下地基中任意点 M 的竖向附加应力 σ_z 的表达式

$$\sigma_z = \int_{-\infty}^{+\infty}\mathrm{d}\sigma_z = \int_{-\infty}^{+\infty}\frac{3z^3\bar{p}\mathrm{d}y}{2\pi(x^2+y^2+z^2)^{5/2}} = \frac{2\bar{p}z^3}{\pi(x^2+z^2)^2} \tag{4-42a}$$

同理,可得

$$\sigma_x = \frac{2\bar{p}x^2 z}{\pi(x^2+z^2)^2} \tag{4-42b}$$

$$\tau_{xz} = \tau_{zx} = \frac{2\bar{p}xz^2}{\pi(x^2+z^2)^2} \tag{4-42c}$$

由于均布的线荷载沿坐标轴 Y 均匀分布而且无限延伸,因此,与 Y 轴垂直的任何平面上的应力状态都相同。

此时
$$\tau_{xy} = \tau_{yx} = \tau_{yz} = \tau_{zy} = 0 \tag{4-42d}$$

$$\sigma_y = \mu(\sigma_x + \sigma_z) \tag{4-42e}$$

2. 均布条形荷载

设一垂向条形荷载沿宽度方向(图 4-33 中 X 轴方向)均匀分布,则均布条形荷载 p $(\mathrm{kN/m^2})$ 沿 X 轴上某点微分段 $\mathrm{d}\xi$ 上的荷载,可以用线荷载 $\mathrm{d}\bar{p} = p\mathrm{d}\xi$ 代替,则由式(4-42a)可得 $\mathrm{d}\bar{p}$ 在 M 点引起的竖向附加应力为

$$\mathrm{d}\sigma_z = \frac{2z^3}{\pi[(x-\xi)^2+z^2]^2}p\mathrm{d}\xi \tag{4-43}$$

将式(4-43)沿宽度 b 范围内积分,即可求得条形均布荷载作用下地基中任意点 M 处附加应力为

$$\begin{aligned}\sigma_z &= \int_0^b \frac{2z^3}{\pi[(x-\xi)^2+z^2]^2}p\mathrm{d}\xi \\ &= \frac{p}{\pi}\left[\arctan\frac{m}{n} - \arctan\frac{m-1}{n} + \frac{mn}{m^2+n^2} - \frac{n(m-1)}{n^2+(m-1)^2}\right]\end{aligned} \tag{4-44}$$

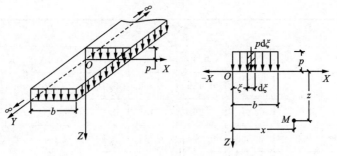

图 4-33 均布条形荷载作用下地基中的附加应力

写成简化形式为

$$\sigma_z = \alpha_z^s p \tag{4-45}$$

条形均布荷载在地基内引起的水平向应力 σ_x 和剪应力 τ_{xz} 也可以根据式(4-42b)和式(4-42c)积分求得,并简化为

$$\sigma_x = \alpha_x^s p \tag{4-46}$$

$$\tau_{xz} = \alpha_{xz}^s p \tag{4-47}$$

上列诸式中,α_z^s、α_x^s、α_{xz}^s 分别为条形面积受竖向均布荷载作用时的竖向附加应力分布系数,水平向应力分布系数和剪应力分布系数。其值可按 $m=x/b$ 和 $n=z/b$ 的数值由表 4-10 查得。

表 4-10 条形面积竖向均布荷载作用时的应力系数 α^s 值

$m=x/b$		$n=z/b$									
		0.01	0.1	0.2	0.4	0.6	0.8	1.0	1.2	1.4	2.0
0	α_z^s	0.500	0.499	0.498	0.489	0.468	0.440	0.409	0.375	0.348	0.275
	α_x^s	0.494	0.437	0.376	0.269	0.188	0.130	0.091	0.067	0.047	0.020
	α_{xz}^s	−0.318	−0.315	−0.306	−0.274	−0.234	−0.194	−0.159	−0.131	−0.108	−0.064
0.25	α_z^s	0.999	0.988	0.936	0.797	0.679	0.586	0.511	0.450	0.401	0.298
	α_x^s	0.935	0.685	0.469	0.215	0.143	0.087	0.055	0.037	0.026	0.010
	α_{xz}^s	−0.001	−0.039	−0.103	−0.159	−0.147	−0.121	−0.096	−0.078	−0.061	−0.034
0.5	α_z^s	0.999	0.997	0.978	0.881	0.756	0.642	0.549	0.478	0.420	0.306
	α_x^s	0.848	0.752	0.538	0.260	0.129	0.070	0.040	0.026	0.017	0.006
	α_{xz}^s	0.000	0.000	0.000	0.000	0.000	0.000	0.000	0.000	0.000	0.000
0.75	α_z^s	0.999	0.988	0.936	0.797	0.679	0.586	0.511	0.450	0.401	0.298
	α_x^s	0.935	0.685	0.469	0.215	0.143	0.087	0.055	0.037	0.026	0.010
	α_{xz}^s	0.001	0.039	0.103	0.159	0.147	0.121	0.096	0.078	0.061	0.034

续表 4-10

$m=x/b$		$n=z/b$									
		0.01	0.1	0.2	0.4	0.6	0.8	1.0	1.2	1.4	2.0
1.00	α_z^s	0.500	0.499	0.498	0.489	0.468	0.440	0.409	0.375	0.348	0.275
	α_x^s	0.494	0.437	0.376	0.269	0.188	0.130	0.091	0.067	0.047	0.020
	α_{xz}^s	0.318	0.351	0.306	0.274	0.234	0.194	0.159	0.131	0.108	0.064
1.25	α_z^s	0.000	0.011	0.091	0.174	0.243	0.276	0.288	0.287	0.279	0.242
	α_x^s	0.021	0.180	0.270	0.274	0.221	0.169	0.127	0.096	0.073	0.035
	α_{xz}^s	0.001	0.042	0.116	0.199	0.212	0.197	0.175	0.153	0.132	0.085
−0.25	α_z^s	0.000	0.011	0.091	0.174	0.243	0.276	0.288	0.287	0.279	0.242
	α_x^s	0.021	0.180	0.270	0.274	0.221	0.169	0.127	0.096	0.073	0.035
	α_{xz}^s	−0.001	−0.042	−0.116	−0.199	−0.212	−0.197	−0.175	−0.153	−0.132	−0.085
−0.50	α_z^s	0.001	0.002	0.011	0.056	0.111	0.155	0.186	0.202	0.210	0.205
	α_x^s	0.008	0.082	0.147	0.208	0.204	0.177	0.146	0.117	0.094	0.049
	α_{xz}^s	−0.0001	−0.001	−0.038	−0.103	−0.144	−0.158	−0.157	−0.147	−0.133	−0.096

图 4-34 中(a)表示竖向应力 σ_z 的分布图,(b)表示水平应力 σ_x 的分布图,(c)表示剪应力 τ_{zx} 的分布图,实线为正应力,虚线为负应力。

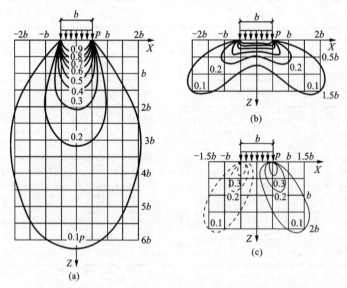

图 4-34 条形竖向均布荷载下地基中 σ_z、σ_x、τ_{zx} 的等值线图

图 4-35(a)和(b)分别表示在宽度均为 b 的条形面积和正方形面积上作用有相同大小的均布荷载 p 时,在地基内引起的 σ_z 的等值线分布图。两者相比可以看出,它们在地基内引起的 σ_z 向下扩散的形式一样,但扩散的速度和应力影响的深度则有很大的差别。以 $\sigma_z=0.1p$ 等值

线作为比较,正方形荷载影响深度为 $2b$ 左右;而条形荷载深度达 $6b$ 以上。

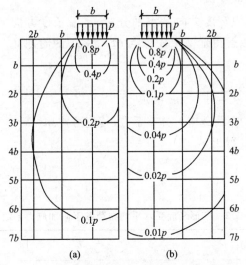

图 4-35 条形荷载和正方形荷载下 σ_z 值对比图
(a)条形荷载;(b)正方形荷载

3. 三角形分布条形荷载

当条形荷载沿作用面积宽度方向呈三角形分布,且沿长度方向不变时(图 4-36),可以按照上述均布条形荷载的推导方法,解得地基中任意点 $M(x,z)$ 的附加应力,计算公式为

$$\sigma_z^s = \frac{p_t^s}{\pi}\left[m\left(\arctan\frac{m}{n} - \arctan\frac{m-1}{n}\right) - \frac{n(m-1)}{(m-1)^2 + n^2}\right] = \alpha_t^s \cdot p_t^s$$

(4-48)

图 4-36 竖直三角形分布条形荷载

式中:m 为从计算点 M 到荷载强度零点的水平距离 x 与荷载宽度 b 的比值,$m = x/b$;n 为计算点的深度 z 与荷载宽度 b 的比值,$n = z/b$;α_t^s 为三角形分布荷载下的附加应力系数,查表 4-11。

显然,应用叠加原理,可以将梯形分布荷载看成三角形荷载和均布荷载之和。

表 4-11 三角形分布形荷载附加应力系数 α_t^s

$m=x/b$	$n=z/b$									
	0.01	0.1	0.2	0.4	0.6	0.8	1.0	1.2	1.4	2.0
0	0.003	0.032	0.061	0.110	0.140	0.155	0.159	0.154	0.151	0.127
0.25	0.249	0.251	0.255	0.263	0.258	0.243	0.224	0.204	0.186	0.143
0.50	0.500	0.498	0.498	0.441	0.378	0.321	0.275	0.239	0.210	0.153
0.75	0.750	0.737	0.682	0.534	0.421	0.343	0.286	0.246	0.215	0.155
1.00	0.497	0.468	0.437	0.379	0.328	0.285	0.250	0.221	0.198	0.147
1.25	0.000	0.010	0.050	0.137	0.177	0.188	0.184	0.176	0.165	0.134
1.50	0.000	0.002	0.009	0.043	0.080	0.106	0.121	0.126	0.127	0.115
−0.25	0.000	0.002	0.009	0.036	0.066	0.089	0.104	0.111	0.114	0.108

4. 条形面积上水平均布荷载

当条形荷载沿作用面积宽度方向呈水平分布，且沿长度方向不变时（图 4-37），同理可以解得地基中任意点 $M(x,z)$ 的附加应力，计算公式为

$$\sigma_z = \frac{p_h^s}{\pi}\left[\frac{n^2}{(m-1)^2+n^2} - \frac{n^2}{m^2+n^2}\right] = \alpha_z^h \cdot p_h^s \quad (4\text{-}49)$$

式中：α_z^h 为条形面积水平均布荷载应力分布系数，其值可按 $m=x/b$ 和 $n=z/b$ 的数值查表 4-12 得出。

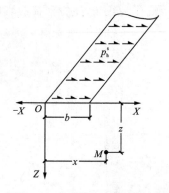

图 4-37 水平均布条形荷载

表 4-12 条形基底受水平均布荷载下附加应力系数 α_z^h

$m=x/b$	$n=z/b$									
	0.01	0.1	0.2	0.4	0.6	0.8	1.0	1.2	1.4	2.0
0	−0.318	−0.315	−0.306	−0.274	−0.234	−0.194	−0.159	−0.131	−0.108	−0.064
0.25	−0.001	−0.039	−0.103	−0.159	−0.147	−0.121	−0.096	−0.078	−0.061	−0.034
0.50	0.000	0.000	0.000	0.000	0.000	0.000	0.000	0.000	0.000	0.000
0.75	0.001	0.039	0.103	0.159	0.147	0.121	0.096	0.078	0.061	0.034
1.00	0.318	0.315	0.306	0.274	0.234	0.194	0.159	0.131	0.108	0.064
1.25	0.001	0.042	0.116	0.199	0.212	0.197	0.175	0.153	0.132	0.085
1.50	0.001	0.011	0.038	0.103	0.144	0.158	0.157	0.147	0.133	0.096
−0.25	−0.001	−0.042	−0.116	−0.199	−0.212	−0.197	−0.175	−0.153	−0.132	−0.085

七、影响土中附加应力分布的因素

前面介绍的地基中附加应力的计算，都是按弹性理论把地基土视为均质、各向同性的线弹性体，而实际遇到的地基均在不同程度上与上述情况有所不同。因此，理论计算得出的附加应力与实际土中的附加应力相比都有一定的误差。根据一些学者的试验研究及量测结果认为，当土质较均匀、土颗粒较细且压力不很大时，用上述方法计算出的竖直向附加应力 σ_z 与实测值相比，误差不是很大；当不满足这些条件时将会有较大的误差。下面简要讨论实际土体的非线性、非均质和各向异性对土中应力分布的影响。

（一）非线性材料的影响

事实上，土体是非线性材料，许多学者的研究表明，非线性对于土体的竖直附加应力 σ_z 计算值有一定的影响，最大误差可达到 25%～30%；对水平附加应力也有显著的影响。

（二）成层地基的影响

天然土层往往是成层的，其中还可能具有尖灭和透镜体等交错层理构造，使土呈不均匀性和各向异性，导致其变形特性差别较大。例如，在软土地区，常常可以遇到一层硬黏土或密实的砂土覆盖在较软弱的土层上；在山区，常可见厚度不大的可压缩土层覆盖于绝对刚性的岩

层上。在这种情况下,地基中的应力分布显然与连续均质土体不相同。对这类问题的解答比较复杂,目前弹性力学只对其中某些简单的情况有理论解,可以分为两类。

1. 可压缩土层覆盖于刚性岩层上(图 4-38)

由弹性理论解得知,在这种情况下(即"上软下硬"情况),上层土中荷载中轴线附近的附加应力 σ_z 将比均质半无限体时增大;离开中轴线,附加应力逐渐减小,远至某一距离后,附加应力小于均匀半无限体时的应力。这种现象称为"应力集中"现象。应力集中的程度主要与荷载宽度 b 和压缩层厚度 H 的比值有关,随着 H/b 的增大,应力集中现象减弱。图 4-39 为条形均布荷载下,岩层位于不同深度时,中轴线上的 σ_z 分布图,可以看出,H/b 值愈小,应力集中的程度愈高。

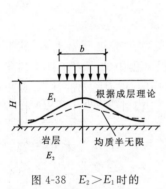

图 4-38 $E_2 > E_1$ 时的应力集中现象

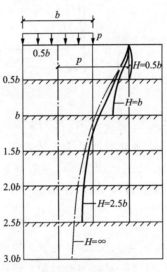

图 4-39 岩层在不同深度时基础轴线下的竖向应力分布

2. 硬土层覆盖于软土层上(图 4-40)

这种情况(即"上硬下软"情况)将出现在硬土层的下面,在荷载中轴线附近,附加应力出现减小的应力扩散现象。由于应力分布比较均匀,相应的地基沉降也较为均匀。实际工程中,在进行道路工程的路面设计时,经常用一层比较坚硬的路面来降低地基中的应力集中,减小路面因不均匀变形而破坏,就是这个道理。

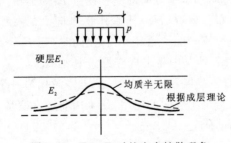

图 4-40 $E_1 > E_2$ 时的应力扩散现象

在图 4-41 中,地基土层厚度为 H_1、H_2、H_3 时,相应的变形模量分别为 E_1、E_2、E_3。地基表面受半径 $R=1.6H_1$ 的圆形均布荷载 p 作用,荷载中轴线上的 σ_z 分布情况如图 4-41 所示。从图中可以看出,当 $E_1 > E_2 > E_3$ 时(曲线 A、B),荷载中轴线上的应力 σ_z 明显地低于 E 为常数时(曲线 C)的均质土层情况。

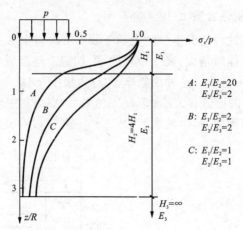

图 4-41　E_1/E_2,E_2/E_3 不同时圆形均布荷载中心线下的 σ_z 分布

(三)变形模量随深度增大的影响

地基土的另一种非均质性表现为变形模量(E)随深度而逐渐增大,在砂土地基中尤为常见。这是一种连续的非均质现象,它是由土体在沉积过程中的受力条件所决定的。弗劳利施(Frohlich)研究了这种情况,对于集中力作用下地基中附加应力 σ_z 的计算,提出半经验公式

$$\sigma_z = \frac{vp}{2\pi R^2} \cos^v \beta \tag{4-50}$$

式中:符号意义与前述相同,v 为大于 3 的应力集中系数,对于 E 等于常数的均质弹性体,例如均匀的黏土,$v=3$,其结果即为布氏解(式 4-18);对于砂土,连续非均质现象最显著,取 $v=6$;介于黏土与砂土之间的土,取 $v=3\sim 6$。

分析式(4-50),当 R 相同且 $\beta=0$ 或很小时,v 愈大,σ_z 愈高;而当 β 很大时,则相反,v 愈大,σ_z 愈小。就是说,这种土的非均质现象也会使地基中的应力向力的作用线附近集中。当然,地面上作用的不是集中荷载,而是不同类型的分布荷载,根据应力叠加原理也会得到应力 σ_z 向荷载中轴线附近集中的结果。实验研究也证明了这一点。

(四)各向异性的影响

对天然沉积的土层而言,其沉积条件和应力状态常常造成土体具有各向异性。例如,层状结构的页片状黏土,在垂直方向和水平方向的变形模量 E 就不相同。土体的各向异性也会影响到该土层中的附加应力分布。研究表明,土在水平方向上的变形模量 $E_x(=E_y)$ 与竖直方向上的变形模量 E_z 并不相等。但当土的泊松比 μ 相同时,若 $E_x > E_z$,则在各向异性地基中将出现应力扩散现象;若 $E_x < E_z$,地基中将出现应力集中现象。

还需说明,虽然目前在计算地基土中应力时,把土体简化为一个线性变形模型,但是,随着计算技术的发展和计算机在岩土工程中的应用,使采用非线性变形模型成为可能。目前,有关的专家学者正在进行这方面的研究。

第五节 有效应力原理

土是一个分散体系,由土颗粒组成土的骨架,土颗粒所包围的空间形成土的孔隙。对饱和土而言,土孔隙中充满水。当地基受外力作用时,土骨架和孔隙水分别受力,形成两个独立的受力体系。两个受力体系各自保持平衡但又互相联系,主要表现在其对应力的分担和互相传递。土的体积变形取决于孔隙体积的压缩,而土的抗剪强度取决于颗粒间的连接情况,其本质是土的变形与强度取决于颗粒之间传递应力的大小。太沙基(Terzaghi)早在1923年就提出了有效应力原理并对此进行研究,该原理的提出和应用阐明了多孔碎散颗粒材料与连续固体材料在应力-应变关系上的重大区别。有效应力原理是土力学区别于一般固体力学的一个最重要的原理,它贯穿于土力学的整个学科,是使土力学成为一门独立学科的重要标志。

一、有效应力及孔隙水压力

饱和土体是由固体颗粒构成的骨架和充满其间的孔隙水组成的两相集合体,所谓土骨架是由土体中固体颗粒相互连接与相互作用形成的并能够传递应力的,它具有土体的全部体积和全部截面面积。显然,当外力作用于土体后,一部分由土骨架承担,并通过颗粒之间的接触面进行力的传递,称为粒间力。粒间力会使土的骨架产生位移,引起土体的变形和强度的变化。这种对土体变形和强度有效的粒间应力,称有效应力,用 σ' 表示。另一部分则由孔隙中的水来承担,水虽然不能承担剪应力,但却能承受各向等压的法向应力,并且可以通过连通的孔隙水传递。这部分水压力称为孔隙水压力,用 u 表示。有效应力原理就是研究饱和土中这两种应力的不同性质和它们与总应力的关系。

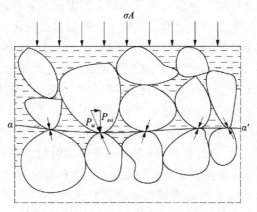

图 4-42 有效应力原理推导示意图

图 4-42 表示饱和土体中某一放大了的横截面 $a-a'$,总水平投影面积为 A,假设 $a-a'$ 面都通过了土颗粒的接触点。由于颗粒所有接触点的面积在水平面上的投影之和 A_s 很小,故面积 A 中绝大部分都是孔隙水所占据的面积 $A_w = A - A_s$。若在该截面每单位水平投影面积上作用有竖直总应力 σ,则在 $a-a'$ 面上的孔隙水处将作用有孔隙水压力 u,在第 i 个颗粒接触处将存在粒间作用力 P_{si}。P_{si} 的大小和方向都是随机的,可将其分解为竖直向和水平向两个分力,竖直向分力为 P_{svi}。而当颗粒接触点足够多时,其水平分力之和为 0。设应力作用的总面积 A 共有 n 个接触点,考虑 $a-a'$ 面的竖向力平衡可得

$$\sigma A = \sum_{i=1}^{n} P_{svi} + uA_w$$

上式两边均除以面积 A 可得

$$\sigma = \frac{\sum_{i=1}^{n} P_{svi}}{A} + u\frac{A_w}{A}$$

式中：右端第一项 $\sum_{i=1}^{n} P_{svi}/A$ 为所有颗粒接触点间作用力的竖向分量之和除以总面积 A，它代表应力作用总面积 A 上土骨架的平均竖直向应力，并定义为有效应力，用 σ' 表示。根据研究，颗粒接触点面积 A_s 不超过 $0.03A$，故在计算孔隙压力时 A_s 可忽略不计，所以右端第二项中的 $A_w/A \approx 1$。从而上式可写成

$$\sigma = \sigma' + u \tag{4-51}$$

这就是土力学中著名的有效应力原理表达式。可见所谓有效应力是由土颗粒接触点传递的应力，它是由土骨架承担的，是单位面积土骨架（即单位面积土体）上所有颗粒的接触力在总应力 σ 方向上的分量之和。可见，有效应力是一个虚拟的应力，是很多力之和除以总面积。实际上颗粒间真正的接触应力是很大的，粗粒土的颗粒接触应力常常会达到颗粒矿物的屈服强度。对于黏性土，由于颗粒周围包有结合水膜，颗粒间一般不直接接触，但是可以认为，粒间力仍可通过黏滞性很高的结合水膜传递，上式仍然适用。实际上有效应力原理更多的是用于解决黏性土中的工程问题。

有效应力原理的要点如下：

(1) 饱和土体内任一平面上受到的总应力可分为由土骨架承受的有效应力和由孔隙水承受的孔隙水压力两部分，有效应力与总应力及孔隙水压力的关系总是满足式(4-51)。

(2) 土的变形（压缩）与强度的变化都仅取决于有效应力的变化。

这意味着土的体积压缩和抗剪强度变化并不取决于作用在土体上的总应力，而是取决于有效应力。孔隙水压力本身并不能直接引起土体变形和强度的变化。这是因为水压力在土体中一点各方向相等，均衡地作用于每个土颗粒周围，因而不会使土颗粒产生位移而导致孔隙体积变化。它除了使土颗粒受到浮力外，只能使土颗粒本身受到水压力，而固体颗粒模量很大，本身的压缩量可以忽略不计。此外，由于水不能承受剪应力，因此孔隙水压力自身的变化也不会引起土的抗剪强度的变化。正因为如此，这种不能直接引起土体变形和强度变化的孔隙水压力，又称中性应力。但值得注意的是，当总应力 σ 保持常数时，孔压 u 发生变化将直接造成有效应力 σ' 发生变化，从而使土体的体积和强度发生变化。

有效应力原理是土力学中极为重要的原理，迄今为止，国内外均公认有效应力原理可毫无疑问地应用于饱和土；但在非饱和土的应用还有待进一步研究。

二、自重应力作用下的两种应力

图 4-43(a) 为处于水下的饱和土层，在地面下 H_2 深处的 M 点，地面以上有深度为 H_1 的静水，M 点处的总自重应力为

$$\sigma_{sz} = \gamma_w H_1 + \gamma_{sat} H_2$$

式中：γ_w 为水的重度 (kN/m^3)；γ_{sat} 为土的饱和重度 (kN/m^3)。

M 点处由孔隙水传递的静水压力,即孔隙水压力为

$$u = \gamma_w (H_1 + H_2)$$

根据有效应力原理,M 点的有效自重应力为

$$\sigma'_{sz} = \sigma - u = (\gamma'_{sat} - \gamma_w) H_2 = \gamma' H_2 \tag{4-52}$$

式中:γ' 为土的浮重度(kN/m^3)。

式(4-52)说明,浸在静水面以下的土层,由于土自重引起的有效应力,等于该点以上单位面积土柱的有效重量,即浮重度与土层深度之积,而与地面以上水位的高低无关。另外,孔隙水压力为该点以上单位面积静水压力。

在图 3-43(b)中,M 点在静地下水位以下 H_2 深处,其总自重应力为

$$\sigma_{sz} = \gamma H_1 + \gamma_{sat} H_2$$

孔隙水压力为

$$u = \gamma_w H_2$$

根据有效应力原理,有效自重应力应为

$$\sigma'_{sz} = \sigma - u = \gamma H_1 + \gamma' H_2 \tag{4-53}$$

两种压力随深度的分布,如图 4-43 所示。可以看出,在静水位以下,有效自重应力也可以用式(4-7)直接计算,在水下部分,式中的重度采用浮重度 γ'。土体的自重应力计算,即以此有效应力原理为理论基础。所说的自重应力通常是指有效自重应力。

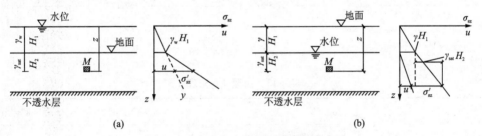

图 4-43 自重应力作用下的两种应力

当地下水位以上某个高度 h_c 范围内出现毛细饱和区时[图 4-44(a)],毛细区内的水呈张拉状态,故孔隙水压力是负值。毛细水压力分布规律与静水压力分布相同,任一点的 $u_c = -\gamma_w z'$,z' 为该点至地下水位(自由水面)之间的垂直距离,离开地下水位越高,毛细负孔压绝对值越大,在饱和区最高处 $u_c = -h_c \gamma_w$,至地下水位处 $u_c = 0$,其孔隙水压力分布如图 4-44(b)所示。由于 u 是负值,按照有效应力原理,毛细饱和区的有效应力 σ' 将会比总应力增大,即 $\sigma' = \sigma - (-u) = \sigma + u$。画出有效应力 σ' 总应力 σ 分布如图 4-44(c)所示,图中实线为 σ' 分布,虚线为 σ 分布。而毛细饱和区以上属于非饱和土的范畴,存在着基质吸力,有效应力原理的适用性尚有待进一步研究。

【例题 4-6】 某土层剖面,地下水位及其相应的重度如图 4-45(a)所示。试求:(1)总自重应力 σ_{sz}、孔隙水压力 u 和有效自重应力 σ'_{sz} 沿深度 z 的分布;(2)若砂层中地下水位以上 1m 范围内为毛细饱和区时,σ_{sz}、u 和 σ'_{sz} 将如何分布?

【解】 (1)地下水位以上无毛细饱和区时,σ_{sz}、u 和 σ'_{sz} 分布值如例表 4-13 所示。u、σ_{sz} 和 σ'_{sz} 沿深度 z 的分布如图 4-45(b)中实线所示。

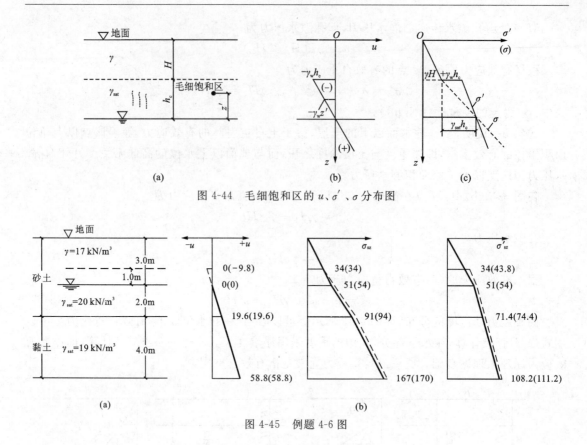

图 4-44 毛细饱和区的 u、σ'、σ 分布图

图 4-45 例题 4-6 图

表 4-13 例题 4-6 附表 1

深度 z(m)	σ_{sz} (kN/m²)	u (kN/m²)	σ'_{sz} (kN/m²)
2	2×17=34	0	34
3	3×17=51	0	51
5	(3×17)+(2×20)=91	2×9.8=19.6	71.4
9	(3×17)+(2×20)+(4×19)=167	6×9.8=58.8	108.2

(2) 当地下水位以上 1m 内为毛细饱和区时，σ_{sz}、u 和 σ'_{sz} 值如表 4-14 所示。其 u、σ_{sz} 和 σ'_{sz} 沿深度 z 的分布如例图 4-45(b) 中虚线所示。

表 4-14 例题 4-6 附表 2

深度 z(m)		σ_{sz} (kN/m²)	u (kN/m²)	σ'_{sz} (kN/m²)
2	2 上	2×17=34	0	34
	2 下	2×17=34	−9.8	43.8
3		2×17+1×20=54	0	54
5		54+2×20=94	19.6	74.4
9		94+4×19=170	58.8	111.2

三、稳定渗流作用下的两种应力

由于在稳定渗流中,孔隙水压力不随时间变化,此时土中的孔隙水压力也属于静孔隙水压力。现在分析当土中发生向上或向下的稳定渗流时,土中孔隙水压力和有效自重应力的计算。图 4-46(a)为厚度 H 的饱和黏性土层,上层地下水位位于黏性土层表面,下面为砂层,砂层中有承压水,在黏性土层与砂层的层界面 A 处安装一测压管,得知测压管稳定水位高出黏性土层面 Δh,所以黏性土层中将会发生向上的稳定渗流。试计算 A 点 z 方向的 σ、u、σ'。取土-水整体为隔离体,进行受力分析即可计算得出。

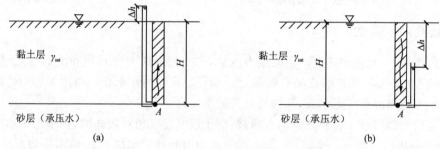

图 4-46 稳定渗流作用下的 u、σ'_{sz} 计算

A 点处的总自重应力,应为该点以上单位面积土柱和水柱的重量,即

$$\sigma_{sz} = \gamma_{sat} H$$

在 A 点处的孔隙水压力将为

$$u = \gamma_w (H + \Delta h) = \gamma_w H + \gamma_w \Delta h$$

因此,A 点处的有效自重应力则是

$$\sigma'_{sz} = \sigma_{sz} - u = \gamma_{sat} H - \gamma_w H - \gamma_w \Delta h = \gamma' H - \gamma_w \Delta h \tag{4-54}$$

将上述结果与静水条件下的 u、σ'_{sz} 相比较可知,在发生向上渗流时,孔隙水压力 u 增加了 $\gamma_w \Delta h$,有效应力则相应减少 $\gamma_w \Delta h$。

如果发生向下渗流时,如图 4-46(b)所示,Δh 为承压水低于地面的高度,但由于黏土层中地下水位与地面齐平,这时 A 点的总自重应力不变,其值为

$$\sigma_{sz} = \gamma_{sat} H$$

在 A 点处的孔隙水压力将为

$$u = \gamma_w (H - \Delta h) = \gamma_w H - \gamma_w \Delta h$$

因此,A 点处的有效自重应力则是

$$\sigma'_{sz} = \sigma_{sz} - u = \gamma_{sat} H - \gamma_w H + \gamma_w \Delta h = \gamma' H + \gamma_w \Delta h \tag{4-55}$$

由式(4-55)可以看出,向下渗流将使有效自重应力增加,这是抽吸地下水引起地面沉降的原因之一。需要指出的是,上述竖向渗流情况是指天然地基中存在的地下水处于长期、稳定的自然状态,此时的有效应力才属于有效自重应力。但如果由于人工抽水等原因造成地下水下降,使地基土的有效应力增加,发生土体压缩,地面沉降的期间,这种增加的竖向有效应力就属于荷载或附加应力了。

由此可见,当有渗流作用时,其孔隙水压力及有效应力均与静水作用情况不同。在渗流产生的渗透力的作用下,其有效应力与渗流作用的方向有关。当自上而下渗流时,将使有效自重应力增加,因而对土体的稳定性有利。反之,若向上渗流则有效自重应力减小,对土体的稳定

性不利。如果在图 4-46(a)中向上渗流的水头差 Δh 不断增大，直至使该处孔隙水压力等于总自重应力时，则有效自重应力将减小为零，即

$$\sigma'_{sz} = \gamma' H - \gamma_w \Delta h = 0$$

由此得

$$\gamma' = \gamma_w \frac{\Delta h}{H} = \gamma_w i_{cr}$$

式中：i_{cr} 为土的临界水力梯度。

当水力梯度 $i > i_{cr}$ 时，即发生所谓的流砂和管涌现象，造成地基或边坡的失稳。此即为用有效应力原理来解释渗透变形的实质。

四、超孔隙水应力

在外荷作用下，土体中各点产生的应力增量，称为附加应力。对饱和土而言，土体中任一点的附加应力 σ 是由粒间接触点的有效应力 σ' 和孔隙水压力 u 承担。由附加应力作用而引起的孔隙水压力超出静水压力水头，称为超静孔隙水压力。

如果地面上作用着大面积连续均布荷载，而土层厚度又相对较薄时，则土层中引起的附加应力 σ_z 属于侧限应力状态。这时，外荷 P 在土层中引起的附加应力 σ_z 将沿深度均匀分布，即 $\sigma_z = P$。显然，这种应力条件下土体在侧向上不能发生变形。

为了模拟饱和土体受到连续均布荷载作用后，在土中所产生的孔隙水压力 u 和 σ' 随时间 t 的变化规律，1925 年太沙基最早提出了一个渗流固结模型。该模型是由盛满水的钢筒①、带有排水孔的活塞②以及支承活塞的弹簧③所组成，如图 4-47 所示。钢筒象征侧限条件，弹簧模拟弹性体的土骨架，筒中水模拟骨架四周的孔隙水，活塞上的小孔则代表土的渗透性，用以模拟排水条件。

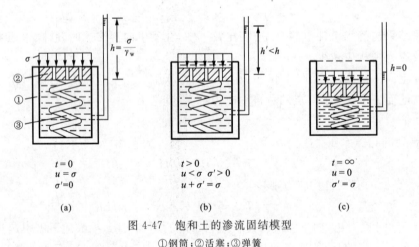

图 4-47 饱和土的渗流固结模型
①钢筒；②活塞；③弹簧

当活塞板上未加荷载时，钢筒一侧的测压管中水位将与筒中静水位齐平。这时，代表土体受外荷载前的情况，土中各点的孔隙水压力值完全由静水压力确定，而且由于任何深度处总水头都相等，土中没有渗流发生。

在活塞板上刚加上外荷载的瞬间（$t=0$），容器内的水来不及排出，相当于活塞上小孔被堵死的不排水状态[图 4-47(a)]。水是不可压缩的流体，故模型内体积变化 $\Delta V = 0$，活塞不能向下移动，弹簧不受力，外荷载全部由水所承担，测压管中水位将升高 h。它代表这时土中引起

高于静水位的初始超静孔隙水压力 $u_0 = \sigma = \gamma_w h$,而作用于土骨架上的有效应力 $\sigma' = 0$。

当 $t > 0$ 后[图 4-47(b)],由于活塞上下有水头差 h,导致渗流发生。水从活塞小孔中不断排出,活塞向下移动,代表土骨架的弹簧逐渐受力,与此同时,容器内水压力逐渐减小,测压管水位逐渐降低,说明水所承担的压力逐渐减小,而弹簧承担了水所减少的那部分压力,即 $\sigma = \sigma' + u$。这一过程持续发展,饱和土体中的超静孔隙水压力逐渐消散,转移到土骨架上,骨架的有效应力逐渐增加,孔隙水压力的减小值等于有效应力的增加值。最后,当测压管水位又降至与容器内静水位齐平时[图 4-47(c)],全部外荷载都转移给弹簧承担,活塞稳定到某一位置,渗流停止。土中水的超静孔隙水压力 $u = 0$,而土骨架的有效应力 $\sigma' = \sigma$,土体的渗流固结过程结束。

小结上述渗流固结过程,可得如下几点认识:

(1)整个渗流固结过程中 u 和 σ' 都是随时间 t 而不断变化着的,即 $u = f_1(t)$,$\sigma' = f_2(t)$。渗流固结过程实质上就是土中两种不同应力形态的转化过程。

(2)这里的 u 是指超静孔隙水压力,所谓超静孔隙水压力,是由外荷载引起的,超出静水位以上的那部分孔隙水压力。它在固结过程中随时间不断变化,固结终了时应等于零。饱水土层中任意时刻的总孔隙水压力应是静孔隙水压力与超静孔隙水压力之和。

五、孔隙水压力系数

目前,研究土体有效应力对变形、强度和稳定性的影响,主要是通过三轴压缩仪直接量测三向应力状态下的孔隙,然后求得有效应力。因此,研究不同固结程度下土体中的有效应力,实际上是研究土体中孔隙水压力随固结程度的变化规律。

在外荷作用下,土样中所增加的三向应力分量(图 4-48),可分解为等向压缩应力状态和轴向偏差应力状态两部分。它们分别引起的超静孔隙水压力为 Δu_3 和 Δu_1。而在三向应力增量作用下,土样中一点引起的总的超静孔隙水压力增量为

$$\Delta u = \Delta u_3 + \Delta u_1$$

Δu_3 和 Δu_1 可分别计算如下。

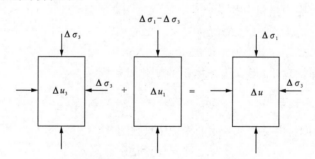

图 4-48 附加应力作用下土中一点应力分量的分解

1. 等向压缩应力状态——孔压系数 B

在不排水条件下,当四周受相等应力增量 $\Delta \sigma_3$ 时,其平均有效应力增量为

$$\Delta \sigma_3' = \Delta \sigma_3 - \Delta u_3$$

假定土体符合线性弹性理论,其应力-应变服从广义虎克定律,则在各向相等有效应力增量 $\Delta \sigma_3'$ 的作用下,土体的体积应变

$$\frac{\Delta V}{V} = \varepsilon_1 + \varepsilon_2 + \varepsilon_3 = \frac{3(1-2\mu)}{E}\Delta\sigma_3' = m_c \Delta\sigma_3' = m_c(\Delta\sigma_3 - \Delta u_3)$$

则
$$\Delta V = m_c V(\Delta\sigma_3 - \Delta u_3)$$

式中：$m_c = \dfrac{3(1-2\mu)}{E}$，为土体的体积压缩系数（1/MPa）。

同时，在超静孔隙水压力 Δu_3 的作用下，引起孔隙体积（包括水和气体）的应变为

$$\frac{\Delta V_v}{nV} = m_n \Delta u_3$$

则
$$\Delta V_v = m_n n V \Delta u_3$$

式中：m_n 为孔隙的体积压缩系数（1/MPa）；n 为土的孔隙率。

由于土颗粒体积的压缩量在一般建筑物作用下可忽略不计，故土体体积的变化应等于孔隙体积的变化，即 $\Delta V = \Delta V_v$，得

$$m_c V(\Delta\sigma_3 - \Delta u_3) = m_n n V \Delta u_3$$

则
$$\frac{\Delta u_3}{\Delta\sigma_3} = \frac{1}{1+\dfrac{nm_n}{m_c}} = B \tag{4-56}$$

式中：B 为孔隙水压力系数，与 m_c 和 m_n 有关。

对于饱和土体，孔隙中充满水，在不排水条件下，孔隙的体积压缩系数远小于土体的体积压缩系数，则 $\dfrac{m_n}{m_c} \approx 0$，$B \approx 1$，$\Delta u_3 = \Delta\sigma_3$。

对于干土，孔隙中充满空气，孔隙的压缩性趋于无穷大，则 $\dfrac{m_n}{m_c} \approx \infty$，因此 $B=0$。

对于部分饱和土，B 值介于 0～1 之间，所以 B 值可用作反映土体饱和程度的指标。对于具有不同饱和度的土，可通过三轴试验测定 B 值。

2. 偏差应力状态——孔压系数 A

当在轴向施加偏差应力增量 $\Delta\sigma_1 - \Delta\sigma_3$ 时，引起的超静孔隙水压力增量为 Δu_1，从而使轴向及侧向引起的有效应力增量分别为

$$\Delta\sigma_1' = (\Delta\sigma_1 - \Delta\sigma_3) - \Delta u_1$$
$$\Delta\sigma_3' = -\Delta u_1$$

同样根据线性弹性理论，得到土体体积的变化量

$$\Delta V = \frac{3(1-2\mu)}{E} V \times \frac{1}{3}(\Delta\sigma_1' + 2\Delta\sigma_3') = m_c V \times \frac{1}{3}(\Delta\sigma_1 - \Delta\sigma_3 - 3\Delta u_1)$$

在偏差应力作用下，由 Δu_1 引起孔隙体积的变化量

$$\Delta V_v = m_n n \Delta u_1$$

因为 $\Delta V = \Delta V_v$，故得

$$\Delta u_1 = \frac{1}{1+\dfrac{nm_n}{m_c}} \times \frac{1}{3}(\Delta\sigma_1 - \Delta\sigma_3) = B\frac{1}{3}(\Delta\sigma_1 - \Delta\sigma_3)$$

上式是将土体视为弹性体得出来的，弹性体的一个重要特点是剪应力作用下只会引起受力体形状的变化而不会引起体积变化。但土体受剪后会发生体积膨胀或收缩，土的这种力学特性称为土的剪胀性。因此，上式中的系数 1/3 只适用于弹性体而不符合土体的实际情况。英国学者司开普顿（Stempton）引入了一个经验系数 A 来代替 1/3，用 A 值来反映土在剪切过

程中的胀缩特性,并将上式改写为如下形式

$$\Delta u_1 = B \cdot A(\Delta \sigma_1 - \Delta \sigma_3) \tag{4-57}$$

对于饱和土,系数 $B=1$,则

$$A = \frac{\Delta u_1}{\Delta \sigma_1 - \Delta \sigma_3} \tag{4-58}$$

式中:孔压系数(A)是饱和土体在单位偏差应力增量($\Delta \sigma_1 - \Delta \sigma_3$)作用下产生的孔隙水压力增量,可用来反映土剪切过程中的胀缩特性,是土的一个很重要的力学指标。

孔压系数 A 值的大小,对于弹性体是常量,$A=1/3$;对于土体则不是常量。它取决于偏差应力增量($\Delta \sigma_1 - \Delta \sigma_3$)所引起的体积变化,其变化范围很大,主要与土的类型、状态、过去所受的应力历史和应力状况以及加载过程中所产生的应变量等因素有关,在试验过程中 A 值是变化的。测定的方法也是用三轴压缩试验。如果 $A<1/3$,属于剪胀土,如密实砂和超固结黏性土等。如果 $A>1/3$,则属于剪缩土,如较松的砂和正常固结黏性土等。表 4-15 是司开普顿等根据试验资料建议的 A 值。

表 4-15 孔压系数(A)参考值

土类	A(用于计算沉降)	土类	A_f(用于计算土体破坏)
很松的细砂	2~3	高灵敏度软黏土	>1
灵敏性黏土	1.5~2.5	正常固结黏土	0.5~1
正常固结黏土	0.7~1.3	超固结黏土	0.25~0.5
轻度超固结黏土	0.3~0.7	严重超固结黏土	0~0.25
严重超固结黏土	−0.5~0		

在三向应力 $\Delta \sigma_1$ 和 $\Delta \sigma_3 = \Delta \sigma_2$ 共同作用下的超静孔隙水压力

$$\Delta u = \Delta u_3 + \Delta u_1 = B[\Delta \sigma_3 + A(\Delta \sigma_1 - \Delta \sigma_3)] \tag{4-59}$$

因此,只要知道了土体中任一点的大小主应力变化,就可以根据在三轴不排水试验中测出的孔压系数 A、B 值,用式(4-59)计算出相应的初始孔隙压力。

孔压系数的测定,对用有效应力原理研究土体的变形、强度和稳定性具有重要实际意义。在实际工程中,只要能较准确地确定 A 和 B 的值,即可估算土体中由于应力的变化而引起的超静孔隙水压力变化,以便能用有效应力对土体的变形、强度和稳定性进行分析。

第六节 应力路径

一、应力路径的概念

试验中的土样或土体中的土单元,在外荷载变化的过程中,应力将随之发生变化。如果是弹性体,应力-应变关系符合广义虎克定律。这种关系只取决于材料本身的特性,而不随应力的变化而变化,即应力和应变总是一一对应的。像土这类弹塑性材料则不一样。同一种应力因加载、卸载、重新加载或重新卸载的过程不同,所对应的应变以及相应的土的性质都很不一样。所以,研究土的性质,不仅需要知道土的初始和最终应力状态,而且还需要知道它所受应力的变化过程。土在其形成的地质年代中所经受的应力变化情况称为应力历史。在应力变化的过程中达到的最大剪应力与抗剪强度的比值称为剪应力水平,简称应力水平。但应力水平有时也用以表示曾经达到的最大周围压力。

在二维应力问题中,应力的变化过程可以用若干个莫尔应力圆来表示。例如,土试件先受周围压力(σ_3)的作用,这时的应力圆表示为图 4-49(a)中的一个点 C_0。然后,在试件的竖直方向分级增加偏差应力($\sigma_1 - \sigma_3$),则每一级偏差应力可以绘出一个直径为($\sigma_1 - \sigma_3$)的莫尔应力圆。但是这种用若干个应力圆表示应力变化过程的方法显然很不方便,特别是出现应力不是单调增加,而是有时增加、有时减小的情况,用莫尔应力圆来表示应力变化过程,不但不方便,而且极易发生混乱。

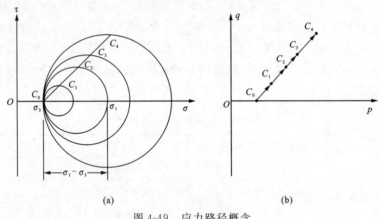

图 4-49 应力路径概念

应力变化过程的较为简易的表示方法就是,选择土体中某一个特定的面上的应力变化来表示土单元体的应力变化。因为该面的应力在应力圆上表示为一个点,因此这个面上的应力变化过程即可用该点在应力坐标上的移动轨迹来表示。这个应力点的移动轨迹就称为应力路径。

通常,选择与主应力面成 45°的斜面作为代表面最为方便,因为每个莫尔应力圆都可以用应力圆圆心的位置 $p = (\sigma_1 + \sigma_3)/2$ 和应力圆的半径 $q = (\sigma_1 - \sigma_3)/2$ 唯一确定,表示该斜面的应力的 C 点,同时也代表该单元体的应力状态。因而 C 点的变化轨迹 C_1、C_2、…、C_n 就代表试件或单元土体的应力路径,如图 4-49(b)所示。当然也可以选用其他面,例如土体的破裂面为代表面,但不如 45°面方便。因此,在绘制试件或单元土体的应力路径时,常把($\sigma-\tau$)应力坐标改换成($p-q$)坐标。($p-q$)坐标上某一点的横坐标 p 提供该点所代表的应力圆的圆心位置 $(\sigma_1 + \sigma_3)/2$,而纵坐标 q 则表示该应力圆的半径 $(\sigma_1 - \sigma_3)/2$。

如前所述,土体中的应力可以用总应力 σ 表示,也可以用有效应力 σ' 表示。表示总应力变化的轨迹就是总应力路径,表示有效应力的变化轨迹则是有效应力路径。按有效应力计算的 p' 和 q' 与按总应力计算的 p 和 q 有如下的关系,因为,有

$$\sigma_3' = \sigma_3 - u, \sigma_1' = \sigma_1 - u$$

故

$$p' = \frac{1}{2}(\sigma_1' + \sigma_3') = \frac{1}{2}(\sigma_1 - u + \sigma_3 - u)$$

$$= \frac{1}{2}(\sigma_1 + \sigma_3) - u = p - u \tag{4-60}$$

而
$$q' = \frac{1}{2}(\sigma_1' - \sigma_3') = \frac{1}{2}(\sigma_1 - u - \sigma_3 + u)$$
$$= \frac{1}{2}(\sigma_1 - \sigma_3) = q \tag{4-61}$$

即单元土体在应力发展过程中的任一阶段,用有效应力表示的应力圆与用总应力表示的应力圆大小相等,但圆心位置相差一个孔隙水压力值,如图 4-50 所示。也就是说,通过单元土体的任意平面,用总应力表示的法向应力 σ_n 与用有效应力表示的 σ_n' 之间的差值也是孔隙水压力值 u。而剪应力则不论是以总应力表示还是以有效应力表示,其值不变。

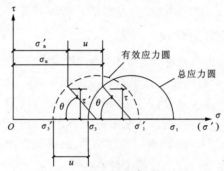

图 4-50 总应力圆与有效应力圆

因为水不能承受剪应力,所以水压力的大小不会影响土骨架所受的剪应力值。

二、几种典型的加载应力路径

(一)无超静孔隙水压力的情况

首先讨论没有孔隙水压力的情况。因为 $u=0$,所以 $\sigma=\sigma'$。为讨论方便,让试件先在某一周围压力 σ_3 作用下排水固结。这时,$p=\sigma_3=C$,C 为常量。然后按下列几种典型的应力路径加载。

1. 增加周围压力 σ_3

这时的应力增量为 $\Delta\sigma_1 = \Delta\sigma_2 = \Delta\sigma_3$,且 $\Delta\sigma_3$ 不断增加。在图 4-51(a) 的 $(p-q)$ 坐标上,表示为应力路径①,其特点是:p 不断增加,q 始终等于零,试件中只有压应力而无剪应力。应力圆恒为一个点圆,其位置在 σ 轴上移动。

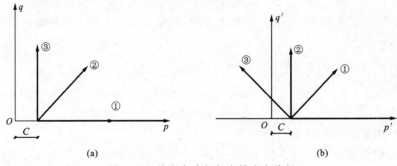

图 4-51 总应力路径与有效应力路径

2. 增加偏差应力 $(\sigma_1-\sigma_3)$

这时 σ_3 不变,周围应力增量 $\Delta\sigma_3=0$,但 σ_1 不断增加。p 的增加可以表示为 $\Delta p=\Delta\sigma_1/2$,$q$ 的增加可表示为 $\Delta q=\Delta\sigma_1/2$。因此,其应力路径是一条 45°的斜线,如图 4-51(a)中直线②所示,应力圆的变化见图 4-49(a)。

3. 增加 σ_1 相应减小 σ_3

当试件上的 σ_1 的增加值等于 σ_3 的减小值,即 $\Delta\sigma_3=-\Delta\sigma_1$ 时,p 的增量 $\Delta p=(\Delta\sigma_1+\Delta\sigma_3)/2=0$,而 q 的增量 $\Delta q=(\Delta\sigma_1-\Delta\sigma_3)/2=\Delta\sigma_1$。显然,这种情况的应力路径是 $p=C$ 的竖直向上发展的直线,如图 4-51(a)中直线③。应力圆的变化是圆心位置不动而半径不断增大。

(二)有超静孔隙水压力的情况

如果在加载过程中,试件内有超静孔隙水压力产生,则绘制应力路径就比较复杂。首先要区分是总应力路径还是有效应力路径。如果是总应力路径,因为可以不考虑孔隙水压力的作用,只需考虑作用在试件上的总应力,所以应力路径的绘制方法与上述没有孔隙水压力时是一样的。如果绘制的是有效应力路径,则需要求出总应力增加时所产生的孔隙水压力 u,再根据 $p'=p-u,q'=q$,就可以根据每一计算点的总应力 p、q,计算出相应的有效应力 p'、q',并绘出有效应力路径。因此,绘制有效应力路径的关键在于求总应力变化所引起的孔隙水压力 u 的变化。饱和土样在体积不能变化的条件下(或称不排水条件),孔隙水压力的变化可以用孔压系数 B 和 A 表示。$B=1.0$,A 则与土的性质、应力历史、应力水平等因素有关。这都说明孔压系数 A 对有效应力路径的影响,可以观察上述第二种情况,即试件受偏差应力 $(\sigma_1-\sigma_3)$ 作用下的有效应力路径。假定 A 分别等于常数 0、0.5 和 1.0。

1. $A=0$

孔压系数 A 定义为偏差应力影响下产生的孔隙水压力增量 Δu 与偏差应力增量 $\Delta\sigma_1$ 之比。当 $A=\Delta u/\Delta\sigma_1=0$ 时,$\Delta u=0$。偏差应力增量 $\Delta\sigma_1$ 不产生孔隙水压力,有效应力路径与总应力路径相同。所以,$\Delta p'=\Delta p=\Delta\sigma_1/2$,而 $\Delta q'=\Delta q/2=\Delta\sigma_1/2$,有效应力路径如图 4-51(b)中斜线①所示。

2. $A=0.5$

这种情况下,$A=\Delta u/\Delta\sigma_1=0.5$,$\Delta u=0.5\Delta\sigma_1$。故有

$$\Delta p'=\Delta p-\Delta u=\Delta\sigma_1/2-0.5\Delta\sigma_1=0$$

$$\Delta q'=\Delta q=\Delta\sigma_1/2$$

即有效应力路径沿平行于 q 轴方向向上发展,如图 4-51(b)中竖线②所示。

3. $A=1.0$

这种情况下,$A=\Delta u/\Delta\sigma_1=1.0$,$\Delta u=\Delta\sigma_1$。则有

$$\Delta p'=\Delta p-\Delta u=\Delta\sigma_1/2-\Delta\sigma_1=-\Delta\sigma_1/2$$

$$\Delta q'=\Delta q=\Delta\sigma_1/2$$

有效应力路径如图 4-51(b)中斜线③所示。

可见,在试件受偏差应力的条件下,孔压系数 A 值愈大,试件中产生的孔隙水压力愈大,有效应力路径愈向左上方发展,而孔压系数 A 值愈小,试件中产生的孔隙水压力愈小,有效应力路径愈向右上方发展。可以推想,若试件在加载的过程中,A 值不断变化,则有应力路径的方向也应不断变化,成为一根连续发展的曲线。

习 题

(1) 何谓理想弹性体、半无限空间体和直线变形体？如何判断空间和平面问题？

(2) 何谓土的自重应力？如何确定它？为什么说它和 x、y 无关？

(3) 某地基土层剖面如习题图 4-1 所示，试绘出自重应力 σ_{sz} 沿深度分布曲线。

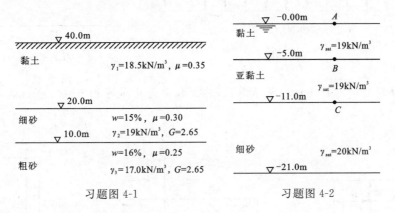

习题图 4-1   习题图 4-2

(4) 土层如习题图 4-1 所示，当地下水位处于 20m 高程时，试绘出 σ_{sz} 沿深度分布曲线，并说明土的重度变化对 σ_{sz} 分布曲线有何影响？

(5) 地下水位变化对土的自重应力有何影响？当地下水位突然降落和缓慢降落时，对土的自重应力影响是否相同？为什么？

(6) 地基土层条件如习题图 4-2 所示，求 A、B 两点处（指地下水位与地面平齐；地下水位在 −5m 处）土的总应力、有效应力和孔隙水应力。

(7) 何谓基底压力？如何计算？

(8) 何谓附加应力？有何工程意义？

(9) 均布荷载 $p=250\text{kPa}$，作用于习题图 4-3 的阴影部分，求 A 点以下 3m 深度处的 σ_z。

(10) 习题图 4-4 中的基础上作用着均布荷载 $p=300\text{kPa}$，试用角点法求 A、B、C、D 四点下 4m 深度处的 σ_z。

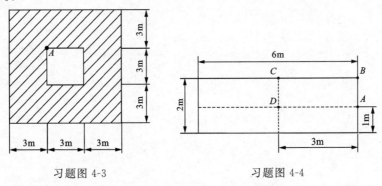

习题图 4-3   习题图 4-4

(11) 长条形基础上作用着梯形分布的垂直荷载和水平均布荷载，如习题图 4-5 所示，求 A 点下 3.75m、7.5m、15m、18.75m 深度处 σ_z。

(12) 圆形基础上作用着均布荷载 $q=40\text{kPa}$，见习题图 4-6，求基础中点 O 和边点 A 下

2m、4m、6m 和 10m 深度 σ_z，并绘出 σ_z 沿其深度的分布图。

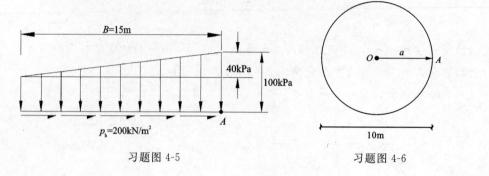

习题图 4-5　　　　　　　　　习题图 4-6

(13) 如习题图 4-7(a)(b)(c) 所示形状，其上作用着均布荷载 $p=40\text{kPa}$，试求 A 点下 6m 深度 σ_z。

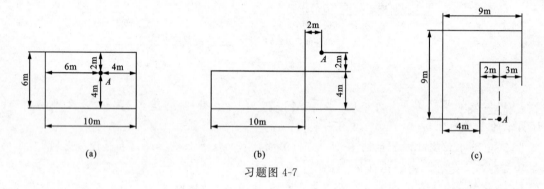

习题图 4-7

第五章 地基变形计算

第一节 概 述

在建筑物荷重、欠固结土层的自重、地下水位下降、水的渗流及施工影响等作用下,地基土会产生变形,这种变形既有垂向的,也有水平的。通常所说的地基沉降量指的就是地基的垂向变形量,因建筑物基础的沉降量与地基的垂向变形量是一致的,因此也称建筑物基础沉降量。

地基的均匀沉降一般对建筑物危害较小,但当均匀沉降过大,会影响建筑物的正常使用,使建筑物的高程降低。地基的不均匀沉降对建筑物的危害较大,较大的沉降差或倾斜可能导致建筑物的开裂或局部构件的断裂,危及建筑物的安全。实际工程中,地基变形特征可分为沉降量、沉降差、倾斜、局部倾斜等,其中沉降量是其他变形特征值的基本量,一旦沉降量确定之后,其他变形特征值便可求得(图 5-1)。

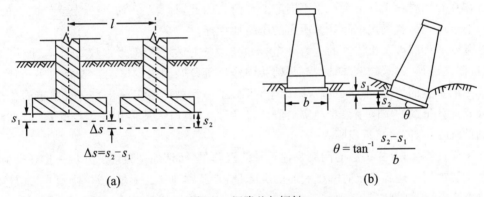

图 5-1 沉降差与倾斜
(a)相邻柱基的沉降差;(b)建筑物的倾斜

建筑物地基变形计算值不应大于地基变形允许值,若计算结果表明,地基变形有可能超出允许值,那就要改变基础设计,并考虑采用一些工程措施以尽量减小基础沉降可能给建筑物造成的危害。地基变形允许值的确定牵涉到上部结构、基础、地基之间的相互作用,而建筑物结构类型、建筑材料性质、地基土的性状又是多种多样的;同时,除了考虑结构安全,地基变形允许值尚应满足建筑物的使用功能、生产工艺以及人们心理感觉等方面的要求。表 5-1 是《建筑地基基础设计规范》(GB 50007—2011)中列出的部分建筑物地基变形允许值。

表 5-1　建筑物的地基变形允许值

变形特征		地基土类别	
		中、低压缩性土	高压缩性土
工业与民用建筑相邻柱基的沉降差	框架结构	$0.002l$	$0.003l$
	砌体墙填充的边排柱	$0.0007l$	$0.001l$
	当基础不均匀沉降时不产生附加应力的结构	$0.005l$	$0.005l$
多层和高层建筑的整体倾斜	$H_g \leqslant 24$	0.004	
	$24 < H_g \leqslant 60$	0.003	
	$60 < H_g \leqslant 100$	0.0025	
	$H_g > 100$	0.002	
体型简单的高层建筑基础的平均沉降量(mm)		200	

注:l 为相邻柱基的中心距离(mm);H_g 为自室外地面起算的建筑物高度(m)。表中内容来源于《建筑地基基础设计规范》(GB 50007—2011)表 5.3.4 的部分内容,更多建筑物类型的地基变形允许值参考该规范的相关内容。

地基变形取决于地基土所受荷载的大小和分布情况以及地基土体的变形特性,不同压缩性的土体在相同受荷条件下会产生不同的变形量。因此,计算地基变形首先要研究土的压缩性以及通过压缩试验确定沉降计算所需的压缩性指标。

地基变形计算涉及土体内的应力分布、土的应力-应变关系、变形参数的选取、土体的侧向变形、次固结变形、建筑物上部结构与基础共同作用等复杂因素的影响。现今的实用计算,只是考虑了最基本的情况,忽略一些次要因素,进行了一系列的假定简化。通过假定简化后,以理论公式计算得到的沉降量很难与实测值一致,因此计算时一般需用一个经验系数值修正计算得到的沉降量,使之接近实际。

在工程计算中,首先关心的问题是地基最终沉降量,所谓地基最终沉降量是指在外荷作用下地基土层被压缩达到稳定时基础底面的沉降量,常简称地基变形量(或沉降量)。此外,地基的最终沉降有一个时间过程,地基沉降的时间效应主要取决于地基土层透水性、厚度和边界排水条件等,饱水的厚层黏土上的建筑物沉降往往需要几年、几十年或更长时间才能完成。饱水黏性土的变形速度主要取决于孔隙水的排出速度。在地基变形计算中,除了计算地基最终沉降量外,有时还需要知道地基的沉降过程,掌握沉降规律,即沉降与时间的关系,计算不同时间的沉降量。

本章首先介绍土的压缩特性,然后讨论由建筑物荷重引起的地基最终沉降量的计算方法,最后讲述饱和土体渗流固结理论及其在沉降与时间关系计算中的具体运用。

第二节　土的压缩性

土的压缩性是指土在压力作用下体积压缩变小的性能。在荷重作用下,土发生压缩变形的过程就是土体积缩小的过程。土是由固、液、气三相物质组成的,土体积的缩小必然是土的三相组成部分中的各部分体积缩小的结果。大量试验资料表明,在一般建筑物荷重(100~

600kPa)作用下,土中固体颗粒和孔隙水的压缩量极小,不到土体总压缩量的1/400。自然界中土一般处于开放系统,孔隙中的水和气体在压力作用下可被挤出。因此,目前研究土的压缩变形都假定:土粒与水本身的微小变形可忽略不计,土的压缩变形主要是因孔隙中的水和气体被排出,土粒相互移动靠拢,致使土的孔隙体积减小而引起的。因此,土体的压缩变形实际上是孔隙体积压缩、孔隙比减小所致。这种变形过程与水和气体的排出速度有关,开始时变形量较大,随着颗粒间接触点接触压力的增加而土粒移动阻力增大,变形逐渐减弱。

对于饱和土来说,孔隙中充满着水,土的压缩主要是由于孔隙中的水被挤出引起孔隙体积减小,压缩过程与排水过程一致,含水量逐渐减小。饱和砂土的孔隙较大,透水性强,在压力作用下孔隙中的水很快排出,压缩很快完成。但砂土的孔隙总体积较小,其压缩量也较小。饱和黏性土的孔隙较小而数量较多,透水性弱,在压力作用下孔隙中的水不可能很快被挤出,土的压缩常需相当长的时间,其压缩量也较大。

非饱和土在压力作用下比较复杂,首先是气体外逸,空气未完全排出,孔隙中水分尚未充满全部孔隙,故含水量基本不变,而是饱和度逐渐变化。当土压缩达到饱和后,其压缩性与饱和土一样。

一、土的压缩试验

工程实际中,土的压缩变形可能在不同条件下进行,如有时土体只能发生垂直方向变化,基本上不能向侧面膨胀,此情况称为无侧胀压缩或有侧限压缩,基础砌置较深的建筑物地基土的压缩近似此条件。又如有时受压土周围基本上没有限制,受压过程除垂直方向变形外,还将发生侧向的膨胀变形,这种情况称为有侧胀压缩,基础砌置较浅的建筑物或表面建筑(飞机场、道路等)的地基土的压缩近似此条件。各种土在不同条件下的压缩特性有较大差异,必须借助不同试验方法进行土压缩性的研究,目前常用室内压缩试验,有时也采用现场载荷试验。本节主要学习室内压缩试验,现场载荷试验可参见《岩土测试技术》(崔德山等,2020)。

压缩试验可分常规压缩和高压固结试验两类,前者多为杠杆式加压,且最大加压荷载一般不超过600kPa;后者一般为磅称式加压或液压,且最大压力可以达到6400kPa。

室内压缩试验是取原状土样放入压缩仪内进行试验,压缩仪的构造如图5-2所示。常规压缩试验试样为直径79.8(或61.8)mm、高20mm的圆柱体,由于土样受到环刀和护环等刚性护壁的约束,在压缩过程中只能发生垂向压缩,不可能发生侧向膨胀,所以又叫侧限压缩试验。

试验时是通过加荷装置和加压活塞将压力均匀地施加到土样上(图5-2)。荷载逐级加上,每加一级荷载,要等土样压缩相对稳定后,才施加下一级荷载。各级荷载作用下荷载和竖向变形量 Δh 随时间 t 的变化如图5-3所示。

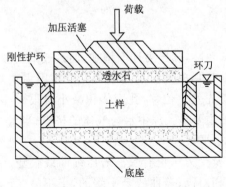

图5-2 压缩仪示意图

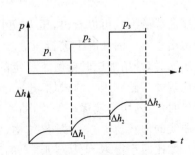

图5-3 荷载和竖向变形量随时间 t 的变化

若试验前试样的横截面积为 A，原始高度为 h_0，原始孔隙比为 e_0，当加压 p_1 后，土样的压缩量为 Δh_1，土样高度由 h_0 减至 $h_1 = h_0 - \Delta h_1$，相应的孔隙比由 e_0 减至 e_1，如图 5-4 所示。由于土样压缩时不可能发生侧向膨胀，故压缩前后土样的横截面积不变。压缩过程中土粒体积也是不变的，因此加压前土粒体积 V_s 等于加压后土粒体积，即

$$V_s = \frac{Ah_0}{1+e_0} = \frac{A(h_0 - \Delta h_1)}{1+e_1}$$

整理得

$$\frac{\Delta h_1}{h_0} = \frac{e_0 - e_1}{1+e_0}$$

则

$$e_1 = e_0 - \frac{\Delta h_1}{h_0}(1+e_0) \tag{5-1}$$

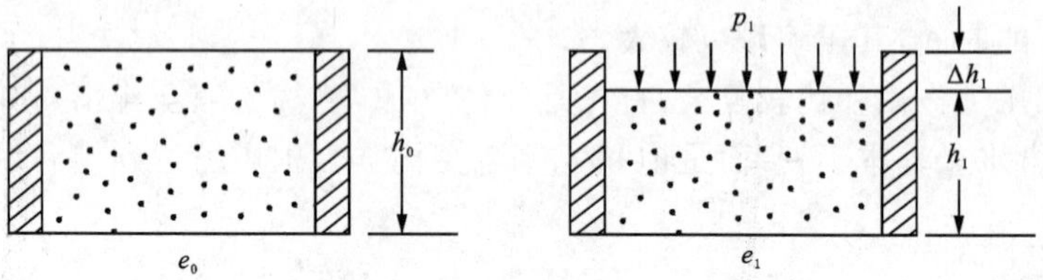

图 5-4 侧限条件下的压缩

同理，可以根据每一级压力下的稳定变形量，计算出与各级压力 p_i 下相应的稳定孔隙比 e_i，有

$$e_i = e_0 - \frac{\Delta h_i}{h_0}(1+e_0) \tag{5-2}$$

求得各级压力下的孔隙比后，以纵坐标表示孔隙比，以横坐标[可采用线性如图 5-5(a)或对数如图 5-5(b)两种坐标系]表示压力，便可根据压缩试验成果绘制孔隙比与压力的关系曲线，称压缩曲线。

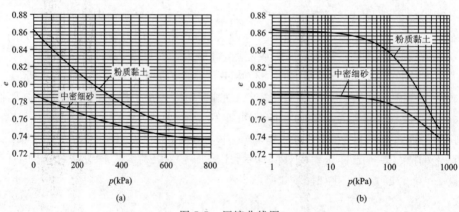

图 5-5 压缩曲线图

从压缩曲线的形状可以看出，压力较小时曲线较陡，随压力逐渐增加，曲线逐渐变缓，这说明土在压力增量不变的情况下进行压缩时，其压缩变形的增量是递减的。这是因为在侧限条件下进行压缩时，开始加压时接触不稳定的土粒首先发生位移，孔隙体积减小得很快，因而曲线的斜率比较大。随着压力的增加，进一步的压缩主要是孔隙中水与气体的挤出，当水与气体不再被挤出时，土的压缩就逐渐停止，曲线逐渐趋于平缓。

压缩曲线的形状与土样的成分、结构、状态以及受力历史有关。若压缩曲线较陡，说明压力增加时孔隙比减小得多，土易变形，土的压缩性相对高；若曲线是平缓的，土不易变形，土的

压缩性相对低。因此,压缩曲线的坡度可以形象地说明土的压缩性高低。

二、土的压缩性指标

土的压缩性指标是判断土压缩性高低和计算地基变形量的依据,下面介绍一些常用的压缩性指标。

1. 压缩系数

压缩系数 a 为 e-p 压缩曲线上割线的斜率(图 5-6),可用式(5-3)表示

$$a = -\frac{\Delta e}{\Delta p} = \frac{e_1 - e_2}{p_2 - p_1} \tag{5-3}$$

式中:a 为压力从 p_1 增加至 p_2 时的压缩系数(kPa^{-1} 或 MPa^{-1});e_1、e_2 分别为压力 p_1、p_2 时所对应的孔隙比。

式(5-3)是压缩定律(土的力学性质基本定律之一)的表达式,它表明:在压力变化范围不大时,孔隙比的变化值(减小值)与压力的变化值(增加值)成正比,比例系数就是压缩系数。

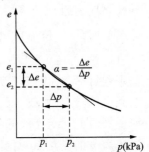

图 5-6 压缩曲线与压缩系数

压缩系数是表示土的压缩性大小的主要指标,其值越大,表明在某压力变化范围内孔隙比减少得越多,压缩性就越高。但由图 5-6 中可以看出,同一种土的压缩系数并不是常数,而是随所取压力变化范围的不同而改变。因此,评价不同类型和状态土的压缩性大小时,必须以同一压力变化范围来比较。在《建筑地基基础设计规范》(GB 50007—2011)中规定,地基土的压缩性可按 $p_1 = 100kPa$,$p_2 = 200kPa$ 时相应的压缩系数 a_{1-2} 判断土的压缩性。当 $a_{1-2} < 0.1MPa^{-1}$ 时,为低压缩性土;当 $0.1MPa^{-1} \leqslant a_{1-2} < 0.5MPa^{-1}$ 时,为中等压缩性土;当 $a_{1-2} \geqslant 0.5MPa^{-1}$ 时,为高压缩性土。

2. 压缩模量

压缩模量 E_s(单位为 MPa 或 kPa)是土在侧限条件下受压时压应力 σ_z 与相应压应变 ε_z 的比值,即

$$E_s = \frac{\sigma_z}{\varepsilon_z} \tag{5-4}$$

因为 $\sigma_z = p_2 - p_1$ $\quad \varepsilon_z = \frac{\Delta h_1}{h_0} = \frac{e_1 - e_2}{1 + e_1}$

故压缩模量 E_s 与压缩系数 a 的关系为

$$E_s = \frac{1 + e_1}{a} \tag{5-5}$$

3. 体积压缩系数

体积压缩系数 m_v 是侧限条件下单位压应力变化引起的体应变的变化。而压缩系数 a 可以理解为单位压应力变化引起的孔隙比的变化,两者单位相同。

$$m_v = \frac{\Delta \varepsilon_v}{\Delta p} \tag{5-6}$$

在侧限条件下,体应变等于竖向应变,因此体积压缩系数 m_v 与压缩模量 E_s 互为倒数关系,即

$$m_v = \frac{1}{E_s} = \frac{a}{1 + e_1} \tag{5-7}$$

4. 压缩指数

压缩指数 C_c 是侧限压缩试验 e-$\lg p$ 曲线后段(压力较大部分)直线段的斜率(图 5-7),即

$$C_c = \frac{e_1 - e_2}{\lg p_2 - \lg p_1} \tag{5-8}$$

压缩指数 C_c(无量纲)表示的是压应力每变化一个对数周引起的孔隙比的变化。试验证明,e-$\lg p$ 曲线后段在很大范围内是一条直线,故压缩指数 C_c 值是比较稳定的数值,不随压力变化而变化,一般黏性土的 C_c 值多数在 0.1~1.0 之间。

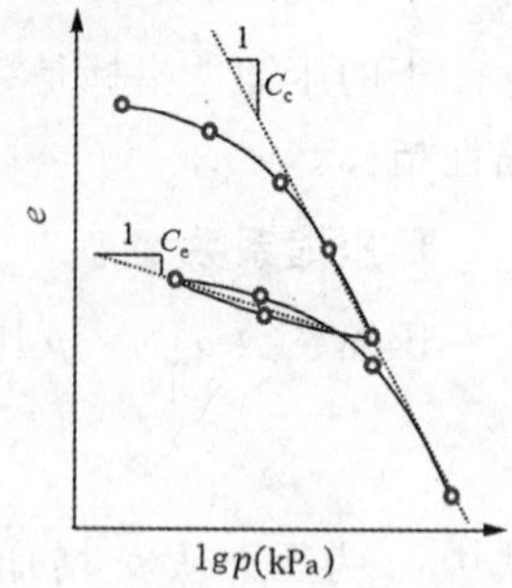

5. 回弹(再压缩)指数

回弹(再压缩)指数 C_e 是压缩曲线 e-$\lg p$ 上卸载段与重加载段的平均斜率。如图 5-7 所示,试样单调加载至某级荷载,然后进行卸载,再进行重加载,则重加载曲线与卸载曲线形成一个滞回圈,滞回圈两个端点连线的斜率即为回弹(再压缩)指数 C_e,C_e 基本不随压力 p 的变化而变化,且 $C_e < C_c$,一般黏性土 $C_e \approx (1/10 \sim 1/5) C_c$。

图 5-7 压缩指数(C_c)与回弹(再压缩)指数(C_e)

6. 变形模量

土的变形模量 E_0 是指土在无侧限压缩(或单向应力)条件下,压应力与相应的压缩应变的比值,单位也是 MPa,它是通过现场载荷试验(详见其他有关教材)求得的压缩性指标,能较真实地反映天然土层的变形特性。在土的压密变形阶段,假定土为弹性材料,可根据材料力学理论,推导出变形模量 E_0 与压缩模量 E_s 之间的关系:

$$E_0 = E_s \left(1 - \frac{2\mu^2}{1 - \mu}\right) \tag{5-9}$$

令

$$\beta = 1 - \frac{2\mu^2}{1 - \mu} \tag{5-10}$$

则

$$E_0 = \beta E_s$$

式中:μ 为土的侧膨胀系数(泊松比),是土在无侧限条件下受压时,侧向膨胀应变与竖向压缩应变之比,与土的侧压力系数(静止土压力系数)K_0 有如下关系:

$$\mu = \frac{K_0}{1 + K_0} \tag{5-11}$$

土的侧压力系数可由专门仪器测得,但侧膨胀系数不易直接测定,可根据土的侧压力系数,按式(5-11)计算求得。一般情况下可参照表 5-2 所列数值选用 K_0 和 μ 值。

表 5-2 土的 K_0 和 μ 的参考值

土的类别	土的状态	K_0	μ
卵砾土		0.18~0.25	0.15~0.20
砾土、砂土		0.25~0.33	0.20~0.25
粉土		0.25	0.20
粉质黏土	坚硬	0.33	0.25
	可塑	0.43	0.30
	软塑或流塑	0.53	0.35
黏土	坚硬	0.33	0.25
	可塑	0.54	0.35
	软塑或流塑	0.72	0.42

压缩性指标反映了土的压缩性高低(大小)。一般来说,a、m_v、C_c 值越大,表明在某压力变化范围内孔隙比减少(体积应变增大)得越多,土的压缩性越大;而 E_s、E 越大,在相同压力变化范围内产生的变形量越小,土的压缩性越小。值得注意的是,对于同一种土,除 C_c、C_e 值近似为常数外,a、E_s、m_v 等并不是常数,而是随所取压力变化范围的不同而改变。因此,利用 a、E_s、m_v 等参数评价不同类型和状态土的压缩性大小时,必须以同一压力变化范围来比较。

三、土的前期固结压力与天然土层的固结状态

土层的应力历史会影响土的压缩性。天然土层在地质历史过程中受到过的最大固结压力(土体在固结过程中所受的最大有效压力),称为前期固结压力,以 σ'_p 表示。前期固结压力与土层当前固结压力 σ_s 的比值称为超固结比 OCR,即

$$\mathrm{OCR} = \frac{\sigma'_p}{\sigma_s} \tag{5-12}$$

天然土层根据 σ'_p 与 σ_s 大小进行对比可分为 3 种固结状态(图 5-8)。

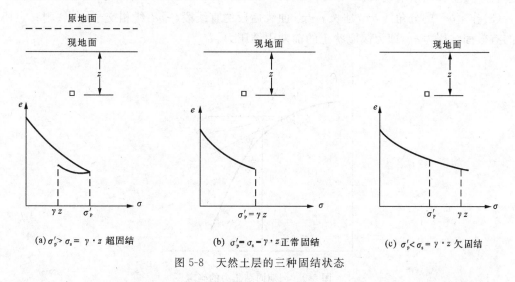

图 5-8 天然土层的三种固结状态

(1) $\sigma'_p = \sigma_s$(OCR=1),称正常固结土,表征某一深度的土层在地质历史上所受过的最大压力 σ'_p 与现今的自重应力相等,土层处于正常固结状态。一般来说,这种土层沉积时间较长,在其自重应力作用下已达到了最终的固结,沉积后土层厚度没有什么变化,也没有受到过侵蚀或其他卸荷作用等。

(2) $\sigma'_p > \sigma_s$(OCR>1),称超固结土,表征土层曾经受过的最大压力比现今的自重应力要大,处于超固结状态。如土层在过去地质历史上曾有过相当厚的沉积物,后来由于地面上升或河流冲刷将上部土层剥蚀掉,或者古冰川下曾受过冰荷重的压缩,后来气候转暖,冰川融化,压力减小,或者由于古老建筑物的拆毁、地下水位的长期变化以及土层的干缩,或者是人类工程活动如碾压、打桩等,这些都可以使土层形成超固结状态。

(3) $\sigma'_p < \sigma_s$(OCR<1),称欠固结土,表征土层的固结程度尚未达到现有自重应力条件下的最终固结状态,处于欠固结状态。一般来说,这种土层的沉积时间较短,土层在其自重作用下还未完成固结,还处于继续压缩之中。如新近沉积的淤泥、冲填土等属欠固结土。

由此可见,前期固结压力是反映土层的原始应力状态的一个指标。一般当施加于土层的荷重小于或等于土的前期固结压力时,土层的压缩变形将极小,甚至可以忽略不计。当荷重超

过土的前期固结压力时,土层的压缩变形量将会发生很大的变化。当其他条件相同时,超固结土的压缩变形量常小于正常固结土的压缩量,而欠固结土的压缩量则大于正常固结土的压缩量。因此,在计算地基变形量时,必须首先弄清土层的受荷历史,以便考虑不同固结状态对土压缩性的影响,使地基变形量的计算尽量符合实际情况。

前期固结压力取决于土层的受力历史,一般很难查明,只能根据原状土样的室内高压固结试验 e-$\lg\sigma$ 曲线推求。如图 5-9 所示,当施加在土样上的荷载小于土的前期固结压力时,土样为再压缩,变形微小,这段曲线相对平缓;当荷载超过土的前期固结压力时,土样变形有明显的变化,曲线斜率迅速增加,逐渐进入初始压缩直线段。依据 e-$\lg\sigma$ 曲线的这一特征,美国学者卡萨格兰德(Casagrade)建议采用经验图解法(简称"C"法)确定土的前期固结压力,其步骤如下:

(1)取原状土做室内高压固结试验,绘出 e-$\lg\sigma$ 曲线,如图 5-9 所示。

(2)在 e-$\lg\sigma$ 曲线的转折点处,找出相应最小曲率半径的点 o,过 o 点作该曲线的切线 ob 和平行于横坐标的水平线 oc。

(3)作 $\angle boc$ 的分角线 od,延长 e-$\lg\sigma$ 曲线后段的直线段与 od 线相交于 a 点;则 a 点所对应的有效固结压力 σ'_p,即为该原状土的前期固结压力。

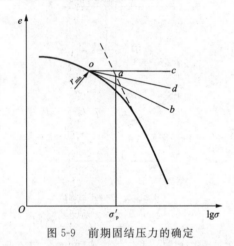

图 5-9 前期固结压力的确定

最小曲率半径所对应的 o 点,如果用目测难以定出,也可用作图法确定。即将曲率变化较大的曲线段,分成若干等分小段,过各点分别作曲线的切线和垂线,各垂线于曲线内侧相交,择其交点至曲线垂距最短的两半径所夹曲线段的中分点,即为最小曲率半径对应的 o 点。为能准确地定出 o 点,在做压缩试验时可用小增量多级加荷法。为使 e-$\lg\sigma$ 曲线能出现向下倾斜的直线段,最后一级荷重需大于 10^3 kPa。

上述图解法或其他类似的经验方法确定的前期固结压力只是一种大致估计,若土样取样环节扰动程度较大,试验时采用的压缩稳定标准及绘制 e-$\lg\sigma$ 曲线时采用的比例不同,对相应最小曲率半径的 o 点定得不准,都将影响 σ'_p 值的准确度。

四、现场压缩曲线的推求

从土层中取原状土做压缩试验,实际上已经过了一个卸荷阶段,即卸除了土样在土层中所承受上覆土层的有效自重压力。因此室内试验得到的压缩曲线实际是卸荷后的首次再压缩曲线。加之在取样和制备试样过程中,难免有不同程度的扰动。因而,室内测得的压缩曲线不能代表实际地基中土体的压缩性状。为使沉降计算更符合实际,需要对室内压缩曲线进行修正。

对于正常固结土,由于上覆土的自重压力逐渐使之固结达到完全稳定,其孔隙比 e 与有效固结压力的对数 $\lg\sigma$ 应呈线性关系,且上覆土的有效自重压力等于土的前期固结压力,其对应的孔隙比为土的初始孔隙比 e_0。如图 5-10(a)中的 B 点即为现场压缩曲线的一点。若在该土层上施加荷载,则土层在附加压力下逐渐固结,e 与 $\lg\sigma$ 关系仍呈直线,且沿斜直线向下延伸。根据大量试验表明,当压力施加至相当大时,不同扰动程度的室内压缩曲线与直线相交于 $0.42e_0$ 处,由此推测现场压缩曲线与室内压缩曲线亦近似相交于 $0.42e_0$ 处,即图 5-10(a)中的 C 点。因此可以认为,连接 B 点和 C 点的直线就是原位(现场)压缩曲线,其斜率 C_c 就是原位土的压缩指数。

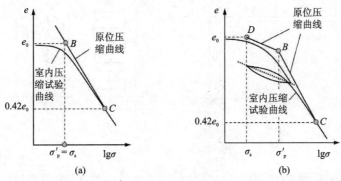

图 5-10 室内压缩试验曲线推求原位(现场)压缩和再压缩曲线

对于超固结土,前期固结压力 σ_p' 值大于当前取土点的有效自重压力 σ_s 值。在图 5-10(b)中,B 点对应的压力为前期固结压力 σ_p' 值,D 点对应的压力为有效自重压力 σ_s 值,在地质历史上,土层遭受剥蚀(冲蚀)等卸载作用后,呈现超固结状态,沿 BD 曲线发生回弹。若在现有地面上施加荷载,则沿现场再压缩曲线变化,而且当附加有效应力超过 σ_p' 时,将会沿现场初始压缩曲线又呈直线向下延伸,即为现场压缩曲线。希默特曼(J. H. Schmertmann)的研究表明,超固结土的室内回弹、再压缩曲线与现场回弹、再压缩曲线近似平行,故在实用上可假定室内与现场两个滞回圈的割线相互平行,这样就可由室内试验来推测现场压缩曲线。具体步骤如下:

(1)做室内试验,绘出回弹、再压缩的 e-$\lg\sigma$ 曲线,如图 5-10(b)所示。
(2)用前述方法确定前期固结压力 σ_p' 的位置。
(3)求取土点现有上覆土层的有效自重压力(σ_s)及相应的天然孔隙比 e_0,在图中得 D 点,该点为现场再压缩曲线的起点。
(4)过 D 点作一与室内滞回圈割线平行的线,并与过 σ_p' 的垂线交于 B 点,则 DB 为超固结土的现场再压缩曲线;其斜率为 C_e,即再压缩指数。
(5)在室内压缩曲线上找出相当于 $0.42e_0$ 的 C 点,连接 BC,即得超固结土的现场压缩曲线,其斜率为 C_c。

至于欠固结土,其现场压缩曲线的推求与正常固结土基本相同,但欠固结土的有效自重压力 $\sigma_s > \sigma_p'$,故其位置在 σ_p' 的右边,现场压缩曲线的起点为(σ_p', e_0)。

第三节 地基最终沉降量计算

最终沉降量计算是按照经典弹性理论,将土看作是一种完全弹性的、均质的、各向同性的连续体,计算地基内的应力分布,并将非线性应力-应变关系作线性增量处理,利用测定的压缩曲线或压缩指标,计算地基的沉降量。目前,常用的计算最终沉降量的方法大都是将地基土的变形看作侧限条件下的一维压缩问题,在此假设的基础上,按地层性质和应力状态分层计算沉降量。

一、一维压缩基本课题

设厚度为 H 的土层受无限均布荷载 p 作用,如图 5-11(a)所示,这时土层只会发生垂向变形,没有侧向变形,地基的变形同室内侧限压缩试验中的情况一致,属典型一维压缩问题。

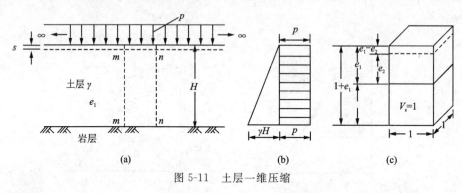

图 5-11　土层一维压缩

荷载施加前,地基土中的应力为自重应力,沿深度线性增加,如图 5-11(b)中三角形分布;在均布荷载 p 的作用下,地基土中任意深度处的附加应力均等于 p,如图 5-11(b)中的矩形(阴影)分布。对整个土层而言,均布荷载施加前,土层平均竖向应力为 $p_1=\gamma H/2$,加载后,土层平均竖向应力为 $p_2=p+\gamma H/2$。图 5-11(c)表示了侧限条件下,竖向应力从 p_1 增加到 p_2,对应的土孔隙比从 e_1 降至 e_2 过程中变形与孔隙比的关系,从图中可以看出此过程中的竖向应变为

$$\varepsilon_z = \frac{e_1 - e_2}{1 + e_1} \tag{5-13}$$

图 5-11 中土层的应力状态和室内侧限压缩试验中土样的应力状态相同,因此,可根据室内侧限压缩试验成果确定式(5-13)中 e_1、e_2(分别为侧限压缩试验曲线上 p_1、p_2 所对应的孔隙比),并按式(5-14)计算地基的最终沉降量为

$$s = \frac{e_1 - e_2}{1 + e_1} H \tag{5-14}$$

根据压缩性指标的含义及其相互关系,式(5-14)可改写成下列各式

$$s = \frac{a}{1+e_1}(p_2 - p_1)H = \frac{a}{1+e_1}pH \tag{5-15}$$

或

$$s = \frac{pH}{E_s} \tag{5-16}$$

或

$$s = m_v pH \tag{5-17}$$

或

$$s = \beta \frac{pH}{E} \tag{5-18}$$

或

$$s = C_c \frac{H}{1+e_1} \lg \frac{p_2}{p_1} \tag{5-19}$$

式中:p 为作用于土层厚度范围内的平均附加应力;a 为压缩系数;E_s 为压缩模量;m_v 为体积压缩系数;E 为变形模量;β 为变形模量与压缩模量的比例系数,与泊松比 μ 的关系见式(5-10);

C_c 为压缩指数。

理论上来说,式(5-14)~式(5-19)中各压缩性指标应取 $p_1 \sim p_2$ 段所对应的数值。式(5-19)适用于正常固结土,对于超固结土和欠固结土,则需要考虑荷载 p 和前期固结压力 σ_p' 的大小关系,具体方法参见本节"考虑土层的固结历史的地基沉降量"。

二、沉降计算分层总和法

分层总和法是目前工程中计算地基沉降量的最常用方法。计算沉降量时,假定基底压力为线性分布,地基土处于弹性状态,用弹性理论计算地基土中附加应力;假定地基土只发生竖向变形,符合一维压缩课题;在地基可能受荷变形的压缩层范围内,根据土的特性、应力状态以及地下水位进行分层,然后按式(5-14)~式(5-19)任何一个计算各分层的沉降量(s_i);最后将各分层的沉降量总和起来即为地基的最终沉降量

$$s = \sum_{i=1}^{n} s_i \tag{5-20}$$

式中:n 为计算深度范围内的分层数。

在工程实际中计算地基沉降量,首先应根据基础底面尺寸,确定地基应力计算是属于平面问题还是空间问题,然后参照地基的土质条件、基础条件以及荷载分布情况等,在基底范围内选定必要数量的沉降计算断面和计算点,每个点的沉降量均可按下列步骤进行计算。

(1)在剖面图上绘制基础中心下地基中的自重应力分布曲线和附加应力分布曲线,如图5-12 所示。

自重应力分布曲线由天然地面算起,基底压力 p 由作用于基础上的荷载计算。在挖土与浇筑基础加载过程中,基础底面因卸载减少的压力 γD 与重加载增加的应力相等时,地面不产生沉降。因此,基底压力中只有一部分 $p_0 = p - \gamma D$ 才产生沉降,p_0 即为基础底面处的附加应力。地基中的附加应力分布曲线可根据 p_0 用第四章的方法计算。

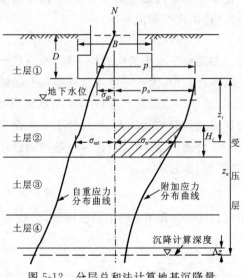

图 5-12 分层总和法计算地基沉降量

在有相邻荷载作用时,应将相邻荷载在基础中心点下各个深度处引起的附加应力叠加到基础荷载引起的附加应力中去。

(2) 确定沉降计算深度(受压层或压缩层下限)。

从图 5-12 可以看出,附加应力随深度递减,自重应力随深度增加,到了一定深度之后,附加应力相对于该处原有的自重应力已经很小,引起的压缩变形可以忽略不计,因此沉降量计算到此深度便可。一般取附加应力与自重应力的比值为 0.2(一般土)或 0.1(软土)的深度(即压缩层厚度)处作为沉降量计算深度的界限。在受压层范围内,如某一深度以下都是压缩性很小的岩土层,如密实的碎石土或粗砂、砾砂,或基岩等,则受压层只计算到这些地层的顶面即可。

(3) 计算各分层土的沉降量和基础最终沉降量。

分层原则既考虑土层的性质,又要考虑土中应力的变化,还要考虑地下水位。因为在分层计算地基变形量时,每一分层的自重应力与附加应力用的是平均值,因此为了使自重应力与附加应力在分层内变化不大,分层厚度不宜过大。一般要求分层厚度不大于基础宽度的 0.4 倍或 4m。另外,不同性质的土层,其重度 γ、压缩系数与孔隙比都不一样,故土层的分界面应为分层面。在同一土层内,平均地下水位应为分层面,因为地下水面以上和以下的土重度值不同。按照这些条件分层后,每一分层的平均应力可取该层中点的应力,或取该层顶底面应力的平均值。

计算施加荷载之前每一分层的平均自重应力 p_{1i},及施加荷载后每一分层的平均实受应力 p_{2i}(自重应力与附加应力之和)。

根据 p_{1i}、p_{2i},在压缩曲线上分别确定相应的孔隙比 e_{1i} 与 e_{2i},用式(5-14)计算每一分层沉降量,或者各分层的土层压缩性指标,按式(5-15)~式(5-19)计算每一分层沉降量。

基础最终沉降量等于各分层变形量之和,按式(5-20)计算。

三、《建筑地基基础设计规范》推荐的沉降计算法

通过大量建筑物沉降观测,并与理论(即上述单向分层总和法)计算值相对比,结果发现,两者的数值往往不同,有的相差很大。凡是坚实地基,用单向分层总和法计算的沉降值比实测值显著偏大;遇软弱地基,则计算值比实测值偏小。

分析沉降计算值与实测值不符的原因,一方面由于单向分层总和法在理论上的假定条件与实际情况不完全符合;另一方面由于取土的代表性不够,取原状土的技术以及室内压缩试验的准确度等问题。此外,在沉降计算中,没有考虑地基基础与上部结构的共同作用。这些因素导致了计算值与实测值之间的差异。为了使计算值与实测沉降值相符合,并简化单向分层总和法的计算工作,在总结大量实践经验的基础上,经统计引入沉降计算经验系数 ψ_s,对分层总和法的计算结果进行修正。因此,便产生了我国《建筑地基基础设计规范》(GBJ 7—89)所推荐的沉降计算方法,以下简称《规范》推荐法。

1. 计算原理

单向分层总和法中,用式(5-16)计算第 i 层土的变形量,公式变为

$$s_i' = \frac{\bar{\sigma}_{zi} \cdot H_i}{E_{si}}$$

上式的 $\bar{\sigma}_{zi}$ 是第 i 层附加应力平均值,$\bar{\sigma}_{zi} \cdot H_i$ 等于第 i 层的附加应力面积 $S_{\Box efdc}$(图5-13),该面积等于

$$S_{\Box efdc} = S_{\Box abdc} - S_{\Box abef}$$

式中:$S_{\Box abdc}$、$S_{\Box abef}$ 分别为 $z=0 \sim z_i$、$z=0 \sim z_{i-1}$ 范围内的附加应力分布图面积,有

$$S_{\square abdc} = \int_0^{z_i} \sigma_z dz = \bar{\sigma}_i \cdot z_i$$

$$S_{\square abef} = \int_0^{z_{i-1}} \sigma_z dz = \bar{\sigma}_{i-1} \cdot z_{i-1}$$

故

$$s'_i = \frac{\bar{\sigma}_i \cdot z_i - \bar{\sigma}_{i-1} \cdot z_{i-1}}{E_{si}}$$

式中:$\bar{\sigma}_i$ 为深度 z_i 范围的平均附加应力;$\bar{\sigma}_{i-1}$ 为深度 z_{i-1} 范围的平均附加应力。

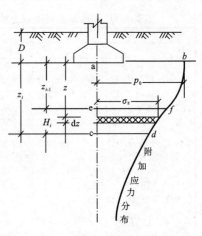

图 5-13 《规范》推荐法公式推导示意图

将平均附加应力除以基础底面处附加应力 p_0,便可得平均附加应力系数。即

$$\bar{\alpha}_i = \frac{\bar{\sigma}_i}{p_0}, \quad 即 \quad \bar{\sigma}_i = p_0 \cdot \bar{\alpha}_i$$

$$\bar{\alpha}_{i-1} = \frac{\bar{\sigma}_{i-1}}{p_0}, \quad 即 \quad \bar{\sigma}_{i-1} = p_0 \cdot \bar{\alpha}_{i-1}$$

那么第 i 层土的变形量为

$$s'_i = \frac{1}{E_{si}}(p_0 \bar{\alpha}_i z_i - p_0 \bar{\alpha}_{i-1} z_{i-1}) = \frac{p_0}{E_{si}}(z_i \bar{\alpha}_i - z_{i-1} \bar{\alpha}_{i-1})$$

地基总沉降量为

$$s' = \sum_{i=1}^{n} s'_i = \sum_{i=1}^{n} \frac{p_0}{E_{si}}(z_i \bar{\alpha}_i - z_{i-1} \bar{\alpha}_{i-1}) \tag{5-21}$$

应注意,平均附加应力系数 $\bar{\alpha}_i$ 系指基础底面计算点至第 i 层全部土层的附加应力系数平均值,而非地基中某一点的附加应力系数。

2.《规范》推荐公式

由式(5-21)乘以沉降计算经验系数 ψ_s,即为《规范》推荐的沉降计算公式

$$s = \psi_s \cdot s' = \psi_s \sum_{i=1}^{n} \frac{p_0}{E_{si}}(z_i \bar{\alpha}_i - z_{i-1} \bar{\alpha}_{i-1}) \tag{5-22}$$

式中:s 为地基最终沉降量(mm);ψ_s 为沉降计算经验系数,应根据同类地区已有房屋和建筑物实测最终沉降量与计算沉降量对比确定,无地区经验时,可根据变形计算深度范围内压缩模量的当量值($\bar{E}_s$)、基底压力按表 5-3 取值;n 为地基压缩层(即受压层)范围内所划分的土层数;p_0 为基础底面处的附加压力(kPa);E_{si} 为基础底面下第 i 层土的压缩模量(MPa);z_i、z_{i-1} 分别为基础底面至第 i 层和第 $i-1$ 层底面的距离(m);$\bar{\alpha}_i$、$\bar{\alpha}_{i-1}$ 分别为基础底面计算点至第 i 层和第 $i-1$ 层底面范围内平均附加应力系数,可查表 5-4[若为矩形面积上三角形分布荷载作用,可查《建筑地基基础设计规范》(GB 50007—2011)附录 K 中相关表格]得出。

表 5-3 沉降计算经验系数 ψ_s

基底附加压力	$\bar{E}_s$ (MPa)				
	2.5	4.0	7.0	15.0	20.0
$p_0 \geq f_{ak}$	1.4	1.3	1.0	0.4	0.2
$p_0 \leq 0.75 f_{ak}$	1.1	1.0	0.7	0.4	0.2

注:①表列数值可内插;f_{ak} 为地基承载力特征值,其意义和确定方法见本书第九章;② $\bar{E}_s$ 为变形计算深度范围内压缩模量的当量值,按附加应力面积(A)的加权平均值采用,即 $\bar{E}_s = \dfrac{\sum A_i}{\sum \dfrac{A_i}{E_{si}}}$。

表 5-4　矩形及圆形面积上均布荷载作用下，通过中心点竖线上的平均附加应力系数($\bar{\alpha}$)

z/B	L/B												>10 (条形)	圆形 z/R	$\bar{\alpha}$
	1.0	1.2	1.4	1.6	1.8	2.0	2.4	2.8	3.2	3.6	4.0	5.0			
0.0	1.000	1.000	1.000	1.000	1.000	1.000	1.000	1.000	1.000	1.000	1.000	1.000	1.000	0.0	1.000
0.1	0.997	0.998	0.998	0.998	0.998	0.998	0.998	0.998	0.998	0.998	0.998	0.998	0.998	0.1	1.000
0.2	0.987	0.990	0.991	0.992	0.992	0.992	0.993	0.993	0.993	0.993	0.993	0.993	0.993	0.2	0.998
0.3	0.967	0.973	0.976	0.978	0.979	0.979	0.980	0.980	0.981	0.981	0.981	0.981	0.982	0.3	0.993
0.4	0.936	0.947	0.953	0.956	0.958	0.965	0.961	0.962	0.962	0.963	0.963	0.963	0.963	0.4	0.986
0.5	0.900	0.915	0.924	0.929	0.933	0.935	0.937	0.939	0.939	0.940	0.940	0.940	0.940	0.5	0.974
0.6	0.858	0.878	0.890	0.898	0.903	0.906	0.910	0.912	0.913	0.914	0.914	0.915	0.915	0.6	0.960
0.7	0.816	0.840	0.855	0.865	0.871	0.876	0.881	0.884	0.885	0.886	0.887	0.887	0.888	0.7	0.942
0.8	0.775	0.801	0.819	0.831	0.839	0.844	0.851	0.855	0.857	0.858	0.859	0.860	0.860	0.8	0.923
0.9	0.735	0.764	0.784	0.797	0.806	0.813	0.821	0.826	0.829	0.830	0.831	0.832	0.833	0.9	0.901
1.0	0.698	0.723	0.749	0.764	0.775	0.783	0.792	0.798	0.801	0.803	0.804	0.806	0.807	1.0	0.878
1.1	0.663	0.694	0.717	0.733	0.744	0.753	0.764	0.771	0.775	0.777	0.779	0.780	0.782	1.1	0.855
1.2	0.631	0.663	0.686	0.703	0.715	0.725	0.737	0.744	0.749	0.752	0.754	0.756	0.758	1.2	0.831
1.3	0.601	0.633	0.657	0.674	0.688	0.698	0.711	0.719	0.725	0.728	0.730	0.733	0.735	1.3	0.808
1.4	0.573	0.605	0.629	0.648	0.661	0.672	0.687	0.696	0.701	0.705	0.708	0.711	0.714	1.4	0.784
1.5	0.548	0.580	0.604	0.622	0.637	0.643	0.664	0.676	0.679	0.683	0.686	0.690	0.693	1.5	0.762
1.6	0.524	0.556	0.580	0.599	0.613	0.625	0.641	0.651	0.658	0.663	0.666	0.670	0.675	1.6	0.739
1.7	0.502	0.533	0.558	0.577	0.591	0.603	0.620	0.631	0.638	0.643	0.646	0.651	0.656	1.7	0.718
1.8	0.482	0.513	0.527	0.556	0.571	0.583	0.600	0.611	0.619	0.624	0.629	0.633	0.638	1.8	0.697
1.9	0.463	0.493	0.517	0.536	0.551	0.563	0.581	0.593	0.601	0.606	0.610	0.616	0.622	1.9	0.677
2.0	0.446	0.475	0.499	0.518	0.533	0.545	0.563	0.575	0.584	0.590	0.594	0.600	0.606	2.0	0.658
2.1	0.429	0.459	0.482	0.500	0.515	0.528	0.546	0.559	0.567	0.574	0.578	0.585	0.591	2.1	0.640
2.2	0.414	0.443	0.466	0.484	0.499	0.511	0.530	0.543	0.552	0.558	0.563	0.570	0.577	2.2	0.623
2.3	0.400	0.428	0.451	0.469	0.484	0.496	0.515	0.528	0.537	0.544	0.548	0.556	0.564	2.3	0.606
2.4	0.387	0.414	0.436	0.454	0.469	0.481	0.500	0.513	0.523	0.530	0.535	0.543	0.551	2.4	0.590
2.5	0.374	0.401	0.423	0.441	0.455	0.468	0.486	0.500	0.509	0.516	0.522	0.530	0.539	2.5	0.574
2.6	0.362	0.389	0.410	0.428	0.442	0.455	0.473	0.487	0.496	0.504	0.509	0.518	0.528	2.6	0.560
2.7	0.351	0.377	0.398	0.416	0.430	0.442	0.461	0.474	0.484	0.492	0.497	0.506	0.517	2.7	0.546
2.8	0.341	0.366	0.387	0.404	0.418	0.430	0.449	0.463	0.472	0.480	0.486	0.495	0.506	2.8	0.532
2.9	0.331	0.356	0.377	0.393	0.407	0.419	0.438	0.451	0.461	0.469	0.475	0.485	0.496	2.9	0.519
3.0	0.322	0.346	0.366	0.383	0.397	0.409	0.427	0.441	0.451	0.459	0.465	0.474	0.487	3.0	0.507
3.1	0.313	0.337	0.357	0.373	0.387	0.398	0.417	0.430	0.440	0.448	0.454	0.464	0.477	3.1	0.495
3.2	0.305	0.328	0.348	0.364	0.377	0.389	0.407	0.420	0.431	0.439	0.445	0.455	0.468	3.2	0.484
3.3	0.297	0.320	0.339	0.355	0.368	0.379	0.397	0.411	0.421	0.429	0.436	0.446	0.460	3.3	0.473
3.4	0.289	0.312	0.331	0.346	0.359	0.371	0.388	0.402	0.412	0.420	0.427	0.437	0.452	3.4	0.463
3.5	0.282	0.304	0.323	0.338	0.351	0.362	0.380	0.393	0.403	0.412	0.418	0.429	0.444	3.5	0.453
3.6	0.276	0.297	0.315	0.330	0.343	0.354	0.372	0.385	0.395	0.403	0.410	0.421	0.436	3.6	0.443
3.7	0.269	0.290	0.308	0.323	0.335	0.346	0.364	0.377	0.387	0.395	0.402	0.413	0.429	3.7	0.434
3.8	0.263	0.284	0.301	0.316	0.328	0.339	0.356	0.369	0.379	0.388	0.394	0.405	0.422	3.8	0.425
3.9	0.257	0.277	0.294	0.309	0.321	0.332	0.349	0.362	0.372	0.380	0.387	0.398	0.415	3.9	0.417
4.0	0.251	0.271	0.288	0.302	0.314	0.325	0.342	0.355	0.365	0.373	0.379	0.391	0.408	4.0	0.409
4.1	0.246	0.265	0.282	0.296	0.308	0.318	0.335	0.348	0.368	0.366	0.372	0.384	0.402	4.1	0.401
4.2	0.241	0.260	0.276	0.290	0.302	0.312	0.328	0.341	0.352	0.359	0.366	0.377	0.396	4.2	0.393
4.3	0.236	0.255	0.270	0.284	0.296	0.306	0.322	0.335	0.345	0.363	0.359	0.371	0.390	4.3	0.386
4.4	0.231	0.250	0.265	0.278	0.290	0.300	0.316	0.329	0.339	0.347	0.353	0.365	0.384	4.4	0.379
4.5	0.226	0.245	0.260	0.273	0.285	0.294	0.310	0.323	0.333	0.341	0.347	0.359	0.378	4.5	0.372
4.6	0.222	0.240	0.255	0.268	0.279	0.289	0.305	0.317	0.327	0.335	0.341	0.353	0.373	4.6	0.365
4.7	0.218	0.235	0.250	0.263	0.274	0.284	0.299	0.312	0.321	0.329	0.336	0.347	0.367	4.7	0.359
4.8	0.214	0.231	0.245	0.258	0.269	0.279	0.294	0.306	0.316	0.324	0.330	0.342	0.362	4.8	0.353
4.9	0.210	0.227	0.241	0.253	0.265	0.274	0.289	0.301	0.311	0.319	0.325	0.337	0.357	4.9	0.347
5.0	0.206	0.223	0.237	0.249	0.260	0.269	0.284	0.296	0.306	0.313	0.320	0.332	0.352	5.0	0.341

经验系数 ψ_s 综合考虑了沉降计算公式中所不能反映的一些因素：如土的工程地质类型不同、选用的压缩模量与实际的出入、土层的非均质性对应力分布的影响、荷载性质的不同与上部结构对荷载分布的调整作用等因素。

《建筑地基基础设计规范》(GB 50007—2011)规定，地基受压层计算深度 z_n 应符合式(5-23)的要求。

$$\Delta s'_n \leqslant 0.025 \sum_{i=1}^{n} \Delta s'_i \tag{5-23}$$

式中：$\Delta s'_n$ 为在深度 z_n 处，向上取计算厚度为 Δz 的计算变形值，Δz 可查表 5-5 获得；$\Delta s'_i$ 为在深度 z_n 范围内，第 i 层土的计算变形量。

表 5-5 Δz 取值

B (m)	≤2	2<B≤4	4<B≤8	8<B≤15	15<B≤30	>30
Δz (m)	0.3	0.6	0.8	1.0	1.2	1.5

当无相邻荷载影响，基础宽度在 1～30m 范围内时，基础中点的地基变形计算深度 z_n 可按简化公式(5-24)进行计算。

$$z_n = B(2.5 - 0.4\ln B) \tag{5-24}$$

当计算深度下部仍有软土层时，还应继续计算。计算深度范围内有基岩（或压缩模量大于 50MPa 的较厚硬黏土层，或压缩模量大于 80MPa 的较厚密实砂卵石层），计算深度 z_n 可取至该层表面。

从计算原理上来说，《规范》推荐法是考虑了结果修正的单向分层总和法。《规范》推荐法用积分计算附加应力面积，更好地考虑附加应力沿深度的曲线变化，可以降低因考虑附加应力沿深度变化的非线性对分层厚度的要求，减少计算工作量。同时，考虑了沉降计算值与实测值之间的差别，给出了明确的修正系数，方便工程实用。

【例题 5-1】 已知柱下单独方形基础，基础底面尺寸为 2.5m×2.5m，埋深 2m，作用于基础上（设计地面标高处）的轴向荷载 $N=1250$kN，有关地基勘察资料与基础剖面详见图 5-14。试用单向分层总和法和《规范》推荐法分别计算基础中点最终沉降量。

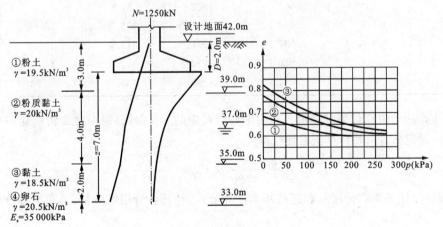

图 5-14 例题 5-1 图

【解】 1)按单向分层总和法计算

(1)计算地基土的自重应力。z 自基底标高起算。

当 $z=0$, $\sigma_{sD}=19.5\times2=39(\text{kPa})$

$z=1\text{m}$, $\sigma_{sz1}=39+19.5\times1=58.5(\text{kPa})$

$z=2\text{m}$, $\sigma_{sz2}=58.5+20\times1=78.5(\text{kPa})$

$z=3\text{m}$, $\sigma_{sz3}=78.5+20\times1=98.5(\text{kPa})$

$z=4\text{m}$, $\sigma_{sz4}=98.5+(20-9.8)\times1=108.7(\text{kPa})$

$z=5\text{m}$, $\sigma_{sz5}=108.5+(20-9.8)\times1=118.9(\text{kPa})$

$z=6\text{m}$, $\sigma_{sz6}=118.5+(18.5-9.8)\times1=127.6(\text{kPa})$

$z=7\text{m}$, $\sigma_{sz7}=137+(18.5-9.8)\times1=136.3(\text{kPa})$

(2)基底压力计算。基础底面以上,基础与填土的混合重度取 $\gamma_0=20\text{kN/m}^3$

$$p=\frac{N+G}{F}=\frac{1250+2.5\times2.5\times2\times20}{2.5\times2.5}=240\,(\text{kPa})$$

(3)基底附加压力计算:

$$p_0=p-\gamma D=240-19.5\times2.0=201\,(\text{kPa})$$

(4)基础中点下地基中竖向附加应力计算。用角点法计算

$$\sigma_{zi}=4\alpha_{si}\cdot p_0$$

查矩形均布荷载作用角点下附加应力系数表(表4-2)确定 α_{si}。

(5)确定沉降计算深度 z_n。考虑第④层土的压缩性比第③层土的压缩性小很多,且由表5-6可知③④层分界处 $\sigma_{zi}/\sigma_{szi}<0.1$,能满足沉降量计算深度要求,初步确定 $z_n=7\text{m}$。

表5-6 例题5-1计算表附表1

z_i (m)	$\dfrac{L}{B}$	$\dfrac{z_i}{B/2}$	α_{si}	σ_{zi} (kPa)	σ_{szi} (kPa)	$\dfrac{\sigma_{zi}}{\sigma_{szi}}$ (%)	z_n (m)
0		0	0.2500	201.00	39.0		
1		0.8	0.1999	160.72	58.5		
2		1.6	0.1123	90.29	78.5		
3	1	2.4	0.0642	51.62	98.5		
4		3.2	0.0401	32.24	108.7	29.66	
5		4.0	0.0270	21.71	118.9	18.26	
6		4.8	0.0193	15.52	127.6	12.16	
7		5.6	0.0148	11.90	136.3	8.73	按7m计

(6)计算基础中点最终沉降量。利用勘察资料中的 e-p 曲线,根据建筑物修建前后各计算点的应力,确定 e_1、e_2,并计算压缩性指标

$$a_i=\frac{e_{1i}-e_{2i}}{p_{2i}-p_{1i}} \text{ 及 } E_{si}=\frac{1+e_{1i}}{a_i}$$

可按下面任一单向分层总和法的基本计算公式,计算各分层沉降量,并求取各分层沉降量之和。

$$s_i=\frac{e_{1i}-e_{2i}}{1+e_{1i}}H_i,\ s_i=\frac{a_i}{1+e_{1i}}\bar{\sigma}_{zi}H_i \text{ 及 } s_i=\frac{\bar{\sigma}_{zi}}{E_{si}}H_i$$

计算结果见表5-7。

表5-7 例题5-1计算表附表2

z_i (m)	σ_{szi} (kPa)	σ_{zi} (kPa)	H_i (cm)	自重应力平均值 $\bar{\sigma}_{szi}$ (kPa)	附加应力平均值 $\bar{\sigma}_{zi}$ (kPa)	$\bar{\sigma}_{szi}+\bar{\sigma}_{zi}$ (kPa)	e_{1i}	e_{2i}	$a=\dfrac{e_{1i}-e_{2i}}{\bar{\sigma}_{zi}}$ (kPa^{-1})	$E_{si}=\dfrac{1+e_{1i}}{a_i}$ (kPa)	$s_i=\dfrac{\bar{\sigma}_{zi}}{E_{si}}H_i$ (cm)	$s=\sum s_i$ (cm)
0	39.0	201.00	100	48.75	180.86	229.61	0.642	0.591	0.000 282	5823	3.11	
1	58.5	160.72	100	68.50	125.51	194.01	0.686	0.617	0.000 550	3067	4.09	7.20
2	78.5	90.29	100	88.50	70.96	159.46	0.670	0.630	0.000 564	2962	2.40	9.59
3	98.5	51.62	100	103.60	41.93	145.53	0.660	0.636	0.000 572	2900	1.45	11.04
4	108.7	32.24	100	113.80	26.98	140.78	0.652	0.638	0.000 519	3183	0.85	11.89
5	118.9	21.71	100	123.25	18.62	141.87	0.681	0.669	0.000 645	2608	0.71	12.60
6	127.6	15.52	100	131.95	13.71	145.66	0.675	0.667	0.000 584	2871	0.48	13.08
7	136.3	11.90										

2)按《规范》推荐法计算

(1)采用式(5-21)计算地基总沉降量,计算结果详见表5-8。

表5-8 例题5-1计算表附表3

z_i (m)	L/B	z_i/B	$\bar{\alpha}_i$	$\bar{\alpha}_i z_i$	$\bar{\alpha}_i z_i - \bar{\alpha}_{i-1} z_{i-1}$	E_{si} (kPa)	$s'_i=\dfrac{p_0}{E_{si}}(\bar{\alpha}_i z_i - \bar{\alpha}_{i-1} z_{i-1})$ (cm)	$s'=\sum s'_i$ (cm)
0		0	1.000	0				
1.0		0.4	0.936	0.936	0.936	5823	3.23	
2.0		0.8	0.775	1.550	0.614	3067	4.02	7.25
3.0	$\dfrac{2.5}{2.5}=1$	1.2	0.631	1.893	0.343	2962	2.33	9.58
4.0		1.6	0.524	2.096	0.203	2900	1.41	10.99
5.0		2.0	0.446	2.230	0.134	3183	0.85	11.84
6.0		2.4	0.387	2.322	0.092	2608	0.71	12.55
7.0		2.8	0.341	2.387	0.065	2871	0.46	13.01

(2)沉降计算深度验算。受压层下限按式(5-24)确定,$z_n=2.5\times(2.5-0.4\ln 2.5)=5.3$m;由于下面土层仍软弱,继续向下计算至③④层分界处(④层为压缩性较小的卵石层)。

按式(5-23)验算变形计算深度是否满足规范要求。按表5-5取 $\Delta z=0.6$m,此范围内沉降量计算见表5-9,经计算 $\Delta s'_n/s'=0.021<0.025$,表明 $z_n=7$m 已满足计算深度要求。

表5-9 例题5-1计算表附表4(Δz 范围内沉降量 $\Delta s'_n$ 计算)

z_i (m)	L/B	z_i/B	$\bar{\alpha}_i$	$\bar{\alpha}_i z_i$	$\bar{\alpha}_i z_i - \bar{\alpha}_{i-1} z_{i-1}$	E_{si} (kPa)	$\Delta s'_n=\dfrac{p_0}{E_{si}}(\bar{\alpha}_i z_i - \bar{\alpha}_{i-1} z_{i-1})$ (cm)	$\Delta s'_n/s'$
6.4	$\dfrac{2.5}{2.5}=1$	2.56	0.367	0				
7.0		2.8	0.341	2.348 8	0.038 2	2871	0.267	0.021

因此,表5-8中 $z=7.0$m以上的沉降量和 $s'=13.01$cm,即为修正前的地基总沉降量。

(3) 求沉降计算经验系数,并确定最终沉降量。计算深度范围内的压缩模量当量值 $\bar{E}_s$。

$$\bar{E}_s = \frac{\sum A_i}{\sum \frac{A_i}{E_{si}}} = \frac{p_0 \bar{\alpha}_n z_n}{\sum\limits_{i=1}^{n} \frac{p_0 (\bar{\alpha}_i z_i - \bar{\alpha}_{i-1} z_{i-1})}{E_{si}}}$$

$$= \frac{2.3488}{\frac{0.936}{5823} + \frac{0.614}{3067} + \frac{0.343}{2962} + \frac{0.203}{2900} + \frac{0.134}{3183} + \frac{0.092}{2608} + \frac{0.065}{2871}} = 3631 \text{ (kPa)}$$

根据表 5-3,设 $f_{ak} = p_0$,得到沉降计算经验系数 $\psi_s = 1.32$,则最终沉降量为

$$s = \psi_s s' = 1.32 \times 13.01 = 17.17 \text{(cm)}$$

四、考虑应力历史的地基沉降量计算

天然土层的固结状态不同,土层压缩性不同。本章第二节讨论了利用室内压缩试验 e-$\lg\sigma$ 曲线推求现场压缩曲线,从图 5-10 可以看出:当土处于再压缩时,现场压缩曲线沿回弹再压缩斜率发展,变形参数为再压缩(回弹)指数 C_e;而当土处于初始压缩时,现场压缩曲线沿初始压缩斜率发展,变形参数为压缩指数 C_c。因此,用单向分层总和法计算地基沉降量时,可根据应力固结历史,采用更符合实际的变形参数,获得更可靠的计算结果。

整个地基内可能由两种或两种以上固结程度(欠固结、正常固结和超固结)的土层组成,应分别考虑其固结属性,采用合适的计算公式和计算参数,计算各层土的沉降量,然后叠加起来就可以得到地基总沉降量。下面就介绍考虑应力历史时,地基中的第 i 层土的沉降量计算方法。

1. 超固结土沉降计算

若第 i 层土属于超固结土,应先利用室内高压固结试验绘制 e-$\lg\sigma$ 曲线确定前期固结压力 σ'_P,然后根据固结程度,分两种情况进行沉降计算。

(a) 当 $\bar{\sigma}_{si} + \bar{\sigma}_{zi} \leqslant \sigma'_{pi}$ 时,用再压缩指数 (C_e) 计算

$$s_i = \frac{H_i}{1 + e_{0i}} \left[C_{ei} \lg \left(\frac{\bar{\sigma}_{si} + \bar{\sigma}_{zi}}{\bar{\sigma}_{si}} \right) \right] \tag{5-25}$$

(b) 当 $\bar{\sigma}_{si} + \bar{\sigma}_{zi} > \sigma'_{pi}$ 时,分两段考虑,σ'_p 值以前用 C_e,σ'_p 值以后用 C_c:

$$s_i = \frac{H_i}{1 + e_{0i}} \left[C_{ei} \lg \frac{\sigma'_{pi}}{\bar{\sigma}_{si}} + C_{ci} \lg \left(\frac{\bar{\sigma}_{si} + \bar{\sigma}_{zi}}{\sigma'_{pi}} \right) \right] \tag{5-26}$$

式中:s_i 为第 i 层范围内的沉降量(m);H_i 为第 i 层分层厚度(mm);e_{0i} 为第 i 层初始孔隙比;C_{ci} 为第 i 层土的压缩指数;C_{ei} 为第 i 层的再压缩指数;$\bar{\sigma}_{si}$ 为第 i 层土自重应力平均值(kPa);$\bar{\sigma}_{zi}$ 为第 i 层附加应力平均值(kPa);σ'_{pi} 为第 i 层土前期固结压力(kPa)。

对于面积和埋深较大的基础,若基坑开挖后保持敞开状态较久,地基土有足够的时间回弹,基础的沉降应按基底回弹后的平面起算,由再压缩量和压缩量两部分组成。假定基坑开挖前地基土为正常固结土,则开挖后,地基土内某深度处的前期固结压力等于未开挖时该处的自重应力。

2. 正常固结土沉降计算

若第 i 层土属于正常固结土,用 C_c 计算沉降量:

$$s_i = \frac{H_i}{1 + e_{0i}} \left[C_{ci} \lg \left(\frac{\sigma_{si} + \sigma_{zi}}{\sigma'_{pi}} \right) \right] \tag{5-27}$$

3. 欠固结土沉降计算

欠固结土的沉降不仅仅是由于地基中附加应力所引起,而且还有原自重应力作用下未完

成的自重固结而产生的沉降。因此,欠固结土的沉降应等于土自重应力作用下继续产生的变形和附加应力引起的变形之和。欠固结土的现场压缩曲线可近似按正常固结土的方法求得,在计算欠固结土层沉降时,用 C_c 按式(5-27)计算沉降量。

五、用变形模量计算地基沉降量

对于大型刚性基础下的一般黏性土、软土、饱和黄土和不能准确取得压缩模量的地基土,如碎石土、砂土、粉土和花岗岩残积土等,可利用变形模量按式(5-28)计算沉降量。

$$s = pB\eta \sum_{i=1}^{n} \frac{\delta_i - \delta_{i-1}}{E_{0i}} \tag{5-28}$$

式中:s 为沉降量(mm);p 为相应于荷载标准值时基础底面处平均压力(kPa);B 为基础底面宽度(m);δ_i 为与 L/B 有关的无因次系数,可查表 5-10 确定;E_{0i} 为基础底面下第 i 层土按载荷试验求得的变形模量(MPa);η 为修正系数,可查表 5-11 确定。

表 5-10 δ_i 系数值

$m = \dfrac{2z}{B}$	圆形基础 $B=R$	矩形基础 $n=L/B$						条形基础 $n \geqslant 10$
		1.0	1.4	1.8	2.4	3.2	5.0	
0.0	0.000	0.000	0.000	0.00	0.000	0.000	0.000	0.000
0.4	0.090	0.100	0.100	0.100	0.100	0.100	0.100	0.104
0.8	0.179	0.200	0.200	0.200	0.200	0.200	0.200	0.208
1.2	0.266	0.299	0.300	0.300	0.300	0.300	0.300	0.311
1.6	0.348	0.380	0.394	0.397	0.397	0.397	0.397	0.412
2.0	0.411	0.446	0.472	0.482	0.486	0.486	0.486	0.511
2.4	0.461	0.499	0.538	0.556	0.565	0.567	0.567	0.605
2.8	0.501	0.542	0.592	0.618	0.635	0.640	0.640	0.687
3.2	0.532	0.577	0.637	0.671	0.696	0.707	0.709	0.763
3.6	0.558	0.606	0.607	0.717	0.750	0.768	0.772	0.831
4.0	0.579	0.630	0.708	0.756	0.796	0.820	0.830	0.892
4.4	0.596	0.650	0.735	0.789	0.837	0.867	0.883	0.949
4.8	0.611	0.668	0.759	0.819	0.873	0.908	0.932	1.001
5.2	0.624	0.683	0.780	0.884	0.905	0.948	0.977	1.050
5.6	0.635	0.697	0.798	0.867	0.933	0.981	1.018	1.095
6.0	0.645	0.708	0.814	0.887	0.958	1.011	1.056	1.138
6.4	0.653	0.719	0.828	0.904	0.980	1.031	1.090	1.178
6.8	0.661	0.728	0.841	0.920	1.000	1.065	1.122	1.215
7.2	0.668	0.736	0.852	0.935	1.019	1.038	1.152	1.251
7.6	0.674	0.744	0.863	0.948	1.036	1.109	1.180	1.285
8.0	0.679	0.751	0.872	0.960	1.051	1.128	1.205	1.316
8.4	0.684	0.757	0.881	0.970	1.065	1.146	1.229	1.347
8.8	0.689	0.762	0.888	0.980	1.078	1.162	1.251	1.376
9.2	0.693	0.768	0.896	0.989	1.089	1.178	1.272	1.404
9.6	0.697	0.772	0.902	0.998	1.100	1.192	1.291	1.431
10.0	0.700	0.777	0.908	1.005	1.110	1.205	1.309	1.456
11.0	0.705	0.786	0.992	1.022	1.132	1.238	1.349	1.506
12.0	0.710	0.794	0.933	1.037	1.151	1.275	1.384	1.550

注:①L 与 B 分别为矩形基础的长度与宽度;②z 为基础底面至该层土底面的距离;③R 为圆形基础的半径,对于圆形基础 $m=2z/R$。

表 5-11　η 系数表

$m = \dfrac{2z_n}{B}$	$0<m\leqslant0.5$	$0.5<m\leqslant1$	$1<m\leqslant2$	$2<m\leqslant3$	$3<m\leqslant5$	$5<m\leqslant\infty$
η	1.00	0.95	0.90	0.80	0.75	0.70

按式(5-28)计算沉降量时,地基压缩层深度 z_n 按式(5-29)计算确定

$$z_{n_s} = (z_m + \zeta \cdot b)\beta \tag{5-29}$$

式中：z_m 为与基础长宽比有关的经验值(m)，按表 5-12 确定；ζ 为系数，按表 5-12 确定；β 为调整系数，按表 5-13 确定。

表 5-12　z_m 值和 ξ 系数表

L/B	1	2	3	4	5
z_m	11.6	12.4	12.5	12.7	13.2
ξ	0.42	0.49	0.53	0.60	0.63

表 5-13　β 系数表

土类	碎石土	砂土	粉土	黏性土	软土
β	0.30	0.50	0.60	0.75	1.00

对于一般黏性土、软土和黄土，当未进行载荷试验时，可用反算综合变形模量 $\overline{E}_0$ 按式(5-30)计算沉降量

$$s = \dfrac{pb\eta}{\overline{E}_0}\sum_{i=1}^{n}(\delta_i - \delta_{i-1}) \tag{5-30}$$

式中：$\overline{E}_0$ 为根据实测沉降反算的综合变形模量(MPa)，可按式(5-31)求得

$$\overline{E}_0 = \alpha \cdot \overline{E}_s \tag{5-31}$$

α 为反算综合变形模量 $\overline{E}_0$ 与综合压缩模量 $\overline{E}_s$ 的比值，可按表 5-14 选用。

表 5-14　比值 α 表

$\overline{E}_s$ (MPa)	3.0	5.0	7.5	10.0	12.5	15.0	20.0
$\alpha = \dfrac{\overline{E}_0}{\overline{E}_s}$	1.0	1.6	2.6	3.6	4.6	5.6	7.6

六、按黏性土的沉降机理计算沉降量

单向分层总和法与《规范》推荐法是当前生产中最广泛采用的沉降计算方法。对一般黏性土地基，通过室内压缩试验或现场载荷试验求得土的压缩性指标后，可以用上述方法计算地基沉降量。

然而，根据对黏性土地基在局部(基础)荷载作用下的实际变形特征的观察和分析，黏性土

地基的沉降 s 可认为是由机理不同的 3 个部分沉降组成(图 5-15)，即
$$s = s_d + s_c + s_s \tag{5-32}$$
式中：s_d 为瞬时沉降(亦称初始沉降)；s_c 为固结沉降(亦称主固结沉降)；s_s 为次固结沉降(亦称蠕变沉降)。

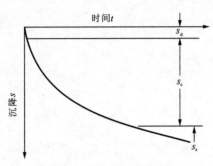

图 5-15 地基沉降类型

瞬时沉降 s_d 是指加载后地基瞬时发生的沉降。由于基础加载面积为有限尺寸，加载后地基中会有剪应变产生，特别是在靠近基础边缘的应力集中部位。对于饱和或接近饱和的黏性土，加载瞬间土中水来不及排出，在不排水的恒体积状况下，剪应变会引起侧向变形而造成瞬时沉降。固结沉降 s_c 是指饱和及接近饱和的黏性土在基础荷载作用下，随着超静孔隙水压力的消散，土骨架产生变形所造成的沉降(固结压密)。固结沉降速率取决于孔隙水的排出速率。次固结沉降 s_s 是指主固结过程(超静孔隙水压力消散过程)结束后，在有效应力不变的情况下，土骨架仍随时间继续发生变形。这种变形的速率已与孔隙水排出的速率无关，而是取决于土骨架本身的蠕变性质。

上述三部分沉降实际上并非在不同时间截然分开发生，如次固结沉降实际上在固结过程一开始就产生了，只不过数量相对很小而已，而主要是固结沉降。但超静孔隙水压力消散得差不多后，主固结沉降很小了，而次固结沉降愈来愈显著，逐渐上升成为主要的。根据上海市 33 幢建筑物沉降观测统计，建成 10 年后的沉降速率为 $0.007 \sim 0.008 \mathrm{mm/d}$，可见固结过程可能持续很长时间，很难将主固结和次固结过程区分清楚。但为讨论和计算的方便，通常将它们分别对待。

以上三部分沉降的相对大小随土的种类、基础尺寸和荷载水平而异。下面分别介绍这三部分沉降的计算方法。

1. 瞬时沉降计算

瞬时沉降没有体积变形，可认为是弹性变形，因此一般按弹性理论计算。可采用地基应力计算的弹性理论求解半无限空间直线变形体中各点的垂直位移公式，求得基础的垂直位移量，就是所要计算的瞬时沉降。实际中，一般根据载荷试验中承压板沉降量 s 和土体变形模量 E 之间的关系来计算瞬时沉降。但应注意这时是在不排水条件下、没有体积变形所产生的变形量，应取泊松比 $\mu = 0.5$，并采用不排水变形模量 E_u 和基底附加应力 p_0，故土层的瞬时沉降为
$$s_d = \omega \frac{p_0 \cdot B}{E_u}(1 - \mu^2) \tag{5-33}$$
式中：ω 为沉降系数，可从表 5-15 中选用。

表 5-15 沉降系数 ω 值

受荷面形状	L/B	中点	矩形角点,圆形周边	平均值	刚性基础
图形	—	1.00	0.64	0.85	0.79
正方形	1.00	1.12	0.56	0.95	0.88
矩形	1.5	1.36	0.68	1.15	1.08
	2.0	1.52	0.76	1.30	1.22
	3.0	1.78	0.89	1.52	1.44
	4.0	1.96	0.98	1.70	1.61
	6.0	2.23	1.12	1.96	—
	8.0	2.42	1.21	2.12	—
	10.0	2.53	1.27	2.25	2.12
	30.0	3.23	1.62	2.88	—
	50.0	3.54	1.77	3.22	—
	100.0	4.00	2.00	3.70	—

注:平均值指柔性基础面积范围内各点瞬时沉降系数的平均值。

土的不排水变形模量 E_u 值须通过做室内或现场试验测定。一般先将原状土样在天然应力状态下固结,然后按基础荷载引起的附加应力做三轴不排水剪切试验,获得不排水条件下土的应力-应变关系。经验表明,土样扰动对 E_u 值的影响相当大,而且试验前的固结形式(等向固结或非等向固结)、试验时采用的应变速率等均有影响且不易控制。因此,有人主张做现场试验来测定 E_u 值。目前用得较多的是旁压试验,由于测试的是原位土,而且体积大,测得的 E_u 值比较可靠。如果有现场十字板剪切试验测得的不排水抗剪强度 C_u 值,亦可以根据下列 C_u 和 E_u 的经验关系式求得 E_u 值

$$E_u = (300 \sim 1250)C_u \tag{5-34}$$

式(5-34)中的低值适用于较软的、高塑性有机土,高值适用于一般较硬的黏性土。由于换算系数的数值范围太大,具体选用时要有一定的经验。

在某些情况下,如在厚软黏土层上,基础面积相对较小而荷载水平相对较高时,瞬时沉降的绝对值或其在总沉降量中所占的相对比例可能较大,瞬时沉降不能忽略不计,应予以估算。

2. 固结沉降计算

固结沉降是黏性土地基沉降的最主要的组成部分。

固结沉降可用上述分层总和法计算。但分层总和法中采用的是一维课题(有侧限)的假设,与一般基础荷载(有限分布面积)作用下的地基实际性状不尽相符。实际上地基土的压缩变形为二维或三维课题,但如果按二维、三维课题计算,会使计算与压缩性指标的确定复杂得多。为了不使计算过于复杂而又能较好地反映实际情况,司开普敦(Skempton)等建议根据有侧向变形条件下产生的超静孔隙水压力计算固结沉降 s_c。有关理论推导过程可参考相关文献,在此不做赘述。

若地基表面作用有均布竖向荷载时,基底中心点下地基中附加应力近似为轴对称应力状态(圆形基础均布荷载中心点下附加应力为轴对称应力状态),地基土中垂直方向的应力(σ_z)就是大主应力($\Delta\sigma_z = \Delta\sigma_1$),在此种情况下,土层的固结沉降量 s_c 为

$$s_c = \frac{\Delta\sigma_1}{E_s}\left[A + \frac{\Delta\sigma_3}{\Delta\sigma_1}(1-A)\right]H \tag{5-35}$$

式中：A 为孔隙水压力系数，与土的性质有关，参见第四章第五节相关内容。

3. 次固结沉降的计算

前面讲过，有些土在超静孔隙水压力全部消散、主固结过程已经结束之后，还会因土骨架本身的蠕变特性，在基础荷载作用下长时间继续缓慢沉降，这部分沉降称为次固结沉降（s_s）。对一般黏性土来说，数值不大，但如果是塑性指数较大的、正常固结的软黏土，尤其是有机土，s_s 值有可能较大，必须考虑。

对次固结沉降，可以采用流变学理论或其他力学模型进行计算，但比较复杂，而且有关参数不易测定。因此，目前在生产中主要使用下述半经验方法估算土层的次固结沉降。

图 5-16 为室内压缩试验得出的变形 s 与时间对数 $\lg t$ 的关系曲线，取曲线反弯点前后两段曲线的切线的交点 m 作为主固结段与次固结段的分界点；设相当于分界点的时间为 t_1，次固结段（基本上是一条直线）的斜率反映土的次固结变形速率，一般用 C_s 表示，称为土的次固结指数。知道了 C_s 即可按式(5-36)计算土层的次固结沉降（s_s）为

$$s_s = \frac{H}{1+e_1} C_s \lg \frac{t_2}{t_1} \tag{5-36}$$

式中：H 为土层的厚度；e_1 和 t_1 分别为对应于主固结完成时的孔隙比和所需时间；t_2 为欲求次固结沉降量的时间；其余符号意义同前。

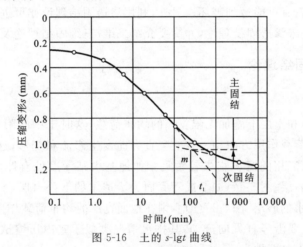

图 5-16　土的 s-$\lg t$ 曲线

从式(5-36)可以看出，地基土层的次固结沉降量（s_s）主要取决于土的次固结指数（C_s）。研究表明，土的 C_s 与下列因素有关：①土的种类，塑性指数愈大，C_s 愈大，尤其是对有机土而言；②含水量 w 愈大，C_s 愈大；③温度愈高，C_s 愈大。C_s 值的一般范围如表 5-16 所示。

表 5-16　次固结指数 C_s 值

土类	C_s
高塑性黏土、有机土	≥0.03
正常固结黏土	0.005~0.020
超固结黏土（OCR>2）	<0.001

第四节 饱和土体渗透固结理论

饱和黏土受荷载后，一般都要经历缓慢的渗透固结过程，压缩变形才能逐渐终止。上述沉降计算方法得出的是渗透固结终了时达到的最终沉降量。工程设计中，除了要知道最终沉降量之外，往往还需要知道沉降随时间的变化（增长）过程，即沉降与时间的关系。此外，在研究土体的稳定性时，还需了解土体中孔隙水压力值，尤其是超静孔隙水压力。这两个问题需依赖土体渗流固结理论方能解决。

由有效应力原理可知，饱和黏性土的变形过程是土体中孔隙水压力逐渐消散、有效应力逐渐增加的过程，也是土的抗剪强度逐渐增加的过程。这种孔隙水压力转换为有效应力的速率主要取决于土中孔隙水的排出速率，与土的渗透性和土层厚度有关。固结理论就是研究不同时间孔隙水压力是如何转化为有效应力的。通过求解，可以得到不同时间土体中不同深度处孔隙水压力或有效应力的大小，从而计算出不同时间的土体变形。饱和土体的渗透固结理论是土力学中很重要的理论之一，在实际中也很有意义，如计算变形过程可以控制施工进度。对软土地基，还可控制上部加载速率，使之与土体抗剪强度的增长速率相适应，即在施工的从始至终，保证由建筑物荷载在土中引起的剪应力不大于随孔隙水压力消散而不断增长的土体抗剪强度，否则建筑物就有可能遭到破坏。另外，利用渗透固结理论亦可进行地面沉降的预测。

本节主要介绍一维渗透固结理论，并简要介绍二维、三维固结理论及固结理论的发展。

一、一维渗透固结理论

（一）模型分析

在有限厚度的饱和土层上施加无限宽广的均布荷载，这时土中的附加应力沿深度为均匀分布，土层只在与外荷载作用方向相一致的竖直方向发生渗流和变形，这就是一维渗透固结。实际中这种情况在河流相的沉积物中较常见。如地基中某深度处有厚度不大的可压缩软土层，上下层为透水的砂层[图5-17(a)]，或者底面为不透水的下卧岩层，上为透水的砂层[图5-17(b)]，或者下为透水的砂层[图5-17(c)]，则在地面宽广的均布荷载作用下，可压缩黏性土层（软土层）中孔隙水主要沿竖直方向流动，其排水情况类似于室内压缩试验。图5-17中的(a)为双面排水，(b)(c)为单面排水。

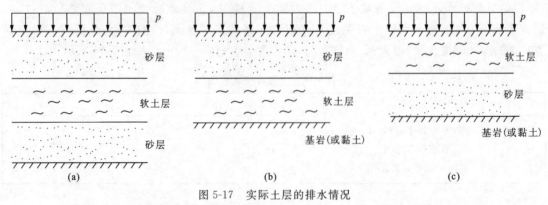

图5-17 实际土层的排水情况

为说明孔隙水压力随时间与深度的变化规律，下面介绍一个具有多层的渗压模型（单面排水）。

如图 5-18 所示,渗压模型由 4 层组成,容器内充满水,每一层都有一个观测孔隙水压力变化的测管,表示地基中 4 个不同深度点的渗透固结过程,容器表面作用着压力强度 p,相当于地基表面受无限均布荷载 p 作用的情况。

在荷载 p 施加的瞬间,$t=0$ 时,各层水都来不及排出,故孔隙水压力 u 都等于 p,即 $u_1 = u_2 = u_3 = u_4 = p$,各点的 $\sigma'=0$。此时,4 个测压管的水位都相同。

在升高了的水压力作用下,只要 $t>0$,模型中的水将随着时间逐渐排出,各测压管中的水位相继下降。上层水的渗径短,容易渗出,故超静孔隙水压力下降得比较快,下层则下降得比较慢。将相应于某一时刻各测压管中的水面连接起来,可得如图 5-18(a)中所示的曲线,称为等时线。在水排出的同时,弹簧相应受压变形,承担部分外荷。因此,在 $0<t<\infty$ 时,$u_1 < u_2 < u_3 < u_4 < p$,各点的 $u_i + \sigma'_i = p$。

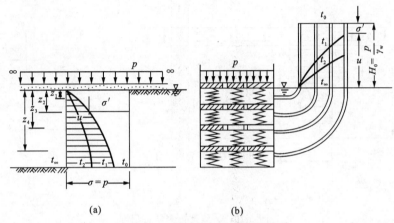

图 5-18 土层固结与多层渗压模型

当时间趋于无穷大时,各点的超静孔隙水压力等于零,测压管中的水位又恢复到与静水位平齐,即 $t=\infty$ 时,$u_1 = u_2 = u_3 = u_4 = 0$,各点的 $\sigma' = p$。

通过上述模型分析可以看出,在整个渗透固结过程中,超静孔隙水压力 u 和附加有效应力 σ' 是深度 z 和时间 t 的函数。一维渗透固结理论的目的在于求解地基中孔隙水压力随时间和深度的变化。在一定基本假设前提下,建立渗透固结微分方程。然后根据具体的起始条件和边界条件求解土中任意点在任意时刻的 u 或 σ',进而求得整个土层在任意时刻达到的固结度(土层中总应力转化成粒间有效应力的百分比)。

(二)基本假设

(1)土层是均质的、完全饱和的。
(2)土粒和水是不可压缩的。
(3)水的渗出和土层的压缩只沿一个方向(竖向)发生。
(4)水的渗流遵从达西定律,且渗透系数 k 保持不变。
(5)孔隙比的变化与有效应力的变化成正比,即 $-de/d\sigma' = a$,且压缩系数 a 保持不变。
(6)外荷载一次瞬时施加。

(三)微分方程的建立

从土层中深度 z 处取一微元体(断面积 $=1\times1$,厚度 $=dz$),如图 5-19 所示,在此微元体中:

固体体积
$$V_s = \frac{1}{1+e_1}dz = 常量 \tag{5-37}$$

孔隙体积
$$V_v = eV_s = e\left(\frac{1}{1+e_1}dz\right) \tag{5-38}$$

在附加应力作用下,根据微元体的渗流连续条件、变形条件(压缩定律)及渗透水流条件(达西定律)建立微元体的微分方程。

在 dt 时间内,微元体中孔隙体积的变化(减小)等于同一时间内从微元体中流出的水量,即

$$\frac{\partial V_v}{\partial t}dt = \frac{\partial q}{\partial z}dzdt \tag{5-39}$$

式中:q 为单位时间内流过单位横截面积的水量。

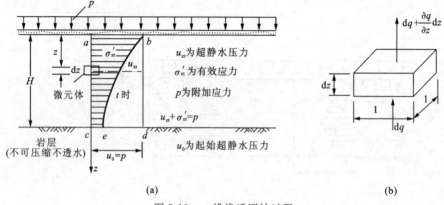

图 5-19 一维渗透固结过程

从式(5-38)得

$$\frac{\partial V_v}{\partial t}dt = \left(\frac{dz}{1+e_1}\right)\frac{\partial e}{\partial t}dt$$

代入式(5-39),得

$$\frac{1}{1+e_1}\frac{\partial e}{\partial t} = \frac{\partial q}{\partial z} \tag{5-40}$$

这是饱和土体渗流固结过程的基本关系式。由压缩系数公式 $a = -\frac{\Delta e}{\Delta \sigma}$,得 $\Delta e = -a\Delta \sigma'_z$

则
$$\frac{\partial e}{\partial t} = -a\frac{\partial \sigma'_z}{\partial t} = a\frac{\partial u}{\partial t} \tag{5-41}$$

根据达西定律
$$q = ki = \frac{k}{\gamma_w}\frac{\partial u}{\partial z} \tag{5-42}$$

将式(5-41)和式(5-42)代入式(5-40),得
$$\frac{k(1+e_1)}{a\gamma_w}\frac{\partial^2 u}{\partial z^2} = \frac{\partial u}{\partial t}$$

或
$$C_v\frac{\partial^2 u}{\partial z^2} = \frac{\partial u}{\partial t} \tag{5-43}$$

式中:C_v 为土的固结系数(m^2/a 或 cm^2/a)。

$$C_v = \frac{k(1+e_1)}{a\gamma_w} \tag{5-44}$$

式中:e_1 为土的孔隙比;a 为土的压缩系数;k 为土的渗透系数。

式(5-43)反映的是土中超静孔隙水压力 u 与时间 t 和深度 z 的偏微分关系,一般称为一维渗流固结偏微分方程。

(四)固结微分方程的解析解

从式(5-43)可以看出,一维渗流固结偏微分方程为一抛物线型微分方程,可根据不同的起始条件和边界条件求得其特解。对于图 5-19 所示的情况,

当 $t=0$ 和 $0 \leqslant z \leqslant H, u = u_0 = p$；

$0 < t \leqslant \infty$ 和 $z = 0, u = 0$；

$0 \leqslant t \leqslant \infty$ 和 $z = H, \dfrac{\partial u}{\partial z} = 0$；

$t = \infty$ 和 $0 \leqslant z \leqslant H, u = 0$。

应用傅里叶级数,可求得满足上述边界条件的解为

$$u_{z,t} = \frac{4p}{\pi} \sum_{m=1}^{m=\infty} \frac{1}{m} \sin \frac{m\pi z}{2H} e^{-m^2 (\frac{\pi^2}{4}) T_v} \tag{5-45}$$

式中:m 为奇数正整数$(1,3,5,\cdots)$；e 为自然对数底数；H 为排水最长距离(cm),当土层为单面排水时,H 等于土层厚度;当土层上、下双面排水时,H 采用土层厚度的一半；T_v 为时间因数(无量纲),按式(5-46)计算:

$$T_v = \frac{C_v}{H^2} t \tag{5-46}$$

式中:C_v 为土层的固结系数(cm^2/a),t 为固结历时(a)。

按式(5-45),可绘制不同 t 值时土层中的超静孔隙水压力分布曲线(u-z 曲线),如图 5-20 所示,(a)图为单面排水情况,(b)图为双面排水情况。从 u-z 曲线随 t(或 T_v)的变化可看出渗流固结过程的进展情况。u-z 曲线上某点的切线斜率反映该点处的水力梯度和水流方向。

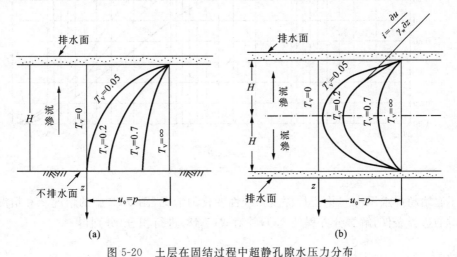

图 5-20　土层在固结过程中超静孔隙水压力分布

(五)固结度

图 5-19(a)表示在附加应力 p 的作用下,历时 t 时土层中的有效应力 σ'_t 和超静孔隙水压力 u_t 的分布。对某一深度 z 处,有效应力 σ'_{zt} 与总附加应力 p 的比值,即超静孔隙水压力的消散部分 $u_0 - u_{zt}$ 与起始孔隙水压力的比值,称为该点土的固结度,表示为

$$U_{zt} = \frac{\sigma'_{zt}}{p} = \frac{u_0 - u_{zt}}{u_0} \tag{5-47}$$

对工程而言,更有意义的是土层的平均固结度。土层的平均固结度等于时间 t 时,土层骨架已经承担起来的有效压应力与全部附加压应力的比值。表示为

$$U_t = \frac{S_{\square abec}}{S_{\square abdc}}$$

即
$$U_t = \frac{\int_0^H u_0 \mathrm{d}z - \int_0^H u_{zt} \mathrm{d}z}{\int_0^H u_0 \mathrm{d}z} = 1 - \frac{\int_0^H u_{zt} \mathrm{d}z}{\int_0^H u_0 \mathrm{d}z} \tag{5-48}$$

将式(5-45)代入式(5-48),积分化简后便得

$$U_t = 1 - \frac{8}{\pi^2} \sum_{m=1}^{\infty} \frac{1}{m^2} e^{-m^2 \left(\frac{\pi^2}{4}\right) T_v} \tag{5-49}$$

或
$$U_t = 1 - \frac{8}{\pi^2} \left[e^{-\left(\frac{\pi^2}{4}\right) T_v} + \frac{1}{9} e^{-9\left(\frac{\pi^2}{4}\right) T_v} + \cdots \right] \tag{5-50}$$

由于括号内是快收敛级数,从实用目的考虑,通常采用第一项已经足够,因此,式(5-50)亦可近似写成

$$U_t = 1 - \frac{8}{\pi^2} e^{-\left(\frac{\pi^2}{4}\right) T_v} \tag{5-51}$$

式(5-51)给出的 U_t 和 T_v 之间的关系可用图 5-21 中的曲线①表示。

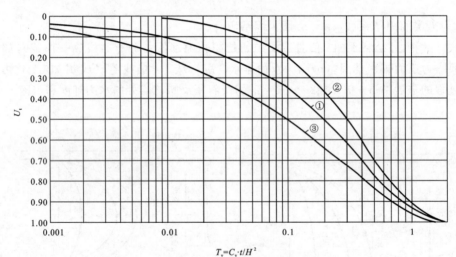

图 5-21 U_t-T_v 关系曲线

对于起始超静水压力 u_0 沿土层深度为线性变化的情况(图 5-22 中的情况 2 和情况 3),可根据此时的边界条件,解微分方程(5-43),并对式(5-48)进行积分,分别得

情况 2:
$$U_{t2} = 1 - 1.03 \left[e^{-\left(\frac{\pi^2}{4}\right) T_v} - \frac{1}{27} e^{-9\left(\frac{\pi^2}{4}\right) T_v} + \cdots \right] \tag{5-52}$$

情况 3:
$$U_{t3} = 1 - 0.59 \left[e^{-\left(\frac{\pi^2}{4}\right) T_v} - 0.37 e^{-9\left(\frac{\pi^2}{4}\right) T_v} + \cdots \right] \tag{5-53}$$

这种情况下的 U_t-T_v 关系曲线如图 5-21 中的曲线②和曲线③所示。也可利用表 5-17 查不同排水条件下相应于不同固结度 U_t 的 T_v 值。

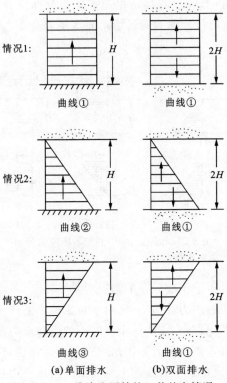

图 5-22　一维渗流固结的 3 种基本情况

表 5-17　U_t-T_v 对照表

固结度 U_t(%)	时间因数 T_v		
	T_{v1}[曲线①]	T_{v2}[曲线②]	T_{v3}[曲线③]
0	0	0	0
5	0.002	0.024	0.001
10	0.008	0.047	0.003
15	0.016	0.072	0.005
20	0.031	0.100	0.009
25	0.048	0.124	0.016
30	0.071	0.158	0.024
35	0.096	0.188	0.036
40	0.126	0.221	0.048
45	0.156	0.252	0.072
50	0.197	0.294	0.092
55	0.236	0.336	0.128
60	0.287	0.383	0.160
65	0.336	0.440	0.216
70	0.403	0.500	0.271
75	0.472	0.568	0.352
80	0.567	0.665	0.440
85	0.676	0.772	0.544
90	0.848	0.940	0.720
95	1.120	1.268	1.016
100	∞	∞	∞

实际工程中,作用于饱和土层中的起始超静水压力分布要比图 5-22 所示的 3 种情况复杂。实用中可以足够准确地把可能遇到的起始超静水压力分布,近似地分为图 5-23 所示的 5 种情况处理。

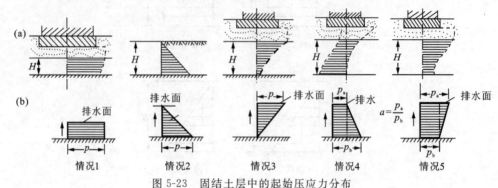

图 5-23 固结土层中的起始压应力分布
(a)实际分布图;(b)简化分布图(箭头表示孔隙水流动方向)

情况 1:基础底面很大且压缩土层较薄的情况。
情况 2:相当于无限宽广的水力冲填土层,由于自重应力而产生固结的情况。
情况 3:相当于基础底面积较小,在压缩土层底面的附加应力已接近零的情况。
情况 4:相当于地基在自重作用下尚未固结就在上面修建建筑物基础的情况。
情况 5:与情况 3 相似,但相当于在压缩土层底面的附加应力还不接近于零的情况。

情况 4 和情况 5 的固结度 U_{t4}、U_{t5} 可以根据土层平均固结度的物理概念,利用情况 1、情况 2 和情况 3 的 U_t-T_v 关系式推算。按式(5-48)的意义,土层在某时刻 t 的固结度等于该时刻土层中有效应力分布图的面积与总应力分布图的面积之比。用虚线将图 5-24(a)情况 4 的总应力分布图(即起始孔隙水压力分布图)分成两部分,第一部分即为情况 1,第二部分为情况 2。经 t 时刻,第一部分的固结度 U_{t1} 可用式(5-51)计算,该时刻土层中的有效应力分布面积为

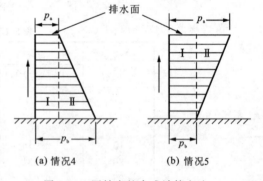

图 5-24 固结度的合成计算方法

$$A_1 = U_{t1} p_a H \tag{5-54}$$

同一时刻第二部分即情况 2 的固结度 U_{t2} 可用式(5-52)求得,该时刻土层中的有效应力面积应为

$$A_2 = U_{t2} \cdot \frac{1}{2} H(p_b - p_a) \tag{5-55}$$

因而 t 时刻土层中有效应力面积之和为 A_1+A_2。按上述固结度定义,这时情况 4 的固结度为

$$U_{t4} = \frac{A_1 + A_2}{A_0} \tag{5-56}$$

式中:A_0 为土层中总应力分布图面积,即 $A_0 = \frac{H}{2}(p_a + p_b)$。将式(5-54)、式(5-55)、式(5-56)代入式(5-48),得

$$U_{t4} = \frac{U_{t1}p_aH + \frac{1}{2}U_{t2}(p_b - p_a)H}{\frac{1}{2}H(p_a + p_b)} = \frac{2U_{t1} + U_{t2}(\alpha - 1)}{1 + \alpha} \tag{5-57}$$

式中：$\alpha = p_b/p_a$。

同样的方法可以推出图 5-24(b)情况 5 的固结度为

$$U_{t5} = \frac{1}{1+\alpha}[2\alpha U_{t1} + (1-\alpha)U_{t3}] \tag{5-58}$$

特别注意，在式(5-57)和式(5-58)中，p_a 表示排水面的应力，p_b 表示不透水面的应力，而不是应力分布图的上边和下边的应力。

如果压缩土层上、下两层均为排水面，则无论压力分布为哪一种情况，均视为和情况 1 相同，且在式(5-46)(求解时间因数 T_v)中以 $H/2$ 代替 H，就可按式(5-50)或式(5-51)，即情况 1 来计算固结度。

(六)沉降与时间关系的计算

以时间 t 为横坐标，沉降 s_t 为纵坐标，可绘出沉降与时间关系曲线，如图 5-25 所示。比较建筑物不同点的沉降与时间关系曲线，即可求出建筑物各点在任一时间的沉降差。

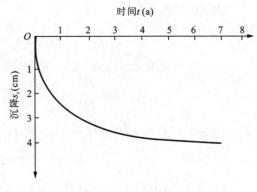

图 5-25 s_t-t 曲线

按土层平均固结度的定义

$$U_t = \frac{\int_0^H \sigma'_{zt}\mathrm{d}H}{pH} = \frac{\frac{a}{1+e_1}\int_0^H \sigma'_{zt}\mathrm{d}H}{\frac{a}{1+e_1}pH} = \frac{s_t}{s_\infty}$$

故

$$s_t = U_t s_\infty \tag{5-59}$$

土层平均固结度既可按有效应力对全部附加应力的比值表示，也可根据土层某时刻的沉降量 s_t 与最终沉降量 s_∞ 之比来求得。

利用上述固结理论可进行以下几方面的计算(U_t、s_t、t 三者之间的求算关系)。

(1)已知固结度，求相应的时间 t 和沉降量。

查 U_t-T_v 关系图表，确定 T_v，则 $t = \frac{H^2}{C_v}T_v$，$s_t = s_\infty U_t$，其中最终沉降 s_∞ 和固结系数 C_v 可根据给定的参数(k、e、a、H 等)求得。

(2)已知某时刻的沉降量，求相应的固结度和时间。

用 $U_t = \frac{s_t}{s_\infty}$ 直接求得 U_t，再用 U_t-T_v 关系图表求 T_v，即可求得 t。

(3)已知某时间 t，求相应的沉降量与固结度。

用 $T_v = \frac{C_v}{H^2}t$ 求得 T_v，再用 U_t-T_v 关系图表求得 U_t，然后用 $U_t = \frac{s_t}{s_\infty}$ 可求得某时刻 t 的沉降量。

【例题 5-2】 在不透水的非压缩岩层上，为一厚 10m 的饱和黏土层，其上作用着大面积均布荷载 $p=200$kPa。已知该土层的孔隙比 $e_1=0.8$，压缩系数 $a=0.00025$kPa^{-1}，渗透系数

$k=6.4\times10^{-8}(\text{cm/s})$。

试计算:(1)加荷一年后地基的沉降量。

(2)加荷后多长时间,地基的固结度 $U_t=75\%$。

【解】 (1)求一年后的沉降量。

土层中的附加应力:

$$\sigma_z = p = 200\text{kPa}$$

土层的最终沉降量

$$s = \frac{a}{1+e_1}\sigma_z H = \frac{0.000\,25}{1+0.8}\times 200\times 1000 = 27.8(\text{cm})$$

土层的固结系数:

$$C_v = \frac{k(1+e_1)}{\gamma_w a} = \frac{6.4\times 10^{-8}(1+0.8)}{10\times 0.000\,25\times 0.01} = 4.61\times 10^{-3}(\text{cm}^2/\text{s})$$

经一年时间的时间因数:

$$T_v = \frac{C_v t}{H^2} = \frac{4.61\times 10^{-3}\times 86\,400\times 365}{1000^2} = 0.145$$

由图 5-21 曲线①查得 $U_t=0.42$,按 $U_t=\dfrac{s_t}{s}$,计算加荷一年后的地基沉降量:

$$s_t = sU_t = 27.8\times 0.42 = 11.68(\text{cm})$$

(2)求 $U_t=0.75$ 时所需时间。由 $U_t=0.75$ 查图表得 $T_v=0.472$,按公式 $T_v=\dfrac{C_v t}{H^2}$,可计算所需时间为

$$t = \frac{T_v H^2}{C_v} = \frac{0.472\times 100\,0^2}{4.61\times 10^{-3}}\times\frac{1}{86\,400\times 365} = 3.25(a)$$

(七)地基变形与时间关系的经验估算法

在上述建立一维渗流固结偏微分方程时,是假定基础荷载一次全部加到地基土上去的。而实际上,建筑物荷载是在整个修建期间逐步增加的。按上述方法计算一定时间的沉降时,往往与实际有一定的偏差,需要作修正。对工程实测数据的统计分析结果表明,从工程施工期一半开始的地基变形与时间关系可近似由双曲线方程描述,如图 5-26 所示,其表达式为

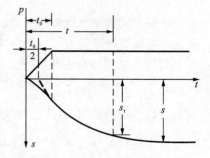

图 5-26 变形随时间变化的关系曲线

$$s_t = s\frac{t}{\alpha+t} \tag{5-60}$$

式中:s_t 为任一时段的地基变形量;s 为地基最终变形量;t 为施工期一半时开始的地基变形历时,以年计;α 为反映地基固结性能的待定常数。

确定 α 值并求出地基最终沉降量 s 后,便可求任一时段的地基变形量。α 值可通过实测的接近施工完毕时任一时段 t_1 的地基变形量 s_{t1} 反求,即

$$\alpha = s\frac{t_1}{s_{t1}} - t_1 \tag{5-61}$$

还可以用此关系式核算地基的最终沉降量的可靠程度,方法是:实测两个时间 t_1 与 t_2 的地基变形量 s_{t1} 与 s_{t2},因为 α 不随时间而改变,所以

$$s\frac{t_1}{s_{t1}} - t_1 = s\frac{t_2}{s_{t2}} - t_2 \tag{5-62}$$

$$s = \frac{t_2 - t_1}{\dfrac{t_2}{s_{t2}} - \dfrac{t_1}{s_{t1}}} \tag{5-63}$$

实际工程中的荷载往往不是瞬间一次施加，而是逐渐施加的。等速逐渐加荷的一维固结渗透问题已经有了理论解，但工程中常采用一种简易的方法确定固结曲线（图5-27），具体绘制步骤如下：

(1) 绘制一次瞬间加荷 U_t-t 关系曲线，如图中的 a 线。

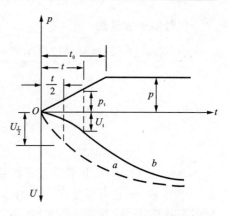

图5-27 一维等速逐渐加荷固结曲线

(2) 在 $0 < t < t_0$ 段，$U_t = U_{\frac{t}{2}}\dfrac{\Delta p}{p}$。

式中：U_t 为逐渐加荷对应于 t 时刻的固结度；t_0 为逐渐加荷的总时间；t 为从加荷开始起算的时间；$U_{\frac{t}{2}}$ 为瞬间一次加荷对应于 $\frac{t}{2}$ 的固结度；p 为加荷终了时的荷载强度；p_t 为对应于 t 时刻的荷载强度。

(3) 在 $t > t_0$ 段，$U_t = U_{t-\frac{t_0}{2}}$。

式中：$U_{t-\frac{t_0}{2}}$ 为瞬间一次加荷对应于 $t - \dfrac{t_0}{2}$ 时的固结度，相当于由式(5-60)计算得到的地基沉降量求出的固结度。

上述修正采用了如下的假设：

(1) 加荷终了 t_0 时刻的固结度等于一次加荷 $t_0/2$ 时的固结度。

(2) 加荷期间的固结度与所加荷重强度 p_t 及最终荷重强度 p 无关。

(3) t_0 以后的固结度较一次瞬间加荷延迟 $t_0/2$ 的时间。

(八) 固结系数的测定

应用饱和土体渗流固结理论求解实际工程问题时，固结系数 C_v 是关键性参数，它直接影响孔隙水压力 u 的消散速率和地基沉降与时间关系。C_v 值愈大，在其他条件相同的情况下，土体完成相同固结度所需的时间愈短。确定固结系数 C_v 的途径常用的方法如下：

(1) 利用土的渗透系数 k、压缩系数 a、孔隙比 e，按式(5-44)计算获得。

(2) 通过现场孔隙水压力监测资料，根据土层平均固结度的概念和 U_t-T_v 的关系确定固结系数。

(3) 通过孔压静力触探、扁铲侧胀等原位测试方法获取，具体内容可参阅《铁路工程地质原位测试规程》(TB 10018—2018)等文献资料。

(4) 通过室内侧限压缩固结试验确定固结系数，本节只讨论这种固结系数的测定方法。

侧限压缩固结试验是室内测定饱和土样固结系数的一般方法。在侧限压缩固结试验中，试件厚度小，渗流固结时间短，在此试验期间产生的次固结可忽略不计。因此，每级荷载作用下测得的变形与时间关系曲线（图5-28）的主固结段可认为只包括固结沉降和试验中不可避免产生的初始压缩。初始压缩包括试件表面不平与加压板接触不良等原因产生的压缩。消除初始压缩的影响后，即符合一维渗流固结理论解。目前常采用下述两种半经验方法，即时间平方根法和时间对数法，将试验曲线与理论曲线进行拟合以确定 C_v 值。

1. 时间平方根法

当 $U_t \leqslant 0.6$ 时，式(5-51)所示的 $U_t - T_v$ 关系式可近似表示为

$$T_v \doteq \frac{\pi}{4} U_t^2 \tag{5-64}$$

即

$$U_t \doteq \sqrt{\frac{4}{\pi} T_v} \doteq C \sqrt{T_v} \tag{5-65}$$

式(5-65)表明，把试验固结曲线绘在 $s-\sqrt{t}$ 坐标上，如图 5-28 所示，当变形量在稳定变形量的 60% 以前，试验点应落在一根直线上。但是因为试验开始时有初始压缩，起始的试验点必定偏离理论的直线段。在试验曲线上找出直线段①，延伸直线段①交 s 坐标于 s_0。s_0 应该就是主固结段的起点，ds 就是试验中的初始压缩量。

当 $U_t > 0.6$ 后，式(5-51)的固结曲线与式(5-64)表示的关系曲线相互分开。计算表明，当 $U_t = 90\%$ 时，式(5-51)中的 T_v 值为式(5-64)的 1.15 倍。因此，在图 5-28 中，从 s_0 引直线②，其横坐标为直线①的 1.15 倍，交试验曲线于 A 点，该点即认为是主固结达 90% 的试验点。其相应的坐标即为固结度达 90% 的变形量 s_{90} 和时间 t_{90}。

已知 t_{90} 后，从表 5-17 查得 $U_t = 90\%$ 时情况 1 的 T_v 为 0.848，可按式(5-46)计算土的固结系数 C_v（单位为 cm^2/s），即

$$C_v = \frac{0.848 H^2}{t_{90}} \tag{5-66}$$

式中：H 为土样在该级荷载作用下的平均厚度的 $\frac{1}{2}$。

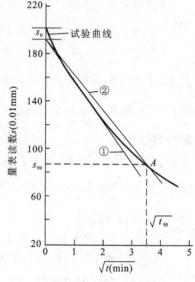

图 5-28　时间平方根法

2. 时间对数法

将试验测得的变形量和时间关系，绘制在半对数坐标上，如图 5-29 所示。如前所述，取曲线下反弯点前、后两段曲线的切线，两切线的交点 m 即为主固结段和次固结段的分界点，即渗流固结的结束点（$U_t = 100\%$）。根据固结曲线前段符合抛物线的规律，在前段任选两点 a 和 b，其时间比值为 $1:4$（例如 $1\min$ 和 $4\min$），固结曲线上 a、b 间的变形量为 Δs，则从 a 点往上再加上一个 Δs，该点的变形量就是主固结开始的变形量 s_0。s_0 至 m 间的变形量就是主固结段的总变形量，s_0 至 m 竖直距离中点 c 的坐标，即为渗流固结完成 50% 的变形量 s_{50} 和时间 t_{50}。由表 5-17 查得相应于 $U_t = 50\%$ 时的 $T_v = 0.198$，因此

$$C_v = \frac{0.198}{t_{50}} H^2 \tag{5-67}$$

式中：H 的意义同前。

采用时间平方根法，有时会遇到试验曲线的直线段不明显的情况；采用时间对数法，$U_t = 0$ 点的确定不如时间平方根法方便。目前在生产实践中，两种方法都采用。但要注意，无论采用哪一种方法得出的 C_v 值都只能作为近似值，因为这两种方法都是半经验法，且试验土样不一定能够完全代表天然土层的情况（如天然土层中可能夹有很薄的砂层），试验条件也不完全符合实际条件（如土样薄、水力坡降太大，因而应变速率太大等）。此外，土在固结过程中密度不

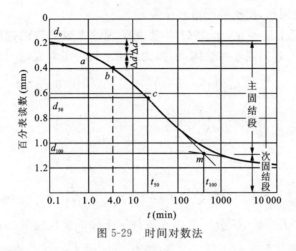

图 5-29 时间对数法

断变化,渗透系数 k、压缩系数 a、孔隙比 e 值都在改变,C_v 值也在改变,因而选用 C_v 值时,还应考虑实际的荷载增量级。

二、二维、三维渗流固结理论

上述一维渗流固结理论应用很广,但实际工程中许多渗流固结问题并不能简化看作一维问题,土体在荷载作用下发生变形,孔隙水沿 2 个方向、3 个方向渗流,这就需要利用二维或三维渗透固结理论来解决问题。本节简单介绍拟三维固结理论(太沙基三维固结理论)和比奥固结理论。

1. 拟三维固结理论

拟三维固结理论也称为太沙基三维固结理论。类似于一维固结理论,拟三维固结理论在分析中也假定:①土颗粒、水都是不可压缩的;②土体性质指标不随渗透固结过程而改变;③土层中任意点的总应力之和在固结过程中不改变;④孔隙水渗流符合达西定律,土体压缩符合压缩定律。

推导拟三维固结理论方程时,亦可用推导一维固结方程时的类似的连续条件、压缩定律和达西定律,建立相应的渗透固结方程

$$\left. \begin{array}{ll} 二维 & C_{v2}\left(\dfrac{\partial^2 u}{\partial z^2}+\dfrac{\partial^2 u}{\partial x^2}\right)=\dfrac{\partial u}{\partial t} \\ 三维 & C_{v3}\left(\dfrac{\partial^2 u}{\partial x^2}+\dfrac{\partial^2 u}{\partial y^2}+\dfrac{\partial^2 u}{\partial z^2}\right)=\dfrac{\partial u}{\partial t} \end{array} \right\} \quad (5\text{-}68)$$

式中:C_{v2}、C_{v3} 分别为二维及三维固结系数,可按式(5-69)求得

$$\left. \begin{array}{l} C_{v2}=\dfrac{1+K_0}{2}C_v \\ C_{v3}=\dfrac{1+2K_0}{3}C_v \end{array} \right\} \quad (5\text{-}69)$$

式中:K_0 为土的静止侧压力系数;C_v 为一维固结系数。

2. 比奥固结理论

太沙基固结理论假定饱和土体在固结过程中,各点的总应力不变,并且只有一组超静孔隙水压力 u 随时间 t 和深度 z 变化的水流连续方程。对于一维固结问题是正确的。而对于实际

经常遇到的二维、三维问题,便不够严格和完善。

比奥(Biot)分析了上述不足,于1941年建立了理论上较完善的饱和黏土的固结微分方程。他假定土体为均质各向同性弹性体,由弹性理论求得一组方程:

$$\left.\begin{array}{l}\nabla^2 u_s - \left(\dfrac{\lambda' + G'}{G'}\right)\dfrac{\partial \varepsilon_v}{\partial x} + \dfrac{1}{G'}\dfrac{\partial u}{\partial x} = 0 \\ \nabla^2 v_s - \left(\dfrac{\lambda' + G'}{G'}\right)\dfrac{\partial \varepsilon_v}{\partial y} + \dfrac{1}{G'}\dfrac{\partial u}{\partial y} = 0 \\ \nabla^2 w_s - \left(\dfrac{\lambda' + G'}{G'}\right)\dfrac{\partial \varepsilon_v}{\partial z} + \dfrac{1}{G'}\dfrac{\partial u}{\partial z} = 0 \end{array}\right\} \quad (5\text{-}70)$$

式中:$\nabla^2 = \dfrac{\partial^2}{\partial x^2} + \dfrac{\partial^2}{\partial y^2} + \dfrac{\partial^2}{\partial z^2}$ 为拉普拉斯算子;$\lambda' = \dfrac{\mu' E'}{(1+\mu')(1-2\mu')}$;$u_s$、$v_s$、$w_s$ 分别为土骨架在 x、y、z 方向的位移;E'、μ'、G' 分别为排水条件下土体的弹性模量、泊松比、剪切模量;ε_v 为土体体积应变,$\varepsilon_v = \varepsilon_x + \varepsilon_y + \varepsilon_z$。

根据土体单元内水量的变化等于土体积的变化,推导孔隙水流动连续方程

$$C_{v3} \nabla^2 u = \dfrac{\partial u}{\partial t} - \dfrac{1}{3}\dfrac{\partial}{\partial t}(\sigma_x + \sigma_y + \sigma_z) \quad (5\text{-}71)$$

式中:σ_x,σ_y,σ_z 分别为 x,y,z 方向的总应力;C_{v3} 为三向固结系数,$C_{v3} = \dfrac{kE'}{3\gamma_w(1-2\mu')}$,其中 k 为渗透系数,γ_w 为水的重度。

式(5-71)中,$\dfrac{1}{3}\dfrac{\partial}{\partial t}(\sigma_x + \sigma_y + \sigma_z)$ 表示土体固结过程中总应力是变化的。

式(5-70)和式(5-71)组成的方程组,既满足土体平衡条件,又满足变形协调和水流连续条件,因此是比较完善的理论。

无论是拟三维固结理论还是比奥三维固结理论,一般很难获得解析解,工程实际中常采用有限差分、有限元等方法进行求解,随着有限元法等数值模拟技术的发展和计算机的普及,三维渗透固结理论正用于解决越来越多的工程实际问题。

习 题

(1)侧限压缩试验试件初始厚度为 2.0cm,当垂直压力由 200kPa 增加到 300kPa,变形稳定后土样厚度由 1.990cm 变为 1.970cm,试验结束后卸去全部荷载,厚度变为 1.980cm(试验全过程土样都处于饱和状态),取出土样测得土样含水量 $w = 27.8\%$,土粒密度为 2.7g/cm³。计算土样的初始孔隙比和对应于应力 200~300kPa 时的压缩系数 $a_{2\text{-}3}$。

(2)已知某土样直径为 61.8mm,高 20mm,初始孔隙比为 1.35,室内压缩试验中 $p = 100$kPa 时,孔隙比为 1.25,施加 $p_2 = 200$kPa 时,孔隙比为 1.20,求压缩系数 $a_{1\text{-}2}$ 与压缩模量 $E_{s1\text{-}2}$,并判断该土样的压缩性。

(3)某黏土原状试样的压缩试验结果见习题表5-1。

习题表 5-1

压力强度(kPa)	0	17.28	34.6	86.6	173.2	346.4	693.8	1 385.6
孔隙比	1.06	1.029	1.024	1.007	0.989	0.953	0.913	0.835
压力强度(kPa)	2 771.2	5 542.4	11 084.8	8 771.2	6 928.0	1782	34.6	
孔隙比	0.725	0.617	0.501	0.538	0.577	0.624	0.665	

① 试确定前期固结压力 σ'_p。
② 试求压缩指数 C_c。
③ 已知土层自重应力为 293kPa,试判断该土层的固结状态。
(4) 某工程为矩形基础,长 3.6m,宽 2.0m,埋深 1.0m。地面以上荷重 $N=900$kN,地基土为粉质黏土,$\rho=1.80$g/cm³,$e_0=1.0$,$a=0.4$MPa^{-1}。分别用单向分层总和法、《规范》推荐法计算基础中心点的最终沉降量。
(5) 长方形基础,长边 $L=12$m,短边 $B=3$m,埋置深度 $D=2$m,基础中心作用竖直荷载 $N=80.5$kN,基底以上土的平均重度 $\gamma=18$kN/m³,基底以下为均质黏土,平均压缩模量 $E_s=6.5$MPa,用单向分层总和法分别求基础中点、角点的沉降量和基础平均沉降量。
(6) 已知甲、乙两条形基础如习题图 5-1 所示。$D_1=D_2$,$N_2=2N_1$。两基础中心点的沉降量是否相同? 在上部荷载不变的情况下,通过调整两基础的 D 和 B,能否使两基础的沉降量相接近? 有几种可能的调整方案? 哪一种方法较好? 为什么?

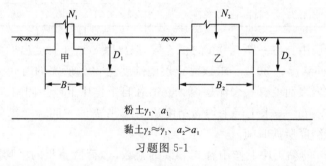

习题图 5-1

(7) 在习题图 5-2 所示的饱和软黏土层表面施加 150kPa 均布荷载,经过 4 个月,测得土层中各深度处的超静水压力 Δu 如习题表 5-2 所示。

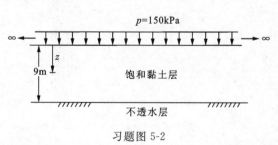

习题图 5-2

习题表 5-2

z(m)	Δu(kPa)	z(m)	Δu(kPa)
1	25	6	105
2	48	7	112
3	67	8	118
4	83	9	120
5	95		

① 绘制不同时间 $t=0$,$t=4$ 个月,$t=\infty$ 时,土层中超静水压力沿深度的分布图。
② 估计需要再经过多长时间,土层才能达到 90% 的平均固结度?
(8) 如习题图 5-3 所示,饱和软黏土层厚度为 10m,其下为不透水的坚硬岩层(不考虑压缩变形),其上为 0.5m 厚粗砂层。地面上作用均布荷载 $p=240$kPa。该黏土层的物理力学性质

如下:初始孔隙比 $e_0=0.8$,压缩系数 $a=0.25\text{MPa}^{-1}$,渗透系数 $k=2.0\text{cm/a}$。粗砂层压缩模量为 4.0MPa,试问:

①加荷一年后,地面沉降多少?

②加荷历时多久地面沉降量达 20cm?

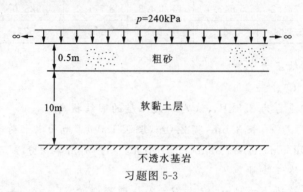

习题图 5-3

(9)利用饱和土样做侧限压缩试验,当压力从 200kPa 增加到 400kPa 时,测得的千分表读数如习题表 5-3 所示,经过 24h 后,土样厚度为 17.60mm,试用时间对数法确定土样的固结系数 C_v。

习题表 5-3

时间(min)	0	0.25	0.5	1.0	2.0	4.0	9.0	16.0	25.0	36.0	49.0	60.0	90.0	120.0	210.0	300.0	1440
读数(mm)	5.00	4.82	4.77	4.64	4.51	4.32	4.00	3.72	3.49	3.31	3.19	3.10	2.98	2.89	2.78	2.72	2.60

(10)极厚的砂层中夹有一厚 3.0m 的黏土层,取出厚 8cm 土样,在两面排水条件下进行固结试验,1h 后土样固结度达 80%。求该黏土层固结度达 80% 所需的时间。

(11)不透水基岩表面上有一淤泥层厚 4.0m,在自重作用下产生固结。设黏土的平均固结系数 $C_v=9.5\times10^{-5}\text{cm}^2/\text{s}$,求土层平均固结度达 30% 所需的时间。如果基岩换成透水砂层,求达到相同平均固结度所需时间。

(12)在厚 6.0m 的黏土层上作用着 60kPa 的荷载,加荷后一年的平均固结度达 50%。设黏土层上、下为双面排水情况,求该黏土层的固结系数。

第六章 土的抗剪强度

第一节 概 述

土是固相、液相和气相三相组成的散体材料。和普通材料一样,在外部荷载作用下,土体中的应力也会发生变化。当土体中的剪应力超过其本身的抗剪强度时,将沿着其中的某一滑裂面产生滑动,导致土体丧失整体稳定性。土体的破坏通常都是剪切破坏(剪坏)。

在日常工程建设实践中,道路的边坡、路基、土石坝、建筑物地基等丧失稳定性的例子是很多的(图 6-1)。为保证土木工程建设中建筑物的安全和稳定,必须详细研究土的抗剪强度和土的极限平衡等问题。

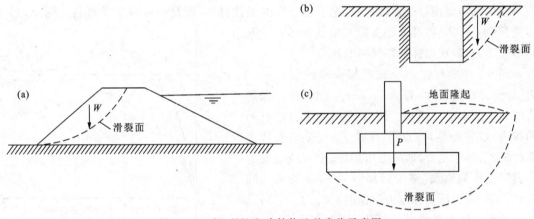

图 6-1 土坝、基坑和建筑物地基失稳示意图
(a)土坝;(b);基坑(c)建筑物地基

土的抗剪强度是指土体抵抗剪切破坏的极限能力,其数值等于土体产生剪切破坏时滑动面上的剪应力。抗剪强度是土的主要力学性质之一。土体是否达到剪切破坏状态,除了取决于其本身的性质之外,还与它所受到的应力组合密切相关。不同的应力组合会使土体产生不同的力学性质。土体破坏时的应力组合关系称为土体破坏准则。考虑土体破坏时不同的应力组合关系就构成了不同的破坏准则。土体的破坏准则十分复杂,是多年来近代土力学研究的重要课题之一。到目前为止,还没有一个被人们普遍认为能完全适用于土体理想的破坏准则。本章主要介绍目前被认为比较能拟合试验结果,因而为生产实践广泛采用的土体破坏准则,即莫尔-库仑破坏准则。

土的抗剪强度,首先取决于其自身的性质,即土的物质组成和土的结构等,土的性质又与它所形成的环境和应力历史等因素有关;其次,土的性质还取决于土当前所受的应力状态等。因此,只有深入对土的微观结构进行详细研究,才能认识到土的抗剪强度的实质。目前,已能通过采用电子显微镜、X 射线的透视和衍射、差热分析等新技术与新方法来研究土的物质成分、颗粒形状、排列、接触和连接方式等，以便阐明土的抗剪强度的实质。这是近代土力学研究的新领域之一。有关这方面的研究，可参见相关的资料和文献。

土的抗剪强度主要由黏聚力 c 和内摩擦角 φ 来表示，土的黏聚力 c 和内摩擦角 φ 称为土的抗剪强度参数或指标。土的抗剪强度指标主要依靠土的室内剪切试验和土体原位测试来确定。测试土的抗剪强度指标时所采用的试验仪器种类和试验方法对试验结果有很大影响。本章将介绍黏聚力 c 和内摩擦角 φ 的主要的测试仪器与常规的试验方法。另外，还将阐述试验过程中土样排水固结条件对测得的土体抗剪强度指标 c 值和 φ 值的影响，便于根据工程实际条件来选择合适的抗剪强度指标。

第二节　土的抗剪强度理论

一、土的抗剪强度

土是自然界中常见的材料之一，是一种不同于普通均质材料的散体材料。

1. 土的屈服与破坏

土体既不是理想的弹性材料，也不是理想的塑性材料，而是一种弹塑性材料。因此，当土体受到应力作用时，其弹性变形和塑性变形几乎是同时发生的，表现出弹塑性材料的特点。

图 6-2 中曲线①是一种理想弹塑性材料的应力-应变关系曲线，即 $(\sigma_1-\sigma_3)$-ε_1 曲线，由一条斜直线和一条水平线组成。斜直线代表线弹性材料的应力-应变特性，特点是：①应力-应变呈直线关系；②完全弹性变形，即应力增加(减少)，应变沿这一直线按比例增加(减少)，其应力-应变关系是唯一的，不受应力历史和应力路径的影响。

曲线①的水平线表示理想塑性材料的应力-应变关系，特点是：①应变是不可恢复的塑性应变；②一旦发生塑性应变，应力不再增加但塑性应变持续发展，直至破坏。斜直线与水平线的交点 C 所对

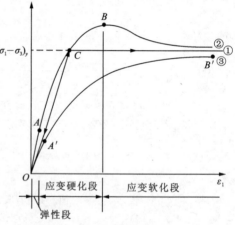

图 6-2　土的应力-应变关系曲线

应的应力为屈服应力 $(\sigma_1-\sigma_3)_y$，屈服应力既是开始发生塑性应变的应力，同时又是导致材料破坏的应力，所以也称为破坏应力 $(\sigma_1-\sigma_3)_f$。故 C 点既是屈服点又是破坏点。

图 6-2 中曲线②是超固结土或密砂在三轴固结试验中测得的应力-应变关系曲线。曲线③表示正常固结土或松砂在相应的三轴固结试验中测得的应力-应变关系曲线。与理想的弹性材料相比，这些土不但应力-应变关系曲线的形状不同，其性质也有很大的差异。对此，有学者研究认为，土开始发生屈服时的应力很小，$(\sigma_1-\sigma_3)$-ε_1 关系曲线上的起始段 $\overline{OA}$ 可以被认为是近乎直线的线弹性变形。之后随着土所承受的应力的增加，土产生可恢复的弹性应变和显著的不可恢复的塑性应变。当土出现显著的塑性变形时，即表明土已进入屈服阶段。与理想塑性材料不同，土的塑性应变增加了土继续变形的阻力，故而在应力增大的同时，土的屈服点位置提高。这种现象称为应变硬化(加工硬化)。当屈服点提高到 B 点时，土体才发生破

坏。土的应变硬化阶段 $\overset{\frown}{AB}$ 曲线段上的每一点都可以被认为是屈服点。且属于曲线②类型的土，应力到达峰值 B 点后，随着应变的继续增大，其对应的应力则反而下降，该现象称为应变软化（加工软化）。在应变软化阶段，土的强度随应变的增加反而降低，土体处于破坏状态。所以，对超固结土或密砂而言，土的抗剪强度与应变的发展过程等有关，不只是简单的一个数值。曲线②中相当于峰值点 B 的强度称为峰值强度。当应变很大时，应力将衰减到某一恒定值，该恒定值时的强度称为残余强度。在实际工程计算中，一般采用土的峰值强度。但是，如果土体在应力历史上受到过反复的剪切作用，且土体的应变累积量很大（如古滑坡体中滑动面上的土），则应考虑采用土的残余强度。对于属于曲线③类型的土，则只有一种抗剪强度。

可见，不同类型的土，屈服和强度的概念与数值都是各不相同的。实际上，在古典土力学理论中，只能把土简化为曲线①所示的理想弹塑性材料。在地基附加应力计算中，就是把土当成线弹性体，采用线弹性理论计算公式求解。在后面研究土压力、土坡稳定和地基极限承载力等有关土体破坏的问题时，则把土体当成是理想的塑性材料。若土体中的剪应力达到土的抗剪强度，则认为土体已经破坏。这些假定都与土的实际性质有所差异。随着土力学理论、土工试验技术及数值计算方法的发展，现在国内外学者已经在逐步按照土的真实弹塑性应力-应变关系特征，进行土体应力、变形的发展及破坏理论分析方法等方面的研究，这是近代土力学研究的课题。

2. 直剪试验和库仑公式

当土体在外部荷载作用下发生剪切破坏时，作用在剪切面上的极限剪应力就称为土的抗剪强度。

室内测定土的抗剪强度的方法之一是直接剪切试验（简称直剪试验）。图 6-3 为直接剪切仪示意图，该仪器的主要部分由固定的上盒和活动的下盒组成。进行直剪试验时，将土样放置于刚性金属上、下盒内之间，先由加荷板施加垂直压力 P，土样产生相应的压缩 ΔS，然后再在下盒施加水平向推力 T，使其产生水平向位移 Δl，从而使土样沿着上、下盒之间固定的横截面承受剪切作用，直至土样破坏。

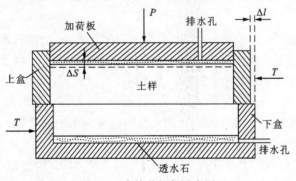

图 6-3　直接剪切仪示意图

假设土样所承受的水平向推力为 T，土样的水平横断面面积为 A，则作用在土样上的法向应力为 $\sigma = P/A$，而土的抗剪强度就可以表示为 $\tau_f = T/A$。

为了绘制土的抗剪强度 τ_f 与法向应力 σ 的关系曲线，一般需要采用至少 4 个相同的土样进行直剪试验。方法是，分别对这些土样施加不同的法向应力和水平推力，并使其产生剪切破坏，可得到 4 组不同的 τ_f 和 σ 的数值。之后，以 τ_f 为纵坐标轴，σ 为横坐标轴，可绘制出土的抗剪强度和法向应力的关系曲线。

图 6-4 为直剪试验的试验结果。可见,对于砂土而言,τ_f 与 σ 的关系曲线通过原点,且与横坐标轴呈 φ 角的一条直线[图 6-4(a)]。该直线方程为

$$\tau_f = \sigma \tan\varphi \tag{6-1}$$

式中:τ_f 为砂土的抗剪强度(kPa);σ 为砂土试样所受的法向应力(kPa);φ 为砂土的内摩擦角(°)。

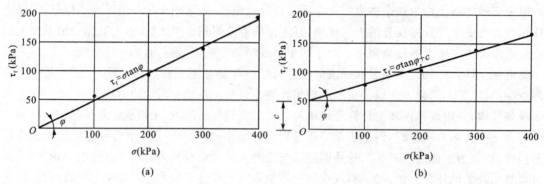

图 6-4 抗剪强度 τ_f 与法向应力 σ 的关系曲线
(a)砂土;(b)黏性土和粉土

对于黏性土和粉土而言,τ_f 和 σ 之间的关系基本上仍呈一条直线,但是,该直线并不通过原点,而是与纵坐标轴形成一截距 c[图 6-4(b)],其方程为

$$\tau_f = \sigma \tan\varphi + c \tag{6-1}'$$

式中:c 为黏性土或粉土的黏聚力(kPa);其余符号的意义与前相同。

由式(6-1)可以看出,砂土的抗剪强度是由法向应力产生的内摩擦力 $\sigma\tan\varphi$($\tan\varphi$ 称为内摩擦系数)形成的;而黏性土和粉土的抗剪强度则是由内摩擦力和黏聚力形成的。在法向应力 σ 一定的条件下,c 和 φ 值愈大,抗剪强度 τ_f 愈大。c 和 φ 称为土的抗剪强度指标,反映了土体抗剪强度的大小,是土体非常重要的力学性质指标。土的抗剪强度指标可通过试验测定。对于同一种土,在相同的试验条件下,c、φ 值为常数。但当试验方法不同时,c、φ 则有比较大的差异。

式(6-1)表示了土的抗剪强度 τ_f 与法向应力 σ 的关系,由法国科学家库仑(Coulomb)于 1776 年首先提出,也称为土体抗剪强度的库仑公式或库仑定律。后因土的有效应力原理的研究成果,表明只有有效应力的变化才能引起土体强度的变化,故将上述库仑公式改写为

$$\tau_f = c' + \sigma' \tan\varphi' = c' + (\sigma - u)\tan\varphi' \tag{6-2}$$

式中:σ' 为土体剪切破坏面上的有效法向应力(kPa);u 为土中的超静孔隙水压力(kPa);c' 为土的有效黏聚力(kPa);φ' 为土的有效内摩擦力(°)。

c' 和 φ' 称为土的有效抗剪强度指标。理论上同一种土的这两个值与试验方法无关,接近于常数。

式(6-1)' 称为土的总应力抗剪强度公式,式(6-2)称为土的有效应力抗剪强度公式。

3. 抗剪强度包线和莫尔-库仑(Mohr-Coulomb)破坏理论

继库仑的早期研究工作后,莫尔(Mohr)提出了土体破坏是剪切破坏的理论,认为在剪切破裂面上的法向应力 σ 与抗剪强度 τ_f 之间存在着函数关系,即

$$\tau_f = f(\sigma) \tag{6-3}$$

该式定义的函数为一条微弯的曲线,称为莫尔破坏包线或抗剪强度包线(图 6-5)。如果

代表土单元体中某一个面上 σ 和 τ 的点,若 A 点落在破坏包线下方,表明该面上的剪应力 τ 小于土的抗剪强度 τ_f,土体不会沿该面发生剪切破坏。若 B 点正好落在破坏包线上,表明 B 点所代表的截面上剪应力等于抗剪强度,土单元体处于临界破坏状态或极限平衡状态。若 C 点落在破坏包线以上,表明土单元体已经破坏。实际上 C 点所代表的应力状态是不会存在的,因为剪应力 τ 增加到抗剪强度 τ_f 时,不可能再继续增长。

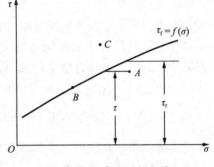

图 6-5　莫尔-库仑破坏包线

实验证明,一般土在应力水平不很高的情况下,莫尔破坏包线近似于一条直线,可用库仑抗剪强度公式(6-1)来表示。这种以库仑公式作为抗剪强度公式,根据剪应力是否达到抗剪强度作为破坏标准的理论就称为莫尔-库仑破坏理论。

二、土的极限平衡理论

在外荷载作用下,地基内任一点都将产生附加应力。根据土体抗剪强度的库仑定律:当土中任意点在某一方向的平面上所承受的剪应力达到土体的抗剪强度,即

$$\tau = \tau_f \tag{6-4}$$

该点处于极限平衡状态。

式(6-4)称为土体的极限平衡条件。所以,土体的极限平衡条件就是土体的剪切破坏条件。在实际工程中,直接应用式(6-4)分析土体的极限平衡状态很不方便。一般采用的做法是将式(6-4)进行变换。将通过某点的剪切面上的剪应力用该点的主平面上的主应力表示,土体的抗剪强度以剪切面上的法向应力和土体的抗剪强度指标来表示,再代入式(6-4),化简后可得到实用的土体极限平衡条件。

1. 土中某点的应力状态

首先研究土体中某点的应力状态,求得实用的土体极限平衡条件的表达式。为简单起见,下面仅研究平面问题。

在地基土中任意点取出一微分单元体,设作用在该微分单元体上的最大主应力和最小主应力分别为 σ_1、σ_3。而且,微分单元体内与最大主应力 σ_1 作用平面成任意角度 α 的平面 mn 上有正应力 σ 和剪应力 τ [图 6-6(a)]。

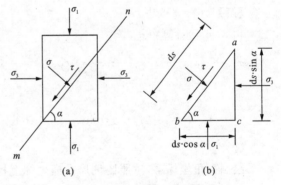

图 6-6　土中任一点的应力
(a)微分体上的应力;(b)隔离体上的应力

为了建立 σ 和 τ 与 σ_1、σ_3 之间的关系,取微分三角形斜面体 abc 为隔离体[图 6-6(b)]。将各应力分别在 x 轴水平方向和 z 轴垂直方向上投影,根据静力平衡条件得

$$\sum x = 0, \sigma_3 \cdot ds \cdot \sin\alpha \times 1 - \sigma \cdot ds \cdot \sin\alpha \times 1 + \tau ds \cdot \cos\alpha \times 1 = 0 \tag{6-5}$$

$$\sum z = 0, \sigma_1 \cdot ds \cdot \cos\alpha \times 1 - \sigma \cdot ds \cdot \cos\alpha \times 1 + \tau ds \cdot \sin\alpha \times 1 = 0 \tag{6-6}$$

联立求解式(6-5)、式(6-6)即得平面 mn 上的应力为

$$\sigma = (\sigma_1 + \sigma_3)/2 + (\sigma_1 - \sigma_3)\cos 2\alpha/2$$

$$\tau = (\sigma_1 - \sigma_3)\sin2\alpha/2 \tag{6-7}$$

根据材料力学相关知识可知,以上 σ 和 τ 与 σ_1、σ_3 之间的关系也可用莫尔应力圆表示,即在直角坐标系中(图 6-7),以 σ 为横坐标轴,以 τ 为纵坐标轴,按一定的比例尺,在 σ 轴上截取 $OB = \sigma_3$,$OC = \sigma_1$,以 $O_1(\frac{\sigma_1 - \sigma_3}{2}, 0)$ 为圆心,以 $(\sigma_1 - \sigma_3)/2$ 为半径绘制出一个应力圆。并从 O_1C 开始逆时针旋转 2α 角,在圆周上得到 A 点。可以证明,A 点的横坐标就是截面上的正应力 σ,纵坐标就是剪应力 τ。事实上可以看出,A 点的横坐标为

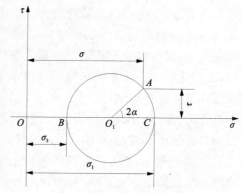

图 6-7 用莫尔应力圆求正应力和剪应力

$$\overline{OB} + \overline{BO_1} + \overline{O_1A}\cos2\alpha = \sigma_3 + \frac{\sigma_1 - \sigma_3}{2} + \frac{\sigma_1 - \sigma_3}{2}\cos2\alpha$$
$$= \frac{1}{2}(\sigma_1 + \sigma_3) + \frac{1}{2}(\sigma_1 - \sigma_3)\cos2\alpha = \sigma$$

而 A 点的纵坐标为

$$\overline{O_1A}\sin2\alpha = \frac{1}{2}(\sigma_1 - \sigma_3)\sin2\alpha = \tau$$

上述用图解法求应力所采用的圆通常称为莫尔应力圆。由于莫尔应力圆上点的横坐标表示土中某点在相应截面上的正应力,纵坐标表示该截面上的剪应力,故可以用莫尔应力圆来研究土中任意一点的应力状态。

【例题 6-1】 已知土体中某点所受的最大主应力 $\sigma_1 = 500\text{kPa}$,最小主应力 $\sigma_3 = 200\text{kPa}$。分别用解析法和图解法求出与最大主应力 σ_1 作用平面成 $30°$ 角的平面上的正应力 σ 和剪应力 τ。

【解】 (1)解析法。

由式(6-7)计算,得

$$\sigma = \frac{1}{2}(\sigma_1 + \sigma_3) + \frac{1}{2}(\sigma_1 - \sigma_3)\cos2\alpha = \frac{1}{2}(500 + 200) + \frac{1}{2}(500 - 200)\cos(2 \times 30°)$$
$$= 425(\text{kPa})$$

$$\tau = \frac{1}{2}(\sigma_1 - \sigma_3)\sin2\alpha = \frac{1}{2}(500 - 200)\sin(2 \times 30°) = 300(\text{kPa})$$

(2)图解法。

绘制直角坐标系,按照比例尺在横坐标上标出 $\sigma_1 = 500\text{kPa}$,$\sigma_3 = 200\text{kPa}$,以 $\sigma_1 - \sigma_3 = 300\text{kPa}$ 为直径绘制圆,从横坐标轴开始,逆时针旋转 $2\alpha = 60°$,在圆周上得到 A 点(图 6-8)。以相同的比例尺量得 A 的横坐标,即 $\sigma = 425\text{kPa}$,纵坐标 $\tau = 300\text{kPa}$。

可见,两种方法得到了相同的正压力 σ 和剪应力 τ,但用解析法计算较为准确,用图解法计算较为直观。

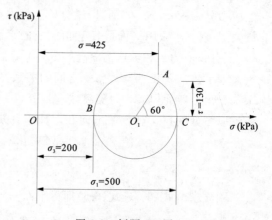

图 6-8 例题 6-1 图

2. 土的极限平衡条件——莫尔-库仑破坏准则

为建立实用的土体极限平衡条件,将土体中某点的莫尔应力圆和土体的抗剪强度与法向应力关系曲线(简称抗剪强度线)画在同一直角坐标系中(图 6-9),就可以判断土体在这一点上是否达到极限平衡状态。

由前述可知,莫尔应力圆上的每一点的横坐标和纵坐标分别表示土体中某点在相应平面上的正应力 σ 和剪应力 τ,且存在 3 种情况:①如果莫尔应力圆位于抗剪强度包线的下方[图 6-9(a)],即通过该点任一方向的剪应力 τ 都小于土体的抗剪强度 τ_f,则该点土不会发生剪切破坏,而处于弹性平衡状态。②若莫尔应力圆恰好与抗剪强度线相切[图 6-9(b)],则表明切点 B 所代表的平面上的剪应力 τ 等于抗剪强度 τ_f,此时该点土体处于极限平衡状态。③如果莫尔应力圆与抗剪强度线相割,则土体早已破坏。这种状态不存在,因剪应力不可能大于抗剪强度。

由上述莫尔应力圆与土的抗剪强度线相切的几何关系,可建立土体的极限平衡条件。

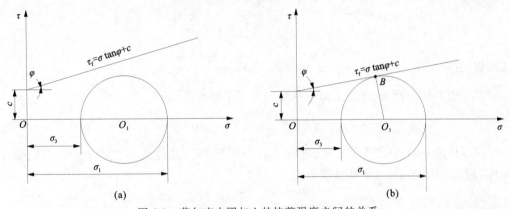

图 6-9 莫尔应力圆与土的抗剪强度之间的关系
(a)土处于弹性平衡状态($\tau < \tau_f$);(b)土处于极限平衡状态($\tau = \tau_f$)

下面以图 6-10 中的几何关系为例,说明建立无黏性土的极限平衡条件的过程。

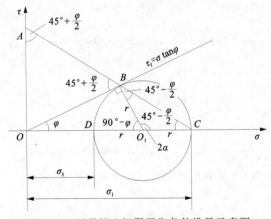

图 6-10 无黏性土极限平衡条件推导示意图

$$\sigma_1 = \sigma_3 \tan^2\left(45° + \frac{\varphi}{2}\right) \tag{6-8}$$

土体达到极限平衡条件时,莫尔应力圆与抗剪强度线相切于 B 点,延长 CB 与 τ 轴交于 A 点,由图中关系可知

$$OB = OA$$

再由切割定理，可得

$$\sigma_1 \cdot \sigma_3 = OB^2 = OA^2$$

在直角 $\triangle AOC$ 中，有

$$\sigma_1^2 = AO^2 \cdot \tan^2\left(45° + \frac{\varphi}{2}\right)$$

$$\sigma_1^2 = \sigma_1 \sigma_3 \tan^2\left(45° + \frac{\varphi}{2}\right)$$

因此，

$$\sigma_1 = \sigma_3 \tan^2\left(45° + \frac{\varphi}{2}\right)$$

又由于

$$\tan\left(45° + \frac{\varphi}{2}\right) = \frac{1}{\tan\left(45° - \frac{\varphi}{2}\right)} = \cot\left(45° - \frac{\varphi}{2}\right)$$

所以，有

$$\sigma_3 = \sigma_1 \tan^2\left(45° - \frac{\varphi}{2}\right) \tag{6-9}$$

对黏性土和粉土而言，可以类似地推导出其极限平衡条件，为

$$\sigma_1 = \sigma_3 \tan^2\left(45° + \frac{\varphi}{2}\right) + 2c \cdot \tan\left(45° + \frac{\varphi}{2}\right) \tag{6-10}$$

这可以从图 6-11 中的几何关系求得。作 EO 平行 BC，通过最小主应力 σ_3 的坐标点 A 作一圆与 EO 相切于 E 点，与 σ 轴交于 I 点。

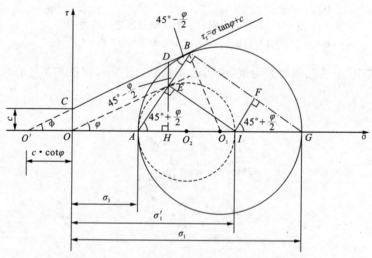

图 6-11 黏性土与粉土极限平衡条件推导示意图

由前可知

$$OI = \sigma_1' = \sigma_3 \tan^2\left(45° + \frac{\varphi}{2}\right)$$

下面，找出 IG 与 c 的关系（G 点为最大主应力坐标点）。

由图中角度关系可知 $\triangle EBD$ 为等腰角形，$ED = BD = c$，$\angle DEB = 45° - \frac{\varphi}{2}$，则有

$$EB = 2c \cdot \sin\left(45° + \frac{\varphi}{2}\right) = IF$$

在 $\triangle GIF$ 中

$$GI = \frac{IF}{\cos\left(45° + \frac{\varphi}{2}\right)} = \frac{2c \cdot \sin\left(45° + \frac{\varphi}{2}\right)}{\cos\left(45° + \frac{\varphi}{2}\right)} = 2c \cdot \tan\left(45° + \frac{\varphi}{2}\right)$$

而且
$$OG = OI + IG$$

所以
$$\sigma_1 = \sigma_3 \tan^2\left(45° + \frac{\varphi}{2}\right) + 2c \cdot \sin\left(45° + \frac{\varphi}{2}\right)$$

同理可以证明

$$\sigma_3 = \sigma_1 \tan^2\left(45° - \frac{\varphi}{2}\right) - 2c \cdot \sin\left(45° - \frac{\varphi}{2}\right) \tag{6-11}$$

还可以证明

$$\sin\varphi = \frac{\sigma_1 - \sigma_3}{\sigma_1 + \sigma_3 + 2c \cdot \cot\varphi} \tag{6-12}$$

由图 6-10 的几何关系可以求得剪切面(破裂面)与大主应力面的夹角关系,因为
$$2\alpha = 90° + \varphi \tag{6-13}$$

所以
$$\alpha = 45° + \frac{\varphi}{2} \tag{6-14}$$

即剪切破裂面与最大主应力 σ_1 作用平面的夹角为 $\alpha = 45° + \frac{\varphi}{2}$(共轭剪切面)。

可见,与一般的连续性材料(如钢、混凝土等)不同,土是一种具有内摩擦强度的材料,其剪切破裂面不产生于最大剪应力面,而是与最大剪应力面呈 $\varphi/2$ 的夹角。若土质均匀,且试验中能保证试件内部的应力、应变均匀分布,则会出现两组完全对称的破裂面(图 6-12)。

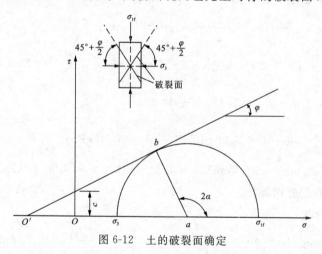

图 6-12 土的破裂面确定

式(6-8)至式(6-12)都是表示土单元体达到极限平衡(破坏)时最大主应力 σ_1 和最小主应力 σ_3 与土体 c、φ 值的关系,即莫尔-库仑理论的破坏准则,也是土体达到极限平衡状态的条件,所以也称为极限平衡条件。

理论分析和试验研究表明,在各种破坏理论中,对土最适合的是莫尔-库仑强度理论。

归纳总结上述莫尔-库仑强度理论,表述为以下 3 个要点:

(1)在剪切破裂面上,材料的抗剪强度是法向应力的函数,可表达为
$$\tau_f = f(\sigma)$$

(2) 当法向应力不很大时，抗剪强度可简化为法向应力的线性函数，即表示为库仑公式
$$\tau_f = c + \sigma\tan\varphi$$

(3) 土单元体中，任何一个面上的剪应力大于该面上土体的抗剪强度，即 $\tau > \tau_f$，土单元体即发生剪切破坏，用莫尔-库仑理论的破坏准则表示，即为式(6-8)至式(6-12)的极限平衡条件。

3. 土的极限平衡条件的应用

已知土单元体实际上所受的应力和土的抗剪强度指标 c、φ，利用式(6-8)至式(6-12)，可方便地判断该土单元体是否产生剪切破坏。例如，利用式(6-8)，将土单元体所受的实际应力 σ_{3m} 和土的内摩擦角 φ 代入式(6-8)的右边，求出土处在极限平衡状态时的大主应力

$$\sigma_1 = \sigma_{1m}\tan^2\left(45° + \frac{\varphi}{2}\right)$$

若计算得到 $\sigma_1 > \sigma_{1m}$，表示土体达到极限平衡状态要求的最大主应力大于实际的最大主应力，则土体处于弹性平衡状态；反之，如果 $\sigma_1 < \sigma_{1m}$，表示土体已经发生剪切破坏。

同理，也可以用 σ_{1m} 和 φ 求出 σ_3，再比较 σ_3 和 σ_{3m} 的大小，来判断土体是否发生了剪切破坏。

【例题 6-2】 设砂土地基中一点的最大主应力 $\sigma_1 = 400\text{kPa}$，最小主应力 $\sigma_3 = 200\text{kPa}$，砂土的内摩擦角 $\varphi = 25°$，黏聚力 $c = 0$，试判断该点是否破坏。

【解】 为加深对本章节内容的理解，以下用 3 种方法求解。

(1) 按某一平面上的剪应力 τ 和抗剪强度 τ_f 的对比判断。

根据式(6-12)可知，破坏时土单元体中可能出现的破裂面与最大主应力 σ_1 作用面的夹角 $\alpha_f = 45° + \frac{\varphi}{2}$。故作用在与 σ_1 作用面成 $45° + \frac{\varphi}{2}$ 平面上的法向应力 σ 和剪应力 τ，可按式(6-7)计算；抗剪强度 τ_f 可按式(6-1)计算。

$$\sigma = \frac{1}{2}(\sigma_1 + \sigma_3) + \frac{1}{2}(\sigma_1 - \sigma_3)\cos2\left(45° + \frac{\varphi}{2}\right)$$
$$= \frac{1}{2}(400 + 200) + \frac{1}{2}(400 - 200)\cos\left(45° + \frac{25°}{2}\right) = 257.7(\text{kPa})$$

$$\tau = \frac{1}{2}(\sigma_1 - \sigma_3)\sin2\left(45° + \frac{\varphi}{2}\right)$$
$$= \frac{1}{2}(400 - 200)\sin2\left(45° + \frac{25°}{2}\right) = 90.6(\text{kPa})$$

$$\tau_f = \sigma\tan\varphi = 257.7\tan25° = 120.2(\text{kPa}) > \tau = 90.6(\text{kPa})$$

可判断该点未发生剪切破坏。

(2) 按式(6-8)判断。

$$\sigma_{1f} = \sigma_{3m}\tan^2\left(45° + \frac{\varphi}{2}\right) = 200\tan^2\left(45° + \frac{25°}{2}\right) = 492.8(\text{kPa})$$

由于 $\sigma_{1f} = 492.8(\text{kPa}) > \sigma_{1m} = 400(\text{kPa})$，故该点未发生剪切破坏。

(3) 按式(6-9)判断。

$$\sigma_{3f} = \sigma_{1m}\tan^2\left(45° - \frac{\varphi}{2}\right) = 400\tan^2\left(45° - \frac{25°}{2}\right) = 162.8(\text{kPa})$$

由于 $\sigma_{3f} = 162.8(\text{kPa}) < \sigma_{3m} = 200(\text{kPa})$，故该点未发生剪切破坏。

另外，还可以用图解法，比较莫尔应力圆与抗剪切强度包线的相对位置关系来判断，亦可得出相同的结论。

第三节 土的抗剪强度指标的测定

抗剪强度指标 c、φ 值是土的重要力学性质指标,在确定地基土的承载力、挡土墙的土压力及验算土坡稳定性等工程问题中,都要用到土的抗剪强度指标。因此,正确地测定和选择土的抗剪强度指标是土工计算中十分重要的问题。

土的抗剪强度指标可通过室内土工试验和现场原位测试确定。室内土工试验常用的方法有直接剪切试验、三轴剪切试验以及无侧限抗压仪和单剪仪等测试;现场原位测试的方法有十字板剪切试验和大型直剪试验等。

一、直接剪切试验

1. 试验仪器和试验方法

直接剪仪试验使用的仪器称为直接剪切仪(简称直剪仪)。按施加剪应力不同方式,直剪仪分为应变和应力控制式两种。前者是等速推动试样产生位移,测定相应的剪应力;后者是对试样分级施加水平剪应力测定相应的位移。我国目前普遍采用的是应变控制式直剪仪。

图 6-13 为应变控制式直剪仪的示意图。该仪器主要由固定的上盒和活动的下盒组成,试样放在上下盒之间。垂直压力由杠杆系统通过加压活塞和透水石传给土样,水平剪应力则由轮轴推动活动的下盒施加给土样。土体的抗剪强度可由量力环测定,剪切变形由百分表测定。在施加每一级垂直法向应力后,匀速增加剪切面上的剪应力,直至试件剪切破坏。将试验结果绘制成剪应力 τ 和剪切变形 s 的关系曲线(图 6-14)。一般将曲线的峰值作为该级法向应力 σ 下相对应的抗剪强度 τ_f。

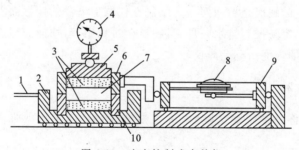

图 6-13 应变控制式直剪仪

1.轮轴;2.底座;3.透水石;4.垂直变形量表;5.活塞;6.上盒;7.土样;8.水平位移量表;9.量力环;10.下盒

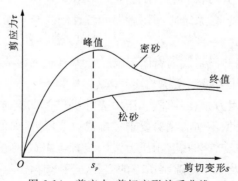

图 6-14 剪应力-剪切变形关系曲线

改变几种法向应力 σ 的大小，测试并计算出土样相应的抗剪强度 τ_f。在 σ-τ 坐标上，绘制 σ-τ_f 曲线即土的抗剪强度曲线，也就是莫尔-库仑破坏包线，如图 6-15 所示。

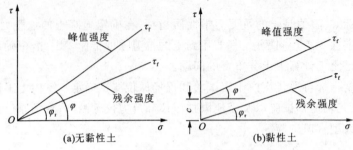

图 6-15　峰值强度和残余强度曲线

2. 试验类型

根据固结和剪切过程中的排水条件，直剪试验可分为 3 种类型。

(1) 快剪试验。在试样的上、下面垫不透水蜡纸或薄膜，模拟不排水的边界条件。施加垂直应力后不让试样固结，立即比较快速地施加水平剪应力，要求试样在 3~5min 内剪切破坏，使黏性土试样来不及排水。

(2) 固结快剪试验。试样的上、下面垫透水石可以排水，施加垂直应力后使其充分固结；之后比较快速地施加水平剪应力，要求试样在 3~5min 内剪切破坏，使黏性土试样来不及排水。

(3) 固结慢剪试验。试样的上、下面垫透水石可以排水，施加垂直应力后让其充分固结；待变形稳定后，再缓慢施加水平剪应力，使试样在剪切过程中的超静孔隙水压力完全消散。

直接剪切试验是测定土抗剪强度指标常用的一种试验方法。它具有仪器设备简单、操作方便等优点。但是，它的缺点是剪切面人为限制在仪器上下盒的接触面上；土样上的剪应力沿剪切面分布不均匀；不容易控制排水条件，且在试验过程中，剪切面面积逐渐减小等，使得相应类型的直剪试验得到的强度指标差异比较大。

二、三轴剪切试验

三轴剪切试验也称三轴压缩试验（简称三轴试验），是测定抗剪强度的一种较为完善的方法。

1. 试验仪器和基本原理

三轴压缩仪（也称三轴剪切仪）构造示意图详见图 6-16，其主要由主机、稳压调压加荷系统和量测系统 3 个部分组成，各系统之间用管路和各种阀门开关连接。

主机部分有压力室、加荷系统等。压力室是三轴压缩仪的主要组成部分，它是一个由金属上盖、底座及透明有机玻璃圆筒组成的密闭容器。压力室底座通常有 3 个小孔，分别与稳压系统以及体积变形和孔隙水压力量测系统相连。

稳压调压加荷系统由压力泵、调压阀和压力表等组成。试验时通过压力室对试样施加周围压力，且在试验过程中根据不同的试验要求控制或调节压力，如保持恒压或改变压力等。

量测系统由排水管、体变管和孔隙水压力量测装置等组成。试验时分别测出试样受力后从土样中排出的水量变化及土中孔隙水压力的变化。对试样的竖向变形，则利用压力室上方的测微表或位移传感器测试。

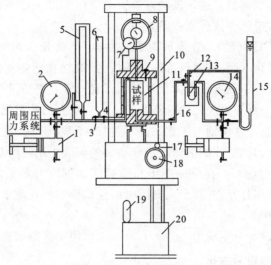

图 6-16　三轴压缩仪

1.调压筒；2.周围压力表；3.周围压力阀；4.排水阀；5.体变管；6.排水管；7.变形量表；8.量力环；9.排气孔；10.轴向加压设备；11.压力室；12.量筒阀；13.零位指示器；14.孔隙压力表；15.量管；16.孔隙压力阀；17.离合器；18.手轮；19.马达；20.变速器

常规三轴试验的一般步骤是：将土样切割成圆柱体套在橡胶膜内，放在密闭的压力室中，然后向压力室内注入气压或液压，试件在各向均受到围压 σ_3，并使该围压 σ_3 在整个试验过程中保持不变，此时试样内各个方向上的主应力都相等，其内不产生任何剪应力，如图 6-17(a)所示。然后通过轴向加荷系统对试样施加竖向压力，当作用在试样上的水平向压力保持不变，而竖向压力逐渐增大时，试件终因受剪切而破坏，如图 6-17(b)所示。设剪切破坏时轴向加荷系统加在试件上的竖向压应力(称为偏应力)为 $\Delta\sigma_1$，则试件上的大主应力为 $\sigma_1 = \sigma_3 + \Delta\sigma_1$，而小主应力为 σ_3，据此可画出一个莫尔极限应力圆，如图 6-17(c)中的圆 I。用同一种土样的若干个试件(3 个以上)分别在不同的围压 σ_3 下进行试验，可得一组莫尔极限应力圆，并作一条公切线，由此可求得土的抗剪强度指标值 c、φ 值。

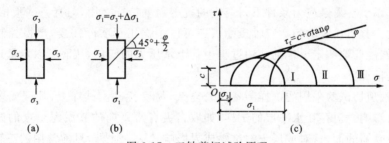

图 6-17　三轴剪切试验原理
(a)试样受周围压力；(b)破坏时试样的主应力；(c)莫尔破坏包线

2.三轴试验方法类型

根据土样剪切前固结的排水条件和剪切时的排水条件，三轴试验可分为以下 3 种试验方法。

(1)不固结不排水剪(UU 试验)。试验在施加周围压力和随后施加偏应力直至剪切破坏的整个试验过程中都不允许排水，即从开始加压直至试样剪切破坏，土样中的含水量始终保持不变,孔隙水压力也不可能消散。这种试验方法所对应的实际工程条件相当于饱和软黏土中快速加荷时的应力状况,得到的抗剪强度参数用 c_u、φ_u 表示。

(2) 固结不排水剪(CU 试验)。在施加周围压力 σ_3 时,将排水阀门打开,允许试样充分排水,待其固结稳定后关闭排水阀门,然后再施加偏应力,试样在不排水的条件下剪切破坏。由于不排水,试样的剪切过程中没有任何体积变形。若要试样在剪切过程中量测孔隙水压力,则要打开试样与孔隙水压力量测系统间的管路阀门。试验得到的抗剪强度参数用 c_{cu}、φ_{cu} 表示。

固结不排水剪试验是经常用到的工程试验,适用的工程条件一般是正常固结土层在工程竣工或在使用阶段受到大量、快速的活荷载或新增加的荷载作用时所对应的受力情况。

(3) 固结排水剪(CD 试验)。在施加围压和随后施加偏应力直至试样剪切破坏的整个试验过程中,始终将排水阀门打开,并给予充分的时间让试样中的孔隙水压力能够完全消散。试验得到的抗剪强度参数用 c_{cd}、φ_{cd} 表示。

真三轴仪可在不同的 3 个主应力 ($\sigma_1 \neq \sigma_2 \neq \sigma_3$) 作用下进行试验。

3. 三轴试验结果的整理与表达

从上述 3 种不同类型的试验方法可以看到,同一种土施加的总应力 σ 虽然相同,但若试验方法不同,或者说控制的排水条件不同,则所得的强度指标就不相同,故土的抗剪强度与总应力之间没有唯一的对应关系。前面的有效应力原理指出,土中某点的总应力 σ 等于有效应力 σ' 和孔隙水压力 u 之和,即 $\sigma=\sigma'+u$,因此,若在试验时量测了试样的孔隙水压力,可据此计算出土中的有效应力,就可以用有效应力与抗剪强度的关系式来表达试验成果。

4. 三轴剪切试验的优缺点

三轴剪切试验的优点是能够控制排水条件,也可量测试样中孔隙水压力的变化。此外,三轴剪切试验中试样的应力状态也比较明确,剪切破坏产生的破裂面在试件的最薄弱面处,而不像直剪试验那样限定在上、下盒之间。一般来说,三轴剪切试验的结果比较可靠,因此,三轴剪切仪是土工试验不可缺少的仪器设备。三轴剪切试验的主要缺点是试件所受的力是轴对称状态,即试样所受的 3 个主应力中有两个是相等的。但在实际工程中土体的受力情况并非属于这类轴对称的情况。

该试验可以供在复杂应力条件下研究土的抗剪强度特征之用,与直剪试验相比较,三轴剪切试样中的应力分布比较均匀。三轴压缩仪还可以根据工程实际需要,严格控制试样中孔隙水的排出,并能准确地测定土样的剪切过程中孔隙水压力的变化,从而可以定量地获得土中有效应力的变化情况。

但是,三轴剪切试验采用的试样制备比较复杂,易受扰动。试样上、下端或多或少地受刚性压板的约束影响。对存在水平层的试样(如取自夹有水平向的软淤泥土层的试样),剪切破坏面常不是最软弱的面,这对成层土的试验成果影响较大。此外,目前常用的三轴压缩仪属轴对称应力状态,中主应力 σ_2 等于小主应力 σ_3,即 $\sigma_2=\sigma_3$,将其应用到平面应变和空间应力状态的问题中有不符合之处。因此,为了模拟实际的应力状态,如今还有平面应变仪和真三轴仪 ($\sigma_1 > \sigma_2 > \sigma_3$) 等三轴剪切试验设备,均可获得较合理的抗剪强度。

三、无侧限压缩试验

该压缩试验实际上是三轴剪切试验的一种特殊情况。即三轴剪切试验时,对土样不施加围压 σ_3,而是只施加轴向压力 σ_1,则土样剪切破坏的最小主应力 $\sigma_{3f}=0$,最大主应力 $\sigma_{1f}=q_u$,

绘出的莫尔极限应力圆如图 6-18 所示。q_u 称为土的无侧限抗压强度。

对于饱和软黏土，可以认为 $\varphi = 0$，此时其抗剪强度包线与 σ 轴平行，且有 $c_u = q_u/2$。所以，可用无侧限压缩试验测定饱和软黏土的抗剪强度，该试验多在无侧限压缩仪上进行。

四、十字板剪切试验

十字板剪切试验常用于现场测定软黏土的抗剪强度，是操作方便的土体的原位试验之一。与室内无侧限压缩试验一样，十字板剪切试验所测得的成果相当于不排水抗剪强度。

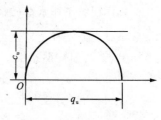

图 6-18 无侧限压缩试验极限应力圆

十字板剪切仪示意图如图 6-19 所示。在现场试验时，先钻孔至需要试验的土层深度以上 750mm 处，然后将装有十字板的钻杆放入钻孔底部，并插入土中 750mm，施加扭矩使钻杆旋转直至土体剪切破坏。土体的剪切破坏面为十字板旋转所形成的圆柱面。土的抗剪强度可按下式计算

$$\tau_f = k_c(p_c - f_c) \tag{6-15}$$

式中：k_c 为十字板常数，按下式计算

$$k_c = \frac{2R}{\pi D^2 h \left(1 + \dfrac{D}{3h}\right)}$$

p_c 为土发生剪切破坏时的总作用力，由弹簧秤读数测得（N）；f_c 为轴杆及设备的机械阻力，空载时由弹簧秤事先测得（N）；h、D 分别为十字板的高度和直径（mm）；R 为转盘的半径（mm）。

十字板剪切试验适用于软塑状态的黏性土。其优点是不需要钻取原状土样，对土的结构扰动较小，且该试验的结果一般偏大。

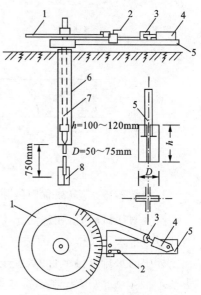

图 6-19 十字板剪切仪示意图
1.转盘；2.摇柄；3.滑轮；4.弹簧秤；
5.槽钢；6.套管；7.钻杆；8.十字板

五、大型直剪试验

因无法取得原状土样的土可以采用现场大型直剪试验。该试验方法适用于测定边坡和滑坡的岩体软弱结合面、岩石和土的接触面、滑动面，黏性土、砂土、碎石土的混合层及其他粗颗粒土层的抗剪强度。因大型直剪试验土样的剪切面面积比室内试验大得多，且在现场测试，故更符合工程实际情况。有关大型直剪试验的设备和试验方法等可参见有关土工试验专著。

六、饱和黏性土剪切试验方法

从前面的理论已知，饱和黏性土颗粒之间的有效应力，随着固结度的增加而增大。由于黏性土的抗剪强度公式 $\tau_f = \sigma\tan\varphi + c$ 中的第一项的法向应力应该采用有效应力 σ'，因此，饱和黏性土的抗剪强度与土的固结程度密切相关。在确定饱和黏性土的抗剪强度时，必须考虑土的实际固结程度。试验表明，土的固结程度与土中孔隙水的排水条件有关。故在试验时必须考虑实际工程地基土中孔隙水排出的可能性。根据实际工程地基的排水条件，室内抗剪强度

试验分别采用以下 3 种方法。

1. 不固结不排水剪（或称快剪，即 UU 试验）

该试验方法在土样全部剪切试验过程中都不允许其排水固结。进行直接剪切试验时，在土样上、下两面均贴蜡纸。进行三轴剪切试验时，先施加周围应力 σ_3，再施加竖向应力（亦称偏应力 $\Delta\sigma_1 = \sigma_1 - \sigma_3$），试验过程由始至终关闭排水阀门，土样在剪切破坏时不能将土中的孔隙水排出。因此，土样在试验全过程中的含水量始终保持不变，称不固结不排水剪试验（UU）。

对于饱和黏性土，UU 试验所得出的抗剪强度包线基本上是一条水平线（图 6-20），$\varphi_u = 0$，$c_u = (\sigma_1 - \sigma_3)/2$。

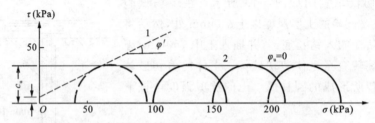

图 6-20　饱和黏性土不固结不排水剪（UU）抗剪强度包线
1. 有效强度包线；2. 总应力强度包线

2. 固结不排水剪（或称固结快剪，即 CU 试验）

直接剪切试验时，在法向压力作用下使土样完全固结。然后很快施加水平剪力，使土样在剪切过程中来不及排水。而在三轴剪切试验中，先对土样施加周围压力 σ_3，将排水阀门开启，让土样中的水排入量水管中，直至排水终止时土样完全固结。之后关闭排水阀门，施加竖向压力 $\Delta\sigma_1 = \sigma_1 - \sigma_3$，使土样在不排水条件下剪切破坏，称为固结不排水剪试验（CU）。

在 CU 试验中，可测得土样剪切过程中的孔隙水压力的数值，由此可求得有效应力。土样剪切破坏时的有效最大主应力 σ_{1f}' 和最小主应力 σ_{3f}' 分别为

$$\sigma_{1f}' = \sigma_{1f} - u_f$$
$$\sigma_{3f}' = \sigma_{3f} - u_f \tag{6-16}$$

式中：σ_{1f}、σ_{3f} 分别为土样剪切破坏时的最大和最小主应力；u_f 为土样剪切破坏时的孔隙水压力。

用有效应力 σ_{1f}' 和 σ_{3f}' 可绘制出有效莫尔应力圆和土的有效抗剪强度包线，如图 6-21 所示。

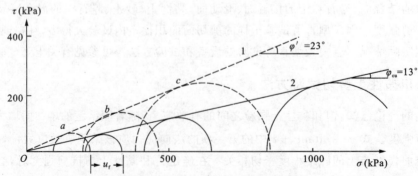

图 6-21　固结不排水剪（CU）抗剪强度包线
1. 有效强度包线；2. 总应力强度包线

显然,有效莫尔应力圆与总莫尔应力圆的大小一样,只是土样剪切破坏时的孔隙水压力 $u_f>0$ 时,前者在后者的左侧距离为 u_f 的地方;而当 $u_f<0$ 时,则在右侧。

3. 固结排水剪(或称慢剪,即 CD 试验)

该试验方法的特点是,在全部试验过程中,允许土样中的孔隙水充分排出,始终保持 $u=0$。在直剪试验中,先让土样在竖向压力下充分固结,再慢慢施加水平剪力,直至土样发生剪切破坏。在三轴剪切试验中,在固结过程和 $\Delta\sigma_1=\sigma_1-\sigma_3$ 的施加过程中,将排水阀门开启,让土样充分排水,土样中不产生孔隙水压力。故施加的应力就是作用在土样上的有效应力,称为固结排水剪(CD)。图 6-22 是一组排水试验结果。

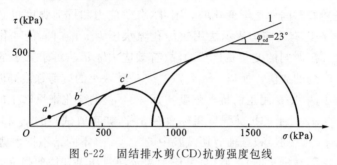

图 6-22　固结排水剪(CD)抗剪强度包线

表 6-1 列出了不同的三轴剪切试验方法在试验过程中的孔隙水压力 u 及强度指标的变化情况。

表 6-1　三轴试验方法中应力条件孔隙水压力变化和强度指标

试验方法	孔隙水压力 u 的变化		破坏时的压力条件		强度指标
	剪前	剪切过程中	总应力	有效应力	
CU 试验	$u_1=0$	$u=u_1\neq 0$ (不断变化)	$\sigma_{1f}=\sigma_3+\Delta\sigma$ $\sigma_{3f}=\sigma_3$	$\sigma_{1f}'=\sigma_3+\Delta\sigma-u_f$ $\sigma_{3f}'=\sigma_3-u_f$	c_{cu},φ_{cu}
UU 试验	$u_1>0$	$u=u_1+u_2\neq 0$ (不断变化)	$\sigma_{1f}=\sigma_3+\Delta\sigma$ $\sigma_{3f}=\sigma_3$	$\sigma_{1f}'=\sigma_3+\Delta\sigma-u_f$ $\sigma_{3f}'=\sigma_3-u_f$	c_u,φ_u
CD 试验	$u_1=0$	$u=u_1=0$ (任意时刻)	$\sigma_{1f}=\sigma_3+\Delta\sigma$ $\sigma_{3f}=\sigma_3$	$\sigma_{1f}'=\sigma_3+\Delta\sigma-u_f$ $\sigma_{3f}'=\sigma_3-u_f$	c_d,φ_d

第四节　土的抗剪强度表示方法和机理

土的抗剪强度是土体抵抗剪切破坏的极限能力。土体所受的法向应力与其抗剪强度的关系可用库仑公式(抗剪强度公式)表示,其抗剪强度一般有以下两种表示方法。

一、土的抗剪强度表示方法

抗剪强度与法向应力的关系有两种表示方法。

1. 总应力表示法

前面介绍的抗剪强度公式(6-1)和三轴剪切试验 3 种试验方法得出的抗剪强度公式,其中

施加的 σ_3 和 $\Delta\sigma_1 = \sigma_1 - \sigma_3$ 都是总应力,没有显示出孔隙水压力 u 的大小,故将抗剪强度公式 (6-1)称为总应力表示法。

2. 有效应力表示法

若在室内三轴剪切试验过程中,可以测得孔隙水压力 u(包括 $u=0$)的数值,则抗剪强度表示法可以改写为

$$\tau_f = c' + (\sigma - u)\tan\varphi' = c' + \sigma'\tan\varphi' \tag{6-17}$$

式中:φ'、c' 为土的有效抗剪强度指标。

在某个实际工程中,当土体施加总应力后,一般情况下可认为该总应力是不变的常量,但超静孔隙水压力是随着时间而逐渐变化的。因此,有效应力和抗剪强度也必然会随着时间而改变,即有 $\tau_f = f(\sigma,t)$。有效应力表示法用超静孔隙水压力 u 随时间的变化来反映土的抗剪强度的变化。由于 u 随时间的变化是连续的,故有效应力表示法可求知土的抗剪强度随时间变化过程中的任一时刻的数值。所以,$\tau_f = f(\sigma,t)$ 是反映土的抗剪强度随时间变化的普遍关系式。而总应力表示法,则是用土的抗剪强度指标 c、φ 值的变化来反映土的抗剪强度随时间的变化,即 $c,\varphi = f(t)$。土的抗剪强度指标只有 3 种,如直剪试验的 φ_q 和 c_q(快剪);φ_{cq} 和 c_{cq}(固结快剪);φ_s、c_s(慢剪)和三轴剪切试验中的 φ_u、c_u(不固结不排水剪);φ_{cu}、c_{cu}(固结不排水剪)和 φ_d、c_d(固结排水剪)。所以,总应力表示法只能得到抗剪强度随时间连续变化过程中的 3 个特定值,即初始值(不排水剪)、最终值(排水剪)和某一中间值(固结不排水剪),给实际工程的应用带来很大的不便。

【**例题 6-3**】 对某种饱和黏性土进行固结不排水三轴剪切试验,3 个试样破坏时的 σ_1、σ_3 和相应的孔隙水压力 u 如表 6-2 所示。

表 6-2 例题 6-3 三轴试验成果

σ_1(kPa)	σ_3(kPa)	u(kPa)
143	60	23
220	100	40
313	150	67

(1)试确定该试样的 c_{cu}、φ_{cu} 和 c'、φ'。

(2)分析用总应力表示法和有效应力表示法表示土的强度时,试样破坏是否发生在同一平面上?

【**解**】 (1)根据表 6-2 中 σ_1 和 σ_3 的值,按比例在 τ-σ 直角坐标系中绘出 3 个总应力极限莫尔圆,即图 6-23 中实线圆,再绘出此 3 个圆的共切线即为外包线,量得:$c_{cu} = 10$ kPa,$\varphi_{cu} = 18°$。

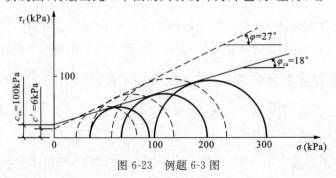

图 6-23 例题 6-3 图

将3个总应力极限莫尔圆按各自测得的 u 值,分别向左平移相应的 u 值。即 $\sigma'=\sigma-u$,绘得3个有效应力极限莫尔圆,即图中虚线圆。绘出外包线,量得:$c'=6\text{kPa}$,$\varphi'=27°$。

(2)由土的极限平衡条件可知,剪切破裂角 $\alpha_f=45°+\dfrac{\varphi}{2}$,若以总应力来表示,则

$$\alpha_f = 45° + \frac{\varphi_{cu}}{2} = 54°$$

而用有效应力表示,则为 $\alpha_f=45°+\dfrac{\varphi'}{2}=58.5°$

可见,用总应力表示法和有效应力表示法表示土的强度时,理论剪切面不是发生在同一个平面上。

二、土的抗剪强度机理

前述的库仑抗剪强度公式 $\tau_f=c+\sigma\tan\varphi$ 表明,土体的抗剪强度主要由两部分所组成,即摩擦强度 $\sigma\tan\varphi$ 和黏聚强度 c。

1. 摩擦强度

摩擦强度 $\sigma\tan\varphi$ 取决于剪切面上的法向正应力 σ 和土的内摩擦角 φ。粗粒土的内摩擦角涉及土颗粒之间的相对移动,其物理过程包括如下两个组成部分:

(1)滑动摩擦力,指土颗粒之间产生相互滑动时需要克服由于其颗粒表面粗糙不平而引起的滑动摩擦。

(2)咬合摩擦力,即因土颗粒之间存在相互镶嵌、咬合、连锁作用,当土颗粒脱离咬合状态而移动时所产生的咬合摩擦。

滑动摩擦力是由于土颗粒接触面的粗糙不平引起的,其大小与颗粒的形状、矿物组成、土的级配等因素有关。咬合摩擦力是指相邻土颗粒发生相对移动的约束作用。图 6-24(a)表示相互咬合的颗粒排列。当土体内沿着某一剪切面而产生剪切破坏时,相互咬合的土颗粒必须从原来的位置被抬起,如图 6-24(b)中颗粒 A,跨越相邻颗粒 B,或者在尖角处将颗粒剪断(颗粒 C)然后才能移动。总之,首先要破坏原来的咬合状态,一般表现为土体积胀大,即所谓"剪胀",才能达到剪切破坏。剪胀必须消耗部分能量,需要由剪切力做功来补偿,表现为内摩擦角增大。土愈密,磨圆度愈小,咬合作用力愈强,则内摩擦角愈大。此外,在剪切过程中,土体中的颗粒重新排列,也要消耗或释放出一定的能量,这对于土的内摩擦角也有影响。

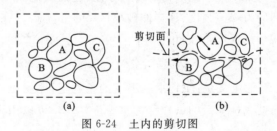

图 6-24 土内的剪切图

综上所述,可认为影响粗粒土内摩擦角的主要因素是:①密度;②颗粒级配;③颗粒形状;④矿物成分等。

对于颗粒细微的黏性土(细粒土),其比表面积较大,且颗粒表面存在着吸附水膜,土颗粒间既在接触点处直接接触,也可通过吸附水膜间接接触,故细粒土的摩擦强度要比粗粒土复

杂。除了因土颗粒相互移动和咬合作用所引起的摩擦强度外,接触点处颗粒表面由物理化学作用而产生吸引力对土的摩擦强度也有影响。

2. 黏聚强度

黏性土(细粒土)的黏聚力 c 取决于土颗粒粒间的各种物理化学作用力,包括库仑力(静电力)、范德华力、胶结作用等。土颗粒间的距离愈近,单位面积上土粒的接触点愈多,则原始黏聚力愈大。因此,对同一种土而言,其密度愈大,原始黏聚力就愈大。当土颗粒间相互离开一定距离以后,原始黏聚力才完全丧失。固化黏聚力取决于颗粒之间胶结物质的胶结作用。如土中存在的游离氯化物、铁盐、碳酸盐和有机质等。固化黏聚力除了与胶结物质的强度有关外,还随着时间的推移而逐渐加强。密度相同的重塑土的抗剪强度与原状土的抗剪强度有较大的区别,且沉积年代愈老的土,其抗剪强度愈高。另外,地下水位以上的土,由于毛细水的张力作用,在土骨架间引起毛细压力。毛细压力也有联结土颗粒的作用。土颗粒愈细,毛细压力愈大。在黏性土中,毛细压力可以达到一个大气压力以上。

无黏性土(粗粒土)的粒间分子力与重力相比可忽略不计。通常认为,对于无黏性土(粗粒土),由于土颗粒较粗大,且颗粒的比表面积较小,其抗剪强度主要来源于土颗粒间的摩擦阻力,土颗粒粒间不存在黏聚强度,即 $c=0$。但有时因胶结物质的存在,粗粒土间也具有一定的黏聚强度。此外,非饱和的砂土,由于粒间受毛细压力的作用,适当时其含水量也具有明显的黏聚作用,可以捏成团。但由于毛细作用的暂时性,在工程中不能作为黏聚强度。

三、其他力学参数

1. 土的残余强度

图 6-2 中的曲线②是密砂在排水剪切过程中应力-应变的关系曲线。不难看出图中出现了应力峰值,且在应力峰值后,若密砂的剪切变形继续发展,其对应的偏应力将不断降低。当变形很大时,应力趋于稳定值,该稳定的应力值称为残余强度。但松砂受排水剪切时,偏应力持续升高,没有出现应力峰值。所以,虽然它最后也达到同样的稳定应力值,但就不能称为残余强度。

残余强度在工程中应用的例子有:天然滑坡的滑动面或断层面,土体由于多次滑动而经历相当大的变形,在分析其稳定性时,应该采用其残余强度;在某些裂隙黏土中,经常发生渐进性的破坏,即部分土体因应力集中先达到应力的峰值强度,之后其应力减小,从而引起四周土体应力的增加,再相继达到应力峰值强度,这样的破坏区将逐步扩展。在这种情况下,破坏的土体变形很大,应该采用残余强度进行分析。

2. 黏性土的灵敏度

饱和软黏土灵敏度 S_t 的定义是:在含水率不变的条件下,原状土不排水强度与彻底扰动后土的不排水强度之比,彻底扰动后的试样称为重塑土样。S_t 可以用无侧限压缩试验或十字板剪切试验求得

$$S_t = \frac{q_u}{q_u'} \tag{6-18}$$

或

$$S_t = \frac{\tau_v}{\tau_v'} \tag{6-19}$$

式中:q_u、q_u' 分别为原状土和重塑土的无侧限抗压强度(kPa);τ_v、τ_v' 分别为原状土和重塑土

的十字板剪切强度(kPa)。

一般超固结土的灵敏度 S_t 不大,而正常固结黏土的 S_t 可达 5~10。流动黏土的特点是高含水率和高孔隙比,并具有片架结构,其灵敏度 S_t 最大。按 S_t 对黏土进行分类可以参考表 6-3。

表 6-3 土灵敏度分类表

S_t	土灵敏度分类
1	不灵敏
1~2	低灵敏度
2~4	中灵敏度
4~8	高灵敏度
8~16	超高灵敏度
>16	流动黏土

S_t 有高达 150 者(挪威德拉门黏土),其未扰动前具有相当高的强度,一经扰动后,强度几乎完全丧失,变成流动液体状。

3. 黏性土的触变性

黏性土触变性的定义为:在含水率不变的条件下,土扰动之后强度下降,经过静置后土的初始强度随时间而逐渐恢复的现象。一般地说,土的原来强度不可能完全恢复,如图 6-25 所示。触变性现象可用土的双电层理论和土的结构排列概念予以解释。

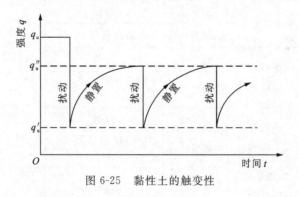

图 6-25 黏性土的触变性

四、土的抗剪强度指标的选择原则

土体稳定分析成果的可靠性,在很大程度上取决于抗剪强度试验方法和抗剪强度指标的正确选择。因为,试验方法所引起的抗剪强度的差别往往超过不同稳定分析方法之间的差别。

1. 总应力指标和有效应力指标的选择

(1)可以测量和计算出土中的孔隙水压力时,应该采用有效应力指标 c'、φ'。

(2)如果采用总应力指标,需要根据现场土体的固结排水情况,选择不同的总应力指标。

2. 直剪试验和三轴剪切试验指标的选择

(1)优先选择三轴剪切试验指标。

(2)按照不同的土类、不同的固结排水条件,合理选用直剪试验指标。①砂土选择 c'、φ',采用三轴 CD 试验和直剪试验(值偏大)。②黏性土。有效应力指标采用三轴 CD 试验或者

CU 试验指标;总应力指标采用三轴 CU 试验、UU 试验或直剪试验指标。

表 6-4 中列出了各种剪切试验方法实用范围,可供参考。

表 6-4 各种剪切试验方法适用范围

试验方法	适用范围
排水剪	加荷速率慢,排水条件好,如透水性较好的低塑黏性土作挡土墙填土、明堑的稳定验算、超压密土的蠕变等
固结不排水剪	建筑物竣工后较长时间,突遇荷载增大,如房屋加层、天然土坡上堆载,或地基条件等介于其余两种情况之间
不排水剪	透水性较差的黏性土地基,且施工速度快,常用于施工期的强度和稳定性验算

实际工程中应尽可能根据现场条件决定采用实验室的试验方法,以获得合适的抗剪强度指标(表 6-5)。一般认为,由三轴固结不排水剪确定的有效应力强度参数 c'、φ' 宜用于分析地基的长期稳定性,如土坡的长期稳定分析、估计挡土结构物的长期土压力、位于软土地基上结构物的地基长期稳定分析等。而对于饱和软黏土的短期稳定问题,则采用不排水剪的强度指标。

表 6-5 土的抗剪强度试验指标汇总

控制稳定的时期	强度计算方法	土类		使用仪器	试验方法与代号	强度指标	试样起始状态
施工期	有效应力法	无黏性土		直剪仪	慢剪	c'、φ'	填土用填筑含水量和填筑密度的土,地基用原状土
				三轴剪切仪	排水剪(CD)		
		黏性土	饱和度<80%	直剪仪	慢剪		
				三轴剪切仪	不固结不排水剪测孔隙压力(UU)		
			饱和度>80%	直剪仪	慢剪		
				三轴剪切仪	固结不排水剪测孔隙水压力(CU)		
	总应力法	黏性土	渗透系数<10^{-7}cm/s	直剪仪	快剪	c_u、φ_u	
			任何渗透系数	三轴剪切仪	不固结不排水剪(UU)		
稳定渗流期和水库水位降落期	有效应力法	无黏性土		直剪仪	慢剪	c'、φ'	填土用填筑含水量和填筑密度的土,地基用原状土,但要预先饱和
				三轴压缩仪	固结排水剪(CD)		
		黏性土		直剪压缩仪	慢剪		
水库水位降落期	总应力法	黏性土		三轴压缩仪	固结不排水剪测孔隙水压力(CU)	c_{cu}、φ_{cu}	

习 题

（1）已知砂土地基中某点的 $\sigma_1=600\text{kPa}$，$\sigma_3=100\text{kPa}$。砂土的内摩擦角 $\varphi=30°$，判断该点是否破坏。

（2）如果习题（1）中的地基改为黏性土，$c=10\text{kPa}$，其他不变，判断该点是否破坏，其剪切破坏面是哪个面？

（3）已知地基中某点受到的大主应力 $\sigma_1=560\text{kPa}$，小主应力 $\sigma_3=120\text{kPa}$，试问：

① 绘制莫尔应力圆。

② 求最大剪应力值及最大剪应力作用面与大主应力面的夹角。

③ 计算作用在与小主应力面成 $30°$ 的面上的正应力和剪应力。

（4）已知作用在通过土体中某点的平面 A 上的法向应力为 250kPa，剪应力为 40.8kPa，作用在与它相垂直的平面 B 上的法向应力为 50kPa。该点处于极限平衡状态，破坏面与小主应力面成 $30°$ 角。试用图解法求：

① 作用在该点的大主应力和小主应力。

② 大主应力面与平面 B 的夹角（从大主应力面顺时针方向至平面 B）。

③ 小主应力面与平面 A 的夹角（从小主应力面顺时针方向至平面 A）。

④ 土的黏聚力 c 和内摩擦角 φ。

（5）某土样进行直剪试验，在法向压力为 100kPa、200kPa、300kPa、400kPa 时，测得抗剪强度 τ_f 分别为 51kPa、88kPa、124kPa、161kPa。

① 用作图方法确定该土样的抗剪强度指标 c 和 φ。

② 如果在土中的某一平面上作用的 $\sigma=240\text{kPa}$，$\tau=95\text{kPa}$，该平面是否会剪切破坏？为什么？

（6）某条形基础下地基土体中一点的应力为：$\sigma_z=250\text{kPa}$，$\sigma_x=100\text{kPa}$，$\tau_{xz}=40\text{kPa}$，已知土的 $\varphi=30°$，$c=0$，问该点是否剪切破坏？如 σ_z 和 σ_x 不变，τ_{xz} 增至 60kPa，则该点又如何？

（7）某饱和黏性土无侧限抗压强度试验得不排水抗剪强度 $c_u=40\text{kPa}$，如果对同一土样进行三轴不固结不排水试验，施加周围压力 $\sigma_3=200\text{kPa}$，问试件将在多大的轴向压力作用下发生破坏？

（8）某黏土试样在三轴剪切仪中进行固结不排水试验，破坏时的孔隙水压力为 u_f，两个试件的试验结果如下：

试件 a：$\sigma_3=200\text{kPa}$，$\sigma_1=350\text{kPa}$，$u_f=140\text{kPa}$。

试件 b：$\sigma_3=400\text{kPa}$，$\sigma_1=700\text{kPa}$，$u_f=280\text{kPa}$。

① 用作图法确定该黏土试样的 c_{cu}、φ_{cu} 和 c'、φ'。

② 计算试件破坏面上的法向有效应力和剪应力。

（9）某正常固结饱和黏性土试样进行不固结不排水试验得 $\varphi_u=0$，$c_u=25\text{kPa}$，对同样的土试样进行固结不排水试验，得有效抗剪强度指标 $c'=0$，$\varphi'=28°$。

① 如果试样在不排水条件下破坏，试求剪切破坏时的有效大主应力和小主应力。

② 如果某一面上的法向应力 σ 突然增加到 250kPa，法向应力刚增加时沿这个面的抗剪强度是多少？经很长时间后这个面的抗剪强度又是多少？

第七章 挡土结构物上的土压力

第一节 概 述

在房屋建筑、铁路桥梁以及水利工程中,地下室的外墙、重力式码头的岸壁、桥梁接岸的桥台以及地下硐室的侧墙等都支挡着侧向土体。这些用来侧向支挡土体的结构物,统称为挡土墙。而被支持的土体作用于挡土墙上的侧向压力,称为土压力。土压力是设计挡土结构物断面和验算其稳定性的主要荷载。土压力的计算是个比较复杂的问题,影响因素很多。土压力的大小和分布,除了与土的性质有关外,还和墙体的位移方向、位移量、土体与结构物之间的相互作用及挡土结构物的类型有关。

一、挡土结构物的类型

挡土墙是一种防止土体下滑或截断土坡延伸的构筑物,在土木工程中应用很广,结构形式也很多。图 7-1 为挡土墙的常用类型。挡土墙按常用的结构形式可分为重力式、悬臂式和锚式等,可由块石、砖、混凝土和钢筋混凝土等材料建成。按其刚度及位移方式可分为刚性挡土墙、柔性挡土墙和加筋挡土墙 3 类。

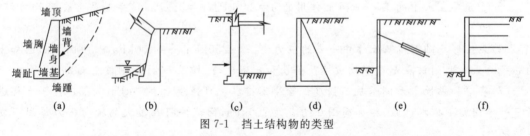

图 7-1 挡土结构物的类型
(a)边坡挡土墙;(b)桥台;(c)地下室侧墙;(d)扶壁式挡土墙;(e)锚定板挡土墙;(f)加筋挡土墙

二、墙体位移与土压力类型

土压力的性质和大小与墙身的位移、墙体的材料、墙体高度及结构形式、墙后填土的性质、填土表面的形状以及墙和地基的类型等有关。在这些因素中,以墙身的位移、墙高和填土的物理力学性质最为重要。墙体位移的方向和位移量取决于土压力的性质与大小。

根据挡土墙发生位移的方向,土压力可以分为以下 3 种:

(1)静止土压力。当建立在坚实的地基上(例如岩基)的挡土墙具有足够的截面和重量,挡土墙在土压力作用下,不向任何方向发生位移和转动时[图 7-2(a)],墙后土体没有水平位移,墙后土体没有破坏,处于弹性平衡状态,这时作用在墙背上的土压力称为静止土压力,以 E_0 表示。

(2)主动土压力。当挡土墙沿墙趾向离开填土方向转动或平行移动时[图 7-2(b)],墙后土压力逐渐减小。这是因为墙后土体有随墙的运动而下滑的趋势,为阻止其下滑,土内沿潜在滑动面上的剪应力增加,从而使墙背上的土压力减小。当墙的位移或转动达到一定量时,滑动面上的剪应力等于土的抗剪强度,墙后土体达到主动极限平衡状态,填土中开始出现曲线形滑动面 AC,这时作用在挡土墙上的土压力减至最小,称为主动土压力,用 E_a 表示。

(3)被动土压力。当挡土墙在外力作用下(如拱桥的桥台)向墙背填土方向转动或移动时[图 7-2(c)],墙后土体受到挤压,有向上滑动的趋势。为阻止其上滑,土体的抗剪阻力逐渐发挥作用,使得作用在墙背的土压力逐渐增大。当位移达到一定值时,潜在滑动面上的剪应力等于土的抗剪强度,墙后土体达到被动极限平衡状态,填土内也开始出现滑动面 AC。这时作用在挡土墙上的土压力增加至最大,称为被动土压力,用 E_p 表示。

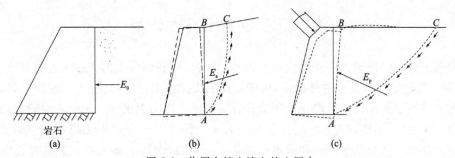

图 7-2 作用在挡土墙上的土压力
(a)静止土压力;(b)主动土压力;(c)被动土压力

显然,3 种土压力之间存在如下关系

$$E_a < E_0 < E_p$$

需要指出的是:①挡土墙所受到的土压力类型,首先取决于墙体是否发生位移以及位移的方向,可分为 E_0、E_a 和 E_p;②挡土墙所受土压力的大小随位移量而变化,并不是一个常数。主动土压力和被动土压力是墙后填土处于两种不同极限平衡状态时,作用在墙背上并可以计算的两个土压力。

主动土压力和被动土压力是特定条件下的土压力,仅当墙有足够大的位移或转动时才能产生。表 7-1 给出了产生主动土压力和被动土压力所需墙的位移量参考值,H 为墙高。可以看出,当墙和填土都相同时,产生被动土压力所需位移比产生主动土压力所需位移要大得多。

表 7-1 产生主动土压力和被动土压力所需墙的位移量

土类	应力状态	墙运动型式	可能需要的位移量
砂土	主动	平移	$0.0001H$
		绕墙趾转动	$0.001H$
		绕墙顶转动	$0.02H$
	被动	平移	$>0.05H$
		绕墙趾转动	$>0.1H$
		绕墙顶转动	$0.05H$
黏土	主动	平移	$0.004H$
		绕墙趾转动	$0.004H$

介于主动和被动极限平衡状态之间的土压力,除静止土压力这一特殊情况之外,由于填土处于弹性平衡状态,是一个超静定问题,目前还无法求其解析解。因计算技术的发展,现在已可以根据土的实际应力-应变关系,利用有限元法来确定墙体位移量与土压力大小的定量关系。

在计算土压力时,需先考虑挡墙位移产生的条件,然后方可确定可能出现的土压力,并进行计算。计算土压力的方法迄今在实用上仍广泛采用古典的朗肯理论(Rankine,1857)和库仑理论(Coulomb,1773)。一个多世纪以来,各国的工程技术人员做了大量挡土墙的模型试验,原位观测以及理论研究。实践表明,用上述两个古典理论来计算挡土墙土压力仍不失为有效实用的计算方法。

第二节 静止土压力计算

如果挡土墙不向任何方向发生位移或转动,此时作用在墙背上的土压力称为静止土压力,用 E_0 表示。如建筑物地下室的外墙面,由于楼面的支撑作用,外墙几乎不会发生位移,则作用在外墙面上的填土侧压力可按静止土压力计算。静止土压力强度 p_0,如同半空间直线变形体在土的自重作用下,无侧向变形时的水平侧应力 σ_h。图 7-3(a)表示半无限土体中深度 z 处土单元的应力状态。已知其水平面和垂直面都是主应力面,作用于该土单元上的竖直向应力就是自重应力,则竖直向和水平向应力可按计算自重应力的方法来确定。设想用一挡土墙代替单元体左侧的土体,若墙背垂直光滑,则墙后土体中的应力状态并没有变化,仍处于侧限应力状态[图 7-3(b)]。竖直向应力仍然是土的自重应力,而水平向应力 σ_h 由原来表示土体内部应力变成土对墙的压力,按定义即为静止土压力强度(p_0)为

$$p_0 = \sigma_h = K_0 \gamma z \tag{7-1}$$

式中:K_0 为静止土压力系数;γ 为土的重度(kN/m^3),静止土压力强度 p_0 的单位为 kPa。

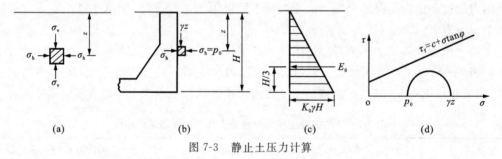

图 7-3 静止土压力计算

静止土压力沿墙高呈三角形分布,作用于墙背面单位长度上的总静止土压力 E_0 为

$$E_0 = \int_0^H p_0 \, dz = \frac{1}{2} K_0 \gamma H^2 \tag{7-2}$$

式中:H 为墙高(m);E_0 的作用点位于墙底面往上 $H/3$ 处,见图 7-3(c),其单位为 kN/m。

将处在静止土压力状态下的土单元应力状态用莫尔圆表示在 τ-σ 坐标上,则如图 7-3(d)所示。可见,这种应力状态离破坏包线还很远,属于弹性平衡应力状态。

K_0 与土的性质、密实程度、应力历史等因素有关,一般为:砂土 $K_0 = 0.35 \sim 0.50$,黏性土 $K_0 = 0.50 \sim 0.70$,毕肖普(Bishop,1958)通过试验指出,对于正常固结黏土和无黏性土,K_0 可近似地用下列经验公式表示。

$$K_0 = 1 - \sin\varphi' \tag{7-3}$$

式中：φ' 为土的有效内摩擦角。显然，对这类土，K_0 值均小于 1.0。

对于超固结土

$$K_{0(OC)} = K_{0(NC)} \cdot (OCR)^m \tag{7-4}$$

式中：$K_{0(OC)}$ 为超固结土的 K_0 值；$K_{0(NC)}$ 为正常固结土的 K_0 值，可按式(7-3)计算；OCR 为超固结比；m 为经验系数，一般可取 $m=0.4\sim0.5$。

图 7-4 所示为超固结比 OCR 与 K_0 值范围的关系，可以看出，对于 OCR 值较大的超固结土，K_0 值大于 1.0。

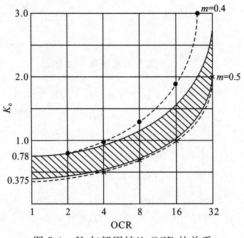

图 7-4 K_0 与超固结比 OCR 的关系

第三节 朗肯土压力理论

1857 年英国学者朗肯(Rankine)研究了土体在自重作用下发生平面应变时达到极限平衡的应力状态，建立了计算土压力的理论。该理论概念明确，方法简便，至今仍被广泛应用。

一、基本概念

朗肯理论是从研究弹性半空间体内的应力状态出发，根据土的极限平衡理论，得出计算土压力的方法，又称为极限应力法。

1. 基本假设

朗肯理论计算挡土墙两种土压力的基本假设：
(1) 墙自身是刚性的，不考虑墙身的变形。
(2) 墙后填土延伸到无限远处，且填土表面水平。
(3) 墙背垂直光滑，墙后土体达到极限平衡状态时产生的两组破裂面不受墙身的影响。

2. 朗肯主动状态

图 7-5(a) 和图 7-6(a) 为一表面水平的均质弹性半无限土体，即垂直向下和沿水平方向都为无限伸展。因土体内每一竖直面都是对称面，故地面以下 z 深度处的土单元体在自重作用下垂直截面和水平截面上的剪应力为零。该点处于弹性平衡状态，其应力状态为

$$\sigma_v = \gamma z, \quad \sigma_h = K_0 \gamma z$$

式中：σ_v 和 σ_h 都是主应力，以 $\sigma_1 = \sigma_v$ 和 $\sigma_3 = \sigma_h$ 作莫尔应力圆，如图 7-5(b) 中应力圆①所示。应力圆与抗剪强度线没有相切，该点处于弹性平衡状态。若有一刚性光滑的垂直平面 mn 通过该点，则 mn 面与土间既无摩擦力又无位移，因而它不影响土中原有的应力状态。

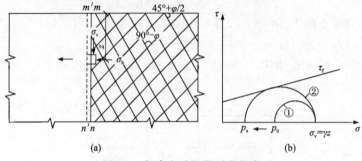

图 7-5 朗肯主动极限平衡状态

当 mn 面向左平移时，右侧土体中的水平应力 σ_h 将逐渐减小，而竖向应力 σ_v 保持不变。因此，应力圆的直径逐渐加大，当侧向位移至 $m'n'$，足够大至应力圆与土体的抗剪强度包线相切，如图 7-5(b) 中应力圆②，表示土体达到主动极限平衡状态。这时 $m'n'$ 后面土体中的应力达到土的强度[图 7-5(a)]，土体中的抗剪强度已全部发挥出来，使得作用在墙上的土压力 σ_h 减小到最低限值，即为主动土压力 p_a。此后，即使墙再继续移动，土压力也不会进一步增大。此时 $\sigma_v = \sigma_1$ 和 $\sigma_h = p_a = \sigma_3$，达到极限平衡应力状态时，滑裂面的方向与大主应力作用面（即水平面）的夹角为 $\alpha = 45° + \varphi/2$。滑动土体此时的应力状态称为朗肯主动状态。

3. 朗肯被动状态

如果 mn 面在外力作用下向右移动挤压土体，则竖向应力 σ_v 仍不变，土中剪应力最初减小，之后又逐渐增加，直至侧向位移至 $m''n''$，剪应力增加到土的抗剪强度时，应力圆与抗剪强度包线相切；此时墙面的法向应力 σ_h 逐渐增大，直至超过 σ_v 值。因而 σ_h 变为大主应力，σ_v 变为小主应力。当挡土墙上的法向应力 σ_h 增大到土体达极限平衡状态时，应力圆与抗剪强度线相切[图 7-6(b) 中的应力圆③]。这时作用在 $m''n''$ 面上的法向应力达到最大限值 p_p，即为所求的朗肯被动土压力强度。此时竖向应力 $\sigma_v = \sigma_3$ 和水平应力 $\sigma_h = p_p = \sigma_1$，达到极限平衡应力状态时，滑裂面与水平面的夹角为 $\alpha = 45° - \varphi/2$。将此极限平衡状态称为朗肯被动状态。

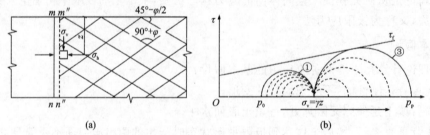

图 7-6 朗肯被动极限平衡状态

二、主动土压力计算

据前述可知，当墙后填土达主动极限平衡状态时，作用于任意 z 深度处土单元上的竖直应力 $\sigma_v = \gamma z$ 就是最大主应力 σ_1，而作用在墙背的水平向土压力 p_a 为最小主应力，因此，采用土的极限平衡理论,即当土内某点达到主动极限平衡状态时 σ_1 和 σ_3 的关系,可求得该点的主动土压力强度 p_a 的表达式。

对于无黏性土,已知土的抗剪强度为 $\tau_f = \sigma\tan\varphi$,达到主动极限平衡状态时,$\sigma_3 = \sigma_1\tan^2(45°-\varphi/2)$,将 $\sigma_3 = p_a$ 和 $\sigma_1 = \gamma z$ 代入,可得

$$p_a = \sigma_3 = \gamma z \tan^2\left(45° - \frac{\varphi}{2}\right)$$

或
$$p_a = \gamma z K_a \tag{7-5}$$

对于黏性土: $p_a = \sigma_3 = \gamma z \tan^2\left(45° - \frac{\varphi}{2}\right) - 2c\tan\left(45° - \frac{\varphi}{2}\right)$

或
$$p_a = \gamma z K_a - 2c\sqrt{K_a} \tag{7-6}$$

式中:p_a 为沿深度方向的主动土压力分布强度(kPa);$K_a = \tan^2(45°-\varphi/2)$,为朗肯主动土压力系数;$\gamma$ 为填土的重度(kN/m³);z 为计算点离填土表面的距离(m);c 为填土的黏聚力(kPa);φ 为内摩擦角(°)。

对于无黏性土,主动土压力强度与深度 z 成正比,土压力分布图呈三角形[图 7-7(a)]。据此可以求出墙单位长度总主动土压力为

$$E_a = \frac{1}{2}\gamma H^2 \tan^2\left(45° - \frac{\varphi}{2}\right)$$

或
$$E_a = \frac{1}{2}\gamma H^2 K_a \tag{7-7}$$

E_a 垂直于墙背,作用点位置在距墙底 $H/3$ 处,见图 7-7(a)。

当墙绕墙踵发生向离开填土方向的转动,达到主动极限平衡状态时,墙后土体破坏,形成如图 7-7(b)所示的滑动楔体,滑动面与水平面(最大主应力作用面)的夹角 $\alpha = 45° + \varphi/2$。滑动楔体内,土体均达到极限平衡状态,两组破裂面之间的夹角为 $90°-\varphi$。

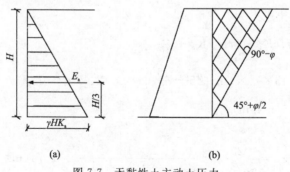

图 7-7 无黏性土主动土压力
(a)主动土压力分布;(b)墙后破裂面形状

对于黏性土,已知土的抗剪强度为 $\tau_f = c + \sigma\tan\varphi$,达到主动极限平衡状态时满足 $\sigma_3 = \sigma_1\tan^2(45°-\varphi/2) - 2c\tan(45°-\varphi/2)$,将 $\sigma_3 = p_a$ 和 $\sigma_1 = \gamma z$ 代入得

$$p_a = \gamma z \tan^2(45°-\varphi/2) - 2c\tan(45°-\varphi/2) = K_a\gamma z - 2c\sqrt{K_a} \tag{7-8}$$

式(7-8)说明,黏性土的土压力强度由两部分组成:一部分为由土的自重引起的土压力 $\gamma z K_a$,随深度 z 呈三角形分布;另一部分为由黏聚力 c 产生的抗力,起减小土压力的作用,其值为 $2c\sqrt{K_a}$,是一常量,不随深度变化,但这部分侧压力为负值。叠加的结果使得墙后土压力在深度 z_0 以上出现负值(即拉应力)。实际上由于墙面光滑,墙和填土之间没有抗拉强度,故

拉应力的存在会使填土与墙背脱开,出现深度为 z_0 的裂缝,如图 7-8(d)所示。因此,在 z_0 以上可认为土压力为零,z_0 以下土压力强度按三角形 abc 分布[图 7-8(c)]。

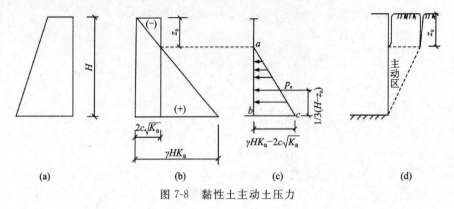

图 7-8 黏性土主动土压力

a 点至填土表面的高度 z_0 称为临界深度,可由式(7-8)中 $p_a=0$ 求得,令

$$p_a = \gamma z K_a - 2c\sqrt{K_a} = 0$$

故临界深度

$$z = z_0 = \frac{2c}{\gamma\sqrt{K_a}} \tag{7-9}$$

则总主动土压力为三角形 abc 的面积,即

$$E_a = \frac{1}{2}(H-z_0)(\gamma H K_a - 2c\sqrt{K_a}) = \frac{1}{2}\gamma H^2 K_a - 2cH\sqrt{K_a} + \frac{2c^2}{\gamma} \tag{7-10}$$

作用点位置在墙底以上 $(H-z_0)/3$ 处。

【例题 7-1】 有一高 7m 的挡土墙,墙背直立光滑、填土表面水平。填土的物理力学性质指标为:$c=12\text{kPa}$,$\varphi=15°$,$\gamma=18\text{kN/m}^3$。试求主动土压力及作用点位置,并绘出主动土压力分布图。

【解】 (1)总主动土压力为

$$E_a = \frac{1}{2}\gamma H^2 K_a - 2cH\sqrt{K_a} + \frac{2c^2}{\gamma}$$
$$= \frac{1}{2}\times 18\times 7^2\times \tan^2\left(45°-\frac{15°}{2}\right) - 2\times 12\times 7\times \tan\left(45°-\frac{15°}{2}\right) + \frac{2\times 12^2}{18}$$
$$= 146.8(\text{kN/m})$$

(2)临界深度 z_0 为

$$z_0 = \frac{2c}{\gamma\sqrt{K_a}} = \frac{2\times 12}{18\times \tan\left(45°-\frac{15°}{2}\right)} = 1.74(\text{m})$$

(3)主动土压力 p_a 作用点距墙底的距离为

$$\frac{H-z_0}{3} = \frac{7-1.74}{3} = 1.75(\text{m})$$

(4)在墙底处的主动土压力强度为

$$p_a = \gamma z \tan^2\left(45°-\frac{\varphi}{2}\right) - 2c\tan\left(45°-\frac{\varphi}{2}\right)$$
$$= 18\times 7\times \tan^2\left(45°-\frac{15°}{2}\right) - 2\times 12\times \tan\left(45°-\frac{15°}{2}\right)$$
$$= 55.8(\text{kPa})$$

(5) 主动土压力分布曲线如图 7-9 所示。

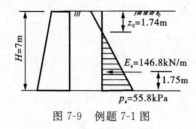

图 7-9 例题 7-1 图

三、被动土压力计算

据前述可知，当墙推土使墙后土体达到被动极限平衡状态时，水平应力比竖直应力大，此时作用在墙背的水平土压力 p_p 为最大主应力 σ_1，竖直应力 $\sigma_v = \gamma z$ 为最小主应力 σ_3。根据极限平衡理论，当墙向土体的位移达到朗肯被动土压力状态时，在深度 z 处任意一点的被动土压力强度 p_p 的表达式如下。

对于无黏性土，根据极限平衡条件，$\sigma_1 = \sigma_3 \tan^2\left(45° + \dfrac{\varphi}{2}\right)$，将 $\sigma_1 = p_p$ 和 $\sigma_3 = \gamma z$ 代入，可得

$$p_p = \sigma_1 = \gamma z \tan^2\left(45° + \dfrac{\varphi}{2}\right)$$

或

$$p_p = \gamma z K_p \tag{7-11}$$

式中：$K_p = \tan^2\left(45° + \dfrac{\varphi}{2}\right)$ 称为被动土压力系数。

无黏性土的被动土压力强度呈三角形分布，单位墙长度的总被动土压力 E_p 为

$$E_p = \dfrac{1}{2}\gamma H^2 K_p \tag{7-12}$$

作用位置在墙底往上 $H/3$ 处。

当达到被动极限平衡状态时，墙后土体破坏，形成如图 7-10(b) 所示的滑动楔体，滑动面与水平面（最小主应力作用面）的夹角 $\alpha = 45° - \dfrac{\varphi}{2}$。滑动楔体内，土体均达到极限平衡状态，两组破裂面之间的夹角为 $90° + \varphi$。

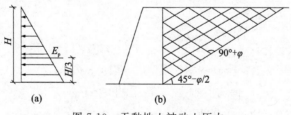

图 7-10 无黏性土被动土压力
(a)被动土压力分布；(b)墙后破裂面形状

对于黏性土，将最大主应力 $\sigma_1 = p_p$ 和最小主应力 $\sigma_3 = \gamma z$ 代入极限平衡状态时，满足 $\sigma_1 = \sigma_3 \tan^2\left(45° + \dfrac{\varphi}{2}\right) + 2c\tan\left(45° + \dfrac{\varphi}{2}\right)$，可得被动土压力强度

$$p_p = \gamma z \tan^2\left(45° + \dfrac{\varphi}{2}\right) + 2c\tan\left(45° + \dfrac{\varphi}{2}\right) = \gamma z K_p + 2c\sqrt{K_p} \tag{7-13}$$

由式(7-13)可知,黏性填土的被动土压力也由两部分组成,一部分为土的摩擦阻力,另一部分为土的黏聚阻力。叠加后,其压力强度 p_p 力沿墙高呈梯形分布,如图 7-11(b)所示。总被动土压力为

$$E_p = \frac{1}{2}\gamma H^2 K_p + 2cH\sqrt{K_p} \tag{7-14}$$

作用方向垂直于墙背,作用位置通过梯形面积重心。

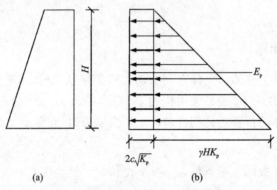

图 7-11 黏性土被动土压力分布

以上介绍的朗肯土压力理论应用弹性半无限土体的应力状态,根据土的极限平衡理论推导并计算土压力,其概念明确,计算公式简便。但由于假定墙背垂直、光滑、填土表面水平,使计算条件和适用范围受到限制。应用朗肯理论计算土压力,其结果主动土压力值偏大,被动土压力值偏小,因而是偏于安全的。

【例题 7-2】 有一重力式挡土墙高 5m,墙背垂直光滑,墙后填土水平。填土的性质指标为 $c=0, \varphi=40°, \gamma=18\text{kN/m}^3$。试分别求出作用于墙上的静止、主动及被动土压力的大小和分布。

【解】 (1)计算土压力系数:

静止土压力系数 $K_0 = 1 - \sin\varphi = 1 - \sin 40° = 0.357$

主动土压力系数 $K_a = \tan^2\left(45° - \dfrac{\varphi}{2}\right) = \tan^2(45° - 20°) = 0.217$

被动土压力系数 $K_p = \tan^2\left(45° + \dfrac{\varphi}{2}\right) = \tan^2(45° + 20°) = 4.6$

(2)计算墙底处土压力强度:

静止土压力 $p_0 = \gamma z K_0 = 18 \times 5 \times 0.357 = 32.1 \text{ (kPa)}$

主动土压力 $p_a = \gamma z K_a = 18 \times 5 \times 0.217 = 19.5 \text{ (kPa)}$

被动土压力 $p_p = \gamma z K_p = 18 \times 5 \times 4.6 = 414 \text{ (kPa)}$

(3)计算单位墙长度上的总土压力:

总静止土压力 $E_0 = \dfrac{1}{2}\gamma H^2 K_0 = \dfrac{1}{2} \times 18 \times 5^2 \times 0.357 = 80.3 \text{ (kN/m)}$

总主动土压力 $E_a = \dfrac{1}{2}\gamma H^2 K_a = \dfrac{1}{2} \times 18 \times 5^2 \times 0.217 = 48.8 \text{ (kN/m)}$

总被动土压力 $E_p = \dfrac{1}{2}\gamma H^2 K_p = \dfrac{1}{2} \times 18 \times 5^2 \times 4.6 = 1035 \text{ (kN/m)}$

三者比较可以看出 $E_a < E_0 < E_p$。

(3) 土压力强度分布如图 7-12 所示。总土压力作用点均在距墙底 $\frac{H}{3} \approx 1.67 (\mathrm{m})$ 处。

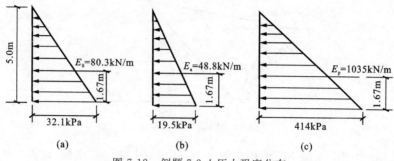

图 7-12　例题 7-2 土压力强度分布
(a)静止土压力；(b)主动土压力；(c)被动土压力

四、实际工程中朗肯理论的应用

朗肯理论概念明确，方法简单，因而广泛用于实际工程中。由于影响土压力的因素复杂，所以在具体运用时，常常需要根据实际情况作某些近似处理，以简化计算和更符合实际。

(一)填土表面倾斜时土压力计算

当填土表面与水平面夹角 $\beta \neq 0$ 时，如果假设土压力作用方向与填土倾斜表面平行，则也符合朗肯土压力条件(图 7-13)，应用朗肯理论和莫尔应力圆可导出土压力计算公式，又称为应力圆法，其无黏性土主动、被动土压力强度计算公式为

$$p_\mathrm{a} = \gamma z \cos\beta \frac{\cos\beta - \sqrt{\cos^2\beta - \cos^2\varphi}}{\cos\beta + \sqrt{\cos^2\beta - \cos^2\varphi}} \quad (7\text{-}15)$$

$$p_\mathrm{p} = \gamma z \cos\beta \frac{\cos\beta + \sqrt{\cos^2\beta - \cos^2\varphi}}{\cos\beta - \sqrt{\cos^2\beta - \cos^2\varphi}} \quad (7\text{-}16)$$

总主动、被动土压力计算公式为

$$E_\mathrm{a} = \frac{1}{2}\gamma H^2 \cos\beta \frac{\cos\beta - \sqrt{\cos^2\beta - \cos^2\varphi}}{\cos\beta + \sqrt{\cos^2\beta - \cos^2\varphi}} \quad (7\text{-}17)$$

$$E_\mathrm{p} = \frac{1}{2}\gamma H^2 \cos\beta \frac{\cos\beta + \sqrt{\cos^2\beta - \cos^2\varphi}}{\cos\beta - \sqrt{\cos^2\beta - \cos^2\varphi}} \quad (7\text{-}18)$$

显然当 $\beta=0$ 时，结果与前述朗肯公式相同。

应该指出，由于墙背不是滑裂面，而土压力的方向平行于斜坡面，因此，墙背与土之间的摩擦角 δ 必须大于 β。

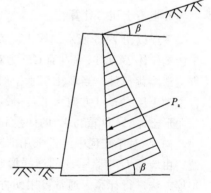

图 7-13　填土表面倾斜情况下朗肯土压力计算图式

(二)坦墙的土压力计算

1. 坦墙

如果挡土墙墙背较平缓，倾角 α 较大，则墙后土体破坏时滑动土楔可能不再沿墙背 AB 滑动，而是沿如图 7-14 所示的 BC 和 BD 面滑动，两个滑动面将均发生在土中。这时，称 BD 为第一滑动面，BC 为第二滑动面。工程中常把出现第二滑动面的挡土墙定义为坦墙。在这种情况下，滑动土楔 BCD 仍处于极限平衡状态，而位于第二滑动面与墙体之间棱体 ABC 则尚未达到极限平衡状态，它将贴附于墙背 AB 上与墙一起移动，故可将其视为墙体的一部分。

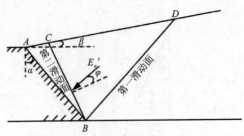

图 7-14 坦墙与第二滑动面

要注意的是,由于滑动面 BC 也存在于土中,是土与土之间的摩擦,该面上的土压力 E_a' 与 BC 面法线的夹角不是 δ 而应是 φ。这样,最终作用于墙背 AB 面上的主动土压力 E_a 就是 E_a' 与三角形土体 ABC 重力的合力。

根据前述可知,产生第二滑动面的条件应与墙背倾角 α,墙背与土摩擦角 δ,土的内摩擦角 φ,以及填土坡角 β 等因素有关,一般可用临界倾斜角 α_{cr} 来判别:当墙背倾角 $\alpha > \alpha_{cr}$ 时,认为能产生第二滑动面,应按坦墙进行土压力计算。研究表明,$\alpha_{cr} = f(\delta, \varphi, \beta)$。可以证明,当 $\delta = \varphi$ 时,α_{cr} 可用下式表达:

$$\alpha_{cr} = 45° - \frac{\varphi}{2} + \frac{\beta}{2} - \frac{1}{2}\arcsin\frac{\sin\beta}{\sin\varphi} \tag{7-19}$$

若填土面水平,$\beta = 0$,则

$$\alpha_{cr} = 45° - \frac{\varphi}{2} \tag{7-20}$$

2. 坦墙土压力计算

下面以图 7-15 所示的填土面为平面 $\beta = 0$,$\delta = \varphi$ 的坦墙为例,说明其土压力计算方法。由于滑动楔体 BCB' 以垂直面 CD 为对称面,故 CD 面可视为无剪应力的光滑面,符合朗肯的竖直光滑墙背条件。当填土面水平时,可按前述朗肯理论,用式(7-7)求出作用于 CD 面上的朗肯主动土压力 E_a'(方向水平)。最后作用在 AC 墙背上的土压力 E_a 应是土压力 E_a'(朗肯)与三角形土体 ACD 重力 W 的向量和(图 7-15)。

同理,对于工程中经常采用的一种 L 型的钢筋混凝土挡土墙(图 7-16),当墙底板足够宽,使得由墙顶 D 与墙踵 B 的连线形成的倾角 α 大于 α_{cr} 时,作用在这种挡土墙上的土压力也可按坦墙方法进行计算。通常可用朗肯理论求出作用在经过墙踵 B 点的竖直面 AB 上的主动土压力 E_a。在对这种挡土墙进行稳定分析时,底板以上 $DCEA$ 范围内的土重 W,可作为墙身重量的部分来考虑。

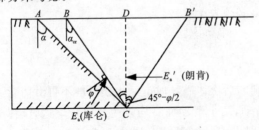

图 7-15 坦墙的土压力计算

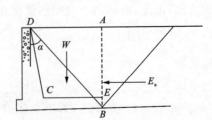

图 7-16 L 型挡土墙压力计算

【例题 7-3】 某悬臂式钢筋混凝土挡土墙如图 7-17 所示,已知墙后的填土为密砂,$c=0$,$\varphi=40°$,$\gamma=18\mathrm{kN/m^3}$,墙底混凝土与地基土间的摩擦系数 $\delta=30°$,墙身混凝土的重度 $\gamma=23.5\mathrm{kN/m^3}$。试求挡土墙的抗滑稳定安全系数。

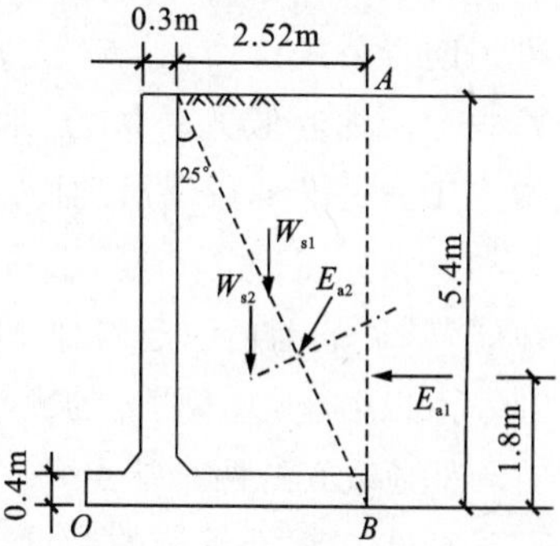

【解】 首先根据式(7-20)判断是否为坦墙:$\alpha_{cr}=45°-\varphi/2=45°-40°/2=25°$,$\alpha=\arctan(2.52/5.4)=25°$。所以这是一个坦墙,因而可以用朗肯土压力理论计算其抗滑稳定安全系数。

主动土压力系数:
$$K_{a1}=\tan^2\left(45°-\frac{\varphi}{2}\right)=\tan^2 25°=0.217$$

总主动土压力:
$$E_{a1}=\frac{1}{2}\gamma H^2 K_a=\frac{1}{2}\times 18\times 5.4^2\times 0.217=57\,(\mathrm{kN/m})$$

墙底板以上的土重:
$$W_{s1}=2.52\times 5.0\times 18=226.8\,(\mathrm{kN/m})$$

挡土墙混凝土自重:
$$W_c=(0.3\times 5.0+3.5\times 0.4)\times 23.5=68.15\,(\mathrm{kN/m})$$

挡土墙抗滑稳定安全系数:
$$F_s=\frac{(W_{s1}+W_c)\tan 30°}{E_{a1}}=\frac{(226.8+68.15)\tan 30°}{57}=2.99$$

图 7-17 例题 7-3 图

(三)填土表面有荷载作用

1. 连续均布荷载作用

若挡土墙墙背垂直,在水平填土面上有连续均布荷载 q 作用时[图 7-18(a)],也可用朗肯理论计算主动土压力。此时填土面下,墙背面 z 深度处土单元所受的竖向应力 $\sigma_1=q+\gamma z$,则 $\sigma_3=p_a=\sigma_1 K_a$,即

$$p_a=(q+\gamma z)K_a \tag{7-21}$$

由式(7-21)可以看出,作用在墙背面的主动土压力 p_a 由两部分组成:一部分由均布荷载 q 引起,是常数,其大小与深度 z 无关;另一部分由土重引起,大小与深度 z 成正比。总土压力 E_a 即为图 7-18(b)所示的梯形分布图的面积。

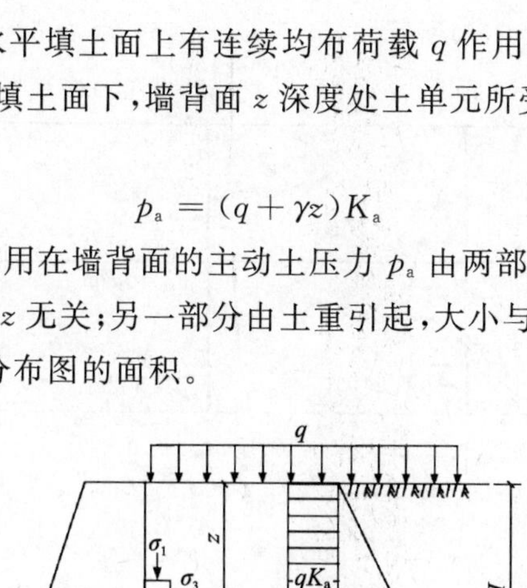

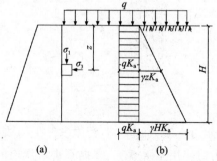

图 7-18 水平填土面上有连续均布荷载作用

2. 局部荷载作用

若填土表面有局部荷载 q 作用时[图 7-19(a)],则 q 对墙背产生的附加土压力强度值仍可用朗肯公式计算,即 $p_{aq} = qK_a$,但其分布范围缺乏在理论上的严格分析,目前有不同的经验算法。一种近似方法认为,地面局部荷载产生的土压力是沿平行于滑动面的方向传递至墙背上的。在如图 7-19(a)所示的条件下,荷载 q 仅在墙背 cd 范围内引起附加土压力 p_{aq},c 点以上和 d 点以下,认为不受 q 的影响,c、d 两点分别为自局部荷载 q 的两个端点 a、b 作与水平面成 $45°+\varphi/2$ 的斜线至墙背的交点。作用于墙背面的总土压力分布如图 7-19(b)中所示的阴影面积。

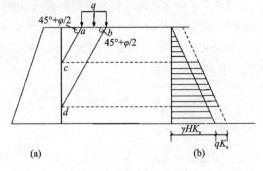

图 7-19 填土表面有局部荷载作用

(四)成层土的土压力

墙后填土由性质不同的土层组成时,土压力将受到不同填土性质的影响,当墙背竖直、填土面水平时,为简单起见,常用朗肯理论计算。现以图 7-20 所示的双层无黏性填土为例说明其计算方法。计算时可能出现以下 3 种情况:

(1) $\gamma_1 > \gamma_2$,$\varphi_1 = \varphi_2$。此时在土层的分界面处将出现一转折点,土压力强度沿墙高的分布如图 7-20(a)所示。

(2) $\gamma_1 = \gamma_2$,$\varphi_1 < \varphi_2$。此时在土层的分界面处出现一突变点。该计算点之上采用 γ_1、φ_1 进行计算,计算点之下采用 γ_2、φ_2 计算,土压力强度沿墙高的分布如图 7-20(b)所示。

(3) $\gamma_1 = \gamma_2$,$\varphi_1 > \varphi_2$。此时在土层分界面处也将出现突变点。计算方法与第二种情况相同。土压力的分布如图 7-20(c)所示。

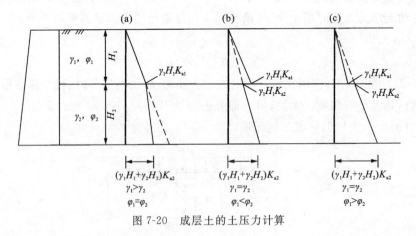

图 7-20 成层土的土压力计算

(五)墙后填土中有地下水

此时要考虑静止的地下水对土压力的影响,具体表现在:①地下水位以下填土质量因受到水的浮力而减小,计算土压力时应用浮重度 γ';②地下水对填土的强度指标 c、φ 的影响,一般认为对砂性土的影响可以忽略,但对黏性填土,地下水将使 c、φ 值减小,从而使土压力增大;③地下水对墙背产生静水压力作用。

以图 7-21 所示的挡土墙为例,若墙后填土为均一的无黏性土,地下水位在填土表面下 H_1 处,水位上、下土层的内摩擦角相同,则土压力计算与前面不同重度的双层填土情况相同,土压力分布在地下水位界面处发生转折,如图 7-21 所示。作用在墙背上的水压力 $E_w = \gamma_w H_2^2 / 2$,其中 γ_w 为水的重度,H_2 为地下水位以下的墙高。作用在挡土墙上的总压力应为总土压力 E_a 与水压力 E_w 之和。

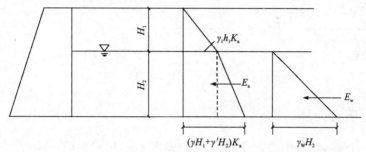

图 7-21 墙后有地下水位时土压力计算

第四节 库仑土压力理论

1776 年法国的库仑(Coulomb)根据极限平衡的概念,并假定滑动面为平面,分析了滑动楔体的力系平衡,从而求算出挡土墙上的土压力,成为著名的库仑土压力理论。该理论能适用于各种填土面和不同的墙背条件,且方法简便,有足够的精度,至今也仍然是一种被广泛采用的土压力理论。

一、基本原理

库仑研究了回填砂土挡土墙的主动土压力,把处于主动土压力状态下的挡土墙离开土体的位移,看成是与一块楔形土体(土楔)沿墙背和土体中某一平面(滑动面)同时发生向下滑动。土楔夹在两个滑动面之间,一个面是墙背,另一个面在土中,如图 7-22 中的 AB 面和 BC 面,土楔与墙背之间有摩擦力作用。因为填土为砂土,故不存在凝聚力。根据土楔的静平衡条件,可求解出挡土墙对滑动土楔的支撑反力,从而求解出作用于墙背上的总土压力。按照受力条件的不同,可以是总主动土压力或是总被动土压力。这种计算方法又称为滑动土楔平衡法。应该指出,应用库仑土压力理论时,要试算不同的滑动面,只有最危险滑动面 AB 对应的土压力才是土楔作用于墙背的 p_a 或 p_p。

库仑理论的基本假定如下:

(1)平面滑动面假设。当墙向前或向后移动,使墙后填土达到破坏时,填土将沿两个平面同时下滑或上滑;一个是墙背 AB 面,另一个是土体内某一滑动面 BC,为通过墙踵的平面,BC 与水平面成 θ 角。平面滑动面假设是库仑理论的最主要假设,库仑在当时已认识到这一假定与实际情况不符,但它可使计算工作大大简化,在一般情况下精度能满足工程的要求。

(2)刚体滑动假设。将破坏土楔体 ABC 视为刚体,不考虑滑动楔体内部的应力和变形条件。

(3)楔体 ABC 整体处于极限平衡状态。在 AB 和 BC 滑动面上,抗剪强度均已充分发挥,即滑动面上的剪应力 τ 均已达抗剪强度 τ_f。

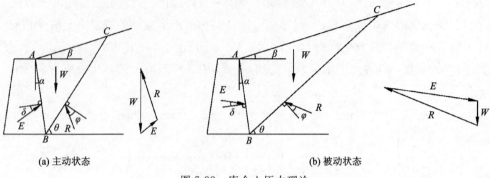

图 7-22 库仑土压力理论

二、主动土压力计算

如图 7-23(a)所示，墙背倾斜，与竖直面间的夹角为 α；墙背粗糙，与填土之间存在摩擦力，摩擦角为 δ；墙后填土面与水平面间的倾角为 β，墙高为 H。土的内摩擦角为 φ，黏聚力 $c=0$，假定滑动面 BC 通过墙踵。滑裂面与水平面的夹角为 θ，取滑动土楔 ABC 作为隔离体进行受力分析[图 7-23(b)]。

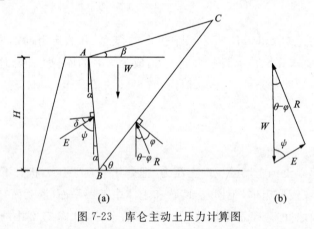

图 7-23 库仑主动土压力计算图

当滑动土楔 ABC 向下滑动、处于极限平衡状态时，土楔上作用有以下 3 个力：

(1)土楔 ABC 自重 W，当滑裂面的倾角 θ 确定后，由几何关系可计算土楔自重。

(2)破裂滑动面 BC 上的反力 R，是因楔体滑动时产生的土与土之间摩擦力在 BC 面上的合力，作用方向与 BC 面法线的夹角等于土的内摩擦角 φ。楔体下滑时，R 的位置在法线的下侧。

(3)墙背 AB 对土楔体的反力 E，与该力大小相等、方向相反的楔体作用在墙背上的压力，就是主动土压力。该力的作用方向与墙面 AB 的法线夹角 δ 就是土与墙之间的摩擦角，称为外摩擦角。楔体下滑时，此力的位置在法线的下侧。

土楔 ABC 在以上 3 个力的作用下处于极限平衡状态，则由此 3 个力构成的力的矢量三角形必然闭合。已知 W 的大小和方向及 R、E 的方向，给出图 7-23(b)所示的力三角形。按正弦定理：

$$\frac{E}{\sin(\theta-\varphi)}=\frac{W}{\sin[180°-(\theta+\psi-\varphi)]}$$

则
$$E = \frac{W\sin(\theta-\varphi)}{\sin(\psi+\theta-\varphi)} \quad (7\text{-}22)$$

式中：$\psi = 90° - (\delta + \alpha)$

由式(7-22)可知：E 是 θ 的函数。因滑动面 BC 是假设的，故 θ 角是任意的。当 $\theta = 90° + \alpha$ 时，$W=0$，则 $E=0$；而当 $\theta = \varphi$ 时，W 和 R 重合，亦是 $E=0$。所以当 θ 在 φ 和 $90°+\alpha$ 之间变化为某一 θ_0 时，E 必有一最大值。对应于最大 E 值的滑动面才是所求的主动土压力的滑动面，相应的与最大 E 值大小相等、方向相反的作用于墙背上的土压力才是所求的总主动土压力 E_a。

取 $\dfrac{\mathrm{d}E}{\mathrm{d}\theta} = 0$ 时，E 有最大值。用数值法求得 E 为最大值的 θ，可导出总主动土压力的计算公式：

$$E_a = \frac{1}{2}\gamma H^2 K_a \quad (7\text{-}23)$$

其中

$$K_a = \frac{\cos^2(\varphi-\alpha)}{\cos^2\alpha \cdot \cos(\alpha+\delta)\left[1+\sqrt{\dfrac{\sin(\varphi+\delta)\cdot\sin(\varphi-\beta)}{\cos(\alpha+\delta)\cdot\cos(\alpha-\beta)}}\right]^2} \quad (7\text{-}24)$$

式中：γ、φ、H 分别为墙后填土的重度、内摩擦角以及墙的高度。K_a 为库仑主动土压力系数，是 α、β、φ、δ 的函数，查表 7-2 可得。α 为墙背倾角（墙背与铅直线的夹角），以铅直线为准，顺时针为负，称仰斜；反时针为正，称俯斜。δ 为墙背与填土之间的摩擦角，由试验确定。无试验资料时，一般取 $\delta = (1/3 \sim 2/3)\varphi$，也可参考表 7-3 中的数值。$\beta$ 为填土表面的倾角，水平面以上为正（图 7-23），水平面以下为负。

当墙背直立（$\alpha = 0$），墙面光滑（$\delta = 0$），填土表面水平（$\beta = 0$）时，主动土压力系数为 $K_a = \tan^2(45° - \varphi/2)$，与朗肯主动土压力系数相同。式(7-23)成为

$$E_a = \frac{1}{2}\gamma H^2 K_a = \frac{1}{2}\gamma H^2 \tan^2\left(45° - \frac{\varphi}{2}\right)$$

即为朗肯主动土压力公式。可见，朗肯主动土压力公式是库仑公式的特殊情况。

沿墙高度分布的主动土压力强度 p_a 可通过对式(7-23)微分求得

$$p_a = \frac{\mathrm{d}E_a}{\mathrm{d}z} = \frac{\mathrm{d}}{\mathrm{d}z}\left(\frac{1}{2}K_a\gamma z^2\right) = \gamma z K_a \quad (7\text{-}25)$$

式(7-25)说明 p_a 的大小沿墙高呈三角形分布，见图 7-24(b)。土压力合力 E_a 的作用方向与墙背法线成 δ 角，与水平面成 $\alpha+\delta$ 角，见图 7-24(a)；E_a 作用点在距墙底 $H/3$ 处，见图 7-24(b)。

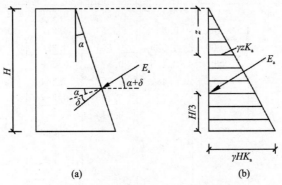

图 7-24　库仑主动土压力强度分布图

表 7-2 主动土压力系数 K_a 值

$\delta = 0°$

α	β	15°	20°	25°	30°	35°	40°	45°	50°
0°	0°	0.589	0.490	0.406	0.333	0.271	0.217	0.172	0.132
	5°	0.635	0.524	0.431	0.352	0.284	0.227	0.178	0.137
	10°	0.704	0.569	0.462	0.374	0.300	0.238	0.186	0.142
	15°	0.933	0.639	0.505	0.402	0.319	0.251	0.194	0.147
	20°		0.883	0.573	0.441	0.344	0.267	0.204	0.154
	25°			0.821	0.505	0.379	0.288	0.217	0.162
	30°				0.750	0.436	0.318	0.235	0.172
	35°					0.671	0.369	0.260	0.186
	40°						0.587	0.303	0.206
	45°							0.500	0.242
	50°								0.413
10°	0°	0.652	0.560	0.478	0.407	0.343	0.288	0.238	0.194
	5°	0.705	0.601	0.510	0.431	0.362	0.302	0.249	0.202
	10°	0.784	0.655	0.550	0.461	0.384	0.318	0.261	0.211
	15°	1.039	0.737	0.603	0.498	0.411	0.337	0.274	0.221
	20°		1.015	0.685	0.548	0.444	0.360	0.291	0.231
	25°			0.977	0.628	0.491	0.391	0.311	0.245
	30°				0.925	0.566	0.433	0.337	0.262
	35°					0.860	0.502	0.374	0.284
	40°						0.785	0.437	0.316
	45°							0.703	0.371
	50°								0.614
20°	0°	0.736	0.648	0.569	0.498	0.434	0.375	0.322	0.274
	5°	0.801	0.700	0.611	0.532	0.461	0.397	0.340	0.288
	10°	0.896	0.768	0.663	0.572	0.492	0.421	0.358	0.302
	15°	1.196	0.868	0.730	0.621	0.529	0.450	0.380	0.318
	20°		1.205	0.834	0.688	0.576	0.484	0.405	0.337
	25°			1.196	0.791	0.639	0.527	0.435	0.358
	30°				1.169	0.740	0.586	0.474	0.385
	35°					1.124	0.683	0.529	0.420
	40°						1.064	0.620	0.469
	45°							0.990	0.552
	50°								0.904
−10°	0°	0.540	0.433	0.344	0.270	0.209	0.158	0.117	0.083
	5°	0.581	0.461	0.364	0.284	0.218	0.164	0.120	0.085
	10°	0.644	0.500	0.389	0.301	0.229	0.171	0.125	0.088
	15°	0.860	0.562	0.425	0.322	0.243	0.180	0.130	0.090
	20°		0.785	0.482	0.353	0.261	0.190	0.136	0.094
	25°			0.703	0.405	0.287	0.205	0.144	0.098
	30°				0.614	0.331	0.226	0.155	0.104
	35°					0.523	0.263	0.171	0.111
	40°						0.433	0.200	0.123
	45°							0.344	0.145
	50°								0.262

第七章 挡土结构物上的土压力

续表 7-2

α	φ / β	15°	20°	25°	30°	35°	40°	45°	50°
−20°	0°	0.497	0.380	0.287	0.212	0.153	0.106	0.070	0.043
	5°	0.535	0.405	0.302	0.222	0.159	0.110	0.072	0.044
	10°	0.595	0.439	0.323	0.234	0.166	0.114	0.074	0.045
	15°	0.809	0.494	0.352	0.250	0.175	0.119	0.076	0.046
	20°		0.707	0.401	0.274	0.188	0.125	0.080	0.047
	25°			0.603	0.316	0.206	0.134	0.084	0.049
	30°				0.498	0.239	0.147	0.090	0.051
	35°					0.396	0.172	0.099	0.055
	40°						0.301	0.116	0.060
	45°							0.215	0.071
	50°								0.141
					$\delta = 5°$				
0°	0°	0.556	0.465	0.387	0.319	0.260	0.210	0.166	0.129
	5°	0.605	0.500	0.412	0.337	0.274	0.219	0.173	0.133
	10°	0.680	0.547	0.444	0.360	0.289	0.230	0.180	0.138
	15°	0.937	0.620	0.488	0.388	0.308	0.243	0.189	0.144
	20°		0.886	0.558	0.428	0.333	0.259	0.199	0.150
	25°			0.825	0.493	0.369	0.280	0.212	0.158
	30°				0.753	0.428	0.311	0.229	0.168
	35°					0.674	0.363	0.255	0.182
	40°						0.589	0.299	0.202
	45°							0.502	0.388
	50°								0.415
10°	0°	0.622	0.536	0.460	0.393	0.333	0.280	0.233	0.191
	5°	0.680	0.579	0.493	0.418	0.352	0.294	0.243	0.199
	10°	0.767	0.636	0.534	0.448	0.374	0.311	0.255	0.207
	15°	1.060	0.725	0.589	0.486	0.401	0.330	0.269	0.217
	20°		1.035	0.676	0.538	0.436	0.354	0.286	0.228
	25°			0.996	0.622	0.484	0.385	0.306	0.242
	30°				0.943	0.563	0.428	0.333	0.259
	35°					0.877	0.500	0.371	0.281
	40°						0.801	0.436	0.314
	45°							0.716	0.371
	50°								0.626
20°	0°	0.709	0.627	0.553	0.485	0.424	0.368	0.318	0.271
	5°	0.781	0.680	0.597	0.520	0.452	0.391	0.335	0.285
	10°	0.887	0.755	0.650	0.562	0.484	0.416	0.355	0.300
	15°	1.240	0.866	0.723	0.614	0.523	0.446	0.376	0.316
	20°		1.250	0.835	0.684	0.571	0.480	0.402	0.335
	25°			1.240	0.794	0.639	0.525	0.434	0.357
	30°				1.212	0.746	0.587	0.474	0.385
	35°					1.166	0.689	0.532	0.421
	40°						1.103	0.627	0.472
	45°							1.026	0.559
	50°								0.937

续表 7-2

α	β \ φ	15°	20°	25°	30°	35°	40°	45°	50°
−10°	0°	0.503	0.406	0.324	0.256	0.199	0.151	0.112	0.080
	5°	0.546	0.434	0.344	0.269	0.208	0.157	0.116	0.082
	10°	0.612	0.474	0.369	0.286	0.219	0.164	0.120	0.085
	15°	0.850	0.537	0.405	0.308	0.232	0.172	0.125	0.087
	20°		0.776	0.463	0.339	0.250	0.183	0.131	0.091
	25°			0.695	0.390	0.276	0.197	0.139	0.095
	30°				0.607	0.321	0.218	0.149	0.100
	35°					0.518	0.255	0.166	0.108
	40°						0.428	0.195	0.120
	45°							0.341	0.141
	50°								0.259
−20°	0°	0.457	0.352	0.267	0.199	0.144	0.101	0.067	0.041
	5°	0.496	0.376	0.282	0.208	0.150	0.104	0.068	0.042
	10°	0.557	0.410	0.302	0.220	0.157	0.108	0.070	0.043
	15°	0.787	0.466	0.331	0.236	0.165	0.112	0.073	0.044
	20°		0.688	0.380	0.259	0.178	0.119	0.076	0.045
	25°			0.586	0.300	0.196	0.127	0.080	0.047
	30°				0.484	0.228	0.140	0.085	0.049
	35°					0.386	0.165	0.094	0.052
	40°						0.293	0.111	0.058
	45°							0.209	0.068
	50°								0.137

$\delta = 10°$

α	β \ φ	15°	20°	25°	30°	35°	40°	45°	50°
0°	0°	0.533	0.447	0.373	0.309	0.253	0.204	0.163	0.127
	5°	0.585	0.483	0.398	0.327	0.266	0.214	0.169	0.131
	10°	0.664	0.531	0.431	0.350	0.282	0.225	0.177	0.136
	15°	0.947	0.609	0.476	0.379	0.301	0.238	0.185	0.141
	20°		0.897	0.549	0.420	0.326	0.254	0.195	0.148
	25°			0.834	0.487	0.363	0.275	0.209	0.156
	30°				0.762	0.423	0.306	0.226	0.166
	35°					0.681	0.359	0.252	0.180
	40°						0.596	0.297	0.201
	45°							0.508	0.238
	50°								0.420
10°	0°	0.603	0.520	0.448	0.384	0.326	0.275	0.230	0.189
	5°	0.665	0.566	0.482	0.409	0.346	0.290	0.240	0.197
	10°	0.759	0.626	0.524	0.440	0.369	0.307	0.253	0.206
	15°	1.089	0.721	0.582	0.480	0.396	0.326	0.267	0.216
	20°		1.064	0.674	0.534	0.432	0.351	0.284	0.227
	25°			1.024	0.622	0.482	0.382	0.304	0.241
	30°				0.969	0.564	0.427	0.332	0.258
	35°					0.901	0.503	0.371	0.281
	40°						0.823	0.438	0.315
	45°							0.736	0.374
	50°								0.644

续表 7-2

α	β \ φ	15°	20°	25°	30°	35°	40°	45°	50°
20°	0°	0.695	0.615	0.543	0.478	0.419	0.365	0.316	0.271
	5°	0.773	0.674	0.589	0.515	0.448	0.388	0.334	0.285
	10°	0.890	0.752	0.646	0.558	0.482	0.414	0.354	0.300
	15°	1.298	0.872	0.723	0.613	0.522	0.444	0.377	0.317
	20°		1.308	0.844	0.687	0.573	0.481	0.403	0.337
	25°			1.298	0.806	0.643	0.528	0.436	0.360
	30°				1.268	0.758	0.594	0.478	0.388
	35°					1.220	0.702	0.539	0.426
	40°						1.155	0.640	0.480
	45°							1.074	0.572
	50°								0.981
−10°	0°	0.477	0.385	0.309	0.245	0.191	0.146	0.109	0.078
	5°	0.521	0.414	0.329	0.258	0.200	0.152	0.112	0.080
	10°	0.590	0.455	0.354	0.275	0.211	0.159	0.116	0.082
	15°	0.847	0.520	0.390	0.297	0.224	0.167	0.121	0.085
	20°		0.773	0.450	0.328	0.242	0.177	0.127	0.088
	25°			0.692	0.380	0.268	0.191	0.135	0.093
	30°				0.605	0.313	0.212	0.146	0.098
	35°					0.516	0.249	0.162	0.106
	40°						0.426	0.191	0.117
	45°							0.339	0.139
	50°								0.258
−20°	0°	0.427	0.330	0.252	0.188	0.137	0.096	0.064	0.039
	5°	0.466	0.354	0.267	0.197	0.143	0.099	0.066	0.040
	10°	0.529	0.388	0.286	0.209	0.149	0.103	0.068	0.041
	15°	0.772	0.445	0.315	0.225	0.158	0.108	0.070	0.042
	20°		0.675	0.364	0.248	0.170	0.114	0.073	0.044
	25°			0.575	0.288	0.188	0.122	0.077	0.045
	30°				0.475	0.220	0.135	0.082	0.047
	35°					0.378	0.159	0.091	0.051
	40°						0.288	0.108	0.056
	45°							0.205	0.066
	50°								0.135

$\delta = 15°$

α	β \ φ	15°	20°	25°	30°	35°	40°	45°	50°
0°	0°	0.518	0.434	0.363	0.301	0.248	0.201	0.160	0.125
	5°	0.571	0.471	0.389	0.320	0.261	0.211	0.167	0.130
	10°	0.656	0.522	0.423	0.343	0.277	0.222	0.174	0.135
	15°	0.966	0.603	0.470	0.373	0.297	0.235	0.183	0.140
	20°		0.914	0.546	0.415	0.323	0.251	0.194	0.147
	25°			0.850	0.485	0.360	0.273	0.207	0.155
	30°				0.777	0.422	0.305	0.225	0.165
	35°					0.695	0.359	0.251	0.179
	40°						0.608	0.298	0.200
	45°							0.518	0.238
	50°								0.428

续表 7-2

α	β \ φ	15°	20°	25°	30°	35°	40°	45°	50°
10°	0°	0.592	0.511	0.441	0.378	0.323	0.273	0.228	0.189
	5°	0.658	0.559	0.476	0.405	0.343	0.288	0.240	0.197
	10°	0.760	0.623	0.520	0.437	0.366	0.305	0.252	0.206
	15°	1.129	0.723	0.581	0.478	0.395	0.325	0.267	0.216
	20°		1.103	0.679	0.535	0.432	0.351	0.284	0.228
	25°			1.062	0.628	0.484	0.383	0.305	0.242
	30°				1.005	0.571	0.430	0.334	0.260
	35°					0.935	0.509	0.375	0.284
	40°						0.853	0.445	0.319
	45°							0.763	0.380
	50°								0.668
20°	0°	0.690	0.611	0.540	0.476	0.419	0.366	0.317	0.273
	5°	0.774	0.673	0.588	0.514	0.449	0.389	0.336	0.287
	10°	0.904	0.757	0.649	0.560	0.484	0.416	0.357	0.303
	15°	1.372	0.889	0.731	0.618	0.526	0.448	0.380	0.321
	20°		1.383	0.862	0.697	0.579	0.486	0.408	0.341
	25°			1.372	0.825	0.655	0.536	0.442	0.365
	30°				1.341	0.778	0.606	0.487	0.395
	35°					1.290	0.722	0.551	0.435
	40°						1.221	0.609	0.492
	45°							1.136	0.590
	50°								1.037
−10°	0°	0.458	0.371	0.298	0.237	0.186	0.142	0.106	0.076
	5°	0.503	0.400	0.318	0.251	0.195	0.148	0.110	0.078
	10°	0.576	0.442	0.344	0.267	0.205	0.155	0.114	0.081
	15°	0.850	0.509	0.380	0.289	0.219	0.163	0.119	0.084
	20°		0.776	0.441	0.320	0.237	0.174	0.125	0.087
	25°			0.695	0.374	0.263	0.188	0.133	0.091
	30°				0.607	0.308	0.209	0.143	0.097
	35°					0.518	0.246	0.159	0.104
	40°						0.428	0.189	0.116
	45°							0.341	0.137
	50°								0.259
−20°	0°	0.405	0.314	0.240	0.180	0.132	0.093	0.062	0.038
	5°	0.445	0.338	0.255	0.189	0.137	0.096	0.064	0.039
	10°	0.509	0.372	0.275	0.201	0.144	0.100	0.066	0.040
	15°	0.763	0.429	0.303	0.216	0.152	0.104	0.068	0.041
	20°		0.667	0.352	0.239	0.164	0.110	0.071	0.042
	25°			0.568	0.280	0.182	0.119	0.075	0.044
	30°				0.470	0.214	0.131	0.080	0.046
	35°					0.374	0.155	0.089	0.049
	40°						0.284	0.105	0.055
	45°							0.203	0.065
	50°								0.133

续表 7-2

$$\delta = 20°$$

α	β \ φ	15°	20°	25°	30°	35°	40°	45°	50°
0°	0°			0.357	0.297	0.245	0.199	0.160	0.125
	5°			0.384	0.317	0.259	0.209	0.166	0.130
	10°			0.419	0.340	0.275	0.220	0.174	0.135
	15°			0.467	0.371	0.295	0.234	0.183	0.140
	20°			0.547	0.414	0.322	0.251	0.193	0.147
	25°			0.874	0.487	0.360	0.273	0.207	0.155
	30°				0.798	0.425	0.306	0.225	0.166
	35°					0.714	0.362	0.252	0.180
	40°						0.625	0.300	0.202
	45°							0.532	0.241
	50°								0.440
10°	0°			0.438	0.377	0.322	0.273	0.229	0.190
	5°			0.475	0.404	0.343	0.289	0.241	0.198
	10°			0.521	0.438	0.367	0.306	0.254	0.208
	15°			0.586	0.480	0.397	0.328	0.269	0.218
	20°			0.690	0.540	0.436	0.354	0.286	0.230
	25°			1.111	0.639	0.490	0.388	0.309	0.245
	30°				1.051	0.582	0.437	0.338	0.264
	35°					0.978	0.520	0.381	0.288
	40°						0.893	0.456	0.325
	45°							0.799	0.389
	50°								0.699
20°	0°			0.543	0.479	0.422	0.370	0.321	0.277
	5°			0.594	0.520	0.454	0.395	0.341	0.292
	10°			0.659	0.568	0.490	0.423	0.363	0.309
	15°			0.747	0.629	0.535	0.456	0.387	0.327
	20°			0.891	0.715	0.592	0.496	0.417	0.349
	25°			1.467	0.854	0.673	0.549	0.453	0.374
	30°				1.434	0.807	0.624	0.501	0.406
	35°					1.379	0.750	0.569	0.448
	40°						1.305	0.685	0.509
	45°							1.214	0.615
	50°								1.109
−10°	0°			0.291	0.232	0.182	0.140	0.105	0.076
	5°			0.311	0.245	0.191	0.146	0.108	0.078
	10°			0.337	0.262	0.202	0.153	0.113	0.080
	15°			0.374	0.284	0.215	0.161	0.117	0.083
	20°			0.437	0.316	0.233	0.171	0.124	0.086
	25°			0.703	0.371	0.260	0.186	0.131	0.090
	30°				0.614	0.306	0.207	0.142	0.096
	35°					0.524	0.245	0.158	0.103
	40°						0.433	0.188	0.115
	45°							0.344	0.137
	50°								0.262

续表 7-2

α	β \ φ	15°	20°	25°	30°	35°	40°	45°	50°
−20°	0°			0.231	0.174	0.128	0.090	0.061	0.038
	5°			0.246	0.183	0.133	0.094	0.062	0.038
	10°			0.266	0.195	0.140	0.097	0.064	0.039
	15°			0.294	0.210	0.148	0.102	0.067	0.040
	20°			0.344	0.233	0.160	0.108	0.069	0.042
	25°			0.566	0.274	0.178	0.116	0.073	0.043
	30°				0.468	0.210	0.129	0.079	0.045
	35°					0.373	0.153	0.087	0.049
	40°						0.283	0.104	0.054
	45°							0.202	0.064
	50°								0.133

$\delta = 25°$

α	β \ φ	15°	20°	25°	30°	35°	40°	45°	50°
0°	0°				0.296	0.245	0.199	0.160	0.126
	5°				0.316	0.259	0.209	0.167	0.130
	10°				0.340	0.275	0.221	0.175	0.136
	15°				0.372	0.296	0.235	0.184	0.141
	20°				0.417	0.324	0.252	0.195	0.148
	25°				0.494	0.363	0.275	0.209	0.157
	30°				0.828	0.432	0.309	0.228	0.168
	35°					0.741	0.368	0.256	0.183
	40°						0.647	0.306	0.205
	45°							0.552	0.246
	50°								0.456
10°	0°				0.379	0.325	0.276	0.232	0.193
	5°				0.408	0.346	0.292	0.244	0.201
	10°				0.443	0.371	0.311	0.258	0.211
	15°				0.488	0.403	0.333	0.273	0.222
	20°				0.551	0.443	0.360	0.292	0.235
	25°				0.658	0.502	0.396	0.315	0.250
	30°				1.112	0.600	0.448	0.346	0.270
	35°					1.034	0.537	0.392	0.295
	40°						0.944	0.471	0.335
	45°							0.845	0.403
	50°								0.739
20°	0°				0.488	0.430	0.377	0.329	0.284
	5°				0.530	0.463	0.403	0.349	0.300
	10°				0.582	0.502	0.433	0.372	0.318
	15°				0.648	0.550	0.469	0.399	0.337
	20°				0.740	0.612	0.512	0.430	0.360
	25°				0.894	0.699	0.569	0.469	0.387
	30°				1.553	0.846	0.650	0.520	0.421
	35°					1.494	0.788	0.594	0.466
	40°						1.414	0.721	0.532
	45°							1.316	0.647
	50°								1.201

续表 7-2

α	φ β	15°	20°	25°	30°	35°	40°	45°	50°
−10°	0°				0.228	0.180	0.139	0.104	0.075
	5°				0.242	0.189	0.145	0.108	0.078
	10°				0.259	0.200	0.151	0.112	0.080
	15°				0.281	0.213	0.160	0.117	0.083
	20°				0.314	0.232	0.170	0.123	0.086
	25°				0.371	0.259	0.185	0.131	0.090
	30°				0.620	0.307	0.207	0.142	0.096
	35°					0.534	0.246	0.159	0.104
	40°						0.441	0.189	0.116
	45°							0.351	0.138
	50°								0.267
−20°	0°				0.170	0.125	0.089	0.060	0.037
	5°				0.179	0.131	0.092	0.061	0.038
	10°				0.191	0.137	0.096	0.063	0.039
	15°				0.206	0.146	0.100	0.066	0.040
	20°				0.229	0.157	0.106	0.069	0.041
	25°				0.270	0.175	0.114	0.072	0.043
	30°				0.470	0.207	0.127	0.078	0.045
	35°					0.374	0.151	0.086	0.048
	40°						0.284	0.103	0.053
	45°							0.203	0.064
	50°								0.133

表 7-3　土对挡土墙墙背的摩擦角 δ 值

挡土墙情况	摩擦角 δ
墙背平滑、排水不良	$(0\sim0.33)\varphi$
墙背粗糙、排水良好	$(0.33\sim0.5)\varphi$
墙背很粗糙、排水良好	$(0.5\sim0.67)\varphi$
墙背与填土间不可能滑动	$(0.67\sim1.0)\varphi$

【例题 7-4】 有一重力式挡土墙高 4.0m，$\alpha=10°$，$\beta=5°$，墙后填砂土，$c=0$，$\varphi=30°$，$\gamma=18\text{kN/m}^3$。试分别求出当 $\delta=\varphi/2$ 和 $\delta=0$ 时，作用于墙背上的总主动土压力 E_a 的大小、方向及作用点。

【解】 （1）求 $\delta=\varphi/2$ 时的 E_{a1}。根据 $\alpha=10°$，$\beta=5°$，$\varphi=30°$ 和 $\delta=\varphi/2=15°$，查表 7-2，得 $K_{a1}=0.405$，则

$$E_{a1} = \frac{1}{2}\gamma H^2 K_{a1} = \frac{1}{2}\times 18 \times 4^2 \times 0.405$$
$$= 58.3(\text{kN/m})$$

E_{a1} 作用点位置在距墙底 $H/3$ 处，即 $y=4/3\approx1.33\text{m}$。E_{a1} 作用方向与墙背法线的夹角成 $\delta=15°$，如图 7-25 所示。

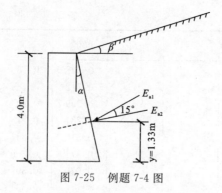

图 7-25 例题 7-4 图

(2)求 $\delta=0$ 时的 E_{a2}。根据 $\alpha=10°$，$\beta=5°$，$\varphi=30°$ 和 $\delta=0$，查表 7-2，得 $K_{a2}=0.431$，则

$$E_{a2} = \frac{1}{2}\gamma H^2 K_{a2} = \frac{1}{2} \times 18 \times 4^2 \times 0.431 = 62.06(\text{kN/m})$$

E_{a2} 的作用点与 E_{a1} 相同，作用方向与墙背垂直。

比较上述计算结果可知，当墙背与土之间的摩擦角 δ 减小时，作用于墙背上的总主动土压力将增大，并且方向更趋向水平方向，对墙体的稳定不利。

三、被动土压力计算

当挡土墙在外力作用下被推向填土，沿着滑裂面 BC 形成的滑动楔体 ABC 向上滑动，处于极限平衡状态时，同样在楔体 ABC 上作用有 3 个力 W、E 和 R[图 7-23(b)]。楔体 ABC 的重量 W 的大小和方向为已知，E 和 R 的大小未知，由于土楔体上滑，E 和 R 的方向都在法线的下侧，如图 7-26(a)所示。与求主动土压力的原理相似，用数解法求得总被动土压力。

$$E_p = \frac{1}{2}\gamma H^2 K_p \tag{7-26}$$

其中

$$K_p = \frac{\cos^2(\varphi+\alpha)}{\cos^2\alpha \cdot \cos(\alpha-\delta)\left[1+\sqrt{\dfrac{\sin(\varphi+\delta)\cdot\sin(\varphi+\beta)}{\cos(\alpha-\delta)\cdot\cos(\alpha-\beta)}}\right]^2} \tag{7-27}$$

式中：K_p 为库仑被动土压力系数，K_p 是 α、β、φ、δ 的函数；其余符号的意义与式(7-24)相同。

被动土压力强度 E_p 沿竖直高度 H 的分布，可以通过对 E_p 微分求得，即

$$p_p = \frac{dE_p}{dz} = \gamma z K_p \tag{7-28}$$

被动土压力强度沿墙高呈三角形线性分布，如图 7-26(b)所示。总被动土压力的作用点在底面以上 $H/3$ 处，其方向与墙面法线成 δ 角，与水平面成 $\delta-\alpha$ 角。

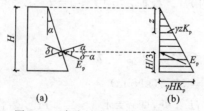

图 7-26 库仑被动土压力强度分布

四、库尔曼图解法

上述库仑土压力计算公式只适用于 $c=0$ 且填土表面为平面的情况。对墙后填土为曲线斜面或不规则形状表面,或填土表面有局部荷载作用及填土为黏性土时,可用图解法求土压力。库尔曼(Culmann)图解法是以库仑理论为基础,用楔体试算法求土压力的一种方法。因其概念明确、使用简单,在工程中得到广泛应用。

1. 基本原理

设挡土墙及其填土条件如图 7-27(a)所示。根据数解法已知,若在墙后填土中任选一与水平面夹角为 θ_1 的滑动面 AC_1,则可求出土楔 ABC_1 重量 W_1 的大小及方向,以及反力 E_1 及 R_1 的方向,从而可绘制闭合的力三角形,并进而求出 E_1 的大小,见图 7-27(b)。然后再任选多个不同的滑动面 AC_i,可绘出多个闭合的力三角形,并得出相应的 E_i 值。将这些力三角形的顶点连成曲线 $m_1 m_n$,作曲线 $m_1 m_n$ 的竖直切线(平行于 W 方向),得到切点 m,自 m 点作 E 方向的平行线交 OW 线于 n 点,则 mn 所代表的 E 值为诸多 E 值中的最大值,即为主动土压力 E_a 值。

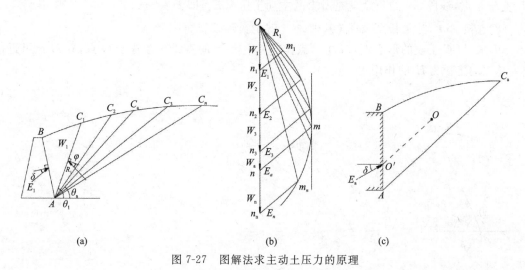

图 7-27 图解法求主动土压力的原理

为找出填土中"真正"滑动面的位置,考虑图 7-27(b)中的力三角形 Omn,根据前面图 7-23(b)可知,对应于土压力 E_a 的 $R_a(Om)$ 与 $W_a(On)$ 之间的夹角应为 $\theta_a - \varphi$,土的内摩擦角 φ 已知,故可求出 θ_a 角,从而可在图 7-27(a)中确定出滑动面 $\overline{AC_a}$。

值得提出的是,由图解法只能确定总土压力 E_a 的大小和滑动面位置,而不能求出 E_a 的作用点位置。为此,太沙基(1943)建议可用下述近似方法确定。

如图 7-27(c)所示,在得出滑动面位置 $\overline{AC_a}$ 后,再找出滑动体 ABC_a 的重心 O,过 O 点作滑动面 $\overline{AC_a}$ 的平行线,交墙背于 O' 点,可以认为 O' 点就是 E_a 的作用点。

2. 基本方法

库尔曼(Culmann)图解法是对上述基本方法的一种改进与简化,因此在工程中得到广泛应用。其简化之处在于库尔曼把图 7-27(b)中的闭合三角形的顶点 O 直接放在墙趾 A 处,并使之逆时针方向旋转 $90°+\varphi$ 角度,使得力三角形中矢量 R 的方向与所假定的滑动面相一致,如图 7-28(a)所示。这时矢量 W 的方向与水平线之间的夹角应为 φ;W 与 E 之间夹角应为 ψ,见图 7-28(c),φ 和 $\psi=90°-\alpha-\delta$ 均为常数。然后沿 W 方向即可画出图 7-28(b)所示的一

系列闭合的三角形,从而使上述基本图解法得到简化。库尔曼图解法的具体步骤如下:

(1)如图 7-28 所示的挡土墙和土坡,过 A 点作 AL 线,使 AL 与水平面成 φ 角,代表重力 W 的方向。

(2)以 AL 为基线顺时针方向旋转 $\psi = 90° - \alpha - \delta$,作 AM 线,AM 即旋转变化后的土压力 E 的方向。

(3)任意假定一个破裂面 AC_1,计算其滑动土楔的重量 W_1,按一定比例在 AL 线上标定 $An_1 = W_1$。

(4)过 n_1 点作 AM 的平行线 $m_1 n_1$ 交滑动面于 m_1 点,则 $\triangle m_1 n_1 A$ 即为滑动土体 ABC_1 的闭合的力三角形,$m_1 n_1$ 的长度就等于滑动面为 AC_1 时的土压力 E_1,即 $m_1 n_1 = E_1$。

(5)重复(3)(4)的步骤可以确定 $m_2 n_2 = E_2, m_3 n_3 = E_3, \cdots$

(6)连接 $m_1, m_2, m_3, \cdots$,可得一曲线,称为库尔曼土压力轨迹线,它表示在各不同假想滑裂面的情况下,墙背 AB 上受到的土压力大小的变化情况。

(7)在土压力轨迹线上作一条平行于 AL 的切线,切点为 m,过切点 m 作 AM 的平行线 AL 交于 n 点,线段 mn 的长度就是所求的主动土压力 E_a,即 $E_a = mn$。

(8)连接 $\overline{Am}$,并延长至坡面 C_a,则 $\overline{AC_a}$ 就是实际破裂面。

(9)求 ABC 土楔的形心点 O,过 O 点作与 AC_a 平行的直线交墙背于 O' 点,则 O' 点可近似作为总主动土压力 E_a 的作用点。

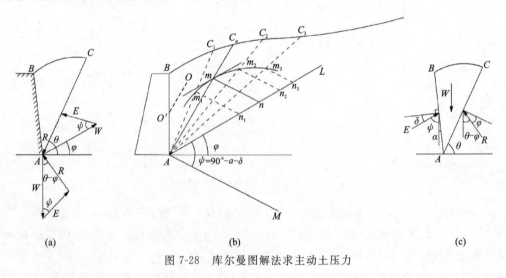

图 7-28 库尔曼图解法求主动土压力

五、库仑理论的实际应用

(一)黏性填土的土压力

当墙后填土为黏性土时,也可用图解法求解主动土压力,如图 7-29 所示。此时,滑动楔体的滑动面上及墙背与填土的接触面上,除了有摩擦力外还有黏聚力 c 的作用。据前述朗肯理论可知,在无荷载作用的黏性土半无限体表层 z 深度内,因存在拉应力,将导致裂缝出现[图 7-29(a)],且 $z_0 = 2c/\gamma \sqrt{K_a}$。其中 K_a 可按式(7-24)计算。

假定滑动面为 ADF 时,作用在滑动楔体上的力有:

(1) 滑动土楔 $BMADF$ 的重量 W。

(2) 墙背对填土的反力 E。

(3) 沿墙背 AM 的总黏聚力 $\bar{C} = \bar{c} \cdot \overline{AE}$,其中 $\bar{c}$ 为墙与填土接触面上单位面积黏聚力,方向沿接触面,见图 7-29(a)。

(4) 滑动面 AD 上的反力 R。

(5) 滑动面 AD 上的总黏聚力 $C = c \cdot \overline{AD}$,其中 c 为填土内单位面积上的黏聚力,方向沿滑动面 AD。

可见上述 5 个力的作用方向均已知,且 W、$\bar{C}$ 和 C 的大小也已知,根据力系平衡时力的矢量多边形闭合条件,即可确定出 E 的大小,见图 7-29(b)。

用与无黏性土同样的方法,试算多个滑动面,根据矢量 E 与 R 的交点的轨迹,画出一条光滑曲线,找到最大的 E 值即为主动土压力 E_a。

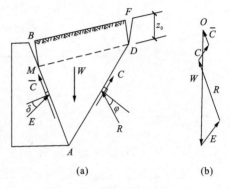

图 7-29 用图解法求黏性土主动土压力

(二) 墙背形状有变化的情况

1. 折线形墙背

当挡土墙墙背不是一个平面而是折面时[图 7-30(a)],可以墙背转折点为界,分成上墙与下墙,然后分别按库仑理论计算主动土压力 E_a,最后再叠加。

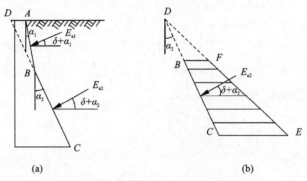

图 7-30 折线形墙背土压力计算

首先将上墙 AB 当作独立挡土墙,计算出主动土压力 E_{a1},这时不考虑下墙的存在。然后计算下墙的土压力,计算时可将下墙背 BC 向上延长交地面线于 D 点,以 DBC 作为假想墙背,算出墙背土压力分布,如图 7-30(b) 中 DCE 所示。再截取与 BC 段相应的部分,即 $BCEF$ 部分,算出其合力,即为作用于下墙 BC 段的主动土压力 E_{a2}。

2. 墙背设置卸荷平台

为了减少作用在墙背上的主动土压力,有时采用在墙背中部加设卸荷平台的办法,见图 7-31(a),它可以有效地提高重力式挡土墙的抗倾覆稳定安全系数,并使墙底压力更均匀。

此时,平台以上 H_1 高度内,可按朗肯理论计算作用在 AB 面上的土压力分布,如图 7-31(b) 所示。由于平台以上土重 W 已由卸荷台 DBC 承担,故平台下 C 点处土压力变为零,从而起

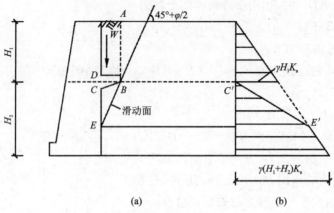

图 7-31 带卸荷台的挡土墙土压力

到减少平台下 H_2 段内土压力的作用。减压范围,一般认为,至滑动面与墙背交点 E 处为止。连接图 7-31(b)中相应的 C' 和 E',则图中阴影部分即为减压后的土压力分布。显然卸荷平台伸出越长,则减压作用越大。

(三)墙后填土表面有均布荷载作用

若挡土墙墙背及填土面均为倾斜平面,如图 7-32(a)所示,其中 q 为沿坡面单位长度上的荷载。为了求解作用在墙背上的总主动土压力 E_a,可以采用库仑图解法。这时可认为滑动面位置不变,与没有 q 荷载作用时相同,只是在计算每一滑动楔体重量 W 时,应将该滑动楔体范围内的总荷载重 $G=ql$ 考虑在内[图 7-32(c)],然后即可按第四节的方法求出总主动土压力 E_a。此外,也可用数解法,直接由库仑理论在计入作用于滑动楔体上的荷载 $G=ql$ 后,推导出计算总主动土压力 E_a 的公式。在图 7-32(c)中,设 E_a' 为填土表面没有荷载作用时的总主动土压力,E_a 为计入填土表面均布荷载后的总主动土压力,根据三角形相似原理,应有

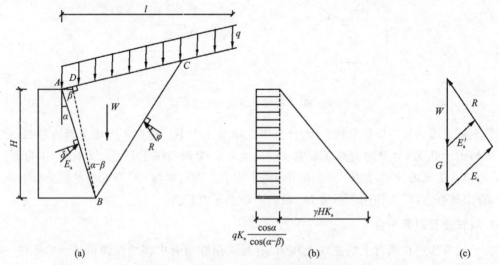

图 7-32 倾斜填土面上有连续均布荷载作用

$$\frac{E_a}{E_a'} = \frac{W+G}{W}$$

故
$$E_a = E_a'\left(1 + \frac{G}{W}\right) \tag{7-29}$$

若令
$$\Delta E_a = E_a' \frac{G}{W} \tag{7-30}$$

则
$$E_a = E_a' + \Delta E_a \tag{7-31}$$

由式(7-31)可以看出,等号右边第一项 E_a' 为土重引起的总主动土压力,根据式(7-23)知 $E_a' = \frac{1}{2}\gamma H^2 K_a$;第二项即为填土表面上均布荷载 q 引起的主动土压力增量 ΔE_a。下面推求 ΔE_a:

从图 7-32(a)所示的几何关系可知
$$W = \frac{l \cdot \overline{BD}}{2}\gamma \tag{7-32}$$

$$\overline{BD} = \overline{AB} \cdot \cos(\alpha - \beta) = \frac{H}{\cos\alpha}\cos(\alpha - \beta) \tag{7-33}$$

将式(7-23)、式(7-32)和式(7-33)代入式(7-30),并经化简即可得出
$$\Delta E_a = qHK_a \frac{\cos\alpha}{\cos(\alpha - \beta)} \tag{7-34}$$

于是,作用在挡土墙上的总主动土压力的计算公式应为
$$E_a = E_a' + \Delta E_a = \frac{1}{2}\gamma H^2 K_a + qHK_a \frac{\cos\alpha}{\cos(\alpha - \beta)} \tag{7-35}$$

土压力沿墙高的分布如图 7-32(b)所示。

(四)填土表面不规则

图 7-33 给出了填土表面不规则的几种情况。对于此类问题,常按填土表面为水平或倾斜的情况分别进行计算,然后再组合。

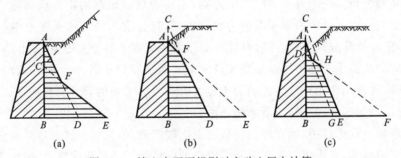

图 7-33 填土表面不规则时主动土压力计算

对于图 7-33(a)所示的情况,可延长倾斜面交墙背于 C 点,分别计算出墙背为 AB 而填土表面水平时的主动土压力强度分布图形 ABD,以及墙背为 BC 而填土表面倾斜时的主动土压力强度分布图形 CBE。这两个图形交于 F 点,则实际主动土压力强度分布图形可近似取图中 $ABEFA$,其面积就是总主动土压力 E_a 的近似值。

图 7-33(b)的情况可分别计算墙背 AB 在填土表面为倾斜时的主动土压力强度分布图形 ABE,以及虚设墙背 BC 而在填土表面为水平时的主动土压力强度分布图形 BCD。两个三角形相交于 F 点,则 $ABDFA$ 图形面积就是总主动土压力 E_a 的近似值。

图 7-33(c)所示的填土表面自距墙背一定距离处开始倾斜。此时应分别计算墙背为 AB 而填土表面水平时的主动土压力分布图形 ABG,墙背为 BD 而填土表面倾斜时的主动土压力

强度分布图形 DBF，以及虚设墙背 BC 在填土表面为水平时的主动土压力强度分布图形 CBE。这 3 个三角形分别交于 I、H 点，则 $ABEHIA$ 的面积就是总主动土压力 E_a 的近似值。

（五）坦墙库仑土压力计算

显然，对于坦墙（图 7-15），库仑公式不能用来直接求出作用在墙背 AC 面上的土压力，但却可用其求出作用于第二滑动面 BC 上的土压力 E_a。由式（7-20），$\alpha_{cr} = 45° - \varphi/2$，则墙后滑动土楔将以过墙踵 C 点的竖直面 CD 面为对称面下滑，两个滑动面 BC 和 $B'C$ 与 CD 夹角都应是 $45° - \varphi/2$。从而两个滑动面位置均为已知，根据库仑理论可求出作用于第二滑动面 BC 上的库仑土压力 E_a 的大小和方向（与 BC 面的法线成夹角 φ）。最后作用墙背 AC 上的土压力 E_a 即为土压力 E_a（库仑）与三角形土体 ABC 的重力 W（竖向）的向量和。

第五节　若干问题的讨论

挡土墙土压力的计算理论是土力学的主要课题之一，也是较复杂的问题之一。还有许多问题尚待进一步解决。朗肯理论和库仑理论都是研究土压力问题的简化方法。它们各有其不同的基本假定、分析方法和适用条件。在应用时必须注意针对实际情况合理选择，否则将会造成不同程度的误差。本节将从分析方法、适用条件以及误差范围等方面对土压力计算中的一些问题作一简单的讨论。

一、分析方法的异同

朗肯与库仑土压力理论均属于极限状态土压力理论。就是说，用这两种理论计算出的土压力都是墙后土体处于极限平衡状态下的主动土压力与被动土压力 E_a 和 E_p，这是它们的相同点。但两者在分析方法上存在着较大的差别，主要表现在研究的出发点和途径的不同。朗肯理论是从研究土中一点的极限平衡应力状态出发，首先求出的是作用在土中竖直面上的土压力强度 p_a 或 p_p 及其分布形式，然后再计算出作用在墙背上的总土压力 E_a 和 E_p，因而朗肯理论属于极限应力法。库仑理论则是根据墙背和滑动面之间的土楔，整体处于极限平衡状态，用静力平衡条件，先求出作用在墙背上的总土压力 E_a 和 E_p，需要时再计算出土压力强度 p_a 或 p_p 及其分布形式，因而库仑理论属于滑动楔体法。

在上述两种研究途径中，朗肯理论在理论上比较严密，但只能得到如本章所介绍的理想简单边界条件下的解答，在应用上受到限制。库仑理论显然是一种简化理论，但由于其能适用于较为复杂的各种实际边界条件，且在一定范围内能得出比较满意的结果，因而应用更广泛。

二、适用范围

（一）朗肯理论的应用范围

1. 墙背与填土面条件

综合前面所述可知，对于坦墙，只有当墙背条件不妨碍第二滑动面形成时，才能出现朗肯状态，因而才能采用朗肯公式。故朗肯公式可用于图 7-34 所示的如下 4 种情况：

(1) 墙背垂直、光滑，墙后填土面水平，即 $\alpha = 0$，$\delta = 0$，$\beta = 0$ [图 7-34(a)]。

(2) 墙背垂直，填土表面倾斜，即 $\alpha = 0$，$\beta \neq 0$，但当 $\beta < \varphi$ 且 $\delta > \beta$ [图 7-34(b)]。

(3)坦墙，$\alpha > \alpha_{cr}$，计算面如图 7-34(c)所示。

(4)L 型钢筋混凝土挡土坦墙，计算面如图 7-34(d)所示。

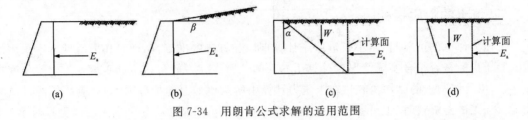

图 7-34 用朗肯公式求解的适用范围

2. 土质条件

无黏性土与黏性土均可用。除情况(2)且填土为黏性土外，其他情况均有公式直接求解。

(二)库仑理论的应用范围

1. 墙背与填土面条件

(1)可用于包括朗肯条件在内的各种倾斜墙背的陡墙($\alpha < \alpha_{cr}$)，填土面不限[图 7-35(a)]，即 α、β、δ 可以不为零，但也可以等于零，故较朗肯公式应用范围更广。

(2)坦墙，填土形式不限，计算面为第二滑动面，如图 7-35(b)所示。

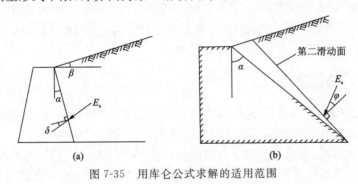

图 7-35 用库仑公式求解的适用范围

2. 土质条件

数解法一般只用于无黏性土，图解法则对于无黏性土或黏性土均可方便应用。

三、计算误差

如前所述，朗肯理论和库仑理论都是建立在某些人为假定的基础上，因此计算结果都有一定误差。

朗肯理论假定墙背与土之间无摩擦作用($\delta = 0$)，由此求出的主动土压力系数 K_a 偏小，而被动土压力系数 K_p 偏大。当 δ 和 φ 都比较大时，忽略墙背与填土的摩擦作用，将会给被动土压力的计算带来相当大的误差，由此算得的朗肯被动土压力系数较之严格的理论解可以小 2~3 倍。

库仑理论考虑了墙背与填土的摩擦作用，边界条件是正确的。但却假定土中的滑裂面是通过墙踵的平面，这与实际情况和理论解不符。这种平面滑裂面的假定使得破坏楔体平衡时所必须满足的力系对任一点的力矩之和等于零($\sum M = 0$)的条件得不到满足，这是用库仑理论计算土压力，特别是被动土压力存在很大误差的重要原因。库仑理论算得的主动土压力稍偏小,而被动土压力则偏大。当 δ 和 φ 都比较大时,库仑理论算得的被动土压力系数较之严格的理论解要大 2～4 倍。

四、填土的性质指标

土压力计算的可靠与否,不仅取决于计算理论和方法的准确性,而且还要看计算中采用的土的性质指标是否符合实际情况。计算用的土的性质指标一般包括土的重度 γ,土的强度指标 c、φ,以及墙与土的摩擦角 δ。在土压力计算中所采用的上述指标的大小,应尽量通过试验确定。当无试验资料时,也可参考一些经验值。其中 δ 值可按表 7-3 中选用。以下只对 γ、c、φ 等指标作一简单讨论。

(1) 无黏性土。对于砂、砾等无黏性土,其天然重度值 $\gamma = 17.0 \sim 19.0 \text{kN/m}^3$,可通过试验测定。其内摩擦角 φ 一般比较稳定,可用三轴排水试验值 φ_d 或直剪试验的慢剪值 φ_s。

(2) 对于黏性土的重度,应根据填筑时的含水量实测,其范围为 $17.0 \sim 19.0 \text{kN/m}^3$,黏性土 c、φ 值的选择,要比无黏性土复杂,这是因为当墙后用黏性土回填时,填土的自重和超载的作用,将在填土中引起超静孔隙水压力,如果能较准确得知孔压值,则用有效应力法,采用有效强度指标 c'、φ' 进行土压力计算是合理的。但工程中要做到这一点往往比较困难,故根据实践经验,对高度 5m 左右的一般挡土墙,设计中可采用三轴固结不排水剪的总强度指标 c_{cu}、φ_{cu},或直剪试验的固结快剪指标 φ_{cq}、c_{cq}。对一些高度较大,填土碾压速度较快的重要挡土墙,则宜用三轴不排水剪指标 c_{uu}、φ_{uu}。对于基坑支护结构上的土压力,由于是在原状土中开挖,一般均用 c_{cu}、φ_{cu} 计算。

五、填土材料的选择

挡土墙后填土的选材和填筑质量,对土压力大小有很大的影响,在设计回填料时,应尽量考虑减小土压力。良好的回填料应具有较高的长期强度和较大的透水性。一般来说,粒状材料是一种最好的回填料,因为它们除了有较高的 φ 值外,还能长期保持着主动应力状态,而且具有较好的透水性。黏性土则有蠕变趋势,而且透水性很低;蠕变趋势能使土从主动土压力状态向静止状态发展,从而引起侧压力随时间而增加。因此,有关规范建议,墙后填土宜选透水性较强的无黏性土填料。若填土采用黏性土料时,宜掺入适量的碎石。一定要避免用成块的硬黏土作填料,因为这种土浸湿后,可能产生很大的膨胀力。在季节性冻土地区,墙后填土应选用非冻胀性填料,如炉渣、碎石、粗砾等。

土的强度通常会随密度的增加而增加,因此填土时应注意填筑质量,对填土应进行分层压密。

习 题

(1) 高 5m、墙背垂直光滑的挡土墙,墙后填无黏性土,填土表面水平。填土的容重 $\gamma = 18\text{kN/m}^3$,$\varphi = 40°$,$c = 0$。试分别求出静止土压力、主动土压力、被动土压力值,若墙与土的摩擦角 $\delta = 20°$,求主动土压力值。

(2) 挡土墙背垂直光滑,其他条件如习题图 7-1 所示,用朗肯理论计算 p_a 和 p_p 并绘出其分布图。

(3) 用库仑土压力理论数解和库尔曼图解求习题图 7-2 情况的主动土压力 E_a (大小、方向、作用点)。

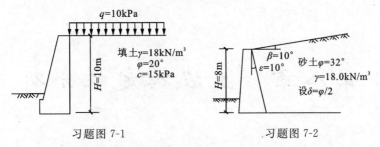

习题图 7-1 习题图 7-2

(4)习题图 7-3 是一符合朗肯条件的挡土墙,试求主动土压力、水压力分布图,总压力(主动土压力和水压力之和)大小,总压力的作用点。

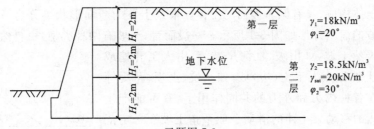

习题图 7-3

(5)挡土墙断面如习题图 7-4,墙后填土水平,填土面作用有 $q=9.8\text{kN/m}^2$ 的连续均布荷载,填土为中砂,$\gamma=17.2\text{kN/m}^2$,$\varphi=30°$,$\delta=30°$,求作用于墙背上总土压力的大小、方向和作用点。

(6)细砂砾地基上混凝土挡土墙高 8m,断面如习题图 7-5。墙后填土性质和地下水位如习题图 7-5 所示。混凝土容重 $\gamma=24\text{kN/m}^3$,与地基土摩擦系数 $f=0.5$。计算挡土墙的抗滑稳定安全系数。如果安全系数不够(要求 $F_s=1.3$),提出提高安全系数的措施。

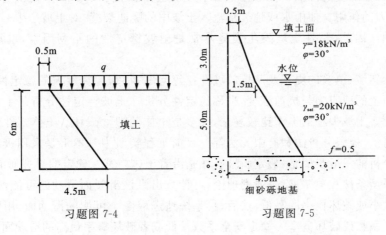

习题图 7-4 习题图 7-5

第八章 土坡稳定性分析

第一节 概　述

土坡是由土体构成、具有倾斜坡面的土体。根据土坡的断面形状可分为简单土坡和复杂土坡。简单土坡的简单外形如图 8-1 所示。一般而言,土坡有两种类型:由自然地质作用所形成的土坡称为天然土坡,如山坡、江河岸坡等;由人工开挖或回填而形成的土坡称为人工土(边)坡,如基坑、土坝、路堤等的边坡。土坡在各种内力和外力的共同作用下,有可能产生剪切破坏和土体的移动。土体的滑动一般系指土坡在一定范围内整体沿某一滑动面向下和向外移动而丧失其稳定性。除设计或施工不当可能导致土坡的失稳外,外界的不利因素影响也会触发和加剧土坡的失稳,一般有以下几种原因:

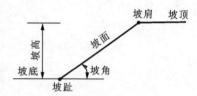

图 8-1　简单土坡各部位名称

(1) 土坡所受的作用力发生变化。如因在土坡顶部堆放材料或建造建筑物而使坡顶荷载增加,或由于施工打桩、车辆行驶、爆破、地震等引起的振动而改变了土坡原来的平衡状态。

(2) 土体抗剪强度的降低。如土体中含水量或超静水压力的增加,引起抗剪强度降低。

(3) 水压力的作用。如雨水或地表水流入土坡中的竖向裂缝,对土坡产生侧向压力而促进土坡产生滑动。因此,黏性土坡发生裂缝常常是土坡稳定性的不利因素,也是滑坡的预兆之一。

对于天然斜坡、填筑的堤坝及基坑放坡开挖等问题,都需验算斜坡的稳定性,即比较可能滑动的滑动面上的剪应力与抗剪强度,也称稳定性分析。土坡稳定性分析是土力学中重要的稳定分析问题。土坡失稳的类型比较复杂,大多是土体的塑性破坏。土体塑性破坏的分析方法有极限平衡法、极限分析法和有限元法等。目前工程实践中基本上是采用极限平衡法。极限平衡方法分析的一般步骤是:假定斜坡破坏是沿着土体内某一确定的滑裂面滑动,根据滑裂土体的静力平衡条件和莫尔-库仑强度理论,可计算出沿该滑裂面滑动的可能性,即土坡稳定安全系数的大小或破坏概率的高低;然后,再系统地选取多个可能的滑动面,用同样的方法计算其稳定安全系数或破坏概率。稳定安全系数最低或者破坏概率最高的滑动面就是可能性最大的滑动面。

在土木工程建筑中,如果土坡失去稳定造成塌方,不仅影响工程进度,有时还会危及人的生命安全,造成工程失事和巨大的经济损失。因此,为确定土坡的稳定,就必须对土坡的稳定性进行分析,这在工程设计和施工中都是非常重要的。

土坡稳定性分析是一个复杂的问题,影响因素众多,如滑动面形状的确定、抗剪强度指标的合理选取等。还有其他一些不定因素有待进一步研究。

本章主要讨论极限平衡法在斜坡稳定性分析中的应用,并简要介绍有限元法的概念。

第二节　无黏性土坡的稳定性分析

无黏性土坡指由粗颗粒土如砂、砾、卵石等所堆筑的土坡。无黏性土坡的稳定性分析比较简单,可以分为下面两种情况进行讨论。

一、均质干坡和水下土坡

均质干坡是一种由无黏性土组成、完全在水位以上且无渗透水流作用的无黏性土坡。水下土坡亦是由一种土组成但完全在水位以下,且没有渗透水流作用的无黏性土坡。在上述两种情况下,只要土坡坡面上的土颗粒在重力作用下能够保持稳定,则整个土坡就是稳定的。

在无黏性土坡表面取一小单元土体进行分析,如图 8-2 所示。设该小块土体的重量为 W ,其法向分力 $N=W\cos\alpha$,切向分力 $T=W\sin\alpha$。法向分力产生摩擦阻力,阻止土体下滑,称为抗滑力,其值为 $R=N\tan\varphi=W\cos\alpha\tan\varphi$。切向分力 T 是促使土体下滑的滑动力。则土体的稳定安全系数 F_s 为

$$F_s = \frac{抗滑力}{滑动力} = \frac{R}{T} = \frac{W\cos\alpha\tan\varphi}{W\sin\alpha} = \frac{\tan\varphi}{\tan\alpha} \tag{8-1}$$

式中:φ 为土的内摩擦角(°);α 为土坡坡角(°)。

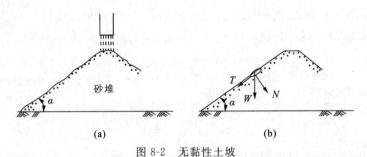

图 8-2　无黏性土坡

可见,当 $\alpha=\varphi$ 时,$F_s=1$,即抗滑力等于滑动力时土坡处于极限平衡状态,此时该土坡坡角 α 即为天然休止角。当 $\alpha<\varphi$ 时,$F_s>1$,土坡就是稳定的。故理论上讲均质无黏性土坡的稳定性与坡高无关,仅取决于坡角 α。为使土坡具有足够安全储备,工程中一般取 $F_s=1.1\sim1.5$。

二、有渗透水流的均质土坡

当土坡的内、外出现水位差时,如基坑排水、坡外水位下降时,在挡水土堤内形成渗流场,若浸润线在下游坡面逸出(图 8-3),此时在浸润线以下,下游土坡内的土体除了受重力作用外,还受到因水的渗流而产生的渗流力作用,导致下游土坡的稳定性降低。

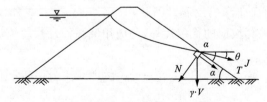

图 8-3　渗透水流逸出的土坡

渗流力可用绘制流网的方法求得。作法是先绘制流网，求滑弧范围内每一流网网格的平均水力梯度 i，即求得作用在网格上的渗透力

$$J_i = \gamma_w i A_i \tag{8-2}$$

式中：γ_w 为水的重度；A_i 为流网网格的面积。

求出每一个网格上的渗流力 J_i 后，便可求得滑弧范围内渗流力的合力 T_J。将此力作为滑弧范围内的外力（滑动力），在滑动力矩中增加一项

$$\Delta M_s = T_J l_J \tag{8-3}$$

式中：l_J 为 T_J 距圆心的距离。

若水流方向与水平面呈夹角 θ，则沿水流方向的渗透力 $j = \gamma_w i$。在坡面上取土体 V 中的土骨架为隔离体，其有效重量为 $\gamma'V$。分析该土骨架的稳定性，作用在土骨架上的渗流力 $J = jV = \gamma_w i V$。因此，沿坡面的全部滑动力，包括重力和渗流力为

$$T = \gamma'V\sin\alpha + \gamma_w iV\cos(\alpha - \theta) \tag{8-4}$$

坡面的正应力为

$$N = \gamma'V\cos\alpha - \gamma_w iV\sin(\alpha - \theta) \tag{8-5}$$

则土体沿坡面滑动的稳定安全系数为

$$F_s = \frac{N\tan\varphi}{T} = \frac{[\gamma'\cos\alpha - \gamma_w i\sin(\alpha - \theta)]\tan\varphi}{\gamma'\sin\alpha + \gamma_w i\cos(\alpha - \theta)} \tag{8-6}$$

式中：i 为水力梯度；γ' 为土的浮重度；γ_w 为水的重度；φ 为土的内摩擦角。

若水流在逸出段顺着坡面流动，即 $\theta = \alpha$。这时，流经路途 ds 的水头损失为 dh，所以有

$$i = \frac{ds}{dh} = \sin\alpha \tag{8-7}$$

将其代入式(8-6)，得

$$F_s = \frac{\gamma'\tan\varphi}{\gamma_{sat}\tan\alpha} \tag{8-8}$$

可见，当逸出段为顺坡渗流时，土坡稳定安全系数降低 $\dfrac{\gamma'}{\gamma_{sat}}$。因此，要保持同样的安全度，有渗流逸出时的坡角比无渗流逸出时要平缓得多。在实际工程中，为使土坡的设计既经济又合理，一般需在下游坝址处设置排水棱体，使渗透水流不能直接从下游坡面逸出（图8-4）。此时的下游坡面虽然没有浸润线逸出，但在该坡内浸润线以下的土体仍然受到渗流力的作用。故该渗流力是一种滑动力，会降低从浸润线以下通过的滑动面的稳定性。此时深层滑动面（图8-4中虚线表示）的稳定性可能比下游坡面的稳定性差，即危险滑动面向深层发展。因此，

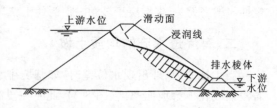

图8-4 渗透水流未逸出的土坡

除了要按照前述的方法验算坡面的稳定性外，还应用圆弧滑动法验算深层滑动的可能性。

第三节 黏性土坡的稳定性分析

黏性土坡因剪切破坏产生的滑动面大多数情况下是一个曲面，一般在剪切破坏前坡顶先有张裂缝发生，继而沿某一曲面产生整体滑动。根据土体的极限平衡理论，可推出均质黏性土

坡的滑动面为对数螺线曲面，近似为圆弧面。因此，在研究黏性土坡的稳定分析时，常假定滑动面为圆弧面。一般有3种形式：一是圆弧滑动面通过坡脚 B 点，如图 8-5(a) 所示，称为坡脚圆；二是圆弧滑动面通过坡面上 E 点，如图 8-5(b) 所示，称为坡面圆；三是滑动面发生在坡脚以外的 A 点，如图 8-5(c) 所示，称为中点圆。图 8-6 中的实线表示黏性土坡滑动面的曲面，在理论分析时可以近似地将其假设为圆弧，如图 8-6 中虚线表示。为简化计算，在黏性土坡的稳定性分析中，常假设滑动面为圆弧面。建立在这一假定基础上的稳定性分析方法称为圆弧滑动法。这是极限平衡法中的一种常用分析方法。圆弧滑动面的采用首先由彼德森(Petterson)于1915年提出，此后费伦纽斯(Fellenius,1927)和泰勒(Taylor,1948)又作了研究和改进。将他们提出的分析方法归纳为两种：一种称为土坡圆弧滑动体的整体稳定分析法，主要适用于均质简单土坡；另一种称为土坡稳定分析的条分法，主要适用于外形复杂的土坡、非均质土坡以及浸于水中的土坡等。

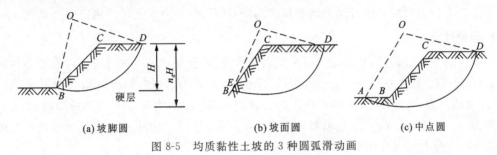

图 8-5 均质黏性土坡的3种圆弧滑动画

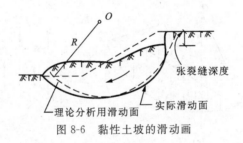

图 8-6 黏性土坡的滑动画

一、整体圆弧滑动法

瑞典的彼德森于1915年采用圆弧滑动法分析了边坡的稳定性。此后，该方法在世界各国的土木工程界得到了广泛应用。故整体圆弧滑动法也被称为瑞典圆弧法。

图 8-7 表示一个均质的黏性土坡，可能沿圆弧面 AC 滑动。土坡失去稳定即是滑动土体绕圆心 O 发生转动。把滑动土体假定成一个刚体，滑动土体的重量 W 为滑动力，将使滑动土体绕圆心 O 旋转，则滑动力矩 $M_s = W \cdot d$ ，(d 为通过滑动土体重心的竖直线与圆心 O 的水平距离）。抗滑力矩 M_R 由两部分组成：①滑动面 AC 上黏聚力产生的抗滑力矩，其值为 $c \cdot \overset{\frown}{AC} \cdot R$ ；②滑动土体的重量 W 在滑动面上的反力所产生的抗滑力矩。反力的大小和方向与土的内摩擦角 φ 值有关。当 $\varphi = 0$ 时，滑动面是一个光滑曲面，反力的方向必垂直于滑动面，即通过圆心 O ，且不产生力矩。

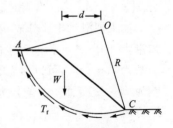

图 8-7 整体圆弧滑动受力示意图

故抗滑力矩只有 $c \cdot \overset{\frown}{AC} \cdot R$。这时，定义黏性土坡的稳定安全系数为

$$F_s = \frac{抗滑力矩}{滑动力矩} = \frac{M_R}{M_S} = \frac{c \cdot \overset{\frown}{AC} \cdot R}{W \cdot d} \qquad (8-9)$$

该式即为整体圆弧滑动法计算边坡稳定安全系数的公式。但它只适用于 $\varphi = 0$ 的情况，即适用于饱和软黏土的不排水情况。另因滑动面为任意假定，并不是最危险的滑动面，所求的 F_s 并非最小稳定安全系数。通常需要进行多次试算，得到 F_s 最小的滑动面，即真正的最危险滑动面。

二、条分法

1. 基本概念

条分法是将滑动土体竖直分成若干个土条，并把土条看成是不变形的刚体，分别求出作用于各个土条上的力对圆心的滑动力矩和抗滑力矩，再按式(8-9)求土坡的稳定安全系数。

2. 分析过程

条分法的分析过程是：把滑动土体分成若干个土条，土条的两个侧面分别存在着条块间的作用力(图 8-8)。作用在条块 i 上的力包括：①重力 W_i；②条块侧面 ac 和 bd 上作用有法向力 P_i、P_{i+1} 和切向力 H_i、H_{i+1}。法向力作用点至滑动弧面的距离为 h_i、h_{i+1}；③滑弧段 cd 上作用着法向力 N_i 和切向力 T_i，T_i 包括黏聚阻力 $c_i l_i$ 和摩擦阻力 $N_i \tan \varphi_i$。考虑到条块的宽度不大，W_i 和 N_i 可看成是作用于 cd 弧段的中点。

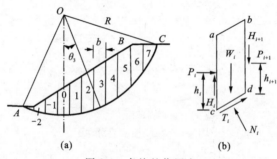

图 8-8 条块的作用力

在所有作用力中，P_i、H_i 在分析前一土条时已经出现，可视为已知量。故待定的未知量有 P_{i+1}、H_{i+1}、h_{i+1}、N_i 及 T_i 五个。每个土条可以建立 3 个静力平衡方程，即 $\sum F_{xi} = 0$、$\sum F_{zi} = 0$ 和 $\sum M_i = 0$，及一个极限平衡方程 $T_i = (N_i \tan \varphi_i + c_i l_i) / F_s$。

如果把滑动土体分成 n 个条块，则 n 个条块之间的分界面就有 $(n-1)$ 个。分界面上的未知量为 $3(n-1)$，滑动面上的未知量为 $2n$ 个，还有待求解的稳定安全系数 F_s。可知未知量总个数为 $(5n-2)$，可以建立的静力平衡方程和极限平衡方程为 $4n$ 个。待求未知量与方程数之差为 $(n-2)$，而一般条分法中的 n 在 10 以上，故这是一个无法求解的高次超静定问题，必须进行简化。

三、瑞典条分法

瑞典条分法假定滑动面是一个圆弧面，并认为条块间的作用力对土坡的整体稳定性影响不大，可忽略不计，即假定条块两侧的作用力大小相等、方向相反而且作用在同一条直线上。

分析图 8-9 中的条块 i。因不考虑条块间的作用力，根据竖向力的静力平衡条件，有

$$N_i = W_i \cos \theta_i \tag{8-10}$$

根据滑动弧面上的极限平衡条件，有

$$T_i = T_{fi}/F_s = (N_i \tan \varphi_i + c_i l_i)/F_s \tag{8-11}$$

式中：T_i 为条块 i 在滑动面上的抗剪强度；F_s 为滑动圆弧的稳定安全系数。

另外，按照滑动土体的整体力矩平衡条件，土条上的所有外力对滑动圆心的力矩之和为零。因此，在条块 i 的 3 个作用力中，法向力 N_i 通过圆心不产生力矩。条块 i 的重力 W_i 产生的滑动力矩为

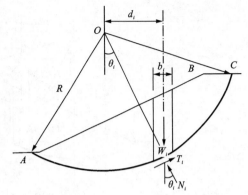

图 8-9 瑞典条分法

$$\sum W_i \cdot d_i = \sum W_i R \sin \theta_i \tag{8-12}$$

滑动面上抗滑力产生的抗滑力矩为

$$\sum T_i R = \sum \frac{N_i \tan \varphi_i + c_i l_i}{F_s} \cdot R \tag{8-13}$$

滑动土体的整体力矩平衡，即 $\sum M = 0$，有

$$\sum W_i \cdot d_i = \sum T_i R \tag{8-14}$$

将式(8-12)和式(8-13)代入式(8-14)，并简化为

$$F_s = \frac{\sum (c_i l_i + W_i \cos \theta_i \tan \varphi_i)}{\sum W_i \sin \theta_i} \tag{8-15}$$

式中：d_i 为条块 i 对 O 点的力臂。

式(8-15)是最简单的条分法计算公式，由瑞典的费伦纽斯等首先提出，所以称为瑞典条分法，又称为费伦纽斯条分法。

可见，瑞典条分法是忽略了土条块之间力的相互影响的一种简化计算方法，只满足于滑动土体整体的力矩平衡条件，却不满足土条块之间的静力平衡条件。这是该法区别于其他条分法的主要特点。该方法应用的时间很长，且积累了丰富的工程经验，一般得到的安全系数偏低，即误差偏于安全，所以目前仍然是工程上常用的方法。

四、毕肖普条分法

上述方法没有考虑土条间的作用力不符合实际情况，有待改进。毕肖普(Bishop)于 1955 年提出了一个考虑条块间侧面力的土坡稳定性分析方法，称为毕肖普条分法。

该方法的分析如下：从图 8-10 中圆弧滑动体内取出土条 i，分析作用在条块 i 上的力，除了重力 W_i 外，滑动面上有切向力 T_i 和法向力 N_i，条块的侧面分别有法向力 P_i、P_{i+1} 和切向力 H_i、H_{i+1}。假设土条 i 处于静力平衡状态，据竖向力的平衡条件，应有

$$\sum F_z = 0$$

$$W_i + \Delta H_i = N_i \cos \theta_i + T_i \sin \theta_i$$

或

$$N_i \cos \theta_i = W_i + \Delta H_i - T_i \sin \theta_i \tag{8-16}$$

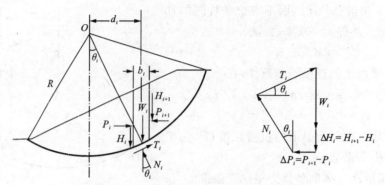

图 8-10　毕肖普条分法条块作用力分析

根据满足土坡稳定安全系数 F_s 的极限平衡条件，有 $T_i = (N_i \tan \varphi_i + c_i l_i)/F_s$，将其代入式(8-16)整理后得

$$N_i = \frac{W_i + \Delta H_i - \dfrac{c_i l_i}{F_s} \sin \theta_i}{\cos \theta_i + \dfrac{\sin \theta_i \tan \varphi_i}{F_s}} = \frac{1}{m_{\theta i}} \left(W_i + \Delta H_i - \frac{c_i l_i}{F_s} \sin \theta_i \right) \tag{8-17}$$

其中

$$m_{\theta i} = \cos \theta_i + \frac{\sin \theta_i \tan \varphi_i}{F_s} \tag{8-18}$$

考虑整个滑动土体的整体力矩平衡条件，则有各个土条的作用力对圆心的力矩之和为零。这时土条块间的力 P_i、H_i 成对出现，且大小相等，方向相反，相互抵消，对圆心不产生力矩。滑动面上的正压力 N_i 通过圆心，也不产生力矩。因此，只有重力 W_i 和滑动面上的切向力 T_i 对圆心产生力矩。按式(8-14)

$$\sum W_i d_i = \sum T_i R$$

将式(8-11)代入上式，得

$$\sum W_i R \sin \theta_i = \sum \frac{1}{F_s} (N_i \tan \varphi_i + c_i l_i) R$$

将式(8-17)的 N_i 值代入上式，简化后得

$$F_s = \frac{\sum \dfrac{1}{m_{\theta i}} [c_i b_i + (W_i + \Delta H_i) \tan \varphi_i]}{\sum W_i \sin \theta_i} \tag{8-19}$$

式(8-19)是毕肖普条分法计算土坡稳定安全系数 F_s 的一般公式。式中的 $\Delta H_i = H_{i+1} - H_i$，仍然是未知量。若不引进其他简化假定，该式仍不能求解。因此，毕肖普进一步假定 $\Delta H_i = 0$，实际上也就是认为条块间只有水平作用力 P_i，而不存在切向作用力 H_i。于是式(8-19)简化为

$$F_s = \frac{\sum \dfrac{1}{m_{\theta i}} (c_i b_i + W_i \tan \varphi_i)}{\sum W_i \sin \theta_i} \tag{8-20}$$

式(8-20)称为简化的毕肖普公式。式中的参数 $m_{\theta i}$ 包含有稳定安全系数 F_s，故不能用该公式直接求出土坡的 F_s，而需要采用试算，迭代求算 F_s 值。试算时，可先假定 $F_s = 1.0$，由式(8-18)求出各个 θ_i 所对应的值 $m_{\theta i}$，并将其代入式(8-20)中，求得边坡的稳定安全系数 F_s'。若

$F'_s - F_s$ 大于规定的误差,用 F'_s 计算 $m_{\theta i}$,再次计算出 F''_s。如此反复迭代计算,直至前后两次计算的稳定安全系数非常接近,满足规定精度的要求为止。通常迭代总是收敛的,一般只要试算 3~4 次,即可满足迭代精度的要求。

与瑞典条分法相比,简化的毕肖普条分法是在不考虑条块间切向力的前提下,满足力的多边形闭合条件,即隐含着条块间有水平力的作用,虽然在公式中水平作用力并未出现。该方法的特点是:①满足整体力矩平衡条件;②满足各个条块力的多边形闭合条件,但不满足条块的力矩平衡条件;③假设条块间作用力只有法向力而没有切向力;④满足极限平衡条件。由于考虑了条块间水平力的作用,得到的稳定安全系数较瑞典条分法略高一些。

很多工程计算表明,毕肖普条分法,与严格的极限平衡分析法,即满足全部静力平衡条件的方法(如下述的简布法)相比,计算结果甚为接近。因计算过程不复杂,精度较高,是目前工程中很常用的一种方法。

五、普遍条分法(简布法)

普遍条分法的特点是假定条块间水平作用力的位置。在这一假定前提下,每个土条都满足全部的静力平衡条件和极限平衡条件,滑动土体的整体力矩平衡条件也自然得到满足。由于该法适用于任何滑动面,即滑动面不必是一个圆弧面,所以称为普遍条分法。此法由简布(Janbu)提出,故又常称简布法。

从图 8-11(a)滑动土体 ABC 中取任意条块 i 进行静力分析。作用在条块上的力及其作用点如图 8-11(b)所示。按照静力平衡条件:

$\sum F_z = 0$,得

$$W_i + \Delta H_i = N_i \cos \theta_i + T_i \sin \theta_i$$

或

$$N_i \cos \theta_i = W_i + \Delta H_i - T_i \sin \theta_i$$

$\sum F_x = 0$,得

$$\Delta P_i = T_i \cos \theta_i - N_i \sin \theta_i \tag{8-21}$$

将式(8-16)代入式(8-21),整理后得

$$\Delta P_i = T_i \left(\cos \theta_i + \frac{\sin^2 \theta_i}{\cos \theta_i} \right) - (W_i + \Delta H_i) \tan \theta_i \tag{8-22}$$

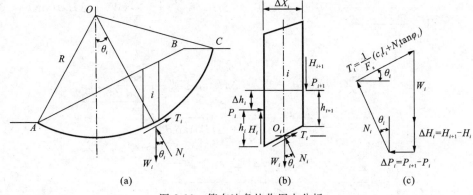

图 8-11 简布法条块作用力分析

根据极限平衡条件,考虑土坡稳定安全系数 F_s,由 $T_i = \dfrac{1}{F_s}(c_i l_i + N_i \tan \varphi_i)$

得
$$N_i = \frac{1}{\cos \theta_i}(W_i + \Delta H_i - T_i \sin \theta_i) \tag{8-23}$$

将式(8-23)代入式(8-11),整理后,得

$$T_i = \frac{\dfrac{1}{F_s}\left[c_i l_i + \dfrac{1}{\cos \theta_i}(W_i + \Delta H_i \tan \varphi_i)\right]}{1 + \dfrac{\tan \theta_i \tan \varphi_i}{F_s}} \tag{8-24}$$

将式(8-24)代入式(8-22),得

$$\Delta P_i = \frac{1}{F_s} \cdot \frac{\sec^2 \theta_i}{1 + \dfrac{\tan \theta_i \tan \varphi_i}{F_s}}[c_i l_i \cos \theta_i + W_i + \Delta H_i \tan \varphi_i] - (W_i + \Delta H_i)\tan \theta_i \tag{8-25}$$

图 8-12 表示作用在土条块侧面的法向力 P,显然有 $P_1 = \Delta P_1$,$P_2 = P_1 + \Delta P_2 = \Delta P_1 + \Delta P_2$,依此类推,有

$$P_i = \sum_{j=1}^{i} \Delta P_j \tag{8-26}$$

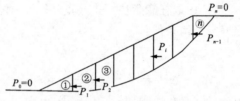

图 8-12 条块侧面法向力

若全部土条块的总数是 n,则有

$$P_n = \sum_{i=1}^{i} \Delta P_i = 0 \tag{8-27}$$

将式(8-25)代入式(8-27),得

$$\sum \frac{1}{F_s} \cdot \frac{\sec^2 \theta_i}{1 + \dfrac{\tan \theta_i \tan \varphi_i}{F_s}}(c_i l_i \cos \theta_i + W_i + \Delta H_i \tan \varphi_i) - \sum (W_i + \Delta H_i)\tan \theta_i = 0$$

整理后得

$$F_s = \frac{\sum (c_i l_i \cos \theta_i + W_i + \Delta H_i \tan \varphi_i)\dfrac{\sec^2 \theta_i}{1 + \dfrac{\tan \theta_i \tan \varphi_i}{F_s}}}{\sum (W_i + \Delta H_i)\tan \theta_i}$$

$$= \frac{\sum [c_i b_i + (W_i + \Delta H_i)\tan \varphi_i]\dfrac{1}{m_{\theta_i}}}{\sum (W_i + \Delta H_i)\sin \theta_i} \tag{8-28}$$

比较毕肖普公式(8-19)和简布公式(8-28),可见两者很相似,但分母有差别。毕肖普公式是根据滑动面为圆弧面,滑动土体满足整体力矩平衡条件推导得出;简布公式则是利用力的矢

量多边形闭合和极限平衡条件，最后从 $\sum_{i=1}^{i} \Delta P_i = 0$ 得出。显然，这些条件适用于任何形式的滑动面而不仅仅局限于圆弧面，在式(8-28)中，ΔH_i 仍然是待定的未知量。毕肖普没有解出 ΔH_i，但假设 $\Delta H_i = 0$，从而成为简化的毕肖普公式。简布法则是利用条块的力矩平衡条件，因此整个滑动土体的整体力矩平衡也自然满足。将作用在条块上的力对条块滑弧段中点 O_i 取矩(图 8-12)，并让 $\sum M_{O_i} = 0$。重力 W_i 和滑弧段上的力 N_i 和 T_i 均通过 O_i 而不产生力矩。条块间力的作用点位置已确定，故有

$$H_i \frac{\Delta X_i}{2} + (H_i + \Delta H_i) \frac{\Delta X_i}{2} - (P_i + \Delta P_i)\left(h_i + \Delta h_i - \frac{1}{2}\Delta X_i \tan\theta_i\right) + P_i\left(h_i - \frac{1}{2}\Delta X_i \tan\theta_i\right) = 0$$

高阶微量整理后，得

$$H_i \Delta X_i - P_i \Delta h_i - \Delta P_i h_i = 0$$

$$H_i = P_i \frac{\Delta h_i}{\Delta X_i} + \Delta P_i \frac{h_i}{\Delta X_i} \tag{8-29}$$

$$\Delta H_i = H_{i+1} - H_i \tag{8-30}$$

式(8-29)表示土条间切向力与法向力之间的关系。

由式(8-25)至式(8-30)，利用迭代法可求得普遍条分法的边坡稳定安全系数 F_s。迭代法计算步骤如下：

(1)假定 $\Delta H_i = 0$，用式(8-28)迭代求第一次近似的边坡稳定安全系数 F_{s1}。

(2)将 F_{s1} 和 $\Delta H_i = 0$ 代入式(8-25)，求相应的 ΔP_i(对每一条块，从 1 到 n)。

(3)用式(8-26)求条块间的法向力(对每一条块，从 1 到 n)。

(4)将 P_i 和 ΔP_i 代入式(8-29)和式(8-30)，求条块间的切向作用力 H_i(对每一条块，从 1 到 n)和 ΔH_i。

(5)将 ΔH_i 重新代入式(8-28)，迭代求新的稳定安全系数 F_{s2}。

如果 $F_{s2} - F_{s1} > \Delta$(Δ 为规定的计算精度)，重新按上述步骤(2)至步骤(5)进行第二轮迭代计算。如此反复计算，直至 $F_{s(k)} - F_{s(k-1)} \leqslant \Delta$ 为止。$F_{s(k)}$ 就是该假定滑动面的稳定安全系数。边坡真正的稳定安全系数还要计算很多滑动面，并进行比较，找出最危险的滑动面(F_s 最小)，该 F_s 才是真正的稳定安全系数。迭代计算工作量大，一般需要计算机进行。用普遍条分法计算一个滑动面稳定安全系数 F_s 的流程见图 8-13。

【例题 8-1】 一简单的黏性土坡，高 25m，坡比 1:2，碾压土的重度 $\gamma = 20\text{kN/m}^3$，内摩擦角 $\varphi = 26.6°$(相当于 $\tan\varphi = 0.5$)，黏聚力 $c = 10\text{kPa}$，滑动圆心 O 点如图 8-14 所示，试分别用瑞典条分法和简化的毕肖普条分法求该滑动圆弧的稳定安全系数，并比较分析计算结果。

【解】 为简化计算，将滑动土体分成 6 个土条，分别计算各条块的重量 W_i，滑动面长度 l_i，以及 滑动面中心点与过圆心铅垂线的圆心角 θ_i。分别按瑞典条分法和简化毕肖普条分法进行稳定分析计算。

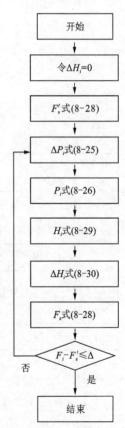

图 8-13 普遍条分法计算程序流程

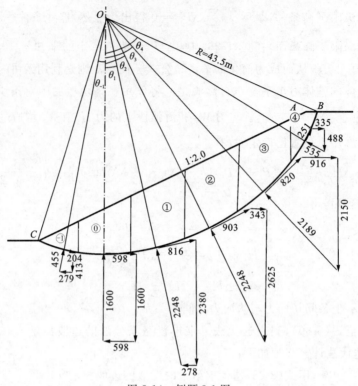

图 8-14 例题 8-1 图

(1) 瑞典条分法。瑞典条分法分项计算结果见表 8-1。

表 8-1 例题 8-1 瑞典条分法计算结果

条块编号	θ (°)	W_i (kN)	$\sin\theta_i$	$\cos\theta_i$	$W_i\sin\theta_i$ (kN)	$W_i\cos\theta_i$ (kN)	$W_i\cos\theta_i\tan\varphi_i$ (kN)	l_i (m)	$c_i l_i$ (kN)
-1	-9.93	412.5	-0.172	0.985	-71.0	406.3	203	8.0	80
0	0	1600	0	1.0	0	1600	800	10.0	100
1	13.29	2375	0.230	0.973	546	2311	1156	10.5	105
2	27.37	2625	0.460	0.888	1207	2331	1166	11.5	115
3	43.60	2150	0.690	0.724	1484	1557	779	14.0	140
4	59.55	487.5	0.862	0.507	420	247	124	11.0	110

$\sum W_i\sin\theta_i = 3584$ kN, $\sum W_i\cos\theta_i\tan\varphi_i = 4228$ kN, $\sum c_i l_i = 650$ kN

边坡稳定安全系数

$$F_s = \frac{\sum(W_i\cos\theta_i\tan\varphi_i + c_i l_i)}{\sum W_i\sin\theta_i} = \frac{4228+650}{3584} \approx 1.36$$

(2) 简化的毕肖普条分法。根据瑞典条分法得到计算结果 $F_s = 1.36$,因简化的毕肖普条分法的稳定安全系数稍高于瑞典条分法,故设 $F_{s1} = 1.55$,按简化的毕肖普条分法列表分项计算,结果见表 8-2。

表 8-2　例题 8-1 简化的毕肖普条分法分项计算结果

编号	$\cos\theta_i$	$\sin\theta_i$	$\sin\theta_i\tan\varphi_i$	$\dfrac{\sin\theta_i\tan\varphi_i}{F_s}$	m_{θ_i}	$W_i\sin\theta_i$ (kN)	c_ib_i (kN)	$W_i\tan\varphi_i$ (kN)	$\dfrac{c_ib_i+W_i\tan\varphi_i}{m_{\theta_i}}$
−1	0.985	−0.172	−0.086	−0.055	0.93	−71.0	80	206.3	307.8
0	1.000	0	0	0	1.00	0	100	800	900
1	0.973	0.230	0.115	0.074	1.047	546	100	1188	1230
2	0.888	0.460	0.230	0.148	1.036	1207	100	1313	1364
3	0.724	0.690	0.345	0.223	0.947	1484	100	1075	1241
4	0.507	0.862	0.431	0.278	0.785	420	50	243.8	374.3

$$\sum \frac{c_ib_i+W_i\tan\varphi_i}{m_{\theta_i}} = 5417(\text{kN})$$

稳定安全系数　$F_{s2} = \dfrac{\sum \dfrac{1}{m_{\theta_i}}(c_ib_i+W_i\tan\varphi_i)}{\sum W_i\sin\theta_i} = \dfrac{5417}{3584} \approx 1.51$

简化的毕肖普条分法稳定安全系数公式中的滑动力 $\sum W_i\sin\theta_i$ 与瑞典条分法相同。$F_{s1} - F_{s2} = 0.04$，误差较大。按 $F_{s2} = 1.51$ 进行第二次迭代计算，结果列于表 8-3 中。

表 8-3　例题 8-1 毕肖普条分法第二次迭代计算结果

编号	$\cos\theta_i$	$\sin\theta_i$	$\sin\theta_i\tan\varphi_i$	$\dfrac{\sin\theta_i\tan\varphi_i}{F_s}$	m_{θ_i}	$W_i\sin\theta_i$ (kN)	c_ib_i (kN)	$W_i\tan\varphi_i$ (kN)	$\dfrac{c_ib_i+W_i\tan\varphi_i}{m_{\theta_i}}$
−1	0.985	−0.172	−0.086	−0.057	0.928	−71.0	80	206.3	308.5
0	1.0	0	0	0	1.00	0	100	800	900
1	0.973	0.230	0.115	0.076	1.045	546	100	1188	1 232.5
2	0.888	0.460	0.230	0.152	1.040	1207	100	1313	1 358.6
3	0.724	0.690	0.345	0.228	0.952	1484	100	1075	1 234.2
4	0.507	0.862	0.431	0.285	0.792	420	50	243.8	371

$$\sum \frac{c_ib_i+W_i\tan\varphi_i}{m_{\theta_i}} = 5\,404.8(\text{kN})$$

稳定安全系数　$F_{s3} = \dfrac{\sum \dfrac{1}{m_{\theta_i}}(c_ib_i+W_i\tan\varphi_i)}{\sum W_i\sin\theta_i} = \dfrac{5\,404.8}{3584} \approx 1.508$

因 $F_{s2} - F_{s3} = 0.003$，十分接近，故可认为 $F_s = 1.51$。

计算结果表明，简化的毕肖普条分法的稳定安全系数较瑞典条分法高，约高 0.15，与一般结论相同。

六、不平衡推力法

传递系数法又称为剩余推力法或不平衡推力传递法。该法将滑动体分成条块进行分析，简单实用，可考虑复杂形状的滑动面，可获得任意形状滑动面在复杂荷载作用下的滑坡推力。该法是建筑规范的一种方法,在我国水利、交通和铁道部门滑坡稳定分析中得到了广泛应用。

该方法同样利用毕肖普关于滑动面抗剪力大小的定义,并假定条块间推力方向与上条块滑动面平行,即规定了土块之间剪切力与推力的比值。如图 8-15 所示,假设土坡沿竖直方向划分为 n 个条块,安全系数为 F_s,以第 i 个条块为研究对象进行受力分析。

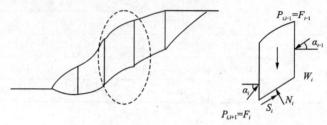

图 8-15 不平衡推力法受力分析

沿土块底面方向和垂直底面方向列出力平衡条件有

$$F_i - F_{i-1}\cos(\alpha_{i-1} - \alpha_i) - W_i\sin\alpha_i + S_i = 0$$
$$N_i - W_i\cos\alpha_i - F_{i-1}\sin(\alpha_{i-1} - \alpha_i) = 0$$

根据毕肖普关于剪切力的定义有

$$T = \frac{c_i l_i + N_i \tan\varphi_i}{F_s}$$

从而可知

$$F_i = W_i\sin\alpha_i - \frac{c_i l_i + W_i\cos\alpha_i}{F_s} + F_{i-1}\psi_{i-1} \tag{8-31}$$

$$\psi_{i-1} = \cos(\alpha_{i-1} - \alpha_i) - \frac{\tan\varphi_i}{F_s}\sin(\alpha_{i-1} - \alpha_i) \tag{8-32}$$

可见,土块左侧的推力由三部分组成:土块自重产生的下滑力、土块底面的抗滑力及上一条块推力的影响。

计算前需要假定一个安全系数 F_s 进行试算,根据最后一个条块 n 左侧不平衡推力 F_n 的大小来判断是否得出了合理的安全系数,若 F_n 很小则表明所取安全系数合理,一般计算时选择 3 个以上不同的安全系数进行计算,计算出相应的 F_n,若 F_n 分布在大于 0 或小于 0 的范围,则绘制出 F_n 与 F_s 的曲线,并可用插入法求出 $F_n = 0$ 对应的 F_s 值,否则需调整 F_s 的值以满足 F_n 的分布范围。一般来说,采用这种方法需要经过多次试算。现可通过编制相应的程序,用计算机求解 F_s。

该法计算时应注意,因土块间推力方向固定,因此可能导致土块侧面剪切力超过抗剪强度,如下式所示。

$$E = P\cos\alpha, \quad T = P\sin\alpha$$

土块侧面的剪切力应满足:$T \leqslant \dfrac{cH + E\tan\varphi}{K}$。显然,$\alpha$ 较大时,可能超过抗剪强度。一般来说,只在前面几个土块可能出现这种情况(因 α 较大)。

七、有限元法

从瑞典条分法到普遍条分法的基本思路,都是把滑动土体分成有限宽度的土条,把土条当成刚体,据滑动土体的静力平衡条件和极限平衡条件,求得滑动面上力的分布,从而可计算出

边坡稳定安全系数 F_s。但是,由于土体是变形体,并非刚体,故引用刚体分析法来分析变形体,并不满足变形协调条件,其计算出的滑动面上的应力状态不可能是真实的。有限元法就是把土坡当成变形体,按土的变形特性,计算出土坡内的应力分布,再把圆弧滑动面的概念引入其中,验算滑动土体的整体抗滑稳定性。

用有限元法计算,先将土坝(坡)划分成若干个单元体(图 8-16),再计算出每个土单元的应力、应变和每个结点的结点力及位移。目前该法已成为土石坝应力变形分析的常用方法,且有各种现成的计算程序。某土坝采用有限元法分析计算得到的竣工时坝体的剪应变分布见图 8-17,可清楚看出坝坡在重力作用下的剪切变形轨迹类似于滑弧面。

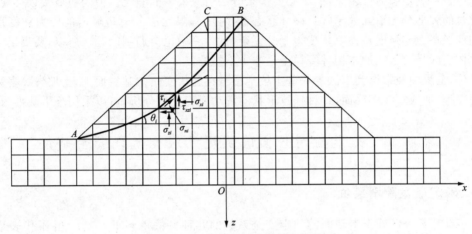

图 8-16 土坝的有限元网格和滑弧面

计算出土坡的应力后,再引入圆弧滑动面的概念。图 8-16 中表示某个可能的圆弧滑动面。把可能的圆弧滑动面划分成若干个小弧段 Δl_i,小弧段 Δl_i 上的应力用弧段中点的应力代表,其值可按照有限元法应力分析的结果,据弧段中点所在单元上的应力确定,表示为 σ_{xi}、σ_{zi}、τ_{xzi}。若小弧段 Δl_i 与水平线的倾角为 θ_i,则作用在小弧段上的法向应力和剪应力分别为

$$\sigma_{ni} = \frac{1}{2}(\sigma_{xi} + \sigma_{zi}) - \frac{1}{2}(\sigma_{xi} - \sigma_{zi})\cos 2\theta_i + \tau_{xzi}\sin 2\theta_i \tag{8-33}$$

$$\tau_i = -\tau_{xzi}\cos 2\theta_i - \frac{1}{2}(\sigma_{xi} - \sigma_{zi})\sin 2\theta_i \tag{8-34}$$

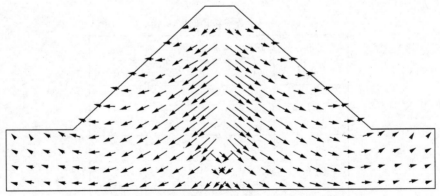

图 8-17 某坝竣工后的剪应变分布(有限元分析)

据莫尔-库仑强度理论,该点土的抗剪强度为
$$\tau_{fi} = c_i + \sigma_{ni}\tan\varphi_i$$

将滑动面上所有小弧段的剪应力和抗剪强度分别计算出来后,再累加求得沿着滑动面的总剪切力 $\sum \tau_i \Delta l_i$ 和总抗剪力 $\sum \tau_{fi} \Delta l_i$。因此,边坡稳定安全系数为

$$F_s = \sum_{i=1}^{n} \frac{(c_i + \tau_{ni}\tan\varphi_i)\Delta l_i}{\sum_{i=1}^{n}\tau_i l_i} \tag{8-35}$$

很显然,把边坡稳定分析与坝体的应力和变形分析结合起来是有限元法的优点。此时的滑动土体自然满足静力平衡条件,不必要像条分法引入人为的假定。但当边坡接近失稳时,滑裂面通过的大部分土单元处于临近破坏状态,这时用有限元法分析边坡内的应力和变形所需的土的变形特性与强度特性等均变得十分复杂,且计算中也会遇到问题。所以,要提出一种能反映土体实际受力状况的本构计算模型是非常不易的。

另外,工程中经常遇到山区的一些土坡常覆盖在起伏变化的基岩面上,土坡失稳多数沿这些界面发生,形成折线滑动面,这种任意形状的滑动面稳定性分析,可以采用不平衡推力法。

第四节　最危险滑裂面的确定方法和允许安全系数

一、确定最危险滑裂面

上述计算某个已确定滑动面的稳定安全系数的几种方法得到 F_s,该 F_s 并不代表边坡的真正稳定性,因其滑动面是任意选取的,即假设边坡的一个滑动面,可计算其相应的 F_s。真正代表边坡稳定程度的 F_s 应该是 F_s 中的最小值。相应于边坡最小的稳定安全系数的滑动面称为最危险滑动面,这才是土坡最可能产生滑动的滑动面。

确定土坡最危险滑动面圆心的位置、半径大小是稳定分析中最繁琐、工作量最大的工作,需要多次计算才能完成。费伦纽斯提出的经验方法,在简单土坡的工程计算中,能较快地确定土坡最危险的滑动面。

费伦纽斯认为,对于均匀黏性土坡,最危险的滑动面一般通过坡趾。在 $\varphi = 0$ 的边坡稳定分析中,最危险滑弧圆心的位置可由图 8-18(a)中 β_1 和 β_2 夹角的交点确定。β_1 和 β_2 的值与坡角 α 大小的关系,可查表 8-4。

表 8-4　各种坡角的 β_1、β_2 值

坡角 α	坡度 $1:m$	β_1	β_2
60°	1:0.58	29°	40°
45°	1:1.0	28°	37°
33°44′	1:1.5	26°	35°
26°34′	1:2.0	25°	35°
18°26′	1:3.0	26°	35°
14°02′	1:40	25°	36°
11°19′	1:1.50	25°	39°

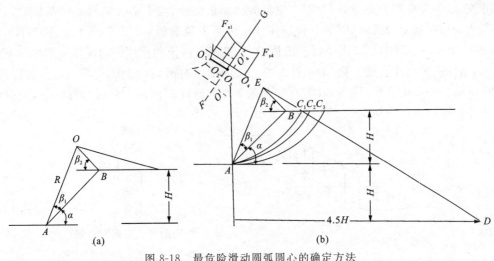

图 8-18 最危险滑动圆弧圆心的确定方法
(a)$\varphi=0$;(b)$\varphi>0$

对于 $\varphi>0$ 的均匀黏性土坡,最危险滑动面的圆心位置如图 8-18(b)所示。首先按图 8-18(b)中所示的方法确定 DE 线。自 E 点向 DE 延长线上取圆心 $O_1,O_2,\cdots$,通过坡趾 A 分别作圆弧 $AC_1,AC_2,\cdots$,并求出相应的边坡稳定安全系数 $F_{s1},F_{s2},\cdots$。之后,再用适当的比例尺标在相应的圆心点上连接成稳定安全系数 F_s 随圆心位置的变化曲线。该曲线的最低点即为圆心在 DE 线上时稳定安全系数的最小值。但真正的最危险滑弧圆心并不一定在 DE 线上。再过这个最低点,引 DE 的垂直线 FG。在 FG 线上,在 DE 延长线的最小值前后再确定几个圆心 $O_1',O_2',\cdots$。用类似步骤确定 FG 线上对应于 F_s 最小的滑动圆弧的圆心,该圆心才是土坡通过坡趾滑出时的最危险滑动圆弧的圆心。

当地基土层性质比填土软弱、坝体土坡不是单一的、坝体填土种类不同、强度互异时,最危险的滑动面就不一定从坡趾滑出。这时寻找最危险滑动面的位置就更为烦琐。对于非均质的、边界条件较为复杂的土坡,用上述方法寻找最危险滑动面的位置将是十分困难的。目前可采用最优化方法,通过计算机随机搜索,寻找最危险的滑动面的位置。

二、边坡允许安全系数

在土坡稳定分析中,从土体材料的强度指标到计算方法,很多因素都无法准确确定。因此,如果计算得到的土坡稳定安全系数等于 1 或稍大于 1,并不表示边坡的稳定性是可靠的。安全系数必须满足一个最基本的要求,该值称为允许安全系数。允许安全系数值是以过去的工程经验为依据,并以各种规范的形式确定。因此,采用不同的抗剪强度试验方法、不同的稳定分析方法所得到的稳定安全系数差别甚大,所以在应用规范所给定的土坡稳定允许安全系数时,一定要注意其所规定的试验方法和计算方法。规范中的安全系数详见各类规范。

第五节 土坡稳定性分析的几种特殊情况

一、成层土坡及有地下水

土坡由不同土层组成及(或)存在地下水时,上述几种条分法仍然适用,此时应在土层与滑动面相交处、土层在地表分界处、地下水位与滑动面相交处、地下水位出露处以及坡面拐点处等特征点处按照规定分条,见图 8-19(a),并分层计算土条重量,见图 8-19(b), $W_i = V_1 \gamma_1 + V_2 \gamma_2 + V_3 \gamma_3 + \cdots$,其中 V_i 为第 i 层土的体积, γ_j 为第 j 层土的重度。对于地下水位以下的土层,瑞典条分法采用浮重度计算,而毕肖普条分法因推导时滑动面上的孔隙水压力另行考虑,公式中采用饱和重度计算,见图 8-19(b)。土条 i 底部滑动面的抗剪强度指标 c、φ ,为滑动面通过土层的抗剪强度指标 c_3、φ_3 及 c_3'、φ_3' 。

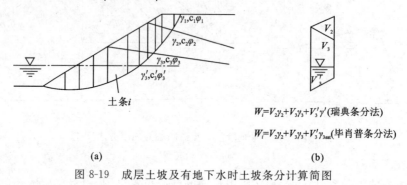

图 8-19 成层土坡及有地下水时土坡条分计算简图

二、渗流的作用

当水库蓄水或地下水位较高而江河水位较低时,坝体土坡或岩坡要受到渗流作用。使用条分法分析黏性土坡稳定性时,要用到滑面上的孔隙水压力 u_i。在渗流作用下,滑面上任一点的水头高不一定等于该点到其铅直方向浸润线的距离,却等于该点沿等势线到浸润线之间的铅直距离。因此,进行有渗流作用的土坡稳定性分析前,首先要绘出土(坝)坡中的流网,再根据等势线获取各土条底部的孔隙水压力(图 8-20)。

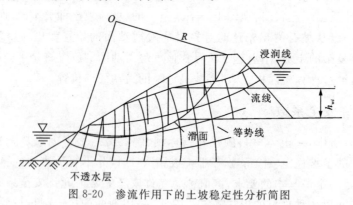

图 8-20 渗流作用下的土坡稳定性分析简图

当坡外有水时,滑动面的一部分可能处于坡外静水位高程之下,此时条块重量 W_i 的取值如图 8-21 所示。浸润线以上部分取为天然重度 γ_i ,坡外静水位高程以下取为有效重度 γ_i' ,浸润线以下至坡外静水位高程部分取为饱和重度 γ_{isat} ,即

$$W_i = V_{i1} \gamma_i + V_{i2} \gamma_{isat} + V_{i3} \gamma_i'$$

瑞典条分法公式改变为

$$F_s = \frac{\sum\{c_i l_i + [(V_{i1} \gamma_i + V_{i2} \gamma_{isat} + V_{i3} \gamma_i')\cos \theta_i - u_i l_i]\tan \varphi_i\}}{\sum (V_{i1} \gamma_i + V_{i2} \gamma_{isat} + V_{i3} \gamma_i')\sin \theta_i} \quad (8-36)$$

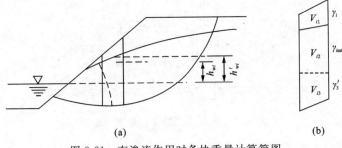

图 8-21 有渗流作用时条块重量计算简图

简化毕肖普条分法公式改变为

$$F_s = \frac{\sum[c_i' b_i + (V_{i1}\gamma_i + V_{i2}\gamma_{isat} + V_{i3}\gamma_i' - u_i b_i)\tan\varphi_i']\dfrac{1}{m_{\theta i}}}{\sum(V_{i1}\gamma_i + V_{i2}\gamma_{isat} + V_{i3}\gamma_i')\sin\theta_i} \tag{8-37}$$

一般中小型工程中不会绘制土坡中的流网，只是给出一条地下水位浸润线，此时土条块 i 的孔隙水压力 $u_i = \gamma_w \cdot h_{wi}$（$h_{wi}$ 见图 8-21）无法得到，因而进一步将水头高 h_{wi} 近似简化为土条块 i 中点至其铅直方向浸润线距离减去坡外静水位的差值 h_{wi}'，见图 8-21，这样，$V_{i2}\gamma_{isat} - u_i b_i = V_{i2}\gamma_i'$。因此，式(8-36)、式(8-37)进一步简化即得

瑞典条分法

$$F_s = \frac{\sum\left[c_i l_i + (V_{i1}\gamma_i + V_{i2}\gamma_{isat} + V_{i3}\gamma_i')\cos\theta_i - \gamma_w h_w' \cdot \dfrac{b_i}{\cos\theta_i}\tan\varphi_i\right]}{\sum(V_{i1}\gamma_i + V_{i2}\gamma_{isat} + V_{i3}\gamma_i')\sin\theta_i} \tag{8-38}$$

简化毕肖普条分法

$$F_s = \frac{\sum\{c_i' b_i + [V_{i1}\gamma_i + (V_{i2} + V_{i3})\gamma_i']\tan\varphi_i'\}\dfrac{1}{m_{\theta i}}}{\sum(V_{i1}\gamma_i + V_{i2}\gamma_{isat} + V_{i3}\gamma_i')\sin\theta_i} \tag{8-39}$$

由图 8-21 可知，简化式(8-38)、式(8-39)实际上只是将土条块水头高略为调整（变大了）而其他项不变，即抗滑力部分减小，安全系数减小，偏于保守，但计算简化，易实现程序化，因此多被工程技术人员采用。

三、坡外水位骤降时的土坡稳定性

当水库或江河水位下降时，黏性土堤、土坝中的水来不及排出时，土仍处于饱和状态，堤、坝中的浸润线可视为保持不变（图 8-22）。在迎水坡坡外水位降落前，滑弧上任意点 A 的孔隙水压力为

$$u_{Ab} = \gamma_w(h + h_w) - \gamma_w h' \tag{8-40}$$

式中：h 为 A 点以上土体高度；h_w 为 B 点以上水柱高度；h' 为稳定渗流时水流至 A 点的水头损失。

水位降落至 B 点以下时，A 点的孔隙水压力为

$$u_{Aa} = u_{Ab} + \bar{B}\Delta\sigma_A \tag{8-41}$$

水位降落前 A 点的铅直向总应力为

$$\sigma_{Ab} = \gamma_{sat}' h + \gamma_w h_w$$

水位降落后 A 点的铅直向总应力为

$$\sigma_{Aa} = \gamma_{sat} h$$

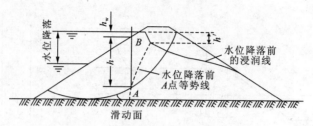

图 8-22 土坝上流坡水位降落示意图

所以,水位降落前、后 A 点的应力变化为
$$\Delta \sigma_A = \gamma_{sat} h - (\gamma_{sat} h + \gamma_w h_w) = -\gamma_w h_w$$

将 $\Delta \sigma_A$ 和式(8-40)代入式(8-41)得
$$u_{Aa} = \gamma_w [h + (1-\bar{B}) h_w - h']$$

对于饱和黏性土,孔隙水压力系数 $\bar{B} \approx 1.0$,因此
$$u_{Aa} = \gamma_w (h - h') \tag{8-42}$$

对比式(8-38)与式(8-39),坡外水位降落后,土中孔隙水压力减少了 $\gamma_w h_w$。对于接近坡顶部位的部分滑体(滑体中提供主要下滑力的部分)来说,h_w 很小,故孔隙水压力变化不大;由于坡外水位高程以上部分土体将不再受到浮力,条块重量将大大增加,导致下滑力矩将增加很多,而抗滑力矩增加较少,土坡的稳定安全系数将大为降低,若其安全储备不够,堤、坝在快速降水期间将会垮塌。

四、地震作用

在设计地震烈度为Ⅶ度及以上的地区构筑土坡时,应考虑地震的影响。一般实际工程中只计算地震惯性力而不计算地震动水压力。

1. 地震惯性力

地震惯性力可以分解为水平向和铅直向两个分量。沿土坡高度作用于质点 i 的水平向地震惯性力的计算式为
$$Q_i = a_H C_z \alpha_i W_i \tag{8-43}$$

式中:a_H 为水平向地震系数,为地面水平向最大加速度的统计平均值与重力加速度的比值,有条件时,可以通过场地地震危险性分析确定该值,一般实际工程中,a_H 值按表 8-5 采用;W_i 为集中在质点 i 的重量,条分法中为条块重量(kN);C_z 为综合影响系数,取为 0.25;α_i 为地震加速度分布系数。据观测统计,在地震作用下,土堤、土坝的顶部将受到比底部大几倍的地震惯性力,故 α_i 也称为地震加速度放大系数,其值见表 8-6(摘自《水工建筑物抗震设计规范》)(DL 5073—2000)。

表 8-5 水平向地震系数表

设计地震烈度	Ⅶ	Ⅷ	Ⅸ
a_H	0.1	0.2	0.4

表 8-6 土力坝坝体动态分布系数 α_i

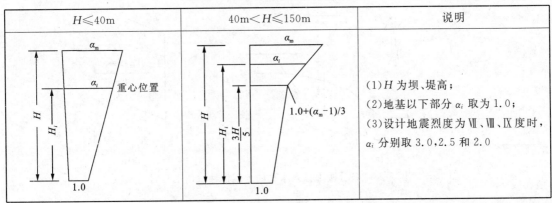

在土坝、土堤稳定性计算中,一般只考虑顺坡水平向地震惯性力的作用,但对于设计地震烈度为Ⅷ、Ⅸ度的大型土坝工程,应同时考虑水平向和铅直向地震惯性力。

铅直向地震系数 a_v 可以直接由场地地震危险性分析获得,没有这方面资料时,可以按上述规范取值

$$a_v = \frac{2}{3} a_H \tag{8-44}$$

当同时考虑水平向地震惯性力和铅直向地震惯性力时,因两个方向的地震波波速不同,同时以最大加速度在堤、坝处相遇的概率相当小,因此要将铅直向地震作用效应乘以 0.5 的耦合系数后与水平向地震作用效应直接相加。

2. 拟静力法

地震力是一种往复作用的荷载,准确确定其在土坡稳定性中的作用较为困难。目前常用的土坡抗震稳定性分析方法中,将最大地震加速度产生的地震惯性力作为一种静力考虑,以不利组合作用于滑体,已取得一定的工程经验,称为拟静力法。

使用条分法时,一般只考虑水平向地震惯性力,顺坡向不利组合的水平向地震惯性力将增加下滑力矩而减少滑面上的正压力,进而减小抗滑力矩,各条分法的工程简化式(8-38)、式(8-39)变化为如下两式。

瑞典条分法

$$F_s = \frac{\sum \left\{ c_i l_i + \left[(V_{i1} \gamma_i + V_{i2} \gamma_{isat} + V_{i3} \gamma_i') \cos \theta_i - \gamma_w h_w' \frac{b_i}{\cos \theta_i} - Q_i \sin \theta_i \right] \tan \varphi_i \right\}}{\sum \left[(V_{i1} \gamma_i + V_{i2} \gamma_{isat} + V_{i3} \gamma_i') \sin \theta_i + M_{ic}/R \right]} \tag{8-45}$$

简化毕肖普条分法

$$F_s = \frac{\sum \left\{ c_i' b_i + \left[V_{i1} \gamma_i + (V_{i2} + V_{i3}) \gamma_i' \right] \tan \varphi_i' \right\} \frac{1}{m_{\theta i}}}{\sum \left[(V_{i1} \gamma_i + V_{i2} \gamma_{isat} + V_{i3} \gamma_i') \sin \theta_i + M_{ic}/R \right]} \tag{8-46}$$

式中:Q_i 为作用于条块 i 重心处的水平向地震惯性力,由式(8-42)计算;M_{ic} 为作用于条块 i 的水平向地震惯性力对滑弧中心产生的力矩 $M_{ic} = Q_i \cdot d$,意义见图 8-23;c_i,φ_i(c_i',φ_i')为土体在地震作用下的(有效)黏聚力和内摩擦角。

其他符号的意义见图 8-23，计算同前。

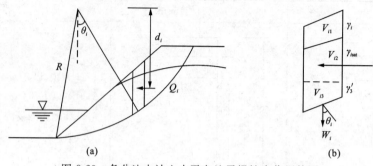

图 8-23 条分法中计入水平向地震惯性力作用简图

第六节 天然土坡的稳定问题

天然土坡由于形成的自然环境、沉积时间以及应力历史等因素不同，性质比人工填土要复杂得多，边坡稳定分析仍然可按上述方法进行，但在强度指标的选择上要更为慎重。

一、裂隙硬黏土的边坡稳定性

硬黏土通常为超固结土，其应力-应变关系曲线属应变软化型曲线，如图 8-24 所示。这类土如果也按一般的天然土坡稳定分析方法，认为剪切过程中密度不变，故宜采用不固结不排水强度指标。用 $\varphi_u = 0$ 法计算，得到的稳定安全系数一般过大，造成偏于不安全的结果。有些天然滑坡体和断层带，在其历史年代上发生过多次滑移，经受很大的应变，土的强度下降很多。在这种情况下验算其稳定性时需注意选取其残余强度。

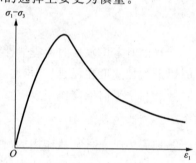

图 8-24 硬黏土的应力-应变关系曲线

二、软土地基上土坡的稳定性分析

在软弱地基上修筑堤坝或路基，其破坏常由地基不稳定引起。当软土比较均匀且厚度较大时，实地勘测和试验表明其滑动面是一个近似的圆柱面，且切入地基一定深度，如图 8-25 中 $\overparen{ABC}$ 所示。$\overparen{AB}$ 部分通过地基，$\overparen{BC}$ 部分通过坝体。据圆弧滑动法公式 $F_s = \dfrac{M_R}{M_s}$，抗滑力矩 M_R 由两部分组成：一部分是 $\overparen{AB}$ 段上抗滑力所产生的抗滑力矩 $M_{RⅠ}$；另一部分是 $\overparen{BC}$ 段上抗滑力所产生的抗滑力矩 $M_{RⅡ}$。考虑到软土地基上的堤坝被破坏时，在形成滑动面之前坝体一般已发生严重裂缝，

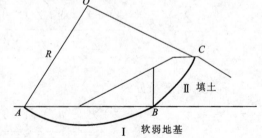

图 8-25 软弱地基上的土坡滑动

或者软土地基已经破坏，而坝体部分的抗剪强度尚未完全发挥。因此，若全部计算 $M_{RⅠ}$ 和 $M_{RⅡ}$，求得的稳定安全系数偏大。为安全起见，工程中有时建议对高度在 5～6m 的堤防或路堤，可不考虑坝体部分的抗滑力矩，即让 $M_{RⅡ} = 0$，以此进行稳定分析（滑动力矩则应包括坝体

部分的 $M_{sⅡ}$，且是最主要的部分）。而对于中等高度的堤坝，则可考虑采用部分的 $M_{RⅡ}$，根据具体工程情况并参照当地经验，采用适当的折减系数，例如用 0.5。

对于坝基内深度不大处有软弱夹层时，滑动面将不是连续的圆弧面而是由两段不同的圆弧和一段沿软弱夹层的直线所组成的复合滑动面 $ABCD$（图 8-26）。此时，土坡的稳定性分析可采用如下的近似方法计算。图 8-26 中滑动土体由不同圆心和半径的两段圆弧 $\overparen{AB}$ 和 $\overparen{CD}$ 及软弱夹层面 $\overline{BC}$ 组成。

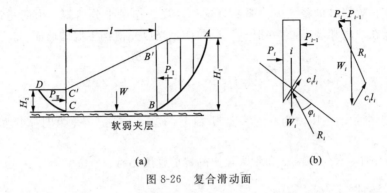

图 8-26　复合滑动面

用竖直线 $\overline{BB'}$ 和 $\overline{CC'}$ 将滑动土体分成 ABB'、$B'BCC'$ 和 $C'CD$ 三部分。第Ⅰ部分对中间第Ⅱ部分作用以推力 $P_Ⅰ$，第Ⅲ部分对中间第Ⅱ部分提供以抗力 $P_Ⅱ$。分析中间部分土体 $B'BCC'$ 的抗滑稳定性，其稳定安全系数可表达为

$$F_s = \frac{(cl + W\tan\varphi) + P_Ⅰ}{P_Ⅱ} \tag{8-47}$$

式中：c、φ 为软弱夹层土的抗剪强度指标；W 为土体 $B'BCC'$ 的重量；l 为滑动面在软弱夹层上的长度；$P_Ⅰ$ 为土体 ABB' 作用于土体 $B'BCC'$ 的滑动力，假定为水平方向；$P_Ⅱ$ 为土体 $C'CD$ 对土体 $B'BCC'$ 所提供的抗滑力，假定为水平方向。$P_Ⅰ$ 和 $P_Ⅱ$ 是两个待定的力，可用如下的作图法求之。

将圆弧段的滑动土体按条分法分成若干个条块，并假定土条块间的作用力为水平方向。取任意土条块进行力的平衡分析。作用在土条块上的力有侧面上的水平力 P_i 和 P_{i-1}，重力 W_i 和滑动弧段上的反力 R_i 以及黏聚力 $c_i l_i$。其中 W_i 和 $c_i l_i$ 的大小与方向均已知。R_i 和 $\Delta P_i = P_i - P_{i-1}$ 的方向已知，大小待定。根据平衡力系力的矢量多边形闭合的原理，R_i 和 ΔP_i 可由图解法确定。这样，从上而下对逐个土条进行图解分析。第 1 个土条的条间力 $P_1 = \Delta P_1$，第 2 个土条的条间力 $P_2 = P_1 + \Delta P_2 = \sum_{i=1}^{2} \Delta P_i$。依此类推就可以求出 BB' 面上的作用力 $P_Ⅰ$。同理，可求得 CC' 面上的作用力 $P_Ⅱ$。$P_Ⅰ$ 和 $P_Ⅱ$ 算出以后，代入式 (8-47) 求复合滑动面 $ABCD$ 的稳定安全系数。

将这种简化计算方法与折线滑动面稳定安全系数的计算方法进行对比，可以看出，这种方法算得的稳定安全系数并不代表整个复合滑动面 $ABCD$ 的稳定安全系数，而是假定在图 8-26 中圆弧滑块 ABB' 和 $C'CD$ 的稳定安全系数 $F_s = 1.0$ 的情况下，中部块体 $B'BCC'$ 的稳定安全系数。要计算整个块体 $ABCD$ 的稳定安全系数，必须在求条块间水平作用力 P_i 时，将图 8-26(b) 中滑弧段 l_i 上的黏聚力改成 $\dfrac{c_i l_i}{F_s}$，将反力 R_i 与弧面法线的夹角改成 $\overline{\varphi}_i = \tan^{-1}\dfrac{\tan\varphi_i}{F_s}$。这样用公式 (8-47) 求稳定安全系数 F_s 时就必须采用迭代法，即先假定一个稳定安全系数 F_{s0}，

用图解法求 $P_Ⅰ$ 和 $P_Ⅱ$，再代入式(8-47)求稳定安全系数 F_{s1}。当 F_{s1} 与 F_{s0} 之差大于允许误差时，用 F_{s1} 代替 F_{s0} 重新用图解法求和，再次由式(8-47)计算稳定安全系数 F_{s2}。如此重复进行，直至由式(8-47)算出的稳定安全系数与计算 $P_Ⅰ$ 和 $P_Ⅱ$ 时用的稳定安全系数差别小于允许误差为止。这时的稳定安全系数 F_s 就是复合滑动面 $ABCD$ 的真正稳定安全系数。

另外，本法中 $\overset{\frown}{AB}$、$\overset{\frown}{BC}$ 和 $\overset{\frown}{CD}$ 都是任意假定的，得到的稳定安全系数只代表一个特定滑动面上的稳定安全系数。还必须假定很多个可能的滑动面进行系统计算，得到最小的稳定安全系数，才是真正代表边坡的稳定安全系数。这种计算工作量十分浩繁。为简化计算，可把 B' 点和 C' 点固定在坡肩和坡脚处，并把 BB' 以和 CC' 当成光滑挡土墙的墙面，将 $P_Ⅰ$ 变为朗肯主动土压力 P_a。

$$P_Ⅰ = P_a = \frac{1}{2}\gamma H_1^2 K_a - 2c H_1 \sqrt{K_a} + \frac{\gamma z_0^2}{2} K_a \qquad (8-48)$$

式中：z_0 为填土中主动土压力为 0 的深度，数值上，$z_0 = \dfrac{2c}{\gamma \sqrt{K_a}}$；$K_a$ 为朗肯主动土压力系数，其值为 $K_a = \tan^2\left(45° - \dfrac{\varphi}{2}\right)$；$c$ 和 φ 为填土的抗剪强度指标。

而 $P_Ⅱ$ 则是朗肯被动土压力 P_p，即

$$P_Ⅱ = P_p = \frac{1}{2}\gamma H_2^2 K_p + 2c H_2 \sqrt{K_p} \qquad (8-49)$$

式中：K_p 为朗肯被动土压力系数，其值为 $K_p = \tan^2\left(45° + \dfrac{\varphi}{2}\right)$。

$P_Ⅰ$ 和 $P_Ⅱ$ 求出后，即可用式(8-47)直接求土坡沿复合滑动面的稳定安全系数 F_s。

【例题 8-2】 试估算图 8-27 中土坡沿着复合滑动面滑动的稳定安全系数 F_s（设 BB' 和 CC' 可以当成光滑的挡土墙墙背，按朗肯公式计算土压力）。填土的重度 $\gamma = 19\text{kN/m}^3$，抗剪强度指标 $c = 10\text{kPa}$，$\varphi = 30°$。软弱夹层的抗剪强度指标 $c_u = 12.5\text{kPa}$，$\varphi_u = 0$。

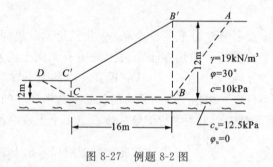

图 8-27 例题 8-2 图

【解】 求作用于面 BB' 上的朗肯主动土压力

$$P_a = \frac{1}{2}\gamma H_1^2 K_a - 2c H_1 \sqrt{K_a} + \frac{\gamma z_0^2}{2} K_a$$

而 $K_a = \tan^2\left(45° - \dfrac{\varphi}{2}\right) = \tan^2 30° = 0.333$

$$z_0 = \frac{2c}{\gamma \sqrt{K_a}} = \frac{2 \times 10}{19 \times \sqrt{0.333}} = \frac{20}{19 \times 0.577} = 1.82 \text{ (m)}$$

$$P_a = \frac{1}{2} \times 19 \times 12^2 \times 0.333 - 2 \times 10 \times 12 \times 0.577 + \frac{1}{2} \times 19 \times 1.82^2 \times 0.33$$
$$= 455.5 - 138.5 + 10.5 = 327.5 \text{ (kN/m)}$$

再求作用于 CC' 面上的朗肯被动土压力

$$P_p = \frac{1}{2} \gamma H_2^2 K_p + 2c H_2 \sqrt{K_p}$$

而 $K_p = \tan^2(45° + \frac{\varphi}{2}) = 3.0$

$$P_p = \frac{1}{2} \times 19 \times 2^2 \times 3.0 + 2 \times 10 \times 2 \times \sqrt{3.0} = 183.2 \text{ (kN/m)}$$

故沿复合滑动面滑动的稳定安全系数

$$F_s = \frac{cl + P_p}{P_a} = \frac{12.5 \times 16 + 183.2}{327.5} = 1.17$$

必须要说明的是，无论是天然土坡还是人工土坡，在许多情况下，土体内都存在着孔隙水压力。例如，土体内水的渗流所引起的渗透压力或者因填土而引起的超静孔隙水压力。孔隙水压力的大小在有些情况下比较容易确定，大多数情况下则较难确定或无法确定。例如稳定渗流引起的渗透压力一般可以根据流网比较准确地确定；但在施工期、水位骤降期以及地震时产生的孔隙水压力就比较难以确定。另外，土坡在滑动过程中的孔隙水压力变化目前几乎还没有办法确定。所以，在前面所讨论的边坡稳定计算方法中，作用于滑动土体上的力是用总应力表示，还是用有效应力表示，是一个十分重要的问题。显而易见，用有效应力表示要优于用总应力表示。但因孔隙水压力不容易确定，故而有效应力法在工程中的应用尚存在实际困难，故这方面的工作还有待于进一步研究。

习 题

(1) 某均质黏性土坡高 20 m，坡度比 1∶1，土的性质指标为 $\gamma = 16.5 \text{kN/m}^3$，$c = 55 \text{kPa}$，$\varphi = 0$。假定滑动面为一圆弧，且通过坡脚，滑弧的圆心在坡面中点以上 20m。求土坡的稳定安全系数。

(2) 高度为 25m 的黏性土坡，坡度比 1∶2，土的性质指标为 $\varphi = 15°$，$c = 55 \text{kPa}$，$\gamma = 17 \text{kN/m}^3$，地下水位很深。假设滑弧的圆心在坡面中点以上 35m，且滑弧通过坡脚（将滑动土体分为宽度相等的 5 个土条）。试用瑞典条分法计算土坡的稳定安全系数。

(3) 假定习题(2)中的土坡全部淹没在水下，土的浮重度 $\gamma' = 9.5 \text{kN/m}^3$，其他强度指标不变，并假设滑弧位置不变，仍分为 5 个土条块，用瑞典条分法计算土坡的稳定安全系数。

(4) 采用简化的毕肖普条分法计算习题(2)中所示的土坡稳定安全系数。

(5) 某土坡坡高 20m，坡比 1∶2，坡顶水平，土的重度 $\gamma = 18 \text{kN/m}^3$。有一软弱土层层面呈折线，从坡脚处开始以 20° 的倾角向下延伸，水平距离 40m，并以 45° 的倾角向上延伸至坡顶。软弱土层的抗剪强度指标为 $c = 10 \text{kPa}$，$\varphi = 18°$。试用简布法计算该土坡的稳定安全系数。

第九章 地基承载力

第一节 概述

地基承受建筑物荷载后，内部会产生附加应力。一方面会引起地基内土体变形，造成建筑物沉降；另一方面会引起地基内土体的剪应力增加。当一点的剪应力等于地基土的抗剪强度时，该点就会达到极限平衡而发生剪切破坏。随着外荷载增大，地基中剪切破坏的区域会逐渐扩大。当破坏区扩展到一定范围，并且出现贯穿到地表面的滑动面时，基础下一部分土体将沿滑动面产生滑动，这时整个地基发生失稳破坏。如果这种情况发生，建筑物将会发生严重的塌陷、倾倒等灾害性破坏。在工程上应要求地基既不能产生工程所不允许的过量沉降，也不能产生失稳破坏，因此研究地基承受建筑物荷载的能力对于工程建设十分关键。

地基承受荷载的能力称为地基承载力。地基基础的设计有两种极限状态，即承载能力极限状态和正常使用极限状态。前者对应于地基基础达到最大承载能力或达到不适于继续承载的变形状态，对应于地基的极限承载力；后者对应于地基基础达到变形或耐久性能的某一限值的极限状态，对应于地基的允许承载力。地基承载力不仅取决于地基土的性质，还受到以下影响因素的制约：

（1）基础形状的影响。在用极限荷载理论公式计算地基承载力时是按条形基础考虑的，对于非条形基础应考虑形状不同对地基承载力的影响。

（2）荷载倾斜与偏心的影响。在用理论公式计算地基承载力时，均是按中心受荷考虑的，但荷载的倾斜和偏心对地基承载力是有影响的。

（3）覆盖层抗剪强度的影响。基底以上覆盖层抗剪强度越高，地基承载力显然越高，因而基坑开挖的大小和施工回填质量的好坏对地基承载力有影响。

（4）地下水位的影响。一般来讲，地下水位上升会降低土的承载力。

（5）下卧层的影响。确定地基持力层的承载力设计值应对下卧层的影响作具体的分析和验算。

此外，还有基底倾斜和地面倾斜的影响、地基土压缩性和试验底板与实际基础尺寸比例的影响、相邻基础的影响、加荷速率的影响、地基与上部结构共同作用的影响等。在确定地基承载力时，应根据建筑物的重要性及结构特点，对上述影响因素作具体分析。

本章主要讨论地基的变形和破坏特征，介绍地基极限承载力和地基允许承载力确定方法与影响因素等问题。

第二节 地基的变形和失稳

一、地基变形的 3 个阶段和荷载特征值

地基从开始承受荷载到破坏,要经历一个变形发展的过程,这个过程可用现场载荷试验进行研究。图 9-1(a)表示载荷试验测得的荷载-沉降关系曲线(即 p-S 曲线)。

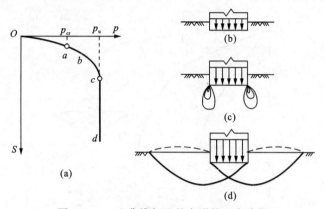

图 9-1 p-S 曲线与地基变形的 3 个阶段
(a)p-S 关系曲线;(b)直线变形(压密)阶段;(c)局部塑性变形阶段;(d)破坏阶段

典型的 p-S 曲线可明显地区分为 3 个阶段。

(1)直线变形阶段。对应于图 9-1(a)中 p-S 曲线上的 oa 段,接近于直线关系。此段地基中各点的剪应力小于地基土的抗剪强度,地基处于稳定状态。地基仅有少量的压缩变形,主要是土颗粒互相挤紧、土体压缩的结果,故此段又称压密阶段。

(2)局部塑性变形阶段。对应于图 9-1(a)中 p-S 曲线上的 abc 段。在此阶段中,变形的速率随荷载的增加而增大,p-S 曲线是下弯的。其原因是在地基的局部区域内,通常是基础边缘下的土体先达到极限平衡状态,发生了剪切破坏,如图 9-1(c)所示,该区域称塑性变形区。随着荷载的增加,地基中塑性变形区的范围逐渐扩展。所以这一阶段是地基由稳定状态向不稳定状态发展的过渡性阶段。

(3)破坏阶段。对应于图 9-1(a)中 p-S 曲线上的 cd 段。当荷载增加到某一极限值时,地基变形突然增大,说明地基中的塑性变形区已经发展到形成与地面贯通的连续滑动面。地基土向基础的一侧或两侧挤出,地面隆起,地基整体失稳,基础也随之突然下陷,如图 9-1(d)所示。

从以上地基破坏过程的分析中可以看出,在地基变形过程中,作用在它上面的荷载有两个特征值:一是地基中开始出现塑性变形区的荷载,称临塑荷载 p_{cr};另一个是使地基剪切破坏,失去整体稳定的荷载,称极限荷载 p_u。显然,以极限荷载作为地基的承载力是不安全的,而将临塑荷载作为地基的承载力,又过于保守。地基的允许承载力,应该是小于极限荷载且稍大于临塑荷载。

二、地基的破坏形式

地基土差异很大,施加荷载的条件又不尽相同,因而地基破坏的形式亦不同。图 9-1 所示

的地基变形具有明显3个阶段的 p-S 曲线,仅仅是载荷试验中一类常见的 p-S 曲线,它代表的地基破坏形式称为整体剪切破坏。除整体剪切破坏以外,地基的破坏形式还有局部剪切破坏和冲剪破坏等形式。

1. 整体剪切破坏

地基整体剪切破坏时如图 9-2(a)所示,出现与地面贯通的滑动面,地基土沿此滑动面向两侧挤出。基础下沉,基础两侧地面显著隆起。该破坏形式下的 p-S 关系线的开始段接近于直线;当荷载强度增加至接近极限值时,沉降量急剧增加,并有明显的破坏点。

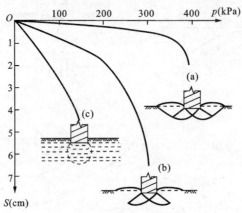

图 9-2 载荷试验地基破坏形式
(a)整体剪切破坏;(b)局部剪切破坏;(c)冲剪破坏

2. 局部剪切破坏

地基局部剪切破坏如图 9-2(b)所示,是介于整体剪切破坏和冲剪破坏之间的一种破坏形式。地基土破坏也是从基础边缘开始,且随着基底压力的增加,极限平衡区相应扩大,但至剪切破坏时,地基中局部区域出现极限平衡区,不会形成延伸至地面的连续破裂面,基础两侧地面稍有隆起。相应的 p-S 曲线,开始段为直线,但随着荷载增大,变形加速发展,沉降量亦明显增加,但直至地基破坏,不会出现曲线(a)那样明显的变形突然急剧增加的现象。

3. 冲剪破坏

地基冲剪破坏如图 9-2(c)所示,基础几乎是垂直下切,两侧没有隆起现象,地基土发生较大的压缩变形,且沿基础侧边产生垂直的破坏面,但没有明显的、连续的滑动面。相应的 p-S 曲线多具非线性,无明显拐点。

地基发生何种形式的破坏,既取决于地基土的类型和性质,又与基础的特性和埋深以及受荷载条件等有关。如密实的砂土地基,大多出现整体剪切破坏;但基础埋深很大时,也会因较大的压缩变形而发生冲剪破坏。对于软黏土地基,当加荷速率较小,允许地基土发生固结变形时,往往出现冲剪破坏;但当加荷速率很大时,由于地基土来不及固结压缩,就可能已经发生整体剪切破坏;当加荷速率处于以上两种情况之间时,则可能发生局部剪切破坏。

对于地基土破坏形式的定量判别,魏西克(Vesic)提出用刚度指标 I_r 的方法。地基土的刚度指标可用式(9-1)表示:

$$I_r = \frac{E}{2(1+\mu)(c+q\tan\varphi)} \tag{9-1}$$

式中:E、μ 分别为地基土的变形模量(kPa)和泊松比;c、φ 分别为地基土的黏聚力(kPa)和内摩擦角(°);q为基础的侧面荷载(kPa),$q=\gamma D$,D为基础埋置深度(m);γ为埋置深度以上土的重度(kN/m³)。

由式(9-1)可知,土愈硬,基础埋深愈小,刚度指标愈高。魏西克还提出判别整体剪切破坏和局部剪切破坏的临界值,称为临界刚度指标$I_{r(cr)}$。

$$I_{r(cr)} = \frac{1}{2}\exp\left[\left(3.30-0.45\frac{B}{L}\right)\cot\left(45°-\frac{\varphi}{2}\right)\right] \tag{9-2}$$

式中:L、B分别为基础的长度(m)和宽度(m)。

当$I_r > I_{r(cr)}$时,地基将发生整体剪切破坏;反之,地基则发生局部剪切破坏或冲剪破坏。

【例题 9-1】 条形基础宽度1.5m,埋置深度1.2m,地基为均匀粉质黏土,土的重度γ=17.6kN/m³,c=15kPa,φ=24°,E=10MPa,μ=0.3,试判断地基的失稳形式。

【解】 (1)用式(9-1)求地基的刚度指标I_r

$$I_r = \frac{E}{2(1+\mu)(c+q\tan\varphi)} = \frac{10\,000}{2\times(1+0.3)\times(15+17.6\times1.2\times\tan24°)} = 157.6$$

(2)用式(9-2)求临界刚度指标$I_{r(cr)}$

$$I_{r(cr)} = \frac{1}{2}\exp\left[\left(3.30-0.45\frac{B}{L}\right)\cot\left(45°-\frac{\varphi}{2}\right)\right]$$

对于条形基础,$B/L=0$,代入上式得

$$I_{r(cr)} = \frac{1}{2}\times\exp[(3.30-0)\times\cot33°] = 80.5$$

(3)判断 $I_r > I_{r(cr)}$

故地基将发生整体剪切破坏。

第三节 地基极限承载力的确定

地基极限承载力是地基内部整体达到极限平衡时的荷载,它是地基能够承受的最大荷载。极限承载力的求解方法主要有两类:一类是极限平衡法。该方法根据土体极限平衡方程,由已知边界条件求解。但由于数学上的困难,只有少数情况可得到解析解,如普朗特尔-瑞斯纳公式;而多数情况下是无法得到解析解的,可以用数值方法来计算。另一类是假定滑动面的求解法。该方法是根据模型试验,研究地基滑动面形状并作必要的简化,再根据简化的滑动面上的静力平衡条件来求解,如太沙基公式。

目前,极限承载力计算公式主要适合于整体剪切破坏的地基,这是因为可以将整体剪切破坏的地基土视为刚塑性材料,易于理论分析和计算。同时,整体剪切破坏模式有完整连续的滑动面,p-S曲线有明显拐点,因而理论公式易于接受室内模型实验、现场载荷试验和工程实际的检验,并能在实践的基础上不断发展。

对于地基局部剪切破坏和冲剪破坏的情况,尚无可靠计算方法。实践中多是按整体剪切破坏公式计算后,再进行某种折减。

一、利用极限平衡理论求地基极限承载力——普朗特尔-瑞斯纳公式

1. 基本原理

当土体处于塑性状态时,因塑性变形而发生滑移,不再满足变形协调条件,但土体仍应满

足静力平衡条件和极限平衡条件。极限平衡理论就是根据静力平衡条件和极限平衡条件建立的,用于研究土体处于理想塑性状态时的应力分布和滑移面轨迹理论。

下面以无黏性土($c=0$)的二维平面问题为例,简要说明极限平衡理论求地基极限承载力的基本原理。

将地基视为弹塑性体,若在外力作用下处于平衡状态,则作用于土中微元体上的应力和体力之间必须满足平衡微分方程。若体力只有土的自重,则静力平衡方程为

$$\left. \begin{array}{r} \dfrac{\partial \sigma_z}{\partial z} + \dfrac{\partial \tau_{xz}}{\partial x} = \gamma \\ \dfrac{\partial \sigma_x}{\partial x} + \dfrac{\partial \tau_{zx}}{\partial z} = 0 \end{array} \right\} \tag{9-3}$$

式中:σ_z 和 σ_x 为微元体的法向应力;τ_{xz} 为微元体的剪应力,如图 9-3 所示;γ 为土的重度。

式(9-3)中的应力 σ_z、σ_x 和 τ_{xz} 可用主应力表示为

$$\left. \begin{array}{r} \sigma_z = \dfrac{\sigma_1 + \sigma_3}{2} + \dfrac{\sigma_1 - \sigma_3}{2}\cos2\alpha \\ \sigma_x = \dfrac{\sigma_1 + \sigma_3}{2} - \dfrac{\sigma_1 - \sigma_3}{2}\cos2\alpha \\ \tau_{xz} = \dfrac{\sigma_1 - \sigma_3}{2}\sin2\alpha \end{array} \right\} \tag{9-4}$$

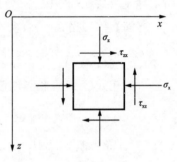

图 9-3 土微元体的应力

式中:σ_1、σ_3 分别为大、小主应力;α 为 σ_1 与 z 轴的交角。

当土体处于极限平衡状态时,作用于土微元体上的应力满足极限平衡条件,即

$$\sin\varphi = \dfrac{\sigma_1 - \sigma_3}{\sigma_1 + \sigma_3} \tag{9-5}$$

式中:φ 为无黏性土的内摩擦角。

极限平衡状态下土微元体的主应力及滑裂线见图 9-4。据极限平衡条件,两组滑裂面 S_1 和 S_2 的方向对称于 σ_1,其夹角为($90°-\varphi$)。

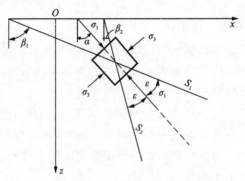

图 9-4 土微元体的滑裂线

定义平均主应力 σ_0:

$$\sigma_0 = \dfrac{1}{2}(\sigma_1 + \sigma_3) \tag{9-6}$$

将式(9-5)、式(9-6)代入式(9-4),并简化得

$$\left.\begin{array}{l}\sigma_z = \sigma_0(1+\sin\varphi\cos2\alpha)\\ \sigma_x = \sigma_0(1-\sin\varphi\cos2\alpha)\\ \tau_{xz} = \sigma_0\sin\varphi\sin2\alpha\end{array}\right\} \qquad (9\text{-}7)$$

分别对 σ_z, σ_x 和 τ_{xz} 取偏导数,再代入式(9-3),简化后得到

$$\left.\begin{array}{l}(1+\sin\varphi\cos2\alpha)\dfrac{\partial\sigma_0}{\partial z}+\sin\varphi\sin2\alpha\dfrac{\partial\sigma_0}{\partial x}-2\sigma_0\sin\varphi\left(\sin2\alpha\dfrac{\partial\alpha}{\partial z}-\cos2\alpha\dfrac{\partial\alpha}{\partial x}\right)=\gamma\\ (1-\sin\varphi\cos2\alpha)\dfrac{\partial\sigma_0}{\partial x}+\sin\varphi\sin2\alpha\dfrac{\partial\sigma_0}{\partial z}+2\sigma_0\sin\varphi\left(\sin2\alpha\dfrac{\partial\alpha}{\partial x}+\cos2\alpha\dfrac{\partial\alpha}{\partial z}\right)=0\end{array}\right\} \quad (9\text{-}8)$$

式(9-8)是平面问题无黏性土处于极限平衡状态时的基本微分方程组。未知函数 σ_0 和 α 可以根据所研究问题的边界条件,解方程组得到解答,即得到地基中各点的 σ_0 和 α;将 σ_0 代入式(9-5)和式(9-6)就可以求出处在极限平衡状态时各点的主应力 σ_1 和 σ_3。α 表示了大主应力 σ_1 的方向,而滑裂面的方向与 σ_1 的方向呈夹角 $\varepsilon = \pm\left(45°-\dfrac{\varphi}{2}\right)$。把各点的滑裂面方向用线段连接起来,即得到整个极限平衡区域内的滑裂线网。

由于实际工程中的问题复杂,在具体计算地基极限承载力时,还要进行一些必要的假设和简化,由此可得到一些不同的极限承载力计算公式。

2. 普朗特尔-瑞斯纳公式

普朗特尔(Prandtl,1921)指出,受铅直均布荷载作用,无限长、底面光滑的条形刚性板置于无重量土($\gamma=0$)的表面上,当刚性荷载板下的土体处于塑性平衡状态时,其破坏图见图9-5。其塑性区由5个部分组成:一个Ⅰ区、左右对称的两个Ⅱ区和两个Ⅲ区。因基底光滑,故Ⅰ区中的最大主应力 σ_1 是垂直向的,破坏面与水平面成 $\left(45°+\dfrac{\varphi}{2}\right)$,称为主动朗肯区。Ⅲ区大主应力方向是水平向的,破裂面与水平面成 $\left(45°-\dfrac{\varphi}{2}\right)$,称为被动朗肯区。而Ⅱ区称为过渡区,滑移线有两组:一组是以 a 和 a' ,为起点的辐射线,另一组是对数螺线(图9-6),其方程为

$$r = r_0 e^{\theta\tan\varphi}$$

式中:r_0 为起始径距,在图9-5中就是 $\overline{ab}$、$\overline{a'b}$;r 为从极点 O 到螺线上任一点 m 的距离;θ 为射线 r 与 r_0 的夹角。

图9-6中的 O 点称极点。螺线上任一点 m 的法线与该点到极点连线之间的夹角成 φ 角。

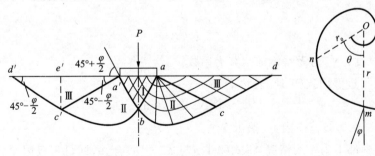

图 9-5 条形刚性板下的塑性平衡区 　　　　　图 9-6 对数螺线

对以上情况,普朗特尔得出极限承载力解析解为

$$p_u = cN_c \tag{9-9}$$

式中:N_c 为承载力系数,是仅与 φ 有关的无量纲系数,可由式(9-10)进行计算:

$$N_c = \left[e^{\pi\tan\varphi} \cdot \tan^2\left(45° + \frac{\varphi}{2}\right) - 1\right]\cot\varphi \tag{9-10}$$

上式没有考虑基础埋深影响,但实际上基础总有一定的埋深(图9-7),故瑞斯纳(Reissner,1924)假定不考虑基底以上两侧土的强度,将其重量以均布超载 $q = \gamma D$ 代替,得到了超载引起的极限承载力为

$$p_u = qN_q \tag{9-11}$$

式中:N_q 为仅与 φ 有关的承载力系数,可由式(9-12)进行计算:

$$N_q = e^{\pi\tan\varphi} \cdot \tan^2\left(45° + \frac{\varphi}{2}\right) \tag{9-12}$$

将式(9-9)与式(9-11)合并,得普朗特尔-瑞斯纳公式如下:

$$p_u = cN_c + qN_q \tag{9-13}$$

承载力系数 N_c 和 N_q 有如下关系:

$$N_c = (N_q - 1)\cot\varphi \tag{9-14}$$

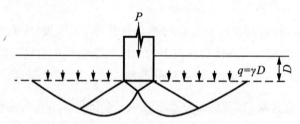

图9-7 考虑基础有埋深时极限承载力计算

普朗特尔-瑞斯纳公式具有重要的理论价值,奠定了极限承载力理论的基础。其后,众多学者在各自研究成果的基础上,对普朗特尔-瑞斯纳公式作了不同程度的修正与发展,使极限承载力理论逐步得以完善。

实际上,地基土并非无重介质,考虑地基土的重量后,极限承载力的理论解很难求得。索科洛夫斯基假设 $c = 0, q = 0$,考虑土的重量对强度的影响,得到了土的重度引起的极限承载力为

$$p_u = \frac{1}{2}\gamma B N_\gamma \tag{9-15}$$

式中:B 为基础宽度;N_γ 为无量纲的承载力系数。

魏西克建议可近似用式(9-16)表达 N_γ:

$$N_\gamma \approx 2(N_q + 1)\tan\varphi \tag{9-16}$$

其误差在 5%～10% 范围内,且偏于安全。

对于 c、q 和 φ 都不为零的情况,将式(9-13)与式(9-15)合并,即可得极限承载力的一般计算公式:

$$p_u = \frac{1}{2}\gamma B N_\gamma + qN_q + cN_c \tag{9-17}$$

式中：承载力系数 N_γ、N_q 和 N_c 可根据 φ 值查表 9-1 得到。

式(9-17)是地基极限承载力的最为通用的表达式。后面涉及各种不同的极限承载力分析方法，其最终表达式均可采用式(9-17)的形式，但承载力系数 N_γ、N_q 和 N_c 各不相同。

表 9-1 承载力系数 N_γ、N_q 和 N_c 值

$\varphi(°)$	N_c	N_q	N_γ	$\varphi(°)$	N_c	N_q	N_γ
0	5.14	1.00	0.00	26	22.25	11.85	12.54
1	5.38	1.09	0.07	27	23.94	13.20	14.47
2	5.63	1.20	0.15	28	25.80	14.72	16.72
3	5.90	1.31	0.24	29	27.86	16.44	19.34
4	6.19	1.43	0.34	30	30.14	18.40	22.40
5	6.49	1.57	0.45	31	32.67	20.63	25.99
6	6.81	1.72	0.57	32	35.49	23.18	30.22
7	7.16	1.88	0.71	33	38.64	26.09	35.19
8	7.53	2.06	0.86	34	42.16	29.44	41.06
9	7.92	2.25	1.03	35	46.12	33.30	48.03
10	8.35	2.47	1.22	36	50.59	37.75	56.31
11	8.80	2.71	1.44	37	55.63	42.92	66.19
12	9.28	2.97	1.69	38	61.35	48.93	78.03
13	9.81	3.26	1.97	39	67.87	55.96	92.25
14	10.37	3.59	2.29	40	75.31	64.20	109.41
15	10.98	3.94	2.65	41	83.86	73.90	130.22
16	11.63	4.34	3.06	42	93.71	85.38	155.55
17	12.34	4.77	3.53	43	105.11	99.02	186.54
18	13.10	5.26	4.07	44	108.37	115.31	224.64
19	13.93	5.80	4.68	45	133.88	134.88	271.76
20	14.83	6.40	5.39	46	152.10	158.51	330.35
21	15.82	7.07	6.20	47	173.64	187.21	403.67
22	16.88	7.82	7.13	48	199.26	222.31	496.01
23	18.05	8.66	8.20	49	229.93	265.51	613.16
24	19.32	9.60	9.44	50	266.89	319.07	762.86
25	20.72	10.66	10.88				

【例题 9-2】 黏性土地基上的条形基础宽度 $B=2\mathrm{m}$，埋置深度 $D=1.5\mathrm{m}$，地基土的天然重度 $\gamma=17.6\mathrm{kN/m^3}$，$c=10\mathrm{kPa}$，$\varphi=20°$，按普朗特尔-瑞斯纳公式，求地基的极限承载力，并绘出地基滑裂线网的轮廓。

【解】 (1)按式(9-13)，求极限承载力 p_u

$$p_\mathrm{u} = cN_c + qN_q$$
$$q = \gamma D = 17.6 \times 1.5 = 26.4\,(\mathrm{kPa})$$
$$N_q = e^{\pi\tan\varphi} \cdot \tan^2\left(45° + \frac{\varphi}{2}\right) = e^{\pi\tan 20°} \cdot \tan^2\left(45° + \frac{20°}{2}\right) = 6.4$$
$$N_c = (N_q - 1)\cot\varphi = (6.4 - 1) \cdot \cot 20° = 14.8$$

故
$$p_\mathrm{u} = 26.4 \times 6.4 + 10 \times 14.8 = 317\,(\mathrm{kPa})$$

(2) 绘制滑裂线网轮廓

$$\theta_1 = 45° + \frac{\varphi}{2} = 55°, \theta_2 = 45° - \frac{\varphi}{2} = 35°$$

$$r_0 \cos\theta_1 = \frac{B}{2} = 1, r_0 = \frac{1}{\cos\theta_1} = 1.74 \text{ (m)}$$

按公式 $r_1 = r_0 e^{\theta \tan\varphi} = r_0 e^{\frac{\pi}{2}\tan 20°} = 3.08 \text{ (m)}$，给出地基滑裂线如图 9-8 所示。

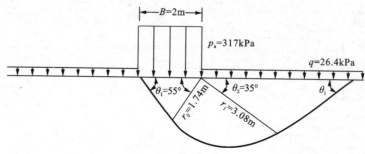

图 9-8　例题 9-2 图

3. 普朗特尔-瑞斯纳公式的讨论

事实上，普朗特尔-瑞斯纳用极限平衡理论求解地基的极限承载力在理论上并不是很完善、很严格的。这种理论认为地基土由滑移边界线截然分成塑性破坏区和弹性变形区。基础以下，滑移边界线以内的土体都处于塑性极限状态。在塑性极限区内，土体各点可以沿滑移面产生无限制的变形。然而，实际上大量试验和工程实例证明，由于基底与土的摩擦作用，在基础底面下存在着压密的弹性区域，弹性区域的存在对地基极限承载力是有一定影响的。此外，土的应力-应变关系并不像理想弹塑性模型所表示的那样，不是理想弹性体就是理想塑性体。实际的土体是一种非线性弹塑性体。显然，用理想化的弹塑性理论不能完全反映地基土的破坏特征，更无法描述地基土从变形发展到破坏的真实过程。

二、假定滑动面法求地基的极限承载力——太沙基公式

实际上，基础底面并不完全光滑，与地基表面之间存在摩擦力，会阻碍直接位于基底下那部分土体的变形，使其不能处于极限平衡状态。图 9-9 的太沙基地基模型试验表明，在荷载作用下基础向下移动时，基底下的土体形成一个刚性核（或称弹性核），与基础成为整体，竖直向下移动。下移的弹性核，挤压两侧土体，使地基破坏，形成滑裂线网。因存在弹性核，地基中部分土体不处于极限平衡状态。这种情况边界条件复杂，难以直接解极限平衡微分方程组求地基的极限承载力。可先假定弹性核和滑裂面的形状，再用极限平衡和隔离体的静力平衡条件求极限承载力近似解。这类半理论半经验方法公式甚多，最广泛应用的是太沙基公式。

1. 基本假定

(1) 地基和基础之间的摩擦力很大（地基底面完全粗糙），当地基破坏时，基础底面下的地基土楔体 aba' [图 9-10(a)] 处于弹性平衡状态，称弹性核。边界面 ab 或 $a'b$ 与基础底面的夹

图 9-9　压板下的刚性核形状

角等于地基土的内摩擦角 φ。

（2）地基破坏时沿 bcd 曲线滑动。其中 bc 是对数螺旋线，在 b 点与竖直线相切，cd 是直线，与水平面的夹角等于 $45°-\dfrac{\varphi}{2}$，即 acd 区为被动应力状态区。

（3）基础底面以上地基土以均布荷载 $q=\gamma D$ 代替，不考虑其强度。

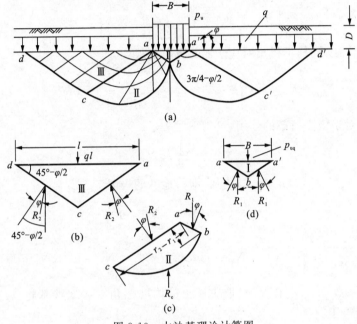

图 9-10　太沙基理论计算图

2. 极限荷载公式推导

以上假定可将地基滑动土体分成 5 个区，除弹性核（Ⅰ区）外，尚有两个对称的被动应力状态区（Ⅲ区）和过渡区（Ⅱ区）。

若仅考虑 q 的作用，而不考虑土体黏聚力 c 和土体重量，各区的受力情况可推导：取隔离体 acd［图 9-10(b)］分析，该区与图 9-5 中Ⅲ区的条件完全相同，故得到相同的 R_2：

$$R_2 = q\tan\left(45°+\dfrac{\varphi}{2}\right) \tag{9-18}$$

隔离体 $a'ba$［图 9-10(d)］的 aa' 边界面上为对应于 q 的极限荷载 p_{uq}；而 $a'b$ 与 ba 边界面上的荷载为 R_1，与边界面法线的夹角等于 φ，楔体面与水平面的夹角亦为 φ。由力系平衡条件得

$$R_1 = p_{uq}\cos\varphi \tag{9-19}$$

abc 隔离体［图 9-10(c)］ab、ac 边界面上的荷载为 R_1 和 R_2，bc 边界面上是可变的荷载 R_c。将这些力对 a 点取矩，同样可得

$$R_1 = R_2\dfrac{r_2^2}{r_1^2} \tag{9-20}$$

将对数螺旋线方程：

$$r_2 = r_1\,\mathrm{e}^{\left(\frac{3}{4}\pi-\frac{\varphi}{2}\right)\tan\varphi} \tag{9-21}$$

代入上式得

$$R_1 = R_2 \left[e^{\left(\frac{3}{4}\pi - \frac{\varphi}{2}\right)\tan\varphi} \right]^2 \tag{9-22}$$

将 R_1 和 R_2 代入上式中可得

$$p_{uq}\cos\varphi = q\tan\left(45° + \frac{\varphi}{2}\right)\left[e^{\left(\frac{3}{4}\pi - \frac{\varphi}{2}\right)\tan\varphi}\right]^2 \tag{9-23}$$

或

$$p_{uq} = q \cdot \frac{1}{2}\left[\frac{e^{\left(\frac{3}{4}\pi - \frac{\varphi}{2}\right)\tan\varphi}}{\cos\left(45° + \frac{\varphi}{2}\right)}\right]^2 \tag{9-24}$$

按上述分析方法,同样可得出对应于 c 的极限荷载:

$$p_{uc} = c \cdot \left\{\frac{1}{2}\left[\frac{e^{\left(\frac{3}{4}\pi - \frac{\varphi}{2}\right)\tan\varphi}}{\cos\left(45° + \frac{\varphi}{2}\right)}\right]^2 - 1\right\}\cot\varphi \tag{9-25}$$

地基土重量对于极限荷载的作用,可用下式表示:

$$p_{u\gamma} = \frac{1}{2}\gamma B N_\gamma \tag{9-26}$$

将式(9-24)、式(9-25)和式(9-26)相加,即得地基的极限荷载:

$$p_u = \frac{1}{2}\gamma B N_\gamma + c N_c + q N_q \tag{9-27}$$

式中:$N_q = \frac{1}{2}\left[\dfrac{e^{\left(\frac{3}{4}\pi - \frac{\varphi}{2}\right)\tan\varphi}}{\cos\left(45° + \frac{\varphi}{2}\right)}\right]^2$,$N_c = \cot\varphi(N_q - 1)$,$N_\gamma = 1.8(N_q - 1)\tan\varphi$。

地基承载力系数 N_γ、N_c 和 N_q 只取决于土的内摩擦角 φ。太沙基将其绘制成曲线如图 9-11 所示,可直接查用。

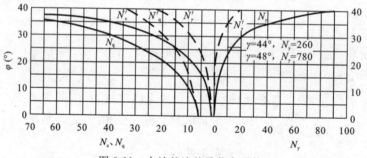

图 9-11 太沙基地基承载力系数

上述计算地基极限荷载的太沙基公式,只适用于地基土发生整体剪切破坏的情况,不适用于局部剪切破坏。因为局部剪切破坏时地基的变形量较大,所以地基承载力有所降低。对地基局部剪切破坏的情况,太沙基建议用经验方法调整抗剪强度指标 c 和 φ,即用

$$c' = \frac{2}{3}c \tag{9-28}$$

$$\varphi' = \arctan\left(\frac{2}{3}\tan\varphi\right) \tag{9-29}$$

代替式(9-27)中的 c 和 φ。对这种情况,极限承载力采用

$$p_u = \frac{1}{2}\gamma B N'_\gamma + q N'_q + c N'_c \tag{9-30}$$

式中:N'_c、N'_q 和 N'_γ 是相应于局部剪切破坏时的承载力系数,由图 9-11 中的虚线查得。

三、汉森(Hansen)极限承载力公式

前述极限承载力 p_u 以及承载力系数 N_γ、N_c 和 N_q 均是按照条形竖直均布荷载推导得到的。汉森在求解极限承载力上的主要贡献就是对承载力进行数项修正,包括非条形荷载的基础形状修正,埋深范围内考虑土抗剪强度的深度修正,基底有水平荷载时的荷载倾斜修正,地面有倾角 β 时的地面修正以及基底有倾角 $\bar{\eta}$ 时的基底修正,每种修正均需在承载力系数 N_γ、N_c 和 N_q 上乘以相应的修正系数。经过修正后汉森的极限承载力公式为

$$p_u = \frac{1}{2}\gamma B N_\gamma S_\gamma d_\gamma i_\gamma q_\gamma b_\gamma + q N_q S_q d_q i_q q_q b_q + c N_c S_c d_c i_c q_c b_c \tag{9-31}$$

式中:N_γ、N_c 和 N_q 为地基承载力系数;在汉森公式中取 $N_q = \tan^2\left(45° + \dfrac{\varphi}{2}\right)e^{\pi\tan\varphi}$,$N_c = \cot\varphi(N_q - 1)$,$N_\gamma = 1.8(N_q - 1)\tan\varphi$;$S_\gamma$、$S_q$ 和 S_c 为基础形状修正的修正系数;d_γ、d_q 和 d_c 为考虑埋深范围内土强度的深度修正系数;i_γ、i_q 和 i_c 为荷载倾斜的修正系数;q_γ、q_q 和 q_c 为地面倾斜的修正系数;b_γ、b_q 和 b_c 为基础底面倾斜的修正系数。

汉森提出上述各系数的计算公式见表 9-2。

表 9-2 汉森(Hansen)承载力公式中的修正系数

形状修正系数	深度修正系数	荷载倾斜修正系数	地面倾斜修正系数	基底倾斜修正系数
$S_c = 1 + 0.2\dfrac{B}{L}$	$d_c = 1 + 0.4\dfrac{D}{B}$	$i_c = i_q - \dfrac{1 - i_q}{N_q - 1}$	$q_c = 1 - \beta/14.7°$	$b_c = 1 - \bar{\eta}/14.7°$
$S_q = 1 + \dfrac{B}{L}\tan\varphi$	$d_q = 1 + 2\tan\varphi(1 - \sin\varphi)^2\dfrac{D}{B}$	$i_q = \left(1 - \dfrac{0.5 P_h}{P_v + A_f \cdot c \cdot \cot\varphi}\right)^5$	$q_q = (1 - 0.5\tan\beta)^5$	$b_q = \exp(-2\bar{\eta}\tan\varphi)$
$S_\gamma = 1 - 0.4\dfrac{B}{L}$	$d_\gamma = 1.0$	$i_\gamma = \left(1 - \dfrac{0.7 P_h}{P_v + A_f \cdot c \cdot \cot\varphi}\right)^5$	$q_\gamma = (1 - 0.5\tan\beta)^5$	$b_\gamma = \exp(-2\bar{\eta}\tan\varphi)$

说明:此表综合 Hansen(1970),Dt Beer(1970)及 Vesic(1973)的资料所组成。

表中:A_f 为基础的有效接触面积(m^2),$A_f = B'L'$,B' 为基础的有效宽度(m),$B' = B - 2e_B$,L' 为基础的有效长度,$L' = L - 2e_L$,D 为基础的埋置深度(m);e_B、e_L 为相对于基础面积中心而言的荷载偏心距(m);B 为基础的宽度(m);L 为基础的长度(m);c 为地基土的黏聚力(kPa);φ 为地基土的内摩擦角(°);P_h 为平行于基础的荷载分量(kN);P_v 为垂直于基础的荷载分量(kN);β 为地面倾角(°);$\bar{\eta}$ 为基底倾角(°)。

【例题 9-3】 条形基础宽度为 1.5m,基础埋深为 3m,地基土的物理力学特性指标为 $\gamma = 17.6\text{kN/m}^3$,$c = 8\text{kPa}$,$\varphi = 24°$,$E = 5\text{MPa}$,$\mu = 0.35$,按太沙基极限承载力公式求地基的极限承载力。

【解】 (1)验算地基破坏形式

刚度指标 $I_r = \dfrac{E}{2(1 + \mu)(c + q\tan\varphi)} = \dfrac{5000}{2(1 + 0.35)(8 + 17.6 \times 3 \times \tan 24°)} = 58.8$

临界刚度指标 $I_{r(cr)} = \dfrac{1}{2}\exp[3.3 \cdot \cot(45° - \varphi/2)] = \dfrac{1}{2}e^{3.3 \cdot \cot 33°} = 80.5$

由于 $I_r < I_{r(cr)}$,故地基产生局部剪切破坏。

(2)用太沙基公式计算地基极限承载力

$$p_u = \frac{\gamma B}{2} N'_\gamma + \bar{c} N'_c + q N'_q$$

$$\bar{c} = \frac{2}{3}c = \frac{2}{3} \times 8 = 5.3 \text{ (kPa)}$$

按 $\varphi' = 24°$ 查图 9-11 虚线得

$$N'_\gamma = 1.5, N'_q = 5.2, N'_c = 14$$

代入上式

$$p_u = \frac{17.6}{2} \times 1.5 \times 1.5 + 5.3 \times 14 + 17.6 \times 3 \times 5.2 = 19.8 + 74.2 + 274.5 = 369 \text{(kPa)}$$

也可以先求出 $\bar{\varphi}$,$\tan\bar{\varphi} = \frac{2}{3}\tan\varphi$,$\bar{\varphi} = 16.53°$,用 $\bar{\varphi}$ 查图 9-11 实线也可得到相同的承载力系数。

四、用极限平衡理论求地基承载力方法讨论

1. 影响极限承载力的因素

上述各种方法所得到的极限承载力公式都可写成如下的基本形式:

$$p_u = \frac{1}{2}\gamma B N_\gamma + c N_c + q N_q \tag{9-32}$$

式(9-32)表明,地基极限承载力由如下三部分组成:

(1) 滑裂面土体自重所产生的抗力。
(2) 基础两侧均布荷载 q 所产生的抗力。
(3) 滑裂面上黏聚力 c 所产生的抗力。

第一种抗力的大小不仅取决于土的重度 γ 和内摩擦角 φ,而且还取决于滑裂土体的体积。图 9-12 表明,基础宽度增加 1 倍时,滑裂土体的长度和深度随着成倍增长。对于平面问题,体积将增加 3 倍,或者说滑裂土体的体积与基础宽度大约是平方关系。由此可以推论,极限承载力将随基础宽度的增加而线性增加,即极限承载力 p_u 是 B 的线性函数。

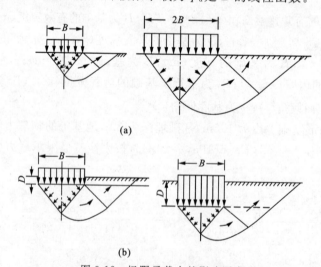

图 9-12 极限承载力的影响因素
(a) 宽度对挤出土体体积的影响;(b) 埋深对挤出土体体积的影响

第二种抗力的大小,除取决于侧面荷载 q 外,还与滑裂体内 q 的分布范围有关,也就是受滑裂面形状的影响。因此系数 N_q 也是内摩擦角 φ 的函数。此外,滑裂面内荷载 q 的分布长度

大体上随基础宽度 B 的增加而线性增加,但其大小与基础宽度无关,故侧面荷载 q 所引起的极限承载力与基础宽度无关。而 q 随基础埋深 D 的增加而增加,因此侧面荷载 q 所引起的极限承载力与基础埋深有关。

第三种抗力的大小,首先取决于土的黏聚力 c,其次取决于滑裂面的长度。滑裂面的长度即滑裂面的形态与土的内摩擦角有关,因此系数 N_c 是 φ 值的函数。另外,从图 9-12(a)分析,滑裂面的尺度大体上与基础宽度按相同的比例增加。因此,由黏聚力 c 所引起的极限承载力,不受基础宽度的影响。

综合以上的分析,地基极限承载力不但取决于土的强度特征值,还与基础宽度 B、基础埋置深度 D 有密切关系。宽度和基础埋置深度愈大,地基极限承载力也愈高。承载力系数 N_γ、N_q 和 N_c 值仅与滑裂面的形状有关,所以只取决于 φ 值的大小。

2. 承载力系数

分析承载力系数 N_γ、N_q、N_c 值的变化,可以看出:

(1) N_γ、N_q 和 N_c 随土的内摩擦角 φ 的增加变化很大,特别是 N_γ 值。当 φ 值较小时,N_γ 比 N_q 和 N_c 小很多;当 φ 值较大时,N_γ 可大于 N_q 和 N_c,说明对于内摩擦角 φ 大的无黏性土,采用普朗特尔理论,忽略地基内滑裂土体重量的抗力作用,计算所得的极限承载力会有较大的误差。而对于内摩擦角 φ 较小的黏性土,采用普朗特尔无重地基的假定可能引起的误差不大。

(2)黏性高的土,c 大而 φ 小,这时承载力系数 N_c 比 N_q 和 N_γ 都大很多,即地基的极限承载力主要取决于土的黏聚强度。

(3)对于 $c=0$ 的无黏性土,基础的埋深对极限承载力起重要作用。若基础埋深太浅($D<0.5B$),地基的极限承载力会显著下降。

第四节 地基允许承载力的确定

地基极限承载力虽然可通过前述方法确定,但在工程实际中往往不直接采用极限承载力来进行地基设计。这是因为土为大变形材料,当荷载增加时,随着地基变形的相应增长,地基承载力也在逐渐加大,很难界定出一个真正的"极限值";另一方面,建筑物的使用有一个功能要求,常常是地基承载力还有潜力可挖,而变形已达到或超过按正常使用的限值。因此,地基设计是采用正常使用极限状态这一原则,所选定的地基承载力是在地基土的压力变形曲线线性变形段内相应于不超过比例界限点的地基压力值,即允许承载力。此时既能保证地基不会出现失稳破坏,也能保证地基不会产生过量的沉降而影响建筑物的使用,即在此压力下,地基强度和变形都能满足设计要求,建筑物安全和正常使用都不会受到影响。

在地基设计中,合理确定地基的允许承载力十分关键。如果建筑物的压力超过了地基的允许承载力,则建筑物及地基将产生不稳定或破坏的现象;如果过小地估计了地基的允许承载力,则会增加建筑物设计的造价,成本增加而不经济。因此,正确地确定地基的允许承载力是一个十分重要的问题。

按照现行地基设计规范,地基土的允许承载力用特征值来表示。地基承载力特征值是指由载荷试验测定的地基土压力变形曲线线性变形段内规定的变形所对应的压力值,其最大值为比例界限值,用以表示正常使用极限状态计算时采用的地基承载力的设计使用值。其含义为在发挥正常使用功能时所允许采用的抗力设计值。地基承载力特征值可由载荷试验或其他原位测试、公式计算并结合工程实践经验等方法综合确定,同时应按照基础埋置深度和宽度进行修正。

一、按塑性区发展范围确定地基允许承载力

地基受临塑荷载 p_{cr} 作用时,仅在基础底面的两边点刚达到极限平衡,此时地基中几乎没有出现塑性变形区。即使地基中已出现了一定范围的塑性变形区,只要其余大部分土体是稳定的,地基还是具有较大的安全度。工程经验表明,地基中塑性变形区的深度达 $1/4 \sim 1/3$ 的基础宽度时,地基仍是安全的,此时所对应的荷载称为临界荷载,分别记为 $p_{1/4}$ 和 $p_{1/3}$。

依据建筑物的结构及使用功能,可根据临塑荷载 p_{cr} 和临界荷载 $p_{1/4}$、$p_{1/3}$ 的大小初步确定地基的允许承载力 f_{ak}。

对于框架结构:

$$f_{ak} = p_{cr} \tag{9-33}$$

对于砖墙民用建筑:

$$f_{ak} = p_{1/4},\text{中心受压基础}$$
$$f_{ak} = p_{1/3},\text{偏心受压基础} \tag{9-34}$$

临塑荷载 p_{cr} 和临界荷载 $p_{1/4}$、$p_{1/3}$ 的大小可通过控制塑性区的发展范围来确定,基本思路是:先找出外荷载与地基中塑性变形区(或称极限平衡区)发展范围(用深度表示)之间的关系,通过控制塑性变形区的允许发展范围,得到地基承载力的计算公式。

目前常用的公式是在条形基础受均布荷载作用及均质地基条件下得到的。按第四章介绍,当条形铅直均布荷载作用在半无限土体表面上时,见图 9-13(a),地基中任一点 M 处的附加应力计算公式为

$$\left.\begin{aligned}\sigma_z &= \frac{p}{\pi}[\sin\beta_2\cos\beta_2 - \sin\beta_1\cos\beta_1 + (\beta_2 - \beta_1)] \\ \sigma_x &= \frac{p}{\pi}[-\sin(\beta_2 - \beta_1)\cos(\beta_2 + \beta_1) + (\beta_2 - \beta_1)] \\ \tau_{zx} &= \tau_{xz} = \frac{p}{\pi}[\sin^2\beta_2 - \sin^2\beta_1]\end{aligned}\right\} \tag{9-35}$$

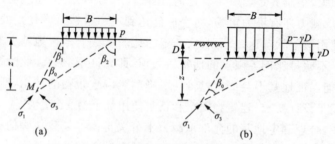

图 9-13 条形均布荷载作用下地基中的主应力
(a)无埋深;(b)有埋深

大、小主应力与各应力分量之间有如下关系:

$$\left.\begin{aligned}\sigma_1 &= \frac{1}{2}\left[(\sigma_z + \sigma_x) + \sqrt{(\sigma_z - \sigma_x)^2 + 4\tau_{zx}^2}\right] \\ \sigma_3 &= \frac{1}{2}\left[(\sigma_z + \sigma_x) - \sqrt{(\sigma_z - \sigma_x)^2 + 4\tau_{zx}^2}\right]\end{aligned}\right\} \tag{9-36}$$

将 σ_z、σ_x 和 τ_{zx} 代入式(9-36),得

$$\left.\begin{array}{l}\sigma_1 = \dfrac{p}{\pi}[(\beta_2-\beta_1)+\sin(\beta_2-\beta_1)]\\[6pt]\sigma_3 = \dfrac{p}{\pi}[(\beta_2-\beta_1)-\sin(\beta_2-\beta_1)]\end{array}\right\} \quad (9\text{-}37)$$

若令$(\beta_2-\beta_1)=\beta_0$($\beta_0$称视角),则式(9-37)变为

$$\left.\begin{array}{l}\sigma_1 = \dfrac{p}{\pi}(\beta_0+\sin\beta_0)\\[6pt]\sigma_3 = \dfrac{p}{\pi}(\beta_0-\sin\beta_0)\end{array}\right\} \quad (9\text{-}38)$$

可以证明,σ_1方向线平分视角β_0,σ_3的方向与σ_1垂直。

一般基础都有一定埋深D,如图9-13(b)所示。此时地基中任一点M处的应力,除有基底附加应力$(p-\gamma D)$引起的附加应力外,还有土的自重应力$\gamma(D+z)$。假设土的自重应力服从静水压力分布(静止土压力系数$K_0=1$),即$\sigma_{sz}=\sigma_{sx}=\gamma(D+z)$。地基中任一点$M$处的大、小主应力为

$$\left.\begin{array}{l}\sigma_1 = \dfrac{p-\gamma D}{\pi}(\beta_0+\sin\beta_0)+\gamma(D+z)\\[6pt]\sigma_3 = \dfrac{p-\gamma D}{\pi}(\beta_0-\sin\beta_0)+\gamma(D+z)\end{array}\right\} \quad (9\text{-}39)$$

根据土的极限平衡理论,当M点达到极限平衡状态时,有

$$\sin\varphi = \dfrac{\sigma_1-\sigma_3}{\sigma_1+\sigma_3+2c\cdot\cot\varphi} \quad (9\text{-}40)$$

将式(9-39)代入式(9-40),整理得

$$z = \dfrac{p-\gamma D}{\pi\gamma}\left(\dfrac{\sin\beta_0}{\sin\varphi}-\beta_0\right)-\dfrac{c}{\gamma\cdot\tan\varphi}-D \quad (9\text{-}41)$$

该式即是塑性变形区的边界线方程式,给出了塑性区边界线上任一点坐标z与视角β_0的关系。若已知基础埋深D、荷载p,及土的γ、c和φ,则可绘出塑性变形区的边界线,见图9-14。

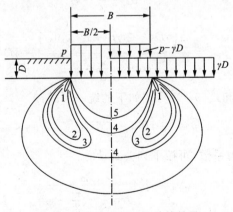

图9-14 塑性变形区的计算结果

通过计算与作图可知,随着p的增大,塑性变形区首先在基础两侧边缘出现,之后逐渐按图9-14中曲线1,2,3,4,…次序扩大。塑性变形区扩大的同时,其最大深度$z_{\max}$(某塑性变形区边界线最低点至基础底面的垂直距离)也随之增加,故$z_{\max}$可用作反映塑性变形区范围的一个尺度。

塑性变形区的最大深度 Z_{max} 可由 $\dfrac{dz}{d\beta_0} = 0$ 的条件求得

即
$$\frac{dz}{d\beta_0} = \frac{p - \gamma D}{\pi \gamma}\left(\frac{\cos\beta_0}{\sin\varphi} - 1\right) = 0 \tag{9-42}$$

则有
$$\cos\beta_0 = \sin\varphi \tag{9-43}$$

即
$$\beta_0 = \frac{\pi}{2} - \varphi \tag{9-44}$$

将式(9-44)代入式(9-41)得
$$z_{max} = \frac{p - \gamma D}{\pi \gamma}\left[\cot\varphi - \left(\frac{\pi}{2} - \varphi\right)\right] - \frac{c}{\gamma\tan\varphi} - D \tag{9-45}$$

对应这一最大深度 z_{max}，地基上作用的荷载为
$$p = \frac{\pi(\gamma D + c \cdot \cot\varphi + \gamma z_{max})}{\cot\varphi - \dfrac{\pi}{2} + \varphi} + \gamma D \tag{9-46}$$

若塑性变形区的最大深度 $z_{max} = 0$，则地基处于刚要出现塑性变形区的状态。此时作用在地基上的荷载称为临塑荷载 P_{cr}，即
$$p_{cr} = \frac{\pi(\gamma D + c \cdot \cot\varphi)}{\cot\varphi - \dfrac{\pi}{2} + \varphi} + \gamma D \tag{9-47}$$

同理，令 $z_{max} = 1/3B$ 或 $z_{max} = 1/4B$ 代入式(9-46)中，可得相应于塑性变形区的最大发展深度为基础宽度 B 的 $1/3$ 或 $1/4$ 时的荷载，称为临界荷载 $p_{1/4}$、$p_{1/3}$，即

$$p_{1/3} = \frac{\pi\left(\gamma D + \dfrac{1}{3}\gamma B + c \cdot \cot\varphi\right)}{\cot\varphi - \dfrac{\pi}{2} + \varphi} + \gamma D \tag{9-48}$$

$$p_{1/4} = \frac{\pi\left(\gamma D + \dfrac{1}{4}\gamma B + c \cdot \cot\varphi\right)}{\cot\varphi - \dfrac{\pi}{2} + \varphi} + \gamma D \tag{9-49}$$

将式(9-47)、式(9-48)和式(9-49)写成如下的统一形式：
$$p = \frac{1}{2}\gamma B N_\gamma + \gamma D N_q + c N_c \tag{9-50}$$

式中：N_γ、N_q、N_c 为承载力系数，可按下列公式计算：

$$N_q = 1 + \frac{\pi}{\cot\varphi - \dfrac{\pi}{2} + \varphi} \tag{9-51}$$

$$N_c = \frac{\pi\cot\varphi}{\cot\varphi - \dfrac{\pi}{2} + \varphi} \tag{9-52}$$

$$N_{\gamma(\frac{1}{4})} = \frac{1}{2} \cdot \frac{\pi}{\left(\cot\varphi - \dfrac{\pi}{2} + \varphi\right)} \qquad \left(\text{当 } z_{max} = \frac{1}{4}B \text{ 时}\right) \tag{9-53}$$

$$N_{\gamma(\frac{1}{3})} = \frac{2}{3} \cdot \frac{\pi}{\left(\cot\varphi - \frac{\pi}{2} + \varphi\right)} \qquad \left(\text{当 } z_{max} = \frac{1}{3}B \text{ 时}\right) \qquad (9-54)$$

可见，承载力系数 N_γ、N_q 和 N_c 只与土的内摩擦角有关。

上述推导中，假定地基土为完全弹性体，但在求临界荷载时，地基中已出现了一定范围的塑性变形区，而且假定 $K_0=1.0$。这些都与实际情况不相符。因此，求得的临界荷载只作初估地基允许承载力。尽管如此，因该方法已积累了很多工程经验，目前仍是确定地基允许承载力的常用方法。

【例题 9-4】 地基上有一条形基础宽 $B=12\text{m}$，埋深 $D=2\text{m}$，地基土的重度 $\gamma=10\text{kN/m}^3$，内摩擦角 $\varphi=14°$，黏聚力 $c=20\text{kPa}$。试求 p_{cr} 与 $p_{1/3}$。

【解】
$$p_{cr} = \frac{\pi\left(\frac{c}{\tan\varphi} + \gamma D\right)}{\cot\varphi - \frac{\pi}{2} + \varphi} + \gamma D = \frac{\pi\left(\frac{20}{\tan 14°} + 10 \times 2\right)}{\cot 14° - \frac{\pi}{2} + \frac{14}{360} \times 2\pi}$$

$$= \frac{3.14(80+20)}{2.68} + 20 = 137.2(\text{kPa})$$

$$p_{1/3} = p_{cr} + \frac{\pi\gamma B \times 1/3}{\cot\varphi - \frac{\pi}{2} + \varphi} = 137.2 + \frac{3.14 \times 10 \times 12 \times 1/3}{\cot 14° - \frac{\pi}{2} + \frac{14}{360} \times 2\pi}$$

$$= 137.2 + 46.9 \approx 184.1(\text{kPa})$$

二、根据极限承载力确定地基允许承载力

极限承载力是地基土体所能承受的最大荷载。在进行地基设计时，必须保证基底压力不超过地基的极限承载力，并有足够的安全度，以防止地基破坏。因此，必须将极限承载力除以一定的安全系数 K，才能作为地基的允许承载力，即

$$f_{ak} = \frac{p_u}{K} \qquad (9-55)$$

安全系数的估计是个十分复杂的问题，它与地质条件、地基勘察详细程度、抗剪强度试验方法及指标选用、建筑物种类及特征、设计荷载组合情况、建筑物的破坏所带来的危害性等许多因素有关。迄今为止还没有一个公认的、统一的标准可供使用。实践中，应根据具体问题具体分析的原则，综合考虑上述各种因素来加以确定。

一般地，对太沙基公式，其安全系数可取 2～3；汉森公式可按表 9-3 选用。

表 9-3 汉森公式安全系数

土或荷载条件	K
无黏性土	2.0
黏性土	3.0
瞬时荷载（如风、地震和相当的活荷载）	2.0
静荷载或者长时期活荷载	2 或 3（视土样而定）

【例题 9-5】 黏性土地基上条形基础的宽度 $B=2\text{m}$，埋置深度 $D=1.5\text{m}$，地下水位在基础埋置高程处。地基土的密度 $G_s=2.70$，孔隙比 $e=0.70$，水位以上饱和度 $S_r=0.8$，土的强度指标 $c=10\text{kPa}$，$\varphi=20°$。求地基土的临塑荷载 p_{cr}，临界荷载 $p_{1/4}$ 和 $p_{1/3}$，并与太沙基极限承载力

p_u 相比较。

【解】 (1)求土的天然重度和饱和重度

地下水位以上土的天然重度 $\gamma_0 = \dfrac{G_s + S_r e}{1+e} \times 9.8 = \dfrac{2.7 + 0.8 \times 0.7}{1+0.7} \times 9.8 = 18.79 (\text{kN/m}^3)$

地下水位以下土的浮重度 $\gamma' = \left(\dfrac{G+e}{e+1} - 1\right) \times 9.8 = 9.8 \ (\text{kN/m}^3)$

(2)求承载力系数

$$N_c = \dfrac{\pi \cot\varphi}{\cot\varphi - \dfrac{\pi}{2} + \varphi} = \dfrac{3.14 \times \cot 20°}{\cot 20° - \dfrac{\pi}{2} + \dfrac{20}{360} \times 2\pi} = 5.65$$

$$N_q = \left[1 + \dfrac{\pi}{\cot\varphi - \dfrac{\pi}{2} + \varphi}\right] = 1 + \dfrac{3.14}{\cot 20° - \dfrac{\pi}{2} + \dfrac{20}{360} \times 2\pi} = 3.06$$

$$N_{\gamma(\frac{1}{4})} = \dfrac{1}{2} \dfrac{\pi}{\cot\varphi - \dfrac{\pi}{2} + \varphi} = 1.03$$

$$N_{\gamma(\frac{1}{3})} = \dfrac{2}{3} \dfrac{\pi}{\cot\varphi - \dfrac{\pi}{2} + \varphi} = 1.37$$

(3)求 $p_{cr}, p_{1/4}, p_{1/3}$

$$p_{cr} = \gamma_0 D N_q + c N_1 = 18.79 \times 1.5 \times 3.06 + 10 \times 5.65 = 142.75 (\text{kPa})$$

$$p_{1/4} = \dfrac{\gamma_1 B}{2} N_{\gamma(1/4)} + p_{cr} = \dfrac{9.8 \times 2}{2} \times 1.03 + 142.75 = 152.8 (\text{kPa})$$

$$p_{1/3} = \dfrac{\gamma_1 B}{2} N_{\gamma(1/3)} + p_{cr} = \dfrac{9.2 \times 2}{2} \times 1.37 + 142.75 = 155.35 (\text{kPa})$$

用太沙基法求极限荷载 $p_u = \dfrac{\gamma_1 B}{2} N_\gamma + \gamma_0 D N_q + c N_c$

用 $\varphi = 20°$ 查图 9-11 得

$$N_\gamma = 4.5, N_q = 8, N_c = 18$$

$$p_u = \dfrac{9.8 \times 2}{2} \times 4.5 + 18.79 \times 1.5 \times 8 + 10 \times 18 = 449.6 (\text{kPa})$$

对比 p_{cr}、$p_{1/4}$、$p_{1/3}$ 与 p_u 的大小，可知临塑荷载和临界荷载差异不大，而太沙基所求极限承载力约为临塑荷载和临界荷载的3倍。因此，若采用临塑荷载和临界荷载作为允许承载力，其安全系数取3是适宜的。

三、原位试验确定地基允许承载力

利用原位试验确定地基允许承载力也是目前常用的方法。由于其他方法必须先测定地基原状土的物理力学性质指标，而取原状土样要经过钻探取样、运输、制备等一系列过程，在这些过程中要完全保证土样不受扰动很难，尤其是在饱和软黏土以及砂、砾等粗粒土中，获取原状土样就更为困难。利用原位试验确定地基允许承载力则不需要取原状土样，因而用原位试验确定地基允许承载力的精度高。常用的确定地基允许承载力的原位试验主要有以下几种。

1. 载荷试验

载荷试验是模拟建筑物基础工作条件的一种测试方法,是在保持地基土的天然状态下,在一定面积的承压板上向地基土逐级施加荷载,并观测每级荷载下地基土的变形特性。测试所反映的是承压板以下为 1.5~2 倍承压板宽的深度内土层的应力-应变-时间关系的综合性状。载荷试验的主要优点是对地基土不产生扰动,利用其成果确定的地基承载力最可靠、最有代表性,可直接用于工程设计,用于预估建筑物的沉降量效果也很好。因此,在对大型工程、重要建筑物的地基勘测中,载荷试验一般必不可少。它是目前世界各国用以确定地基承载力的最主要方法,也是比较其他土的原位试验成果的基础。

通过载荷试验可以测得压力-应变曲线,根据该曲线可以得到地基土极限荷载 p_u 和临塑荷载 p_{cr}。据此进一步得到允许承载力。每层土体试验数应不少于 3 个,取其平均值作为承载力特征值。

2. 静力触探试验

静力触探试验是把具有一定规格的圆锥形探头借助机械匀速压入土中,可测定探头阻力等参数的一种原位测试方法。根据不同土层探头所测试的贯入阻力 p_s,来确定地基承载力特征值。

3. 标准贯入试验

标准贯入试验是利用一定的锤击动能,将一定规格的标准贯入器打入土中,将每打入土中一定深度(一般为 30cm)的锤击数称为标准贯入击数 $N_{63.5}$,并根据 $N_{63.5}$ 来评价地基的承载力。

4. 旁压试验

旁压试验也是岩土工程勘察中常用的一种原位测试技术,实际上是一种利用钻孔进行的原位横向载荷试验。试验原理是通过旁压器在竖直的孔内加压,使旁压膜膨胀,由旁压膜(或护套)将压力传给周围土体(或软岩),使土体(或软岩)产生变形直至破坏,通过量测装置测出施加的压力和土变形之间的关系,然后绘制应力-应变关系曲线。根据该曲线可以得到旁压临塑压力 p_f 和初始压力 p_0。由此可以计算地基承载力。

四、地基承载力特征值的修正

根据《建筑地基基础设计规范》(GB 50007—2011),当基础宽度大于 3m 或埋置深度大于 0.5m 时,从载荷试验或其他原位测试、经验值等方法确定的地基承载力特征值,应按下式修正:

$$f_a = f_{ak} + \eta_B \gamma (B-3) + \eta_D \gamma_m (D-0.5) \tag{9-56}$$

式中:f_a 为修正后的地基承载力特征值(kPa);f_{ak} 为地基承载力特征值(kPa);η_B、η_D 分别为基础宽度和埋置深度的地基承载力修正系数,按基底下土的类别查表 9-4 确定;γ 为基础底面以下土的重度(kN/m³),地下水位以下取浮重度;γ_m 为基础底面以上土的加权平均重度(kN/m³),位于地下水位以下的土层取有效重度;B 为基础底面宽度(m),当基础底面宽度小于 3m 时按 3m 取值,大于 6m 时按 6m 取值;D 为基础埋置深度(m),宜自室外地面标高算起。在填方整平地区,可自填土地面标高算起,但填土在上部结构施工后完成时,应从天然地面标高算起。对于地下室,当采用箱形基础或筏基时,基础埋置深度自室外地面标高算起;当采用独立基础或条形基础时,应从室内地面标高算起。

表 9-4 承载力修正系数

土的类别		η_B	η_D
淤泥和淤泥质土		0	1.0
人工填土 e 或 I_L 大于等于 0.85 的黏性土		0	1.0
红黏土	含水比 $a_w > 0.8$	0	1.2
	含水比 $a_w \leq 0.8$	0.15	1.4
压实填土	压实系数大于 0.95、黏粒含量 $\rho_c \geq 10\%$ 的粉土	0	1.5
	最大干密度大于 2100kg/m³ 的级配砂石	0	2.0
粉土	黏粒含量 $\rho_c \geq 10\%$ 的粉土	0.3	1.5
	黏粒含量 $\rho_c < 10\%$ 的粉土	0.5	2.0
e 及 I_L 均小于 0.85 的黏性土		0.3	1.6
粉砂、细砂(不包括很湿与饱和时的稍密状态)		2.0	3.0
中砂、粗砂、砾砂和碎石土		3.0	4.4

注:强风化和全风化的岩石,可参照风化形成的相应土类取值,其他状态下的岩石不修正;地基承载力特征值按深层平板载荷试验确定时 η_D 取 0;含水比是指土的天然含水量与液限的比值;大面积压实填土是指填土范围大于 2 倍基础宽度的填土。

习 题

(1)根据地基失稳时滑裂面的形状及地基承载力系数表,试分析:①基础宽度、基础埋深和黏聚力对承载力的影响程度如何?与内摩擦角 φ 值的大小有何关系?②砂土地基为什么基础埋深不宜太浅?③为什么基础的宽度增加,地基的承载力也增加?

(2)如习题图 9-1 所示,条形基础宽 3m,埋深 2m,地下水位上、下土的重度分别为 19kN/m³ 和 19.8kN/m³(饱和重度)。作用于基底上的荷载与竖直面倾 $\delta = 10°$,地基土的内摩擦角 $\varphi = 20°$,黏聚力 $c = 10$kPa。求地基的极限承载力。

(3)如习题图 9-2 所示,条形基础受中心竖直荷载作用。基础宽 2.4m,埋深 2m,地下水位上、下土的重度分别为 18.4kN/m³ 和 19.2kN/m³(饱和重度),内摩擦角 $\varphi = 20°$,黏聚力 $c = 8$kPa。试用太沙基公式比较地基产生整体剪切破坏和局部剪切破坏时的极限承载力。

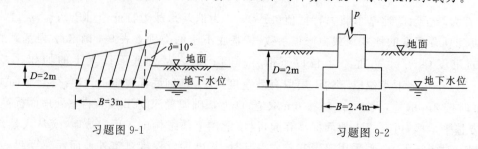

习题图 9-1　　　　　习题图 9-2

(4)某桥墩的地基土层如习题图 9-3 所示,土的物理力学性质见习题表 9-1。已知基础尺寸为 8m×3m,埋深 1.5m,试按条形基础计算地基的临塑荷载 p_{cr},临界荷载 $p_{1/4}$、$p_{1/3}$ 和极限荷载 p_u(按普朗特尔理论和太沙基理论),并用汉森公式计算经过形状和深度校正后的极限荷载。

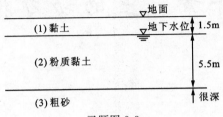

习题图 9-3

习题表 9-1

编号	天然密度 (g/cm³)	天然含水量 (%)	密度	液限(%)	塑限(%)	抗剪强度	
						$\varphi(°)$	c(kPa)
1	1.79	38.0	2.72	44.1	24.3	20	10
2	1.96	28.3	2.70	29.6	19.2	25	15
3	2.04	21.8	2.65			35	0

第十章 土的动力特性

第一节 概 述

前面研究的问题,不论是土体的变形问题还是稳定问题,都认为荷载是静止的,不随时间而变化,称为静力问题。严格地说,大多数实际荷载都不是静止不变的,只是对被作用体系所引起的动力效应很小,可忽略不计。动荷载是指荷载的大小、方向、作用位置随时间而变化,且对作用体系所产生的动力效应不能忽略。一般情况下,当荷载变化的周期为结构自振周期的5倍以上时,就可以简化为静荷载计算。

传统土力学是研究静荷载作用下土的应力、应变和稳定问题。在很长一段时间里,人们曾错误地以为弱土上的上部结构只需要比好土上的多加强一些就行了。例如,在弱土中将桩加密一些。然而,1964年日本新潟地震中很坚实的房屋大量倾斜,引起了土力学家对土的动力特性的关注,发现土在动应力作用下的工程性质与静应力作用下有很大区别。自20世纪60年代以来,土力学家从各方面研究了土的动力性质,并已在土的液化、动土压力、土动力参数的确定、基础的抗震设计、地震荷载下的桩以及土与结构的动力相互作用等领域中取得了很大进展。国际范围内土的动力特性的研究成果已经体现在实际规划、设计和结构物基础的施工过程中。

中国是一个多地震的国家,是全球陆地最严重的地震区之一。20世纪以来,中国陆地地震已经历了4个活跃期。从1988年开始,中国陆地地震活动又趋于活跃,进入了第5个活跃期。在这样的地区进行岩土工程建设,应特别重视研究土的动力特性。

土的特性与其所受的应力路径和应力历史密切相关。显然要研究土的动力特性,就必须了解它所受的动应力过程。工程中的动应力过程必须通过动力反应分析才能确定。此外,进行动力反应分析时,必须应用土的动力特性指标,包括动模量、动阻尼和动强度等。因此,为解决工程问题而进行的土的动力特性研究,往往需要做各种应力状态下的系统动力试验,以求得符合计算点动力过程的动力特性指标。

土的类型和所处的状态不同,对动荷载的反映也不相同。处于饱和状态的砂土和粉土,在地震、波浪等动荷载的作用下,可能发生液化。淤泥、淤泥质土等软弱黏性土,在动荷载的作用下,因孔隙水压力升高、强度降低等原因,可能会导致沉陷和滑移。

综上所述,土在动荷载作用下反映出与静荷载作用时不同的性质。本章将简要阐述动荷载特性、砂土液化、土的动力特性指标及其测定等问题。

第二节 动荷载特性

作用在地基和建筑物上的动荷载可能是地震、炸弹爆炸、往复式或旋转式机械或重锤的运行、施工操作(如打桩)、采石、高速交通工具(包括飞机着陆、高速铁路)、风或波浪荷载的作用等,各种动荷载的性质大不相同。

动荷载的性质用振幅、频率和持续作用时间来表示。不同的动荷载,其振幅、频率和持续作用时间也不相同。例如,地震引起的动荷载振幅大、频率低、历时短,且振动情况复杂,缺乏规律性。波浪形成的动荷载振幅小、频率低,但循环作用次数多(可达几千次)。车辆产生的动荷载、振幅和频率的变化范围都比较大,作用持续时间长短不一。由此可见,动荷载作用是相当复杂的。研究土在动荷载作用下的应力、变形及土体稳定性等问题时,必须注意动荷载的这些特点。

按振幅变化和循环作用次数,动荷载可分成如下 3 种类型。

一、周期荷载

如果运动在相等的时间间隔内重现,就称为周期运动。运动重现一次称为一个循环。单位时间内所完成的循环数称为频率,即每秒内的循环次数以 f 表示,单位为 Hz。

$$f = \frac{\omega}{2\pi} \tag{10-1}$$

式中:ω 为圆频率(rad/s)。

完成一个循环所需的时间称为周期,以 T 表示。周期和频率互为倒数。

$$T = \frac{1}{f} = \frac{2\pi}{\omega} \tag{10-2}$$

时间从 0 到 $T/4$ 时,半周期 $T/2$ 内的峰值荷载称为振幅,以 P_0 表示(图 10-1)。

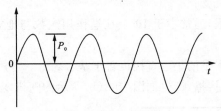

图 10-1 简谐荷载

以同一振幅和周期往复循环作用的荷载称为周期荷载。周期荷载的最简形式是简谐荷载(图 10-1)。简谐荷载随时间 t 的变化规律可用正弦函数或余弦函数表示

$$P_{(t)} = P_0 \sin(\omega t + \theta) \tag{10-3}$$

式中:$P_{(t)}$ 为随时间变化的周期荷载;P_0 为简谐荷载的单幅值,双幅值 $2P_0$ 指在周期 T 内荷载变化的最大幅度;θ 为初始相位角。

简谐荷载是工程中常用的荷载,许多机械振动(电机和汽轮机等)、车辆的行驶对路基的作用以及一般的波浪荷载都属于这种荷载。所以在实验室进行的动力试验也常采用这种荷载。

二、冲击荷载

这种荷载的强度大,持续作用时间很短,如图 10-2 所示。如爆破荷载、打桩时的冲击荷载等,可表示为

$$P_{(t)} = P_0 \varphi\left(\frac{t}{t_0}\right) \tag{10-4}$$

式中:P_0 为冲击荷载的峰值;$\varphi\left(\dfrac{t}{t_0}\right)$ 为描述冲击荷载形状的无因次时间函数。

冲击荷载具有如下两个特点：
(1)只有一次脉冲作用,加荷过程为压力升高、降低两个阶段。
(2)加荷阶段的持续时间很短,有的仅几毫秒或几十毫秒,加荷速率非常大。

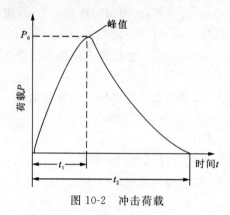

图 10-2　冲击荷载

三、不规则荷载

荷载随时间的变化没有规律可循,即为不规则荷载,如地震荷载。这种荷载具有以下特点：
(1)荷载的方向往返变化。
(2)每次脉冲的幅值随机变化。
(3)往返作用的次数有限,通常小于 10^3。往返作用次数与地震震级有关,地震震级越大,往返作用次数也越大。

图 10-3(a)所示的表面水平的土层直接覆盖于基岩之上。地震时,基岩的随机水平运动以剪切波的形式在土层中向上传播,产生如图 10-3(b)所示的随机变化的不规则水平剪应力。

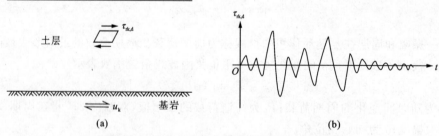

图 10-3　地震在土层中引起的不规则水平荷载

为了解动荷载的类型和特点,在模拟这些类型和特点的动荷载下进行土的动力试验研究,才能使测得的土的动力反应更切合实际。

第三节　土的动强度

在我国目前的抗震设计中普遍应用"拟静力法"。拟静力法是假定土体为刚体,并且将动荷载作用看成是附加的静荷载,采用与静荷载条件下的同样方法来进行土体稳定性计算。在拟静力法计算中需要知道土的动强度指标 c_d 和 φ_d。

土的动强度是指在一定动荷载循环作用次数下,产生破坏应变所需的动应力。土的破坏应变标准不是唯一不变的,需根据工程的重要程度而定。当破坏应变标准给定之后,土的动强度则随动荷载循环作用次数而变化。动荷载循环作用次数越多,土的动强度越低。土的动强度与动荷载循环作用次数之间的这种关系,称为土的动荷载循环效应。动强度指标是指在动荷载作用下,产生破坏应变时所具有的内摩擦角 φ_d 和黏聚力 c_d。目前测定土的动强度的方法有多种,其中最常用的是振动三轴试验。

一、周期荷载作用下土的动强度

周期性动荷载是工程上常见的动荷载类型,如波浪对海工建筑物等的荷载作用就是典型的周期荷载。开展周期荷载作用下土动强度的研究十分重要。

(一)振动三轴试验

振动三轴仪是在静三轴仪的基础上增加了一个振动装置。按施加动荷载的方式可分为气动式、惯性式、液压式和电磁式。可以双向或单向施加动荷载。中国地质大学(武汉)目前使用的振动三轴仪是从英国 GDS 公司进口的,具有加荷性能稳定、测试精度高的优点。

双向施加动荷载时,试样先在等周压力 σ_0 下固结,应力状态如表 10-1 中情况 I 所示。此时在试样 45°斜面上无剪应力,只有法向应力 σ_0 作用,相当于地震前土体单元水平面上的应力状态。固结后,在不排水条件下施加应力幅值为 $\sigma_d/2$ 的轴向动应力;与此同时,在径向上减少 $\sigma_d/2$ 的动应力。此时试样的应力状态如表 10-1 中情况 II 所示,在 45°斜面上法向应力 σ_0 不变,但增加了剪应力 $\tau_d = \sigma_d/2$。之后与上面的加载情况相反,在试样径向上增加 $\sigma_d/2$ 的动应力,同时在轴向上减少 $\sigma_d/2$ 的动应力。此时,45°面上的法向应力仍不变,剪应力 τ_d 的数值也不变,但作用方向却正好相反,如表 10-1 中情况 III 所示。如此反复作用,试样 45°面上的法向应力始终不变,但剪应力 τ_d 则以 $\pm \sigma_d/2$ 的幅值交替变化,与地震时土体单元水平面上作用的地震剪应力相似。

单向施加动荷载时,因没有施加径向动荷载,需按下述方法模拟地震期间土体单元的受力状态。先加等周压力 σ_0 使试样固结,应力状态如表 10-1 中情况 I 所示。然后,在轴向施加应力幅值为 $\pm \sigma_d/2$ 的动荷载,同时假想在试样上增加一均等的动应力 $\pm \sigma_d/2$(实际上是试样内孔隙水压力变化 $\pm \sigma_d/2$ 的数值,试样内的有效应力无任何变化)。此时,试样的应力状态为表 10-1 情况 II、情况 III 中的当量应力状态,即当施加循环作用的动应力 $\pm \sigma_d$ 时,试样内的孔隙水压力 u 相应为 $\pm \sigma_d/2$。将循环作用的动应力与相应的孔隙水压力叠加,得到试样轴向的有效应力为 $(\pm \sigma_d) + \left(\pm \dfrac{\sigma_d}{2}\right) = \pm \sigma_d/2$;而在径向上则为 $0 - (\pm \sigma_d/2) = \pm \sigma_d/2$。所以,单向施加动荷载时试样 45°斜面上的应力状态,与双向施加动荷载时的情况一样,模拟了地震期间土体单元上的应力状态。

在振动三轴试验中,通过动力加载系统对试样施加的周期动应力,常采用简谐应力 $\sigma_d = \sigma_{d0} \sin\omega t$,式中称 σ_{d0} 为动应力幅值。在施加动应力的过程中采用传感器记录试样的动应力、动应变以及孔隙水压力的时程曲线,并根据破坏标准,确定在这一动应力幅值下的破坏振动次数 N_f。

表 10-1　振动三轴试验试样应力状态

情况	单向激振三轴试验		双向激振三轴试验	
	施加应力	当量应力	应力状态	应力圆
Ⅰ 固结	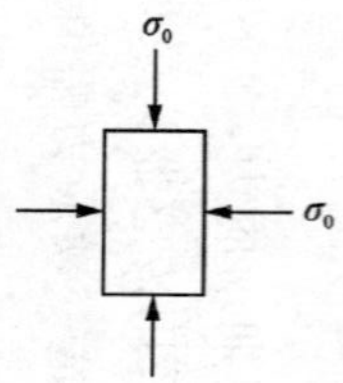	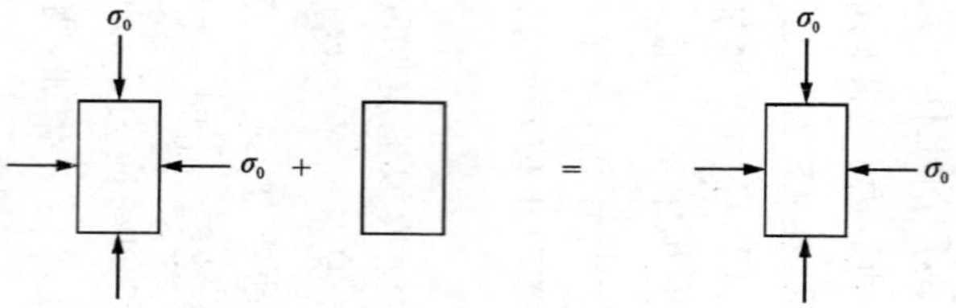	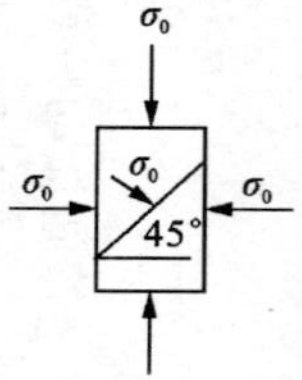	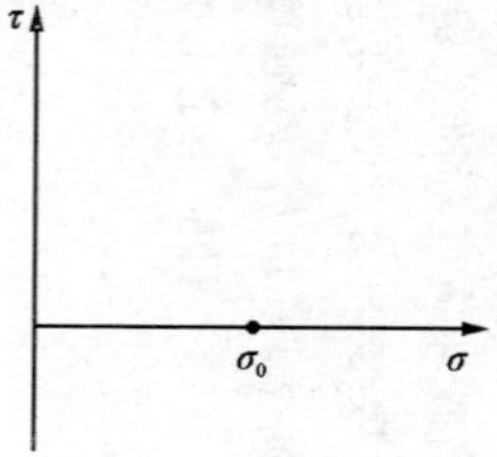
Ⅱ 压半周	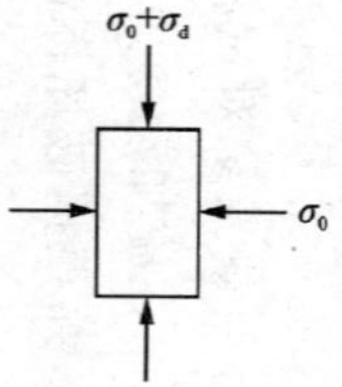	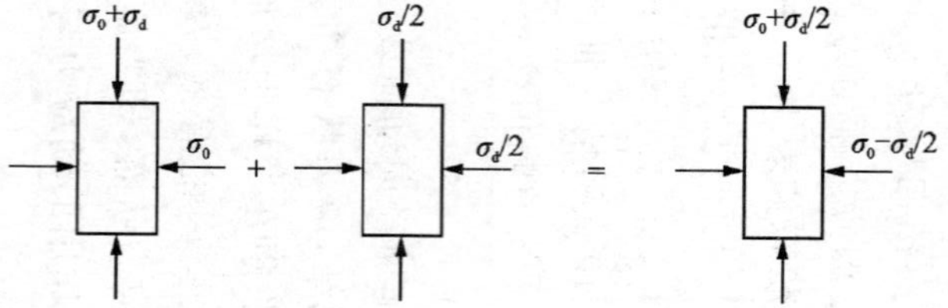	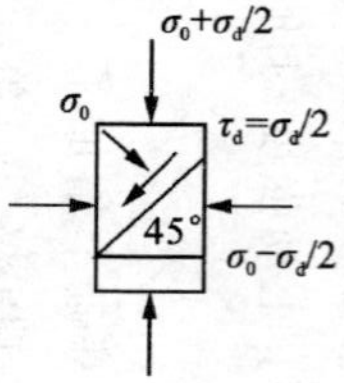	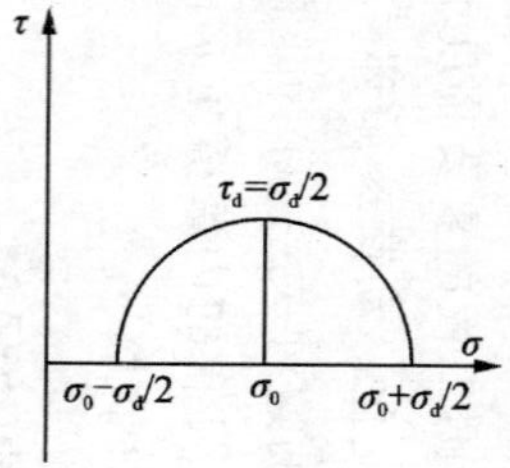
Ⅲ 拉半周	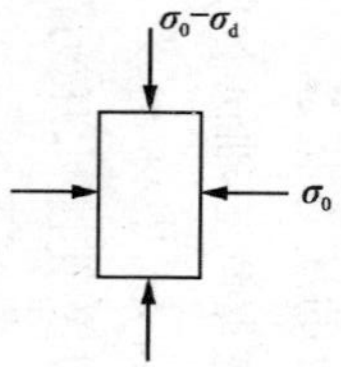	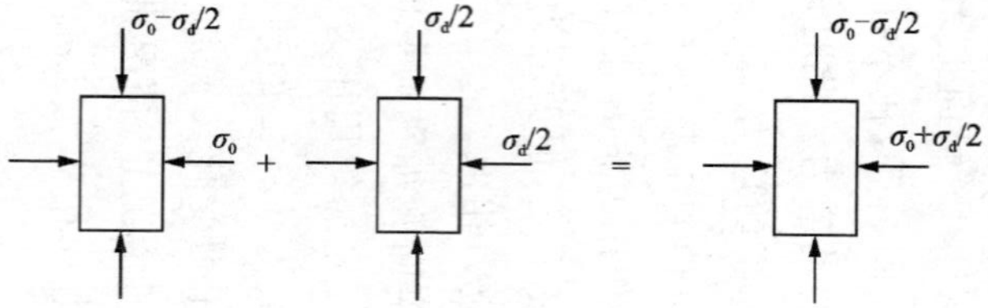	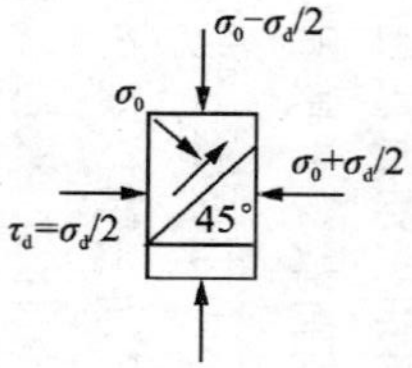	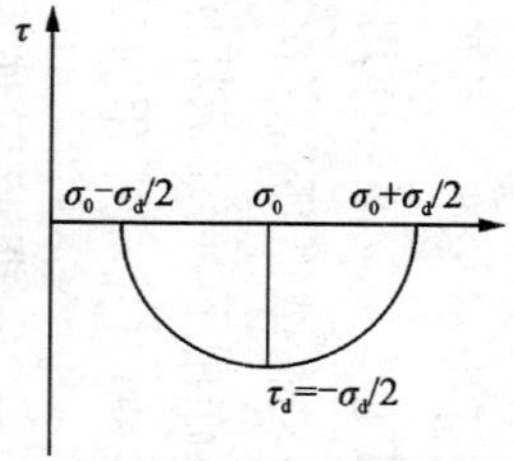

(二)破坏标准

在土动强度试验中,目前常采用的破坏标准有如下 3 种。

1. 极限平衡标准

假定土的静力极限平衡条件也适用于土动三轴试验,且土的动力有效内摩擦角 φ_d' 等于静力有效内摩擦角 φ'。在图 10-4 中,试样在振动前的应力状态用应力圆①来表示,固结应力比 $K_c>1$。固结完成后,再对试样施加轴向动应力,应力圆②表示当动应力增加至最大时对应的应力圆,即动应力等于幅值 σ_{d0} 瞬间的应力圆。此时的小主应力为 σ_3,大主应力为 $\sigma_1+\sigma_{d0}$。由于加载过程中,孔隙水压力不断增加,则有效应力圆②不断向破坏包线移动。当孔隙水压力达到临界值 u_{cr} 时,应力圆③与破坏包线相切。根据极限平衡条件,可以推导在极限平衡状态时的孔隙水压力表达式

$$u_{cr} = \frac{\sigma_1+\sigma_3}{2} - \frac{\sigma_1-\sigma_3-\sigma_{d0}(1-\sin\varphi')}{2\sin\varphi'} + \frac{c'}{\tan\varphi'} \tag{10-5}$$

式中:φ'、c' 分别为土的静力有效内摩擦角(°)、有效黏聚力(kPa);σ_{d0} 为动应力幅值。

在试验记录的时程曲线上找到孔隙水压力等于 u_{cr} 的振动次数,由此确定动应力幅值 σ_{d0} 下的破坏振次 N_f。

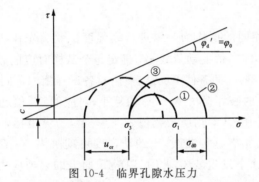

图 10-4 临界孔隙水压力

实际上,对于饱和松砂,且固结应力比 $K_c=1.0$ 时,按这一标准,土试样确定已接近破坏。而对于土的密度较大,且固结应力比 $K_c>1.0$ 的情况,虽然孔隙水压力已达到瞬时极限平衡状态,但试样仍能继续承担荷载,距离破坏尚远。一般来说,采用这种标准将过低估计土的动强度,因而具有过高的安全度。

2. 液化标准

当动荷载所产生的累积孔隙水压力 $u=\sigma_3$ 时,饱和松散的砂和粉土完全丧失强度,处于液化状态。以这种状态作为土的破坏标准即液化标准。通常只有振前的应力状态为 $K_c=1.0$ 时,才会出现累积孔隙水压力 $u=\sigma_3$ 的情况。

3. 破坏应变标准

对于不出现液化破坏的土,试验过程中孔隙水压力 u 始终小于周围压力 σ_3,但应变却随振次不断增大。这种情况下,通常采用破坏应变作为破坏标准。对于 $K_c=1.0$ 的等压固结情况,规定双幅轴向动应变 $2\varepsilon_d=5\%$ 或 10% 作为破坏应变。对于 $K_c>1.0$ 的情况,则规定总应变 ε_d'(包括残留应变 ε_r 和动应变 ε_d)达到 5% 或 10% 作为破坏应变,如图 10-5 所示。具体取值与建筑物的性质有关,目前尚无统一的规定。

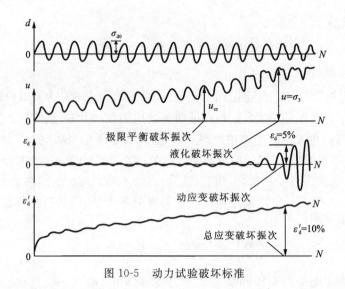

图 10-5 动力试验破坏标准

在以上 3 种破坏标准中,进行地基液化评价时,常采用液化标准。当土不可能液化时,常以限制应变值作为破坏标准。

(三)动强度指标

采用 3 个以上性质相同的试样为一组进行动强度试验。先在相同的 K_c 和 σ_d 条件下固结。然后对各试样施加不同幅值的动荷载 σ_{d0},确定每个试样对应的破坏振次 N_f。例如,使几个试样在 $K_c=2.0$、$\sigma_3=98\text{kPa}$ 的条件下固结,然后对各试样施加不同的 σ_{d0}。根据已确定的破坏标准,记录不同 σ_{d0} 对应的破坏振次 N_f。σ_{d0} 值越小,对应的 N_f 值越大。以动应力比 $\sigma_{d0}/2\sigma_3$ 或试件 45°面上的动剪应力 τ_d(即动应力幅值 σ_{d0} 的一半)为纵坐标,$\lg N_f$ 为横坐标,绘制如图 10-6 所示的动强度曲线。根据这种曲线,土的动强度可理解为:在某种静应力状态下施加动荷载,使试样在一定的振次下发生破坏,此时试样 45°面上的动剪应力幅值 $\sigma_{d0}/2$,即为土的动强度。

在相同的 K_c 条件下,对 3 组性质相同的试样采用不同的固结应力 σ_3,重复上述试验,可得到 3 条动强度曲线,如图 10-6 所示。根据土的动强度曲线,土的动强度可理解为:某种静应力状态下(即 σ_1 和 σ_3 一定),周期荷载使土试样在某一预定的振次下发生破坏,这时试样 45°面上的动剪应力幅值 $\sigma_{d0/2}$ 即为土的动强度。所以动强度并不仅仅取决于土的性质,而且与振动前的应力状态和预定的振次有关。根据一般土的测试结果可知,动强度随周围压力 σ_3 和固结应力比 K_c 的增加而增加。只有很松散,结构很不稳定的土,或 K_c 比较大时才会出现固结应力比增加,动强度反而下降的现象。

以 σ_3 为小主应力,以 $\sigma_1+\sigma_{d0}$ 为大主应力,在 τ-σ 坐标系中绘出相应的破坏应力圆,如图 10-7 中的破坏应力圆①和圆②。这些破坏应力圆的公切线即为土的动强度包线。这条动强度包线在纵轴上的截距即为土的动黏聚力 c_d,其倾角为土的动内摩擦角 φ_d。它可用于地震情况下边坡的稳定分析。应该特别注意的是,一种动强度指标是对应于某一规定破坏振次 N_f 和振动前的固结应力比 K_c 的。c_d 和 φ_d 是总应力法指标,亦即振动所产生的孔隙水压力对强度的影响已在指标中得到反映。在动力稳定分析中,也可以采用有效应力法。这时试验中必须测出破坏时的孔隙水压力。将总应力减去孔隙水压力,绘制破坏时的有效应力圆,即可得到有效应力强度包线。根据有效应力强度包线求出有效应力法的动强度指标 c_d' 和 φ_d'。

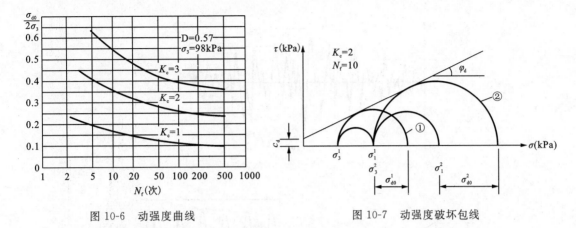

图 10-6 动强度曲线　　　　图 10-7 动强度破坏包线

二、不规则荷载作用下土的动强度

地震荷载是不规则荷载。目前在实验室内可模拟各种不规则荷载,但在技术上稍微复杂,仪器设备相对昂贵。另外,由于地震荷载的变化规律往往难以预估,因此,直接研究不规则荷载作用下土的动强度往往不是很必要。工程上为简化计算,通常把不规则荷载简化成等价的均匀周期荷载处理。

1. 不规则荷载的等效循环周数

地震期间土层中任一点的最大地震剪应力只作用于一瞬间,不能直接用它代表地震期间的地震剪应力。为便于和室内等幅值动应力试验的结果进行比较,一般将地震期间随时间不规则变化的地震剪应力转化为一种等效的均匀周期剪应力 τ_{eq}。所谓等效,是指作用在砂土上的动剪应力形式及循环作用次数不同,但达到液化时的效果相等。Seed-Idriss 以一系列强地震记录资料为依据,建议按式(10-6)计算等效均匀周期剪应力

$$\tau_c = \tau_{eq} = 0.65 \tau_{max} = 0.65 d_z \frac{\gamma z}{g} a_{max} \tag{10-6}$$

为了达到等效目的,必须在确定 τ_{eq} 的同时,定出相应的等效循环作用次数 N_{eq}。首先将图 10-8(a)中的不规则剪应力时程曲线按幅值大小分成若干组,例如 K 组,分别计算每一种幅值剪应力下的等效循环作用次数。例如,在不规则剪应力时程曲线中幅值为 τ_i 的循环作用次数为 n_i。从曲线(抗液化强度曲线)上查出当幅值为 τ_i 时的破坏振次 N_{if},以及等效剪应力 τ_{eq} 对应的破坏振次 N_{ef},如图 10-8(b)所示。假定每一应力循环的能量与应力幅值成正比,则幅值为 τ_i 的一次振动破坏作用,就相当于幅值为 τ_{eq} 时的 N_{ef}/N_{if} 次振动的效果。因此,幅值为 τ_i 的 n_i 次振动作用,等效于幅值为 τ_{eq} 的 n_{eqi} 次振动作用。由此可得 n_{eqi} 与 n_i 之间的关系式为

$$n_{eqi} = n_i \frac{N_{ef}}{N_{if}} \tag{10-7}$$

则与整个不规则剪应力时程曲线等效的幅值为 τ_{eq} 的振动次数为

$$N_{eq} = \sum_{i=1}^{K} n_{eqi} = \sum_{i=1}^{K} n_i \frac{N_{ef}}{N_{if}} \tag{10-8}$$

可见,图 10-8(c)中等幅剪应力 τ_{eq} 振动 6 次的作用与图 10-8(a)中不规则剪应力的作用是等效的。

2. 地震的等效震次

Seed-Idriss 对一系列地震记录进行了统计分析,以 $\tau_{eq} = 0.65\tau_{max}$ 作为等幅周期荷载的幅

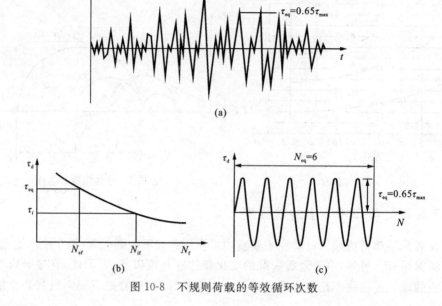

图 10-8 不规则荷载的等效循环次数

值,对等效循环作用次数 N_{eq} 与地震震级的关系进行研究,并提出了如表 10-2 所示的简化等效标准。

把不规则动应力简化成均匀周期应力后,就可以视为周期荷载来确定土单元是否破坏或求出动强度指标 c_d 和 φ_d。

表 10-2 等效循环次数

地震震级	5.6～6 级	6.5 级	7 级	7.5 级	8 级
等效循环次数 N	5	8	12	20	30

需要注意的是,表 10-2 中所确定的等价振次都是以震级为依据而不是以烈度为依据。把不规则动应力简化成简单周期应力后,就可以按前述方法,确定土单元体是否破坏或求出动强度指标 c_d 和 φ_d,并可进一步分析土体的整体动力稳定性。

【例题 10-1】 某饱和砂土的动强度可以用 σ_3 归一化(即不同 σ_3 的动应力比 $\sigma_d/2\sigma_3$ 相同),固结应力比 $K_c=2$ 时的动强度曲线如图 10-9 所示。地区震级为 8 级。求进行动力稳定分析时可采用多大的动内摩擦角 φ_d。

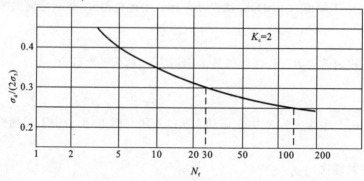

图 10-9 动强度曲线

【解】（1）由表 10-2 查得 8 级地震的等效循环振次 $N=30$。
(2) 由图 10-9 的强度曲线查得 $N_f=30$ 时的动应力比 $\sigma_d/2\sigma_3=0.293$。
(3) 若 $\sigma_3=98\text{kPa}$，则 $\sigma_d=57.4\text{kPa}$，$\sigma_1=196+57.4=253.4(\text{kPa})$。
若 $\sigma_3=196\text{kPa}$，则 $\sigma_d=114.9\text{kPa}$，$\sigma_1=392+114.9=506.9(\text{kPa})$。
(4) 作两个破坏应力圆见图 10-10。由这两个破坏应力圆的公切线可确定 $\varphi_d=26.2°$（注：因为是砂土，$c_d=0$，只要作一个圆即可求得 φ_d，作两个圆是为了校核）。

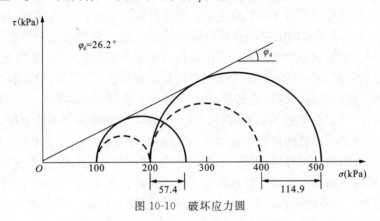

图 10-10 破坏应力圆

【例题 10-2】 土的动强度曲线见图 10-9。若土样在 $\sigma_3=98\text{kPa}$、$K_c=2.0$ 下受到变幅的周期动应力作用，如图 10-11 所示，问土样是否破坏。

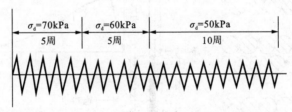

图 10-11 例题 10-2 图

【解】（1）根据动强度曲线查 $\sigma_d=70\text{kPa}$，60kPa 和 50kPa，相应的破坏振次分别为 $N_{f1}=10$，$N_{f2}=28$ 和 $N_{f3}=135$。
(2) 以 $\sigma_d=60\text{kPa}$ 作为等效振幅 σ_{deq}，则总的等效振次为

$$N_{eq}=\sum_{i=1}^{3}n_i\frac{N_{ef}}{N_{if}}=5\times\frac{28}{10}+5\times\frac{28}{28}+10\times\frac{28}{135}=21(\text{周})$$

(3) 当 $N_f=21$ 周时，由动强度曲线查 $\dfrac{\sigma_d}{2\sigma_3}=0.31$，则 $\sigma_d=2\times98\times0.31=60.8(\text{kPa})$

则 $\sigma_d>\sigma_{eq}=60\text{kPa}$，即动强度大于动应力，因此土样还没有破坏。

第四节 砂土振动液化

饱和砂土在地震等动荷载作用下，骤然丧失抗剪强度，土颗粒完全悬浮于水中，土体变为黏滞液体，并出现喷砂冒水等现象，称为液化或完全液化。广义的液化通常还包括振动时因孔隙水压力升高而丧失部分强度的现象，即部分液化。

饱和砂土的振动液化是地震中经常发生的主要震害之一。1976 年我国唐山地震时，液化

面积达 24 000km²。在液化区域内,由于地基丧失承载力,造成建筑物大量沉陷和倒塌。1995年1月17日,日本神户大地震时,神户港的许多砂土填筑的人工岛都发生了喷水冒砂、振陷等现象,大量房屋倾斜或毁损,码头开裂位移。近几十年来,液化问题成为国内外土动力学界所致力研究的主要课题。

一、液化机理

砂土的液化机理可采用图10-12来说明。假定砂粒是一些均匀的圆球,其排列形式见图10-12(a)。当其受到水平方向的振动荷载作用时,振前处于松散状态的砂粒要挤密,最终趋于形成紧密的排列。如果饱和砂土内的孔隙水在振动期间不能及时排出,则砂土在由松变密的过程中,砂粒已离开原来的位置,而又未落到新的稳定位置上,与四周颗粒脱离接触并处于悬浮状态,土体处于流动状态。这种情况下,砂土颗粒的自重及作用在颗粒上的荷载将全部由水承担。图10-12(b)为砂土液化的试验模型。将一装填了饱和砂的容器置于振动台上,并在砂中装一测压管。静置时砂粒的位置相对稳定,通过砂粒的接触点传递土体内的应力,测压管水位与容器内的水位相同。对容器施加一水平振动力,即可见测压管水位迅速上升。这种现象表明饱和砂中因振动出现了超静孔隙水压力。在动荷载作用下,惯性力使砂粒发生运动而脱离接触,原来由砂粒传递的应力逐渐转变为由土中的孔隙水承担,导致了孔隙水压力上升。

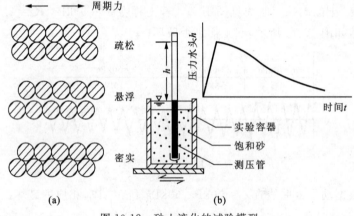

图 10-12 砂土液化的试验模型

根据有效应力原理,饱和土的抗剪强度为

$$\tau_f = (\sigma - u)\tan\varphi'$$

在水平振动荷载作用过程中,总的正应力 σ 无变化,孔隙水压力的升高只能由土的静有效正应力的降低来平衡。

由上式可知,抗剪强度随孔隙水压力的增加而减小。如果振动强烈,且迅速增长的孔隙压力来不及消散,则可能发展至 $u=\sigma_3$,即有效应力减小为零,这将导致 $\tau_f=0$。此时,砂粒不再传递应力,土的抗剪强度完全丧失。砂粒悬浮于水中,饱和砂土由原来的固体状态转变成黏滞液体,处于流动状态。此时的饱和砂土只能像液体那样承受静水压力,通常将 $u=\sigma_3$ 作为初始液化标准。

在动荷载的作用下,孔隙水压力的发展对砂土液化有重要的影响。从理论上来说,动荷载作用下孔隙水压力的发展规律是一个很复杂的问题。目前有许多估算振动孔隙水压力发展的公式。较典型的如 Seed-Finn 的反正弦函数公式。对于等压固结,即 $K_c=1$ 的情况下振动孔

隙水压力的发展公式为

$$\frac{u}{\sigma_3} = \frac{2}{\pi}\sin^{-1}\left[\frac{N}{N_f}\right]^{\frac{1}{\theta}} \tag{10-9}$$

式中：u 为 N 次循环所累积的孔隙水压力；N_f 为破坏振次，可根据动应力幅值，从动强度曲线上查取；θ 为土性质的试验参数，其值与土的种类和密度有关。

对于 $K_c > 1.0$ 的情况，式(10-9)可修改为

$$\frac{u}{\sigma_3} = \frac{1}{2} + \frac{1}{\pi}\sin^{-1}\left[\beta\left(\frac{N}{N_{50}}\right)^{\frac{1}{\theta}} - 1\right] \tag{10-10}$$

式中：N_{50} 为在孔隙水压力发展曲线上，当 $u=0.5\sigma_3$ 时所对应的循环周数；β 为土质参数，一般可取 1.0；θ 为与固结应力比 K_c 有关的土质参数，可表示为 $\theta = \alpha_1 K_c + \alpha_2$，$\alpha_1$ 和 α_2 直接由试验测定。

图 10-13 为在不同的 K_c 和 θ 值条件下采用式(10-10)求出的孔隙水压力发展规律。

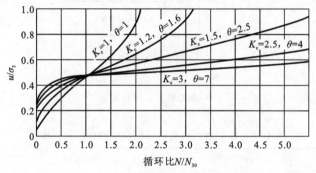

图 10-13 振动孔隙水压力发展曲线

二、砂土液化的影响因素

砂土在动荷载作用下可能发生液化，但并非所有的砂土受到任何动荷载作用都能发生液化。实测结果和研究资料表明，影响饱和砂土液化的主要因素有 3 个方面。

1. 土的性质

饱和土体是否液化主要取决于土的性质。土的颗粒组成和级配对液化有直接的影响。中、细、粉砂最容易液化。粉土和砂粒含量较高的砂砾土也属于可液化土。黏性土由于有黏聚力，振动不容易使其发生体积变化，也就不容易产生较高的孔隙水压力，属于非液化土。粒径较粗的土，如砾石、卵石等渗透系数很大，孔隙水压力消散很快，难以累积到较高的数值，通常也不会液化。级配均匀的砂土比级配良好的更容易液化。颗粒粒径对砂土的抗液化性能有一定影响，通常采用平均粒径 d_{50} 作为代表粒径。d_{50} 在 0.07～1.0mm 范围内的土抗液化能力最差。我国辽宁省海城地震，实测到液化地段喷出的土平均粒径 d_{50} 在 0.05～0.09mm 之间，与图 10-14 的振动三轴试验资料的数据一致。图中的细砂和粉砂最易液化，而且其不均匀系数都在 1.9 以下。

砂土的密度是影响饱和砂土液化的重要因素。相对密度 D_r 越低，越容易液化。对于饱和砂土，当相对密度小于表 10-3 中的数值时，可能发生液化。图 10-15 为南通砂土的抗液化强度试验的典型成果。在其他试验条件相同的情况下，抗液化能力随相对密度的增加而提高。

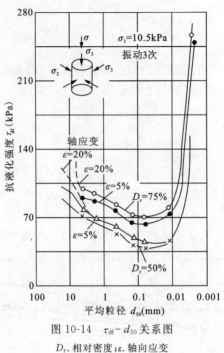

图 10-14　τ_{df}-d_{50} 关系图

D_r. 相对密度；ε. 轴向应变

表 10-3　饱和砂土地震时可能发生液化的相对密度

设计地震烈度	Ⅶ度	Ⅷ度	Ⅸ度
D_r	0.70	0.75	0.80~0.85

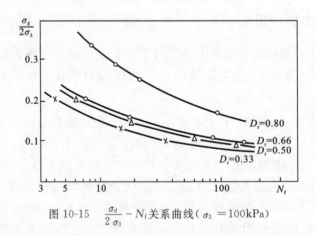

图 10-15　$\dfrac{\sigma_d}{2\sigma_3}$-$N_f$ 关系曲线（$\sigma_3=100\text{kPa}$）

对于饱和粉土，其是否液化与液性指数有关，只有当饱和含水量 $w_{sat} \geqslant 0.9 w_L$ 或液性指数 $0.75 < I_L \leqslant 1$ 时，才属于可液化土。

饱和度也是影响砂土液化的因素之一。试验表明，饱和度稍有减小，则抗液化应力比会明显增大。

土的结构对液化也有影响。土粒的排列、土粒间胶结物的不同等都会影响土的抗液化强度。原状砂土比扰动砂土的抗液化能力增加 1.5~2.0 倍。新沉积的砂土比沉积已久的砂层更容易液化。

2. 初始应力状态

在动荷载作用之前土所处的应力状态对液化有重要的影响。南通砂土的抗液化强度试验证实，对条件相同的试样，抗液化强度随固结应力的增加而增大（图 10-16）。

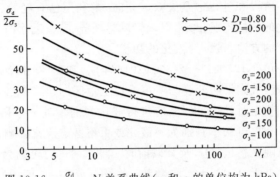

图 10-16　$\dfrac{\sigma_d}{2\sigma_3} - N_f$ 关系曲线（σ_3 和 σ_d 的单位均为 kPa）

初始应力越大，土越密实，孔隙水压力的发展越慢。地震时因覆盖压力的不同而液化程度各异，亦反映初始应力对液化的影响。饱和砂层埋藏较深时，其上的有效覆盖压力大，则不易液化。海城地震调查资料指出，在有效覆盖压力小于 50kPa 的地区，砂土液化现象严重；有效覆盖压力介于 50～100kPa 的地区，液化程度较轻；而未发生液化的区域，有效覆盖压力多大于 100kPa。固结应力比 K_c 表示土体在振前所受的剪切程度。由于土的剪胀性，K_c 值大的土，在剪切过程中会产生负的孔隙水压力。这样的土在动应力作用下，由于振前已发生较大的剪切变形，孔隙水压力累积增长很慢，因此不容易液化。

此外，超固结比也是砂土液化的影响因素之一。试验结果证实，引起液化所需的抗液化应力比随超固结比的增加而增大。

3. 动荷载特性

动荷载的特性主要由动应力幅值和循环作用次数来表征。振动三轴试验的成果表明，动应力幅值越大，砂土越容易液化。对于地震而言，地震加速度反映地震惯性力的大小。日本新潟在过去的 300 多年中虽然遭受过 25 次地震，但只有 3 次（估计地震加速度在 0.13g 以上）在部分地区发生过液化。而 1964 年的新潟大地震，记录到的地震加速度为 0.16g，同样新潟地区却发生了大面积的严重液化。

循环作用次数对砂土液化的影响也是明显的。在土样的性质相同、应力条件也一样的情况下，土的抗液化能力会因循环作用次数而变化。由图 10-15 和图 10-16 可知，随循环作用次数的增加，引起液化所需的抗液化应力比变小。振动次数越多，抗液化能力越低。即使动荷载不大，只要循环作用次数足够多时，砂土也可能液化。

砂土的液化与孔隙水压力的升高密切相关。如果砂土在动荷载作用下，土中水能及时排出，孔隙水压力就可以很快消散而不增长，砂层也就不会液化。所以创造良好的排水条件，可以使液化的可能性相对减小。

三、砂土液化可能性的判别

判别砂土是否液化，是建筑物地基和土工结构物抗震设计的重要内容。在我国实际工程中，砂土液化判别常采用"两步判别法"。

根据我国邢台、海城、唐山等地震液化现场的研究成果，先行对场地地基土进行初步判别，凡经初判划为不液化或不考虑液化影响，可不进行第二步判别，以节省勘察工作量。

1. 液化的初步判别

在场址的初步勘察阶段和进行地基失效区划时，常利用已有经验，采取对比的方法，把一大批明显不会发生液化的地段勾画出来，以减轻勘察任务、节省勘察时间与费用。这种利用各种界限勾画不液化地带的方法，被称为液化的初步判别。

《建筑抗震设计规范》(GB 50011—2010)(2016年版)和《公路桥梁抗震设计规范》(JTG/T 2231-01—2020)都规定：抗震设防烈度为Ⅵ度及以上地区的建筑物必须进行抗震设计。地面下存在饱和砂土和饱和粉土时，除Ⅵ度外，应进行液化判别。对于饱和的砂土或粉土(不含黄土)当符合下列条件之一时，可初步判别为不液化或可不考虑液化影响。

地质年代为第四纪晚更新世(Q_3)及其以前时，Ⅶ度、Ⅷ度时可判为不液化土。

粉土的黏粒(粒径小于0.005mm的颗粒)含量百分率，Ⅶ度、Ⅷ度和Ⅸ度分别不小于10%、13%和16%时，可判为不液化土。

天然地基的建筑，当上覆非液化土层厚度和地下水位深度符合下列条件之一时，可不考虑液化影响：

$$d_u > d_0 + d_b - 2 \tag{10-11}$$

$$d_w > d_0 + d_b - 3 \tag{10-12}$$

$$d_u + d_w > 1.5 d_0 + 2 d_b - 4.5 \tag{10-13}$$

式中：d_w为地下水位深度(m)，宜按设计基准期内年平均最高水位采用，也可按近期内年最高水位采用；d_u为上覆非液化土层厚度(m)，计算时宜将淤泥和淤泥质土层扣除；d_b为基础埋置深度(m)，不超过2m时应采用2m；d_0为液化土特征深度(m)，可按表10-4采用。

表10-4　液化土特征深度(m)

饱和土类别	抗震设防烈度		
	Ⅶ度	Ⅷ度	Ⅸ度
粉土	6	7	8
砂土	7	8	9

注：资料来源于《建筑抗震设计规范》(GB 50011—2010)(2016年版)，当区域的地下水位处于变动状态时，应按不利的情况考虑。

当初步判别未得到满足，即不能判为不液化土时，需要进行第二步的液化判别。

2. 液化判别方法

《建筑抗震设计规范》(GB 50011—2010)(2016年版)规定：当饱和砂土、粉土的初步判别认为需进一步进行液化判别时，应采用标准贯入试验判别法判别地面下20m范围内土的液化；但对该规范规定可不进行天然地基及基础的抗震承载力验算的各类建筑，可只判别地面下15m范围内土的液化。当饱和土标准贯入锤击数(未经杆长修正)小于或等于液化判别标准贯入锤击数临界值时，应判为液化土。当有成熟经验时，尚可采用其他判别方法。

在地面下20m深度范围内，液化判别标准贯入锤击数临界值可按式(10-14)计算：

$$N_{cr} = N_0 \beta [\ln(0.6 d_s + 1.5) - 0.1 d_w] \sqrt{3/\rho_c} \tag{10-14}$$

式中：N_{cr}为液化判别标准贯入锤击数临界值；N_0为液化判别标准贯入锤击数基准值，可按

表10-5采用；d_s为饱和土标准贯入点深度(m)；d_w为地下水位(m)；ρ_c为黏粒含量百分率(%)，当小于3或为砂土时，应采用3；β为调整系数，设计地震第一组取0.80，第二组取0.95，第三组取1.05。

表10-5　液化判别标准贯入锤击数基准值 N_0

设计基本地震加速度	0.10g	0.15g	0.20g	0.30g	0.40g
液化判别标准贯入锤击数基准值	7	10	12	16	19

资料来源：《建筑抗震设计规范》(GB 50011—2010)(2016年版)。

该规范给出了抗震设防烈度和设计基本地震加速度取值的对应关系(表10-6)，并根据地震环境给出了我国主要城镇的设防烈度、设计基本地震加速度和设计地震分组，参见《建筑抗震设计规范》(GB 50011—2010)(2016年版)附录A。

表10-6　抗震设防烈度和设计基本地震加速度取值的对应关系

抗震设防烈度(度)	Ⅵ	Ⅶ	Ⅷ	Ⅸ
设计基本地震加速度	0.05g	0.10g(0.15g)	0.20g(0.30g)	0.40g

资料来源：《建筑抗震设计规范》(GB 50011—2010)(2016年版)。

《公路桥梁抗震设计规范》(JTG/T 2231-01—2020)规定：当初步判别认为需进一步进行液化判别时，应采用标准贯入试验判别法判别地面下15m深度范围内土的液化；当采用桩基或埋深大于5m的基础时，尚应判别15~20m范围内土的液化。当饱和土标准贯入锤击数(未经杆长修正)小于液化判别标准贯入锤击数临界值 N_{cr} 时，应判为液化土。

在地面下15m深度范围内，液化判别标准贯入锤击数临界值可按式(10-15)计算：

$$N_{cr} = N_0[0.9 + 0.1(d_s - d_w)]\sqrt{3/\rho_c} \tag{10-15}$$

在地面下15~20m范围内，液化判别标准贯入锤击数临界值可按式(10-16)计算：

$$N_{cr} = N_0(2.4 - 0.1 d_w)\sqrt{3/\rho_c} \tag{10-16}$$

式中：N_{cr}为液化判别标准贯入锤击数临界值；N_0为液化判别标准贯入锤击数基准值，应按表10-7采用；d_s为饱和土标准贯入点深度(m)；ρ_c为黏粒含量百分率(%)，当小于3或为砂土时，应采用3。

表10-7　液化判别标准贯入锤击数基准值 N_0

区划图上的特征周期(s)	Ⅶ度	Ⅷ度	Ⅸ度
0.35	6(8)	10(13)	16
0.40、0.45	8(0)	12(15)	18

注：(1)特征周期根据场地位置在《中国地震动参数区划图》(GB 18306—2015)上查取；(2)括号内数值用于设计基本地震动加速度为0.15g和0.30g的地区。

资料来源：《公路桥梁抗震设计规范》(JTG/T 2231-01—2020)。

3. 地基的液化等级

对存在液化砂土层、粉土层的地基，还需要进一步判别其液化等级，以便区别对待，选用不同的抗液化处理措施。

存在液化土层的地基，应进一步探明各液化土层的深度和厚度，按式(10-17)计算液化指

数 I_{LE},并按表 10-8 综合划分地基的液化等级：

$$I_{LE} = \sum_{i=1}^{n}\left(1-\frac{N_i}{N_{cri}}\right)d_i W_i \tag{10-17}$$

式中：I_{LE} 为液化指数；n 为在判别深度范围内每一个钻孔标准贯入试验点的总数；N_i、N_{cri} 分别为 i 点标准贯入锤击数的实测值和临界值，当 $N_i > N_{cri}$ 时应取临界值；当只需要判别 15m 范围以内的液化时，15m 以下的实测值可按临界值采用；d_i 为 i 点所代表的土层厚度(m)，可采用与该标准贯入试验点相邻的上、下两标准贯入试验点深度差的一半，但上界不高于地下水位深度，下界不深于液化深度；W_i 为 i 土层单位土层厚度的层位影响权函数值(m^{-1})。当判别深度为 15m，当该层中点深度不大于 5m 时应采用 10，等于 15m 时应采用零值，5～15m 时应按线性内插法取值。当判别深度为 20m，当该层中点深度不大于 5m 时应采用 10，等于 20m 时应采用零值，5～20m 时应按线性内插法取值。

表 10-8 液化等级与液化指数的对应关系

液化等级	轻微	中等	严重
判别深度为 15m 时的液化指数	$0 < I_{LE} \leqslant 5$	$5 < I_{LE} \leqslant 15$	$I_{LE} > 15$
判别深度为 20m 时的液化指数	$0 < I_{LE} \leqslant 6$	$6 < I_{LE} \leqslant 18$	$I_{LE} > 18$

四、防止砂土液化的措施

从影响砂土液化的主要因素可知，原则上可通过增加砂土的密度和改变砂土层的排水条件等方法防止砂土发生液化。具体工程措施如下。

1. 加固液化土层

加固液化土层的原则是使土层加密。具体方法有：

(1)振密法。采用类似振冲桩的振冲器，边振动，边冲水，使砂土振动密实。

(2)振冲桩法。此法除了起置换作用外，还可挤密周围砂土，故效果较好。

(3)砂桩挤密法。用振动法将桩管打入土中，然后灌砂，边提管边振，将砂桩及周围土挤密实，效果类似振冲桩。

(4)强夯法。利用强大的夯击能将砂土挤压密实。

(5)爆炸压密法。利用炸药爆炸时的冲击波将土挤密，但一般只能将砂土压到中等密实程度。

2. 改善排水条件

采用碎石桩改善土层的排水条件，使砂层中的超静孔隙水压力及时消散。

3. 置换液化土层

采用部分垫层法或全部置换的方法。

4. 胶结法

采用物理或化学方法将砂土胶结，是抗液化的有效措施。但因造价较高，一般情况下很少采用。

以上方法详见地基处理的教材和相关专著。

第五节 动应力-应变关系和阻尼特性

对于土体在动荷载作用下的动力反应分析,是抗震设计中的重要内容。在动力反应分析中要用到土的动力性能指标,即土的动模量和阻尼比。

一、土的动应力-应变关系

在地基土的振动三轴试验中,受到动荷载作用的土可视为黏弹性体,它对变形有阻尼作用,因此其应变的发展滞后于应力的变化。在实测的动力试验时程曲线中,应变曲线与应力曲线之间总是存在一定的相位差(图10-17)。在 $\sigma_d - \varepsilon_d$ 坐标上,绘制应力幅值为 σ_d 的动荷载作用下循环一次的应力-应变关系曲线,见图10-18,称为应力-应变滞回圈,滞回圈两顶点 A、C 连线的斜率,就是该应力水平下土的动弹性模量 E_d。

$$E_d = \frac{\sigma_d}{\varepsilon_d} \tag{10-18}$$

式中:ε_d 为土的动应变。

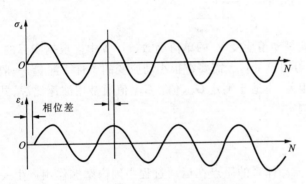

图10-17 实测动应力-应变时程曲线

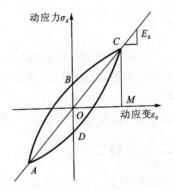

图10-18 应力-应变滞回圈

通常认为地震时剪切波自基岩向上传播,因此,在动力反应分析中直接计算土体的动剪应力 σ_d 和动剪应变 ε_d,采用的动力性能指标为动剪切模量。土振动三轴试验中,动剪切模量与动弹性模量的关系可由式(10-19)表示:

$$G_d = \frac{\tau_d}{\gamma_d} = \frac{E_d}{2(1+\mu)} \tag{10-19}$$

$$\tau_d = \frac{\sigma_d}{2} \tag{10-20}$$

$$\gamma_d = (1+\mu)\varepsilon_d \tag{10-21}$$

式中:μ 为土的泊松比,对于饱和砂土可取 $\mu=0.5$。

理想黏弹性体,当动应力幅值相同时,滞回圈的形状和大小不随振次而改变。但随着动应力幅值的增大,应力-应变滞回圈两端点连线的斜率减小,即土的动模量逐渐降低。应变滞后于应力的相位差增加,滞回圈的宽度加大,面积和阻尼力也相应加大。连接几个不同动应力幅值的滞回圈端点的轨迹,称为土的应力-应变骨干曲线(图10-19)。

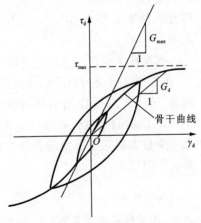

图10-19 应力-应变骨干曲线

该曲线大致符合双曲线规律，即可表示为

$$\tau_d = \frac{\gamma_d}{a + b\gamma_d} \tag{10-22}$$

故

$$G_d = \frac{\tau_d}{\gamma_d} = \frac{1}{a + b\gamma_d} \tag{10-23}$$

式中：a、b 为试验常数，取决于土的性质。

由图 10-19 可知，$1/a$ 是应力-应变骨干曲线在原点处切线的斜率，也是应力-应变骨干曲线的最大斜率。由式(10-23)可得，当 $\gamma_d = 0$ 时，$1/a$ 等于剪切模量的最大值 G_{max}，即

$$G_{max} = \frac{1}{a} \tag{10-24}$$

$1/b$ 是应力-应变骨干曲线的水平渐近线在纵轴上的截距，等于动剪应力的最大值 τ_{max}，即

$$\tau_{max} = \frac{1}{b} \tag{10-25}$$

故式(10-23)可写成

$$G_d = \frac{1}{\dfrac{1}{G_{max}} + \dfrac{\gamma_d}{\tau_{max}}} \tag{10-26}$$

G_{max} 和 τ_{max} 确定后，动剪切模量就是动剪应变 γ_d 的单值函数。计算中应根据实际的 γ_d 选择相对应的动剪切模量 G_d。最大动剪切模量 G_{max} 需要在很小动应变的条件下测量，一般的振动三轴仪在动应变很小时量测精度很差，不适于测定 G_{max} 值。G_{max} 值通常用波速比法、共振柱法或高精度小应变振动三轴试验法测定。

二、阻尼特性

把土体当成一个振动体系，这个振动体系的质点在运动过程中因内摩擦作用产生一定的能量损失，这种现象称为阻尼。土体振动时的内摩擦，类似于黏滞液体流动中的黏滞摩擦，所以也称为黏滞阻尼。在自由振动中，由于阻尼的存在表现为质点的振幅随振次而逐渐衰减（图 10-20）。在强迫振动中则表现为应变滞后于应力而形成滞回圈。振幅衰减的速度或滞回圈面积的大小都表示振动中能量损失的大小，也就是阻尼的大小。

周期性荷载作用时，使土体产生剪应变所对应的剪应力，包括弹性剪应力和阻尼剪应力两部分。阻尼剪应力做负功，等于内摩擦作用消耗的能量。图 10-18 中滞回圈 ABCDA 的面积，就代表相应消耗的能量。土在周期性动荷载一次循环中所消耗的能量与该循环中最大剪应变对应的势能之比，称为土的阻尼比。在振动三轴试验中，采用式(10-27)计算土的阻尼比

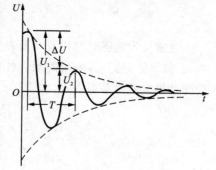

图 10-20 自由振动衰减曲线

$$\lambda = \frac{1}{4\pi} \cdot \frac{A}{A_L} \tag{10-27}$$

式中：A 为滞回圈的面积；A_L 为图 10-18 中三角形 COM 的面积，表示将土当成弹性体，加载至应力幅值时弹性体内所储存的势能。

试验证明,土的阻尼比与动剪应变的关系曲线也符合双曲线变化规律,可表示为

$$\lambda = \lambda_{\max} \frac{\gamma_d}{\gamma_d + \frac{\tau_{\max}}{G_{\max}}} \tag{10-28}$$

式中:$\lambda_{\max}$为土体在变形很大时的阻尼比,称为最大阻尼比。

当$\lambda_{\max}$、$G_{\max}$和$\tau_{\max}$确定后,阻尼比λ也是γ_d的单值函数,应根据实际的γ_d值选用。在土体动力反应分析中,常采用阻尼比λ来表示土的阻尼特性。

图10-21是一种土的实测$\frac{G_d}{G_{\max}}$-γ_d和λ-γ_d曲线,是土体动力反应分析中常用的基本资料。曲线表明:动模量随动应变的增加而减小,阻尼比则随动应变的增加而增大。当动应变$\gamma_d <10^{-5}$时,动模量和阻尼比的变化都很小。所以,常用$\gamma_d=10^{-5}$作为测定$G_{\max}$的最大应变值。

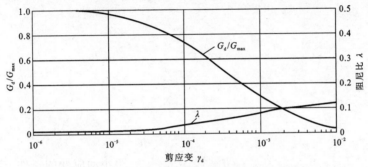

图 10-21　土的动剪应力比曲线和阻尼比曲线

习　题

(1)振动三轴试验中,试件在$\sigma_3=98\text{kPa}$,固结应力比$K_c=2$的条件下固结。然后施加幅值为30kPa的周期动应力,若土的有效内摩擦角$\varphi'=22°$,黏聚力$c'=10\text{kPa}$,问振动孔隙水压力u发展到多大时,试件处于动力极限平衡状态?

(2)振动三轴试验中,试件在$\sigma_3=98\text{kPa}$,固结应力比$K_c=2$的条件下固结。测得的动强度曲线如图10-9所示。若动强度$\frac{\sigma_d}{2}$可用周围压力σ_3归一化,求7级、8级地震时土的动力抗剪强度指标c_d和φ_d值。

(3)土的动强度曲线如习题图10-1所示,若土样在$\sigma_3=200\text{kPa}$,$K_c=3.0$情况下受到习题表10-1所示变幅的周期动应力作用,问土样是否破坏?

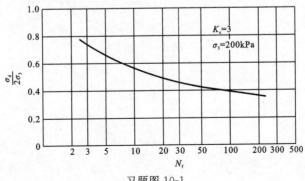

习题图 10-1

习题表 10-1

动应力幅值 σ_d (kPa)	140	120	100	80	60
振动周数 N	2	5	8	20	200

(4) 土样在周围压力 $\sigma_3=100\text{kPa}$，$K_c=1.5$ 下固结，之后在动应力幅值 $\sigma_d=40\text{kPa}$ 下振动 10 周的孔隙水压力 $u=30\text{kPa}$，振动 20 周的孔隙水压力 $u=50\text{kPa}$，求振动 40 周时的孔隙水压力值。

主要参考文献

高向阳,杨艳娟,翟聚云,2010. 土力学[M]. 北京:北京大学出版社.

高彦斌,2019. 土动力学基础[M]. 北京:机械工业出版社.

《工程地质手册》编委会,2007. 工程地质手册[M]. 4版. 北京:中国建筑工业出版社.

李广信,2004. 高等土力学[M]. 北京:清华大学出版社.

李广信,张丙印,于玉贞,2013. 土力学[M]. 2版. 北京:清华大学出版社.

刘洋,2019. 土动力学基本原理[M]. 北京:清华大学出版社.

马宁,赵心涛,吕金昕,等,2021. 地基与基础[M]. 北京:清华大学出版社.

王成华,2002. 土力学原理[M]. 天津:天津大学出版社.

王成华,2010. 土力学[M]. 武汉:华中科技大学出版社.

谢定义,2011. 土动力学[M]. 北京:高等教育出版社.

《岩土工程手册》编写委员会,1994. 岩土工程手册[M]. 北京:中国建筑工业出版社.

中华人民共和国国家住房和城乡建设部,2011. 建筑地基基础设计规范:GB 50021—2011[S]. 北京:中国建筑工业出版社.

中华人民共和国建设部,2009. 岩土工程勘察规范:GB 50021—2001(2009年版)[S]. 北京:中国建筑工业出版社.

中华人民共和国交通运输部,2020. 公路桥梁抗震设计规范:JTG/T 2231-01—2020[S]. 北京:人民交通出版社.

中华人民共和国水利部,2007. 土的工程分类标准:GB/T 50145—2007[S]. 北京:中国计划出版社.

中华人民共和国水利部,2013. 堤防工程设计规范:GB 50286—2013[S]. 北京:中国计划出版社.

中华人民共和国水利部,2020. 碾压式土石坝设计规范:SL 274—2020[S]. 北京:中国水利水电出版社.

中华人民共和国住房和城乡建设部,2016. 建筑抗震设计规范:GB 50011—2010(2016年版)[S]. 北京:中国建筑工业出版社.

中华人民共和国住房和城乡建设部,2019. 土工试验方法标准:GB/T 50123—2019[S]. 北京:中国建筑工业出版社.

JONES COLIN,2013. Introduction to soil mechanics[M]. Berlin:Wiley Blackwell.

TAYLAR D W,1948. Fundamentals of Soil Mechanics[M]. New York:John Wiley and Sons, Inc.